U0196819

内 容 简 介

　　本书是《21世纪高等院校数学规划系列教材》之《高等数学(下册)》.它是根据高等院校理工类本科高等数学课程教学大纲的要求,结合编者多年在数学第一线积累的实践经验以及对高等数学课程内容的深入研究和透彻理解编写而成的.本书旨在培养学生的数学素质、创新意识以及运用数学工具解决实际问题的能力.全书分上、下两册,下册包含空间解析几何与向量代数、多元函数微分学、重积分、曲线积分与曲面积分以及无穷级数等内容.各节后均配有相应的习题,书末附有参考答案或提示,供读者参考.

　　本书内容取材适当,逻辑清晰,重点突出,难点分散,通俗易懂,便于自学.每一章的最后设置了"综合例题"一节,介绍各种重要的题型,博采众长的解题方法.这对开阔解题思路,激发学习兴趣,提高学生综合应用数学知识的能力将是十分有益的.

　　本书可作为高等院校理工类本科学生高等数学课程的教材,也可作为考研学生的一本无师自通的参考书.

21 世纪

高等院校数学规划系列教材／主编　肖筱南

高 等 数 学

（下　册）

编著者　林建华　杨世廞　高琪仁
　　　　庄平辉　许清泉　林应标

北京大学出版社
PEKING UNIVERSITY PRESS

图书在版编目(CIP)数据

高等数学·下册/林建华等编著. —北京：北京大学出版社，2011.1
(21 世纪高等院校数学规划系列教材)
ISBN 978-7-301-18325-0

Ⅰ.①高…　Ⅱ.①林…　Ⅲ.①高等数学－高等学校－教材　Ⅳ.①O13

中国版本图书馆 CIP 数据核字(2010)第 255015 号

书　　　　名：高等数学(下册)
著作责任者：林建华　杨世廞　高琪仁　庄平辉　许清泉　林应标　编著
责 任 编 辑：曾琬婷
标 准 书 号：ISBN 978-7-301-18325-0/O・0832
出 版 发 行：北京大学出版社
地　　　　址：北京市海淀区成府路 205 号　100871
网　　　　址：http://www.pup.cn　电子信箱：zpup@pup.pku.edu.cn
电　　　　话：邮购部 62752015　发行部 62750672　理科编辑部 62767347　出版部 62754962
印　　　　刷　者：北京鑫海金澳胶印有限公司
经　　销　　者：新华书店
　　　　　　　787mm×980mm　16 开本　17.75 印张　375 千字
　　　　　　　2011 年 1 月第 1 版　　2021 年 3 月第 6 次印刷
印　　　　数：16001—19000 册
定　　　　价：38.00 元

前　　言

随着我国高等教育改革的不断深入，根据 2009 年教育部关于要求全国高等学校认真实施本科教学质量与教学改革工程的通知精神，为了更好地适应 21 世纪对高等院校培养复合型高素质人才的需要，北京大学出版社计划出版一套对国内高等院校本科大学数学课程教学质量与教学改革起到积极推动作用的《21 世纪高等院校数学规划系列教材》. 应北京大学出版社的邀请，我们这些长期在教学第一线执教的教师，经过统一策划、集体讨论、反复推敲、分工执笔编写了这套教材，其中包括：《高等数学（上册）》《高等数学（下册）》《微积分》《线性代数》《新编概率论与数理统计（第 2 版）》.

在结合编写者长期讲授本科大学数学课程所积累的成功教学经验的同时，本套教材紧扣教育部本科大学数学课程教学大纲，紧紧围绕 21 世纪大学数学课程教学改革与创新这一主题，立足大学数学课程教学改革新的起点、新的高度狠抓了教材建设中基础性与前瞻性、通俗性与创新性、启发性与开拓性、趣味性与科学性、直观性与严谨性、技巧性与应用性的和谐与统一的"六突破". 实践将会有力证明，符合上述先进理念的优秀教材，将会深受广大学生的欢迎.

本套教材的特点还体现在：在编写过程中，我们按照本科数学基础课要"加强基础，培养能力，重视应用"的改革精神，对传统的教材体系及教学内容进行了必要与精心的调整和改革，在遵循本学科科学性、系统性与逻辑性的前提下，尽量注意贯彻深入浅出、通俗易懂、循序渐进、融会贯通的教学原则与直观形象的教学方法. 既注重数学基本概念、基本定理和基本方法的本质内涵的辩证、多侧面的剖析与阐述，特别是对它们的几何意义、物理背景、经济解释以及实际应用价值的剖析，又注意学生基本运算能力的训练与综合分析问题、解决问题能力的培养，以达到便于教学与自学之目的；既兼顾教材的前瞻性，注意汲取国内外优秀教材的优点，又注意到数学基础课与相关专业课的联系，为各专业后续课程打好坚实的基础.

为了帮助各类学生更好地掌握本课程内容，加强基础训练和基本能力的培养，本套教材紧密结合概念、定理和运算法则配置了丰富的例题，并做了深入的剖析与解答. 每节配有适量习题，每章配有综合例题，以供读者复习、巩固所学知识；书末附有习题答案与提示，以便读者参考.

本套规划系列教材的编写与出版，得到了北京大学出版社及厦门大学嘉庚学院的大力支持与帮助，刘勇副编审与责任编辑曾琬婷为本套教材的出版付出了辛勤劳动，在此一并表示诚挚的谢意.

　　本书第八章由杨世廒编写,第九章由高琪仁编写,第十章由林应标编写,第十一章由林建华编写,第十二章由庄平辉编写,许清泉参与全书习题的编写.全书先由林建华负责修改与统稿,最后由肖筱南负责审稿、定稿.

　　限于编者水平,书中难免有不妥之处,恳请读者指正!

编　者

2010 年 8 月

目 录

第八章 空间解析几何与向量代数

空间解析几何的产生是数学史上一个划时代的成就,它开创了人们用代数方法研究几何问题的新时代. 空间解析几何通过坐标系的建立,完美地把数学研究的两个基本对象——形与数统一结合起来.

本章作为学习多元函数微积分学的预备知识,将介绍空间解析几何与向量代数有关的内容.

§8.1 向 量 代 数

一、向量的概念

在实际问题中所遇到的量有两类:一类由数值完全确定,例如温度、质量、面积等,这一类量叫做**数量**(或**纯量**);另一类既有大小,又有方向,例如速度、力、位移、电场强度等,这一类量叫做**向量**(或**矢量**).

在几何上,向量可以用空间中一条带有箭头的线段,即有向线段来表示,其中线段的长度表示向量的大小,线段的方向表示向量的方向. 以 A 为起点,B 为终点的有向线段所表示的向量记做 $\overrightarrow{AB}$(见图 8-1),也可以用黑体字母如 a 或者字母加箭如 $\vec{a}$ 表示.

图　8-1

这里只讨论与起点无关的向量,即所谓的**自由向量**. 也就是说,若两个向量 a 和 b 的大小相等且方向相同就规定向量 a 和 b 是**相等**的,记做 $a=b$. 换句话说,两向量经过平移到同一起点后,能完全重合就是相等的.

向量的大小叫做向量的**模**,记做 $|\overrightarrow{AB}|$(或 $|a|$,$|\vec{a}|$). 模等于 1 的向量称为**单位向量**. 模等于零的向量称为**零向量**,记为 $\mathbf{0}$(或 $\vec{0}$). 规定零向量的方向是任意的.

设有两个非零向量 a,b,任取空间一点 O,作 $\overrightarrow{OA}=a$,$\overrightarrow{OB}=b$,称

$\angle AOB = \varphi$(规定 $0 \leqslant \varphi \leqslant \pi$)为向量 a 与 b 的**夹角**(见图 8-2),记做 $(\overset{\wedge}{a,b})$ 或 $(\overset{\wedge}{b,a})$.

如果 $(\overset{\wedge}{a,b}) = 0$ 或 π,则称向量 a 与 b **平行**,记做 $a /\!/ b$.

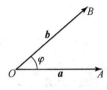

图 8-2

如果 $(\overset{\wedge}{a,b}) = \pi/2$,则称 a 与 b **垂直**,记做 $a \perp b$.

当向量 a 与 b 中有一个是零向量时,规定它们的夹角可以取 0 到 π 之间的任意值. 因此,可以认为零向量与任意向量都平行,也可以认为零向量与任意向量都垂直.

由于我们只讨论自由向量,因此若 $a /\!/ b$,当任取一定点作为共同的起点时,a 与 b 的终点与起点就落在同一条直线上,所以也称 a 与 b **共线**. 设有 n 个向量 $(n \geqslant 3)$,当取定一共同的起点时,若这 n 个向量的终点和起点落在一个平面上,则称这 n 个向量**共面**.

向量的大小和方向是组成向量的不可分割的部分,也是向量与数量的根本区别所在,因此在讨论向量时,必须把它的大小和方向统一起来考虑.

二、向量的线性运算

下面定义向量的加、减法和向量与数的乘法,它们统称为向量的**线性运算**.

1. 向量的加法

向量的**加法**规定如下:

设有两个向量 a 与 b,在空间中任取一点 A,作 $\overrightarrow{AB} = a$,再以 B 为起点作 $\overrightarrow{BC} = b$,连接 AC,那么向量 $\overrightarrow{AC} = c$ 称为向量 a 与 b 的**和**,记做 $a + b$(见图 8-3(a)),即

$$c = a + b.$$

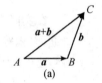

图 8-3

上述作两向量之和的方法,叫做向量相加的**三角形法则**. 此外,也可以仿照力的合成法则,用**平行四边形法则**规定向量的和. 这就是:当向量 a 与 b 不平行时,作 $\overrightarrow{AB} = a, \overrightarrow{AD} = b$,以 AB, AD 为边作平行四边形 $ABCD$,连接对角线 AC,显然向量 $\overrightarrow{AC} = a + b$(见图 8-3(b)).

由上述向量加法的定义,容易验证向量加法满足下列运算规律:

(1) **交换律**:$a + b = b + a$(见图 8-4(a));

(2) **结合律**:$(a + b) + c = a + (b + c)$(见图 8-4(b)).

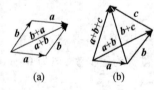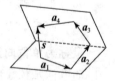

图 8-4　　　　　　　　　　图 8-5

由于向量加法满足交换律和结合律,因此 n 个向量 $a_1, a_2, \cdots, a_n (n \geqslant 3)$ 相加可记为

$$a_1 + a_2 + \cdots + a_n,$$

并可按向量相加的三角形法则作这 n 个向量之和,即以任意次序相继作向量 $a_1, a_2, \cdots, a_n$,并以前一向量的终点作为后一向量的起点,再由第一个向量的起点为起点,最后一个向量的终点为终点作出一个向量 s,这个向量就是所求的和向量(见图 8-5,其中 $n=4$),即

$$s = a_1 + a_2 + \cdots + a_n.$$

2. 向量的减法

作为加法的逆运算,向量的**减法**规定如下:设 a 为一向量,与 a 的模相等而方向相反的向量叫做 a 的**负向量**(**逆向量**或**反向量**),记做 $-a$. 规定两个向量 b 与 a 的差为

$$b - a = b + (-a),$$

即将向量 $-a$ 加到向量 b 上,便得 $b-a$(见图 8-6). 特别地,当 $b=a$ 时,有

$$a - a = a + (-a) = \mathbf{0}.$$

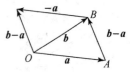

图 8-6

向量 b 与 a 的差也可按下面的方法作图得到:任取点 O,作 $\overrightarrow{OA} = a, \overrightarrow{OB} = b$,则 $\overrightarrow{AB} = b - a$(见图 8-6).

由向量和与差的作图法,可得到向量模的不等式

$$|a+b| \leqslant |a| + |b|, \quad |a-b| \leqslant |a| + |b|.$$

这就是三角形两边之和不小于第三边的向量表示形式,其中第一个式子仅当 a, b 同向时等号成立,第二个式子仅当 a, b 反向时等号成立.

3. 向量与数相乘

向量 a 与实数 λ 的乘积记做 λa,规定其模

$$|\lambda a| = |\lambda| |a|,$$

它的方向为:当 $\lambda > 0$ 时与 a 同向,当 $\lambda < 0$ 时与 a 反向. 当 $\lambda = 0$ 时,λa 为零向量 $\mathbf{0}$.

容易验证,向量与数的乘积满足下列运算规律:

(1) **结合律**:$\lambda(\mu a) = \mu(\lambda a) = (\lambda \mu) a \ (\lambda, \mu \in \mathbf{R})$;

(2) **分配律**:$(\lambda + \mu) a = \lambda a + \mu a, \ \lambda(a+b) = \lambda a + \lambda b \ (\lambda, \mu \in \mathbf{R})$.

设 a 是一个非零向量,记 $e_a = \dfrac{1}{|a|} a$. 按向量与数的乘积的规定,显然 e_a 与 a 同向,且 $|e_a| = 1$,也就是说 e_a 是与 a 同方向的单位向量. 若我们规定当 $\lambda \neq 0$ 时,$\dfrac{a}{\lambda} = \dfrac{1}{\lambda} a$,则与 a 同方向的单位向量可以写成 $e_a = \dfrac{a}{|a|}$,因此有 $a = |a| e_a$. 更一般地,有下述结论:

定理 设向量 $a \neq \mathbf{0}$,则向量 b 平行于 a 的充分必要条件是:存在唯一的实数 λ,使得

$$b = \lambda a.$$

证 由向量与数乘积的定义，立即推出条件的充分性. 下面证明条件的必要性.

设 $b /\!/ a$，取 $|\lambda| = \dfrac{|b|}{|a|}$，且当 b 与 a 同向时，取 $\lambda > 0$；当 b 与 a 反向时，取 $\lambda < 0$. 可以证明 $b = \lambda a$. 这是因为 b 与 λa 同向，且

$$|\lambda a| = |\lambda| \, |a| = \frac{|b|}{|a|} |a| = |b|.$$

下面证明 λ 的唯一性. 设 $b = \lambda a$，又设 $b = \mu a$，两式相减得

$$(\lambda - \mu)a = \mathbf{0}, \quad 即 \quad |\lambda - \mu| \, |a| = 0.$$

因为 $|a| \neq 0$，所以 $|\lambda - \mu| = 0$，即 $\lambda = \mu$.

例 1 设 $\triangle ABC$ 的三边 $\overrightarrow{BC} = a$，$\overrightarrow{CA} = b$，$\overrightarrow{AB} = c$，三边的中点依次为 D, E, F. 试证：

$$\overrightarrow{AD} + \overrightarrow{BE} + \overrightarrow{CF} = \mathbf{0}.$$

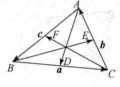

图 8-7

证 如图 8-7 所示，有

$$\overrightarrow{BD} = \frac{1}{2}\overrightarrow{BC} = \frac{a}{2}, \quad \overrightarrow{CE} = \frac{1}{2}\overrightarrow{CA} = \frac{b}{2}, \quad \overrightarrow{AF} = \frac{1}{2}\overrightarrow{AB} = \frac{c}{2},$$

于是

$$\overrightarrow{AD} = \overrightarrow{AB} + \overrightarrow{BD} = c + \frac{a}{2}, \quad \overrightarrow{BE} = \overrightarrow{BC} + \overrightarrow{CE} = a + \frac{b}{2},$$

$$\overrightarrow{CF} = \overrightarrow{CA} + \overrightarrow{AF} = b + \frac{c}{2}.$$

所以

$$\overrightarrow{AD} + \overrightarrow{BE} + \overrightarrow{CF} = c + \frac{a}{2} + a + \frac{b}{2} + b + \frac{c}{2}$$

$$= \frac{3}{2}(a + b + c) = \mathbf{0}.$$

4. 向量在轴上的投影

给定一个点 O 及一个单位向量 e 就确定一数轴，记为 u 轴，其中 O 称为 u 轴的**原点**（见图 8-8）. 对于 u 轴上任一点 P，对应一个向量 $\overrightarrow{OP}$. 因为 $\overrightarrow{OP} /\!/ e$，由定理 1，存在唯一的实数 λ，使 $\overrightarrow{OP} = \lambda e$（实数 λ 称为 u 轴上有向线段 $\overrightarrow{OP}$ 的值）. 因此（u 轴上）点 P 与实数 λ 之间也有一一对应的关系，即

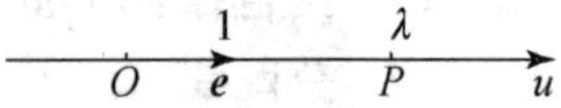

图 8-8

$$点\ P \longleftrightarrow 向量\ \overrightarrow{OP} = \lambda e \longleftrightarrow 实数\ \lambda.$$

我们定义实数 λ 是 u 轴上点 P 的**坐标**.

任给一个向量 a，作 $\overrightarrow{OM} = a$，过点 M 作与 u 轴垂直的平面交 u 轴于 M'（点 M' 叫做点 M 在 u 轴上的投影）. 向量 $\overrightarrow{OM'}$ 称为向量 $a = \overrightarrow{OM}$ 在 u 轴上的**分向量**. 设 $\overrightarrow{OM'} = \lambda e$，则称 λ 为向量 a 在 u 轴上的**投影**，记做 $\mathrm{Prj}_u a$（或 $(a)_u$），即 $\lambda = \mathrm{Prj}_u a$（见图 8-9）.

由定义不难验证向量在 u 轴上的投影具有下列**性质**：

(1) $\mathrm{Prj}_u \boldsymbol{a} = |\boldsymbol{a}| \cos\varphi$，其中 φ 为向量 $\boldsymbol{a}$ 与 u 轴的夹角（即 $\boldsymbol{a}$ 与 $\boldsymbol{e}$ 的夹角）；

(2) $\mathrm{Prj}_u(\boldsymbol{a} + \boldsymbol{b}) = \mathrm{Prj}_u\boldsymbol{a} + \mathrm{Prj}_u\boldsymbol{b}$；

(3) $\mathrm{Prj}_u(\mu\boldsymbol{a}) = \mu\mathrm{Prj}_u\boldsymbol{a}$，其中 μ 为实数.

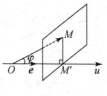

图 8-9

例 2 设向量 $\boldsymbol{a}$ 的模 $|\boldsymbol{a}| = 2$，它与 u 轴的夹角为 $\dfrac{\pi}{6}$，求 $\mathrm{Prj}_u\boldsymbol{a}$.

解 $\mathrm{Prj}_u\boldsymbol{a} = |\boldsymbol{a}|\cos\dfrac{\pi}{6} = 2 \cdot \dfrac{\sqrt{3}}{2} = \sqrt{3}$.

三、空间直角坐标系

由空间一个定点 O 和三个两两垂直的单位向量 $\boldsymbol{i}, \boldsymbol{j}, \boldsymbol{k}$ 就确定了三条都以 O 为原点的互相垂直的数轴，分别叫做 x **轴**（横轴）、y **轴**（纵轴）、z **轴**（竖轴），统称为**坐标轴**，并规定它们的

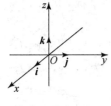

图 8-10

正方向符合右手法则，即以右手握住 z 轴，当右手的四个手指从 x 轴正向以 $\dfrac{\pi}{2}$ 角度转向 y 轴正向时，大拇指所指的方向就是 z 轴的正向（见图 8-10）. 这样的三条坐标轴就组成一个**空间直角坐标系**，称为 $Oxyz$ **坐标系**，记做 $[O; \boldsymbol{i}, \boldsymbol{j}, \boldsymbol{k}]$.

任意两条坐标轴，可以确定一个平面，如 x 轴和 y 轴确定 Oxy **面**，y 轴和 z 轴确定 Oyz **面**，z 轴和 x 轴确定 Ozx **面**，这三个平面统称为**坐标面**. 三个坐标面把空间分为八个部分，每一个部分称为一个**卦限**. 把含三个坐标轴正向的那个卦限叫做**第一卦限**，第二、三、四卦限在 Oxy 面的上方，按逆时针方向确定；第五至第八卦限在 Oxy 面的下方，在第一卦限正下方的是第五卦限，其余按逆时针方向确定. 这八个卦限分别用字母 I, II, III, IV, V, VI, VII, VIII 表示（见图 8-11）.

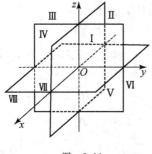

图 8-11

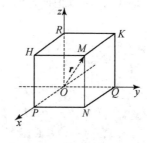

图 8-12

任给向量 $\boldsymbol{r}$，作 $\overrightarrow{OM} = \boldsymbol{r}$，过点 M 作三个平面分别垂直三条坐标轴，它们与 x 轴、y 轴、z 轴的交点依次记为 P, Q, R（见图 8-12），于是有

$$\boldsymbol{r} = \overrightarrow{OM} = \overrightarrow{OP} + \overrightarrow{PN} + \overrightarrow{NM} = \overrightarrow{OP} + \overrightarrow{OQ} + \overrightarrow{OR}.$$

设 $\overrightarrow{OP} = x\boldsymbol{i}$，$\overrightarrow{OQ} = y\boldsymbol{j}$，$\overrightarrow{OR} = z\boldsymbol{k}$，则

$$\boldsymbol{r} = \overrightarrow{OM} = x\boldsymbol{i} + y\boldsymbol{j} + z\boldsymbol{k}.$$

上式称为向量 $\boldsymbol{r}$ 的**坐标分解式**，$x\boldsymbol{i}, y\boldsymbol{j}, z\boldsymbol{k}$ 称为向量 $\boldsymbol{r}$ 沿三个坐标轴的**分向量**，其中

$$x = \mathrm{Prj}_x\boldsymbol{r}, \qquad y = \mathrm{Prj}_y\boldsymbol{r}, \qquad z = \mathrm{Prj}_z\boldsymbol{r}.$$

显然给定向量 $\boldsymbol{r}$，就唯一确定点 M 及 $\overrightarrow{OP}, \overrightarrow{OQ}, \overrightarrow{OR}$ 三个分向量，从而就确定了 x, y, z 三个有序数；反之，给定三个有序数 x, y, z，也就确定了向量 $\boldsymbol{r}$ 与点 M. 于是点 M，向量 $\boldsymbol{r}$ 与三个有序数 x, y, z 之间有一一对应关系，即

$$M \longleftrightarrow \boldsymbol{r} = \overrightarrow{OM} = x\boldsymbol{i} + y\boldsymbol{j} + z\boldsymbol{k} \longleftrightarrow (x, y, z).$$

因此，将三个有序数 x, y, z 称为**向量 $\boldsymbol{r}$ 的坐标**，记做 $\boldsymbol{r} = (x, y, z)$（或 $\{x, y, z\}$）；有序数 x, y, z 也称为**点 M 的坐标**，并依次称为**横坐标、纵坐标和竖坐标**，记做 $M(x, y, z)$. 向量 $\overrightarrow{OM}$ 称为点 M 关于原点 O 的**向径**. 由上述定义，一个点与该点的向径具有相同的坐标. 因此记号 (x, y, z) 既表示点 M，又表示向量 $\overrightarrow{OM}$.

坐标轴和坐标面上的点，其坐标有一定的特殊性. 例如 x 轴上的点，其坐标为 $(x, 0, 0)$，y 轴上点的坐标为 $(0, y, 0)$，z 轴上点的坐标为 $(0, 0, z)$；Oxy 面上点的坐标为 $(x, y, 0)$，Oyz 面上点的坐标为 $(0, y, z)$，Ozx 面上点坐标为 $(x, 0, z)$.

设点 $M(x, y, z)$ 为空间上的一点，则点 M 关于坐标面 Oxy 的对称点的坐标为 $(x, y, -z)$，关于 x 轴的对称点的坐标为 $(x, -y, -z)$，关于原点的对称点的坐标为 $(-x, -y, -z)$. 可见，这些对称点的坐标是有一定规律的. 按照相应的规律，容易得到点 M 关于其他坐标面和坐标轴的对称点坐标.

四、利用坐标做向量的线性运算

利用向量的坐标，可以把向量的几何运算转化为代数运算.

设

$$\boldsymbol{a} = a_x\boldsymbol{i} + a_y\boldsymbol{j} + a_z\boldsymbol{k} = (a_x, a_y, a_z), \quad \boldsymbol{b} = b_x\boldsymbol{i} + b_y\boldsymbol{j} + b_z\boldsymbol{k} = (b_x, b_y, b_z).$$

由向量线性运算的运算规律有

$$\boldsymbol{a} + \boldsymbol{b} = (a_x + b_x)\boldsymbol{i} + (a_y + b_y)\boldsymbol{j} + (a_z + b_z)\boldsymbol{k} = (a_x + b_x, a_y + b_y, a_z + b_z),$$

$$\boldsymbol{a} - \boldsymbol{b} = (a_x - b_x)\boldsymbol{i} + (a_y - b_y)\boldsymbol{j} + (a_z - b_z)\boldsymbol{k} = (a_x - b_x, a_y - b_y, a_z - b_z),$$

$$\lambda\boldsymbol{a} = (\lambda a_x, \lambda a_y, \lambda a_z) \quad (\lambda \in \mathbf{R}).$$

由定理 1，当 $\boldsymbol{a} \neq \boldsymbol{0}$ 时，向量 $\boldsymbol{b} /\!/ \boldsymbol{a}$ 等价于 $\boldsymbol{b} = \lambda\boldsymbol{a}$，用坐标表示为

$$(b_x, b_y, b_z) = (\lambda a_x, \lambda a_y, \lambda a_z).$$

这等价于向量 $\boldsymbol{b}$ 与 $\boldsymbol{a}$ 的对应坐标成比例，即

$$\frac{b_x}{a_x} = \frac{b_y}{a_y} = \frac{b_z}{a_z},$$

其中若 a_x, a_y, a_z 中有一个为零，例如 $a_x = 0$，则相应的 $b_x = 0$，即上式应理解为 $\begin{cases} b_x = 0, \\ \dfrac{b_y}{a_y} = \dfrac{b_z}{a_z}; \end{cases}$ 又若

$a_x = a_y = 0$，则上式应理解为 $\begin{cases} b_x = 0, \\ b_y = 0. \end{cases}$

例 3　已知两点 $A(x_1, y_1, z_1), B(x_2, y_2, z_2)$，求向量 $\overrightarrow{AB}$ 的坐标.

解　作向量 $\overrightarrow{OA}, \overrightarrow{OB}$（见图 8-13）. 因为 $\overrightarrow{OB} = (x_2, y_2, z_2)$，$\overrightarrow{OA} = (x_1, y_1, z_1)$，所以

$$\overrightarrow{AB} = \overrightarrow{OB} - \overrightarrow{OA} = (x_2 - x_1, y_2 - y_1, z_2 - z_1).$$

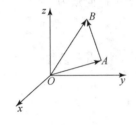

图 8-13

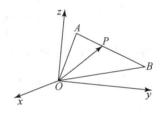

图 8-14

例 4　已知两定点 $A(x_1, y_1, z_1), B(x_2, y_2, z_2)$ 及实数 $\lambda \neq -1$，在直线 AB 上求点 P，使得 $\overrightarrow{AP} = \lambda \overrightarrow{PB}$（$P$ 叫做有向线段 $\overrightarrow{AB}$ 的 λ 分点）.

解　按定义，求点 P 的坐标等价于求向径 $\overrightarrow{OP}$ 的坐标. 如图 8-14 所示，有

$$\overrightarrow{AP} = \overrightarrow{OP} - \overrightarrow{OA}, \quad \overrightarrow{PB} = \overrightarrow{OB} - \overrightarrow{OP},$$

所以由 $\overrightarrow{AP} = \lambda \overrightarrow{PB}$ 得 $\overrightarrow{OP} - \overrightarrow{OA} = \lambda(\overrightarrow{OB} - \overrightarrow{OP})$，即

$$\overrightarrow{OP} = \frac{1}{1 + \lambda}(\overrightarrow{OA} + \lambda \overrightarrow{OB}).$$

由 $\overrightarrow{OA} = (x_1, y_1, z_1)$，$\overrightarrow{OB} = (x_2, y_2, z_2)$，即有

$$\overrightarrow{OP} = \left(\frac{x_1 + \lambda x_2}{1 + \lambda}, \frac{y_1 + \lambda y_2}{1 + \lambda}, \frac{z_1 + \lambda z_2}{1 + \lambda} \right).$$

特别地，当 $\lambda = 1$ 时，得线段 AB 的中点为 $P\left(\dfrac{x_1 + x_2}{2}, \dfrac{y_1 + y_2}{2}, \dfrac{z_1 + z_2}{2} \right)$.

五、向量的模、方向角与方向余弦

1. 向量的模与两点间的距离公式

设向量 $\boldsymbol{r} = (x, y, z)$，作 $\overrightarrow{OM} = \boldsymbol{r}$，如图 8-12 所示，有

高等数学（下册）

$$|\boldsymbol{r}|=|\overrightarrow{OM}|=|OM|=\sqrt{|OP|^2+|OQ|^2+|OR|^2}=\sqrt{x^2+y^2+z^2}.$$

设有两定点 $A(x_1,y_1,z_1)$ 和 $B(x_2,y_2,z_2)$. 由例 3 知 $\overrightarrow{AB}=(x_2-x_1,y_2-y_1,z_2-z_1)$，因此 A,B 两点间的距离为

$$|AB|=|\overrightarrow{AB}|=\sqrt{(x_2-x_1)^2+(y_2-y_1)^2+(z_2-z_1)^2}.$$

例 5　在 y 轴上求与两点 $A(1,-3,7)$ 和 $B(5,7,-5)$ 等距离的点 M.

解　因为所求点 M 在 y 轴上，故设 $M(0,y,0)$. 由 $|AM|=|MB|$ 得

$$\sqrt{(0-1)^2+(y+3)^2+(0-7)^2}=\sqrt{(0-5)^2+(y-7)^2+(0+5)^2}.$$

两边平方，解得 $y=2$，故所求的点 $M(0,2,0)$.

例 6　已知点 $A(2,-1,-5)$，向量 $\boldsymbol{a}=(2,-3,6)$，求一点 B，使得向量 $\overrightarrow{AB}$ 与 $\boldsymbol{a}$ 同方向，且 $|\overrightarrow{AB}|=14$.

解　由于 $|\boldsymbol{a}|=\sqrt{2^2+(-3)^2+6^2}=7$，与 $\boldsymbol{a}$ 同方向的单位向量为

$$\boldsymbol{e}_a=\frac{\boldsymbol{a}}{|\boldsymbol{a}|}=\left(\frac{2}{7},-\frac{3}{7},\frac{6}{7}\right).$$

设点 B 的坐标为 (x,y,z)，则 $\overrightarrow{AB}=(x-2,y+1,z+5)$. 由题设得

$$(x-2,y+1,z+5)=\frac{14}{7}(2,-3,6),$$

于是有

$$x-2=4,\quad y+1=-6,\quad z+5=12,\quad 即\quad x=6,\ y=-7,\ z=7.$$

所以点 B 的坐标为 $(6,-7,7)$.

2. 向量的方向角与方向余弦

非零向量 $\boldsymbol{r}$ 分别与 x 轴、y 轴、z 轴正向的夹角 α,β,γ 称为向量 $\boldsymbol{r}$ 的**方向角**；$\cos\alpha,\cos\beta,\cos\gamma$ 称为向量 $\boldsymbol{r}$ 的**方向余弦**. 设 $\overrightarrow{OM}=\boldsymbol{r}=(x,y,z)$，由向量在数轴上投影的性质有

$$\cos\alpha=\frac{x}{|\boldsymbol{r}|},\quad \cos\beta=\frac{y}{|\boldsymbol{r}|},\quad \cos\gamma=\frac{z}{|\boldsymbol{r}|},$$

所以向量 $(\cos\alpha,\cos\beta,\cos\gamma)=\left(\frac{x}{|\boldsymbol{r}|},\frac{y}{|\boldsymbol{r}|},\frac{z}{|\boldsymbol{r}|}\right)=\frac{\boldsymbol{r}}{|\boldsymbol{r}|}=\boldsymbol{e}_r$，从而有

$$\cos^2\alpha+\cos^2\beta+\cos^2\gamma=1.$$

即以 $\boldsymbol{r}$ 的方向余弦为坐标的向量是与 $\boldsymbol{r}$ 同方向的单位向量 $\boldsymbol{e}_r$.

例 7　已知两点 $A(4,\sqrt{2},1)$ 和 $B(3,0,2)$，求向量 $\overrightarrow{AB}$ 的模、方向余弦和方向角.

解　由已知有 $\overrightarrow{AB}=(-1,-\sqrt{2},1)$，于是 $|\overrightarrow{AB}|=\sqrt{1+2+1}=2$，且 $\overrightarrow{AB}$ 的方向余弦为

$$\cos\alpha=-\frac{1}{2},\quad \cos\beta=-\frac{\sqrt{2}}{2},\quad \cos\gamma=\frac{1}{2}.$$

所以

$$\alpha=\frac{2}{3}\pi,\quad \beta=\frac{3}{4}\pi,\quad \gamma=\frac{\pi}{3}.$$

例8 求三个方向角相等的单位向量.

解 设 α,β,γ 为所求单位向量的三个方向角. 因为 $\alpha=\beta=\gamma$, 所以

$$\cos^2\alpha=\cos^2\beta=\cos^2\gamma=1/3.$$

因此方向余弦为

$$\cos\alpha=\cos\beta=\cos\gamma=\pm\frac{\sqrt{3}}{3},$$

从而所求的单位向量为

$$e=(\cos\alpha,\cos\beta,\cos\gamma)=\left(\frac{\sqrt{3}}{3},\frac{\sqrt{3}}{3},\frac{\sqrt{3}}{3}\right) \quad \text{或} \quad e=\left(-\frac{\sqrt{3}}{3},-\frac{\sqrt{3}}{3},-\frac{\sqrt{3}}{3}\right).$$

习 题 8.1

1. 如果平面上一个四边形的对角线互相平分, 试用向量证明它是平行四边形.

2. 设向量 $\overrightarrow{AC}=\boldsymbol{a},\overrightarrow{BD}=\boldsymbol{b}$ 为平行四边形 $ABCD$ 的对角线, 试用向量 $\boldsymbol{a},\boldsymbol{b}$ 来表示向量 $\overrightarrow{AB},\overrightarrow{BC},\overrightarrow{CD},\overrightarrow{DA}$.

3. 求平行于向量 $\boldsymbol{a}=(6,7,-6)$ 的单位向量.

4. (1) 求与两个向量 $\boldsymbol{a}$ 与 $\boldsymbol{b}$ 夹角平分线平行的一个向量;

(2) 已知向量 $\boldsymbol{a}=(3,4,0),\boldsymbol{b}=(1,2,2)$, 求 $\boldsymbol{a},\boldsymbol{b}$ 夹角平分线上的单位向量.

5. 选取边长为 $2a$ 的立方体的中心作为坐标原点, 且它的棱与坐标轴平行, 试写出立方体各顶点的坐标.

6. 在 Oyz 面上, 求与三点 $A(3,1,2),B(4,-2,-2)$ 和 $C(0,5,1)$ 等距离的点.

7. 证明: 顶点在 $A(1,-2,1),B(3,-3,-1),C(4,0,3)$ 的三角形是直角三角形.

8. 证明: 顶点在 $A(4,1,9),B(10,-1,6),C(2,4,3)$ 的三角形是等腰直角三角形.

9. 把点 $A(1,1,1)$ 和 $B(1,2,0)$ 间的线段按 $2:1$ 分成两段, 求分点的坐标.

10. 已知两点 $A(2,1,0)$ 和 $B(3,2,\sqrt{2})$, 计算向量 $\overrightarrow{AB}$ 的模、方向余弦和方向角.

11. 证明: 空间三点 $A(x_1,y_1,z_1),B(x_2,y_2,z_2),C(x_3,y_3,z_3)$ 共线的条件是成立等式

$$\frac{x_2-x_1}{x_3-x_1}=\frac{y_2-y_1}{y_3-y_1}=\frac{z_2-z_1}{z_3-z_1}.$$

12. 设向量 $\boldsymbol{r}$ 的模 $|\boldsymbol{r}|=4$, 它与 u 轴的夹角是 $\frac{\pi}{3}$, 求 $\boldsymbol{r}$ 在 u 轴上的投影。

13. 设一向量的终点在 $B(2,-1,7)$, 它在 x 轴、y 轴和 z 轴上的投影依次为 $4,-4,7$, 求这向量的起点 A 的坐标.

14. 设向量 $\boldsymbol{m}=3\boldsymbol{i}+5\boldsymbol{j}+8\boldsymbol{k},\boldsymbol{n}=2\boldsymbol{i}-4\boldsymbol{j}-7\boldsymbol{k}$ 和 $\boldsymbol{p}=5\boldsymbol{i}+\boldsymbol{j}-4\boldsymbol{k}$, 求向量 $\boldsymbol{a}=4\boldsymbol{m}+3\boldsymbol{n}-\boldsymbol{p}$ 在 x 轴上的投影及在 y 轴上的分向量.

§8.2 数量积 向量积 混合积

一、两向量的数量积

从物理学知道,当物体在恒力 F 作用下沿直线从点 A 移动到点 B 时,若记位移 $\overrightarrow{AB}=s$,则力 F 所做的功为

$$W=|F||s|\cos\theta.$$

这里 θ 是 F 与 s 的夹角(见图 8-15). 由此类问题,我们引出向量数量积的概念.

图 8-15   图 8-16

定义 1 两个向量 a 和 b 的**数量积**等于两向量的模 $|a|$,$|b|$ 和它们的夹角 θ 的余弦的乘积,记做 $a \cdot b$(见图 8-16),即

$$a \cdot b=|a||b|\cos\theta.$$

由向量投影的性质(1)知,当 $a\neq 0$ 时,$a \cdot b=|a|\mathrm{Prj}_a b$;当 $b\neq 0$ 时,$a \cdot b=|b|\mathrm{Prj}_b a$.

数量积具有以下基本**性质**:

(1) $a \cdot a=|a|^2$.

因为 a 与 a 的夹角为 $\theta=0$,所以 $a \cdot a=|a||a|\cos 0=|a|^2$.

(2) 向量 $a\perp b$ 的充分必要条件是 $a \cdot b=0$.

事实上,当 a,b 都是非零向量时,若 $a \cdot b=0$,则 $\cos\theta=0$,从而 $\theta=\pi/2$,所以 $a\perp b$;反之,若 $a\perp b$,则 $\theta=\pi/2$,从而 $\cos\theta=0$,所以 $a \cdot b=0$. 当 a,b 有一个为零向量时,由于可以认为零向量与任何向量都垂直,结论显然成立.

数量积满足以下**运算规律**:

(1) **交换律**:$a \cdot b=b \cdot a$.

由定义立即推得.

(2) **分配律**:$(a+b) \cdot c=a \cdot c+b \cdot c$.

事实上,当 $c=0$ 时,显然成立;当 $c\neq 0$ 时,由向量投影的性质(2)有

$$(a+b) \cdot c=|c|\mathrm{Prj}_c(a+b)=|c|\mathrm{Prj}_c a+|c|\mathrm{Prj}_c b=a \cdot c+b \cdot c.$$

(3) **结合律**:$(\lambda a) \cdot b=\lambda(a \cdot b)$,其中 $\lambda\in\mathbf{R}$.

事实上,当 $b=0$ 时,显然成立;当 $b\neq 0$ 时,由向量投影的性质(3)有

$$(\lambda a) \cdot b=|b|\mathrm{Prj}_b(\lambda a)=\lambda(|b|\mathrm{Prj}_b a)=\lambda(a \cdot b).$$

更一般地,有

$$(\lambda a) \cdot (\mu b) = \lambda\mu(a \cdot b) \quad (\lambda, \mu \in \mathbf{R}).$$

下面给出数量积的坐标表示法. 设 $a = a_x i + a_y j + a_z k$, $b = b_x i + b_y j + b_z k$, 则有

$$
\begin{aligned}
a \cdot b &= (a_x i + a_y j + a_z k) \cdot (b_x i + b_y j + b_z k) \\
&= a_x i \cdot (b_x i + b_y j + b_z k) + a_y j \cdot (b_x i + b_y j + b_z k) + a_z k \cdot (b_x i + b_y j + b_z k) \\
&= a_x b_x i \cdot i + a_x b_y i \cdot j + a_x b_z i \cdot k + a_y b_x j \cdot i + a_y b_y j \cdot j + a_y b_z j \cdot k \\
&\quad + a_z b_x k \cdot i + a_z b_y k \cdot j + a_z b_z k \cdot k.
\end{aligned}
$$

由于 i, j, k 是两两垂直的单位向量,由数量积的基本性质(1)和(2)有

$$i \cdot j = i \cdot k = j \cdot i = j \cdot k = k \cdot i = k \cdot j = 0,$$
$$i \cdot i = j \cdot j = k \cdot k = 1,$$

因此得到两个向量 a, b 的数量积的坐标表示式

$$a \cdot b = a_x b_x + a_y b_y + a_z b_z.$$

由定义 $a \cdot b = |a||b|\cos\theta$,于是当 a, b 都是非零的量时,有

$$\cos\theta = \frac{a_x b_x + a_y b_y + a_z b_z}{\sqrt{a_x^2 + a_y^2 + a_z^2} \cdot \sqrt{b_x^2 + b_y^2 + b_z^2}}.$$

例 1 已知向量 a, b, c 满足 $a + b + c = \mathbf{0}$ 和 $|a| = 3, |b| = 2, |c| = 4$,求 $a \cdot b + b \cdot c + c \cdot a$.

解 由 $a + b + c = \mathbf{0}$ 可得

$$(a + b + c) \cdot (a + b + c) = a \cdot a + b \cdot b + c \cdot c + 2(a \cdot b + b \cdot c + c \cdot a) = 0,$$

所以

$$a \cdot b + b \cdot c + c \cdot a = -\frac{1}{2}(|a|^2 + |b|^2 + |c|^2) = -\frac{1}{2}(3^2 + 2^2 + 4^2) = -\frac{29}{2}.$$

例 2 已知三点 $P(0,1,1), A(1,2,1), B(1,1,2)$,求向量 $a = \overrightarrow{PA}$ 和 $b = \overrightarrow{PB}$ 的夹角.

解 由已知有 $a = \overrightarrow{PA} = (1,1,0), b = \overrightarrow{PB} = (1,0,1)$,于是 $|a| = \sqrt{2}, |b| = \sqrt{2}, a \cdot b = 1$. 所以

$$\cos(\widehat{a, b}) = \frac{a \cdot b}{|a||b|} = \frac{1}{2},$$

从而 a, b 的夹角 $(\widehat{a, b}) = \pi/3$.

例 3 用向量证明直径所对的圆周角是直角.

证 如图 8-17 所示,设 O 为圆心,AB 是圆的直径,C 是圆上任一点,要证 $\angle ACB = \pi/2$,即证 $\overrightarrow{AC} \perp \overrightarrow{BC}$. 这只要证 $\overrightarrow{AC} \cdot \overrightarrow{BC} = 0$ 即可.

$$
\begin{aligned}
\overrightarrow{AC} \cdot \overrightarrow{BC} &= (\overrightarrow{AO} + \overrightarrow{OC}) \cdot (\overrightarrow{BO} + \overrightarrow{OC}) \\
&= \overrightarrow{AO} \cdot \overrightarrow{BO} + \overrightarrow{AO} \cdot \overrightarrow{OC} + \overrightarrow{OC} \cdot \overrightarrow{BO} + \overrightarrow{OC} \cdot \overrightarrow{OC} \\
&= -|\overrightarrow{AO}|^2 + \overrightarrow{AO} \cdot \overrightarrow{OC} - \overrightarrow{AO} \cdot \overrightarrow{OC} + |\overrightarrow{OC}|^2 \\
&= 0.
\end{aligned}
$$

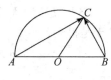

图 8-17

二、两向量的向量积

从实际问题如力矩、线速度等,我们引出向量积的概念.

定义 2 设向量 c 由向量 a 与 b 所确定,c 的模 $|c|=|a||b|\sin\theta$,这里 θ 是 a 与 b 的夹角;c 的方向和向量 a 与 b 都垂直,且三个向量 a,b,c 按右手法则确定. 向量 c 叫做向量 a 与 b 的**向量积**(或称**外积**、**叉积**),记做 $c=a\times b$(见图 8-18).

向量积具有以下基本**性质**:

(1) $a\times a=\mathbf{0}$.

因为夹角 $\theta=0$,所以 $|a\times a|=|a||a|\sin 0=0$.

(2) 向量 $a /\!/ b$ 的充分必要条件是 $a\times b=\mathbf{0}$.

事实上,当 a,b 均为非零向量时,若 $a\times b=\mathbf{0}$,则 $\sin\theta=0$,所以 $\theta=0$ 或 π,即 $a /\!/ b$;反之,若 $a /\!/ b$,则 $\theta=0$ 或 π,故 $|a\times b|=0$,即 $a\times b=\mathbf{0}$. 当 a,b 至少有一个是零向量时,由于可以认为零向量与任何向量都平行,结论显然成立.

(3) $|a\times b|$ 在几何上表示以 a,b 为邻边的平行四边形的面积(见图 8-18).

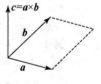

图 8-18

向量积满足以下运算规律:

(1) $a\times b=-b\times a$.

事实上,按右手法则的规定,$b\times a$ 与 $a\times b$ 的方向恰好相反,但模显然相等. 这说明交换律不成立.

(2) **分配律**:$(a+b)\times c=a\times c+b\times c$.

(3) **结合律**:$(\lambda a)\times b=a\times(\lambda b)=\lambda(a\times b)$,其中 $\lambda\in\mathbf{R}$.

更一般地,有

$$(\lambda a)\times(\mu b)=\lambda\mu(a\times b)\quad(\lambda,\mu\in\mathbf{R}).$$

下面给出向量积的坐标表示法. 设 $a=a_x i+a_y j+a_z k,b=b_x i+b_y j+b_z k$,则有

$$a\times b=(a_x i+a_y j+a_z k)\times(b_x i+b_y j+b_z k)$$
$$=a_x i\times(b_x i+b_y j+b_z k)+a_y j\times(b_x i+b_y j+b_z k)+a_z k\times(b_x i+b_y j+b_z k)$$
$$=a_x b_x i\times i+a_x b_y i\times j+a_x b_z i\times k+a_y b_x j\times i+a_y b_y j\times j+a_y b_z j\times k$$
$$+a_z b_x k\times i+a_z b_y k\times j+a_z b_z k\times k.$$

由于 i,j,k 是两两垂直的单位向量,由向量积的定义及基本性质(1)有

$$i\times i=j\times j=k\times k=\mathbf{0},\ i\times j=k,\ j\times k=i,\ k\times i=j,\ j\times i=-k,\ k\times j=-i,\ i\times k=-j,$$

于是得

$$a\times b=(a_y b_z-a_z b_y)i+(a_z b_x-a_x b_z)j+(a_x b_y-a_y b_x)k$$
$$=\begin{vmatrix} i & j & k \\ a_x & a_y & a_z \\ b_x & b_y & b_z \end{vmatrix},$$

这里规定按第一行展开此形式行列式,其展开法类似于通常的三阶行列式.

例 4 设向量 $\boldsymbol{a}=(1,2,3),\boldsymbol{b}=(4,5,0)$,求 $\boldsymbol{a}\times\boldsymbol{b}$.

解 $\boldsymbol{a}\times\boldsymbol{b}=\begin{vmatrix} \boldsymbol{i} & \boldsymbol{j} & \boldsymbol{k} \\ 1 & 2 & 3 \\ 4 & 5 & 0 \end{vmatrix}=\begin{vmatrix} 2 & 3 \\ 5 & 0 \end{vmatrix}\boldsymbol{i}-\begin{vmatrix} 1 & 3 \\ 4 & 0 \end{vmatrix}\boldsymbol{j}+\begin{vmatrix} 1 & 2 \\ 4 & 5 \end{vmatrix}\boldsymbol{k}=-15\boldsymbol{i}+12\boldsymbol{j}-3\boldsymbol{k}$,即

$$\boldsymbol{a}\times\boldsymbol{b}=(-15,12,-3).$$

例 5 求以 $A(1,2,3),B(2,0,4),C(2,-1,3)$ 为顶点的 $\triangle ABC$ 的面积 S.

解 $\triangle ABC$ 的面积 $S=\dfrac{1}{2}|\overrightarrow{AB}\times\overrightarrow{AC}|$. 由于

$$\overrightarrow{AB}=(1,-2,1),\quad \overrightarrow{AC}=(1,-3,0),\quad \overrightarrow{AB}\times\overrightarrow{AC}=\begin{vmatrix} \boldsymbol{i} & \boldsymbol{j} & \boldsymbol{k} \\ 1 & -2 & 1 \\ 1 & -3 & 0 \end{vmatrix}=3\boldsymbol{i}+\boldsymbol{j}-\boldsymbol{k},$$

故所求面积为

$$S=\frac{1}{2}\sqrt{3^2+1^2+(-1)^2}=\frac{1}{2}\sqrt{11}.$$

三、向量的混合积

定义 3 设 $\boldsymbol{a},\boldsymbol{b},\boldsymbol{c}$ 是三个给定的向量. 先作向量 $\boldsymbol{a}$ 与 $\boldsymbol{b}$ 的向量积 $\boldsymbol{a}\times\boldsymbol{b}$,再同向量 $\boldsymbol{c}$ 作数量积 $(\boldsymbol{a}\times\boldsymbol{b})\cdot\boldsymbol{c}$,所得的数叫做向量 $\boldsymbol{a},\boldsymbol{b},\boldsymbol{c}$ 的**混合积**,记为 $[\boldsymbol{abc}]$,即

$$[\boldsymbol{abc}]=(\boldsymbol{a}\times\boldsymbol{b})\cdot\boldsymbol{c}.$$

下面讨论混合积的坐标表示法. 设 $\boldsymbol{a}=(a_x,a_y,a_z),\boldsymbol{b}=(b_x,b_y,b_z),\boldsymbol{c}=(c_x,c_y,c_z)$,则有

$$\boldsymbol{a}\times\boldsymbol{b}=\begin{vmatrix} \boldsymbol{i} & \boldsymbol{j} & \boldsymbol{k} \\ a_x & a_y & a_z \\ b_x & b_y & b_z \end{vmatrix}=\begin{vmatrix} a_y & a_z \\ b_y & b_z \end{vmatrix}\boldsymbol{i}-\begin{vmatrix} a_x & a_z \\ b_x & b_z \end{vmatrix}\boldsymbol{j}+\begin{vmatrix} a_x & a_y \\ b_x & b_y \end{vmatrix}\boldsymbol{k}.$$

再由两向量数量积的坐标表示法得

$$[\boldsymbol{abc}]=(\boldsymbol{a}\times\boldsymbol{b})\cdot\boldsymbol{c}=c_x\begin{vmatrix} a_y & a_z \\ b_y & b_z \end{vmatrix}-c_y\begin{vmatrix} a_x & a_z \\ b_x & b_z \end{vmatrix}+c_z\begin{vmatrix} a_x & a_y \\ b_x & b_y \end{vmatrix}=\begin{vmatrix} a_x & a_y & a_z \\ b_x & b_y & b_z \\ c_x & c_y & c_z \end{vmatrix}.$$

混合积的几何意义 设向量 $\boldsymbol{a},\boldsymbol{b},\boldsymbol{c}$ 不共面,计算以它们为棱的平行六面体的体积 V. 如图 8-19 所示,把以 $\boldsymbol{a},\boldsymbol{b}$ 为边的平行四边形作为底面,则底面积 $S=|\boldsymbol{a}\times\boldsymbol{b}|$,高 $h=|\boldsymbol{c}|\cos\theta=|\boldsymbol{c}||\cos(\widehat{\boldsymbol{a}\times\boldsymbol{b},\boldsymbol{c}})|$,其中 $(\widehat{\boldsymbol{a}\times\boldsymbol{b},\boldsymbol{c}})$ 表示向量 $\boldsymbol{a}\times\boldsymbol{b}$ 与 $\boldsymbol{c}$ 的夹角. 于是平行六面体的体积为

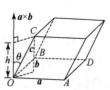

图 8-19

$$V=Sh=|\boldsymbol{a}\times\boldsymbol{b}||\boldsymbol{c}||\cos(\widehat{\boldsymbol{a}\times\boldsymbol{b},\boldsymbol{c}})|=|(\boldsymbol{a}\times\boldsymbol{b})\cdot\boldsymbol{c}|=|[\boldsymbol{abc}]|.$$

第八章　空间解析几何与向量代数

也就是说,混合积的绝对值表示以 a,b,c 为棱的平行六面体的体积. 此外,由上式可见,$[abc]$ 为正或负,取决于夹角 $(\widehat{a \times b,c})$ 是锐角还是钝角,即 $a \times b$ 与 c 是在底面的同侧还是异侧. 当 a,b,c 构成右手系(即 c 的指向按右手系从 a 转向 b 来确定)时,混合积 $[abc]>0$;当 a,b,c 构成左手系(即 c 的指向按左手系从 a 转向 b 来确定)时,混合积 $[abc]<0$.

混合积具有以下基本性质:

(1) $[abc]=[bca]=[cab]$.

这可由混合积的坐标表示法 $[abc]=\begin{vmatrix} a_x & a_y & a_z \\ b_x & b_y & b_z \\ c_x & c_y & c_z \end{vmatrix}$ 及行列式的性质立即得到.

(2) 向量 a,b,c 共面的充分必要条件是 $[abc]=0$.

事实上,由混合积的几何意义可知,若 $[abc]\neq 0$,则以 a,b,c 为棱构成平行六面体,从而 a,b,c 不共面;反之,若 a,b,c 不共面,则能以 a,b,c 为棱构成平行六面体,其体积不等于零,从而 $[abc]\neq 0$.

例 6　设向量 $a=(2,3,5),b=(3,1,0),c=(1,-1,2)$,求混合积 $[abc]$. 问:a,b,c 是构成右手系还是左手系?

解　$[abc]=\begin{vmatrix} 2 & 3 & 5 \\ 3 & 1 & 0 \\ 1 & -1 & 2 \end{vmatrix}=-34<0$,所以 a,b,c 构成左手系.

例 7　已知 $A(1,2,0),B(2,3,1),C(4,2,2),M(x,y,z)$ 四点共面,求点 M 的坐标 x,y,z 所满足的方程.

解　因为 A,B,C,M 四点共面等价于 $\overrightarrow{AM},\overrightarrow{AB},\overrightarrow{AC}$ 三向量共面,又
$$\overrightarrow{AM}=(x-1,y-2,z),\quad \overrightarrow{AB}=(1,1,1),\quad \overrightarrow{AC}=(3,0,2),$$
所以由三向量共面的充分必要条件得
$$\begin{vmatrix} x-1 & y-2 & z \\ 1 & 1 & 1 \\ 3 & 0 & 2 \end{vmatrix}=0,$$
即 $2x+y-3z-4=0$. 这就是点 M 的坐标所满足的方程.

习　题　8.2

1. 已知三点 $M_1(1,-1,2)$,$M_2(3,3,1)$ 和 $M_3(3,1,3)$,求与 $\overrightarrow{M_1M_2},\overrightarrow{M_2M_3}$ 同时垂直的单位向量.

2. 求向量 $a=(3,3,1)$ 在向量 $b=(2,5,-1)$ 所确定的数轴上的投影.

3. 设向量 $a=(3,5,-2),b=(2,1,4)$,问:λ 与 μ 有怎样的关系,能使得 $\lambda a+\mu b$ 与 z 轴

垂直?

4. 已知△ABC 的三顶点为 $A(5,1,-1),B(0,-4,3)$ 和 $C(1,-3,7)$,求该三角形的面积.

5. 已知向量 $\overrightarrow{OA}=i+3k,\overrightarrow{OB}=j+3k$,求△$OAB$ 的面积.

6. 在△ABC 中,记 $a=\overrightarrow{BC},b=\overrightarrow{CA},c=\overrightarrow{AB}$,顶点 A,B,C 所对的边长分别为 a,b,c. 从等式$-c=a+b$ 出发,利用向量的数量积,推导出余弦定理

$$c^2=a^2+b^2-2ab\cos\angle C.$$

7. 设四面体 $ABCD$ 的顶点是 $A(0,0,0),B(3,4,-1),C(2,3,5),D(6,0,-3)$,求它的体积.

8. 设 a,b,c 为三个向量,证明:

(1) $(a\times b)\times c=(a\cdot c)b-(c\cdot b)a$;

(2) $|a\times b|^2+(a\cdot b)^2=|a|^2|b|^2$;

(3) $a\times(b\times c)+b\times(c\times a)+c\times(a\times b)=0$.

9. 证明:若向量 a,b,c 满足 $a\times b+b\times c+c\times a=0$,则它们共面.

10. 试用向量证明不等式

$$\sqrt{a_1^2+a_2^2+a_3^2}\cdot\sqrt{b_1^2+b_2^2+b_3^2}\geqslant|a_1b_1+a_2b_2+a_3b_3|,$$

其中 $a_i,b_i(i=1,2,3)$ 为任意实数,并指出等号成立的条件.

§8.3 空间曲面及其方程

一、曲面方程的概念

如同平面解析几何把平面曲线看成是动点的轨迹一样,在空间解析几何中,任何几何图形(例如曲面、曲线等)也都可看成是具有某种性质的动点的轨迹.

在空间直角坐标系中,记任意点的坐标为 (x,y,z). 若曲面 Σ 与三元方程

$$F(x,y,z)=0 \quad 或 \quad z=f(x,y) \tag{1}$$

具有如下对应关系:曲面 Σ 上每一点的坐标都满足方程(1),不在曲面 Σ 上的点的坐标都不满足方程(1),那么方程(1)就叫做**曲面 Σ 的方程**,而曲面 Σ 叫做**方程**(1)**的图形**(见图 8-20).

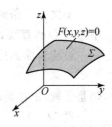

图 8-20

在空间解析几何中,对曲面的研究主要有两个方面:

(1) 给定曲面 Σ 上的点的轨迹条件(几何条件),求它的方程;

(2) 给定坐标 (x,y,z) 满足的一个方程,研究它所表示的图形及其性质.

例1　求以 $M_0(x_0, y_0, z_0)$ 为中心，$R > 0$ 为半径的球面方程(见图 8-21).

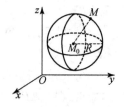

解　设 $M(x, y, z)$ 为球面上的任一点，依球面的定义有 $|M_0M| = R$，即

$$\sqrt{(x-x_0)^2 + (y-y_0)^2 + (z-z_0)^2} = R$$

或　　　　　$(x-x_0)^2 + (y-y_0)^2 + (z-z_0)^2 = R^2.$ 　　　(2)

图 8-21

可见球面上的点 M 的坐标满足方程(2). 显然不在球面上的点的坐标不满足这方程，所以方程(2)就是以 $M_0(x_0, y_0, z_0)$ 为球心，R 为半径的球面方程.

特别地，球心在原点，即 $x_0 = y_0 = z_0 = 0$，半径为 R 的球面方程为

$$x^2 + y^2 + z^2 = R^2.$$

例2　下述三元二次方程表示怎样的几何图形？

(1) $x^2 + y^2 + z^2 - 4x + 2y - 2z + 2 = 0$；

(2) $x^2 + y^2 + z^2 - 4x + 2y - 2z + 6 = 0$；

(3) $x^2 + y^2 + z^2 - 4x + 2y - 2z + 8 = 0$.

解　(1) 通过配方，原方程可写成 $(x-2)^2 + (y+1)^2 + (z-1)^2 = 4$，故原方程表示球心在 $M_0(2, -1, 1)$，半径 $R = 2$ 的球面.

(2) 通过配方，原方程可写成 $(x-2)^2 + (y+1)^2 + (z-1)^2 = 0$，故原方程只表示一点 $M_0(2, -1, 1)$.

(3) 通过配方，原方程可写成 $(x-2)^2 + (y+1)^2 + (z-1)^2 = -2$. 因为没有任何实数组 x, y, z 满足此方程，故原方程为无轨迹方程.

一般地，三元二次方程

$$a(x^2 + y^2 + z^2) + dx + ey + fz + g = 0 \quad (a \neq 0)$$

经配方后即可化为类似于例2中三种形式中的一种，它们的图形或是球面，或是一点，或者是无轨迹方程.

二、旋转曲面

平面中一条曲线 C 绕同一平面内一条定直线 L 旋转一周所成的曲面称为**旋转曲面**，其中曲线 C 和直线 L 分别称为旋转曲面的**母线**(或**生成曲线**)和**轴**.

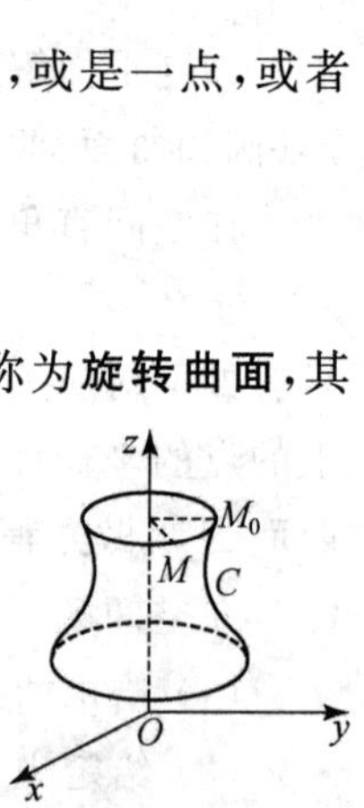

设旋转曲面的母线 C 在坐标面 Oyz 上，其方程为

$$f(y, z) = 0,$$

轴是 z 轴，求该旋转曲面的方程(见图 8-22).

设 $M_0(0, y_0, z_0)$ 是曲线 C 上的任一点，那么有

$$f(y_0, z_0) = 0.$$

当曲线 C 绕 z 轴旋转时，点 M_0 也绕 z 轴旋转到另一点 $M(x, y, z)$，这时

图 8-22

$z=z_0$,且 M 与 z 轴的距离恒等于 $|y_0|$,即 $\sqrt{x^2+y^2}=|y_0|$,因此

$$f(\pm\sqrt{x^2+y^2},z)=0.$$

这就是所求旋转曲面的方程. 可见,只要将曲线 C 的方程 $f(y,z)=0$ 中的 y 改成 $\pm\sqrt{x^2+y^2}$, z 变量不动,便得到曲线 C 绕 z 轴的旋转曲面方程.

同理,曲线 C 绕 y 轴旋转一周所得的旋转曲面的方程为

$$f(y,\pm\sqrt{x^2+z^2})=0.$$

Oxy 面上的曲线绕 x 轴或 y 轴旋转,Ozx 面上的曲线绕 x 轴或 z 轴旋转,都可用类似的方法讨论,并得到类似的结论.

例3 将 Oyz 面上的直线 $y=z\tan\alpha$ 绕 z 轴旋转一周,求所得曲面的方程.

解 所求方程为 $\pm\sqrt{x^2+y^2}=z\tan\alpha$,即

$$x^2+y^2=(\tan\alpha)^2z^2,$$

或者 $z^2=a^2(x^2+y^2)$,其中 $a=\cot\alpha$. 此旋转曲面叫做**圆锥面**. 该圆锥面的顶点是原点,角 α 叫做圆锥面的**半顶角**(见图 8-23).

图 8-23

例4 将 Oyz 面上的抛物线 $y^2=2pz$ ($p>0$)和椭圆 $\dfrac{y^2}{b^2}+\dfrac{z^2}{c^2}=1$ 绕 z 轴旋转一周,求所生成的旋转曲面的方程.

解 所求方程依次为

$$x^2+y^2=2pz \quad \text{和} \quad \frac{x^2+y^2}{b^2}+\frac{z^2}{c^2}=1.$$

它们所表示的曲面分别称为**旋转抛物面**(见图 8-24(a))和**旋转椭球面**(见图 8-24(b)).

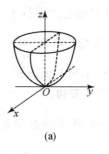

(a)

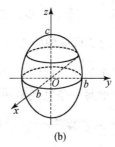

(b)

图 8-24

例5 将 Ozx 面上的双曲线 $\dfrac{x^2}{a^2}-\dfrac{z^2}{c^2}=1$ 分别绕 z 轴和 x 轴旋转一周,求所生成的曲面的方程.

解 绕 z 轴旋转所生成的曲面称为**旋转单叶双曲面**(见图 8-25(a)),其方程为

$$\frac{x^2+y^2}{a^2}-\frac{z^2}{c^2}=1.$$

绕 x 轴旋转所生成的曲面称为**旋转双叶双曲面**(见图 8-25(b)),其方程为

$$\frac{x^2}{a^2}-\frac{y^2+z^2}{c^2}=1.$$

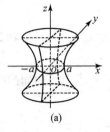　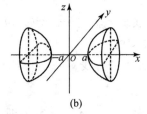

(a)　　　　　　　　　　(b)

图 8-25

三、柱面

先考查一个例子.

例 6 在空间直角坐标系中,方程 $\dfrac{x^2}{a^2}+\dfrac{y^2}{b^2}=1$ 表示怎样的曲面?

解 方程 $\dfrac{x^2}{a^2}+\dfrac{y^2}{b^2}=1$ 在 Oxy 面上表示一个椭圆.在空间直角坐标系中,方程不含坐标 z,因此若设直线 l 过 Oxy 面中椭圆 $\dfrac{x^2}{a^2}+\dfrac{y^2}{b^2}=1$ 上任一点 $M(x,y,0)$,且平行于 z 轴,则直线 l 上的任一点均满足这一方程.所以这曲面可以看做是由平行于 z 轴的直线 l 沿 Oxy 面上的椭圆 $\dfrac{x^2}{a^2}+\dfrac{y^2}{b^2}=1$ 移动所形成的曲面.这曲面称为**椭圆柱面**(见图 8-26(a)).

一般地,直线 l 沿给定的一条曲线 C 平行移动所形成的曲面称为**柱面**,其中曲线 C 称为柱面的**准线**,动直线 l 中的每一条直线都叫做是柱面的**母线**.

例如,例 6 中不含 z 的方程 $\dfrac{x^2}{a^2}+\dfrac{y^2}{b^2}=1$,在空间直角坐标系中表示椭圆柱面,它的准线是 Oxy 面上的椭圆 $\dfrac{x^2}{a^2}+\dfrac{y^2}{b^2}=1$,母线平行于 z 轴.又如,方程 $\dfrac{x^2}{a^2}-\dfrac{y^2}{b^2}=1$ 和 $y^2=2px$ 在空间直角坐标系中所表示的柱面分别称为双曲柱面和抛物柱面(图 8-26(b),(c)),它们的准线依次是 Oxy 面上的双曲线和抛物线,母线都是平行于 z 轴.

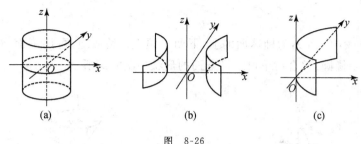

图 8-26

一般地，只含 x,y 而缺 z 的方程 $F(x,y)=0$，在空间直角坐标系中表示母线平行于 z 轴的柱面，其准线是 Oxy 面上的曲线 C：$F(x,y)=0$. 类似地，方程 $G(x,z)=0$ 和 $H(y,z)=0$ 分别表示母线平行于 y 轴和 x 轴，而准线分别为 Ozx 面上的曲线 $G(x,z)=0$ 和 Oyz 面上的曲线 $H(y,z)=0$ 的柱面.

四、锥面

设空间中有一条定曲线 C，A 为不在曲线 C 上的一个定点，过点 A，沿曲线 C 移动的直线 l 所生成的曲面叫做**锥面**，其中点 A 叫做锥面的**顶点**，曲线 C 叫做锥面的**准线**，动直线 l 叫做**母线**.

例如，方程 $\dfrac{x^2}{a^2}+\dfrac{y^2}{b^2}-\dfrac{z^2}{c^2}=0$ 是一个锥面，其准线 C 可以取平面 $z=c$ 上的椭圆 $\dfrac{x^2}{a^2}+\dfrac{y^2}{b^2}=1$，所以也叫做**椭圆锥面**. 当 $a=b$ 时，即为例 3 中的圆锥面.

球面、二次柱面和锥面、抛物面、椭球面、双曲面等这些曲面的方程都是二次的，所以这些曲面统称为**二次曲面**.

五、二次曲面

由上面的讨论我们知道，空间曲面可以用一个三元方程 $F(x,y,z)=0$ 来表示，反之一个三元方程通常就表示空间的一个曲面. 那么如何了解三元方程 $F(x,y,z)=0$ 所表示的曲面的形状概貌和特点呢？

在空间直角坐标系中，通常采用一系列平行于坐标面的平面去截割曲面，从而得到平面与曲面的一系列交线（即截痕），通过对截口交线形状和性质的综合分析，可以大体明了曲面形状的全貌. 这种研究曲面的方法称为**截痕法**.

（1）**椭球面**：$\dfrac{x^2}{a^2}+\dfrac{y^2}{b^2}+\dfrac{z^2}{c^2}=1$.

容易看出，椭球面关于坐标面、坐标轴及原点都对称. 用平面 $z=t$ 截此曲面，当 $|t|<c$ 时，截得平面 $z=t$ 上的椭圆

$$\frac{x^2}{a^2} + \frac{y^2}{b^2} = 1 - \frac{t^2}{c^2};$$

当$|t|=c$时,得$(0,0,\pm c)$,为椭球面的上、下两个顶点. 类似地,可用平面$x=t$及$y=t$截椭球面,截口也是椭圆.综合讨论可知椭球面的形状如图8-27所示.

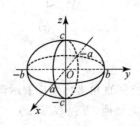

图 8-27

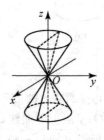

图 8-28

类似的讨论,可了解其他标准方程的曲面形状.

(2) **椭圆锥面**:$\frac{x^2}{a^2} + \frac{y^2}{b^2} - \frac{z^2}{c^2} = 0$(见图8-28).

(3) **双曲面**:

单叶双曲面:$\frac{x^2}{a^2} + \frac{y^2}{b^2} - \frac{z^2}{c^2} = 1$(见图8-29(a));

双叶双曲面:$\frac{x^2}{a^2} - \frac{y^2}{b^2} - \frac{z^2}{c^2} = 1$(见图8-29(b)).

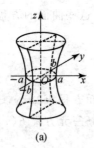

(a)

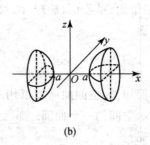

(b)

图 8-29

(4) **抛物面**:

椭圆抛物面:$\frac{x^2}{a^2} + \frac{y^2}{b^2} = z$(见图8-30(a));

双曲抛物面:$\frac{x^2}{a^2} - \frac{y^2}{b^2} = z$(见图8-30(b)).

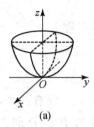
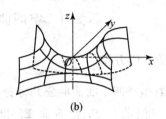

(a)   (b)

图 8-30

(5) 二次柱面:

椭圆柱面: $\dfrac{x^2}{a^2}+\dfrac{y^2}{b^2}=1$(见图 8-26(a));

双曲柱面: $\dfrac{x^2}{a^2}-\dfrac{y^2}{b^2}=1$(见图 8-26(b));

抛物柱面: $y^2=2px$(见图 8-26(c)).

习 题 8.3

1. 建立以点 $(1,3,-2)$ 为球心,且通过坐标原点的球面方程.

2. 求与坐标原点 O 及点 $(2,3,4)$ 的距离之比为 $1:2$ 的点的全体所组成的曲面方程. 它表示怎样的曲面?

3. 已知两点 $A(0,0,c)$ 和 $B(0,0,-c)$,求到它们的距离之和为 $2b$ 的点的轨迹$(b>c)$. 这轨迹为怎样的曲面?

4. 将 Ozx 面上的圆 $x^2+z^2=9$ 绕 z 轴旋转一周,求所生成的旋转曲面的方程.

5. 将 Oxy 面上的双曲线 $4x^2-9y^2=36$ 分别绕 x 轴及 y 轴旋转一周,求所生成的旋转曲面的方程.

6. 画出下列方程所表示的曲面:

(1) $\left(x-\dfrac{1}{2}\right)^2+y^2=\left(\dfrac{1}{2}\right)^2$;   (2) $\dfrac{x^2}{9}+\dfrac{y^2}{4}=1$;   (3) $\dfrac{y^2}{4}-\dfrac{z^2}{2}=1$;

(4) $z^2=8x$;   (5) $z=2-x^2$;   (6) $9x^2-4z^2=0$.

7. 画出下列方程所表示的曲面:

(1) $\dfrac{x^2}{9}+\dfrac{y^2}{4}+\dfrac{z^2}{15}=1$;   (2) $4x^2+y^2-z^2=4$;

(3) $\dfrac{x^2}{9}-\dfrac{y^2}{16}-\dfrac{z^2}{25}=1$;   (4) $\dfrac{z}{3}=\dfrac{x^2}{4}+\dfrac{y^2}{9}$;

(5) $z=\dfrac{x^2}{20}-\dfrac{y^2}{15}$;   (6) $\dfrac{x^2}{4}-y^2+\dfrac{z^2}{16}=0$.

§8.4　空间曲线及其方程

一、空间曲线的一般方程

空间曲线可以看做是两个曲面的公共部分(见图 8-31). 设有两个不相同的曲面 Σ_1 和 Σ_2,它们的交线为空间曲线 Γ. 若曲面 Σ_1 和 Σ_2 对应的方程分别为 $F(x,y,z)=0$ 和 $G(x,y,z)=0$,那么方程组

$$\begin{cases} F(x,y,z)=0, \\ G(x,y,z)=0 \end{cases} \quad (1)$$

叫做空间曲线 Γ 的**一般方程**.

图 8-31

例 1　方程组 $\begin{cases} z=\sqrt{a^2-x^2-y^2}, \\ x^2+y^2=ax \end{cases}$ $(a>0)$表示怎样的曲线?

解　方程组的第一个方程表示球心在原点,半径为 a 的上半球面. 第二个方程可化为 $\left(x-\dfrac{a}{2}\right)^2+y^2=\left(\dfrac{a}{2}\right)^2$,它表示母线平行于 z 轴的圆柱面,它的准线是 Oxy 面上的圆,圆心在$(a/2,0)$,半径为 $a/2$. 因此方程组表示上半球面与圆柱面的交线,见图 8-32.

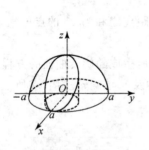

图 8-32

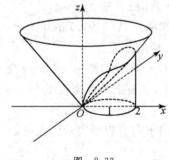

图 8-33

例 2　方程组 $\begin{cases} z=\sqrt{x^2+y^2}, \\ z^2=2x \end{cases}$ 表示怎样的曲线?

解　由方程组消去 z 得 $x^2+y^2=2x$,即$(x-1)^2+y^2=1$,所以原方程组可化为同解方程组 $\begin{cases} z=\sqrt{x^2+y^2}, \\ (x-1)^2+y^2=1. \end{cases}$ 第一个方程表示圆锥面,第二个方程表示圆柱面,因此方程组表示圆锥面与圆柱面的交线,见图 8-33.

因为通过空间一条曲线可以有许多曲面,所以一条曲线 Γ 可以用不同的同解方程组来

表示.我们可以选取恰当的方程组,以方便研究曲线 Γ 的图形.

二、空间曲线的参数方程

空间曲线 Γ 也可以用参数方程的形式表示,只要将 Γ 上的动点的直角坐标 x,y,z 表示为参数 t(或参变量)的函数即可,其一般形式是

$$\begin{cases} x=x(t), \\ y=y(t), \quad t\in[\alpha,\beta]. \\ z=z(t), \end{cases} \tag{2}$$

对于每一个参数 t,就确定曲线 Γ 上的一点 (x,y,z),随着 t 在某一区间(可以是有限或无限区间)变动,就得到 Γ 上的全部点. 方程(2)称为空间曲线 Γ 的参数方程.

例 3(螺旋线) 设空间动点 M 在圆柱面 $x^2+y^2=a^2(a>0)$ 上以角速度 ω 绕 z 轴转动,同时又以线速度 v 沿平行于 z 轴的正方向上升,求动点 M 的运动轨迹 Γ 的参数方程.

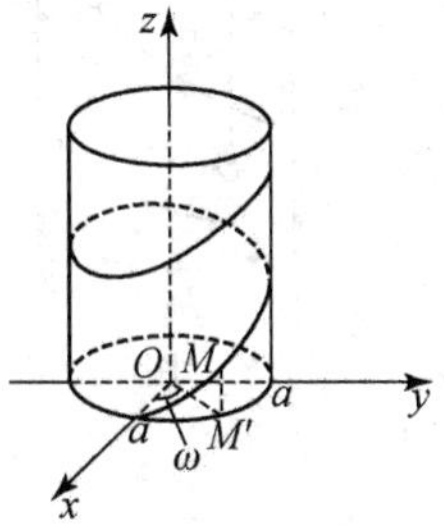

解 取时间 t 为参数,设 $t=0$ 时,动点位于点 $A(a,0,0)$ 处,经过时间 t 后,动点位于 $M(x,y,z)$,则 M 在 Oxy 面上的投影为 $M'(x,y,0)$(见图 8-34). 易知螺旋线的参数方程为

$$\begin{cases} x=a\cos\omega t, \\ y=a\sin\omega t, \quad (0\leqslant t<+\infty). \\ z=vt \end{cases}$$

图 8-34

也可以取参数 $\theta=\omega t$,则螺旋线的参数方程可写为

$$\begin{cases} x=a\cos\theta, \\ y=a\sin\theta, \quad (0\leqslant \theta<+\infty), \\ z=b\theta \end{cases}$$

其中 $b=v/\omega$.

例 4 将如下曲线 Γ 的一般方程化为参数方程:

$$\begin{cases} x^2+y^2+z^2=9/2, \\ x+z=1. \end{cases}$$

解 将 Γ 的一般方程改写为 $\begin{cases} \dfrac{1}{2}\left(x-\dfrac{1}{2}\right)^2+\dfrac{1}{4}y^2=1, \\ x+z=1, \end{cases}$ 化为参数方程得

$$\begin{cases} x=\sqrt{2}\cos\theta+\dfrac{1}{2}, \\ y=2\sin\theta, \quad (0\leqslant\theta\leqslant 2\pi). \\ z=\dfrac{1}{2}-\sqrt{2}\cos\theta \end{cases}$$

三、空间曲线在坐标面上的投影

设空间曲线 Γ 的一般方程为

$$\begin{cases} F(x,y,z)=0, \\ G(x,y,z)=0, \end{cases} \tag{3}$$

再设从方程组(3)中消去变量 z 后得方程

$$H(x,y)=0. \tag{4}$$

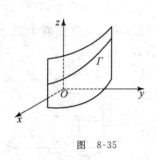

图　8-35

因为方程(4)是由方程组(3)消去 z 后所得的结果,所以当 x,y,z 满足方程组(3)时,前两个数 x,y 必满足方程(4). 也就是说,Γ 上的每一点都落在由方程(4)所表示的曲面上. 而方程(4)表示母线平行于 z 轴的柱面(见图 8-35),它包含曲线 Γ. 以曲线 Γ 为准线,母线平行于 z 轴的柱面叫做曲线 Γ 关于 Oxy 面的**投影柱面**;投影柱面与 Oxy 面的交线叫做空间曲线 Γ 在 Oxy 面上的**投影曲线**(简称**投影**). 因此方程(4)所表示的柱面是投影柱面,而方程组

$$\begin{cases} H(x,y)=0, \\ z=0 \end{cases}$$

所表示的曲线是空间曲线 Γ 在 Oxy 面上的投影.

类似地,消去方程组(3)中的变量 x 或变量 y,相应得到方程 $R(y,z)=0$ 和 $T(z,x)=0$,而方程组

$$\begin{cases} R(y,z)=0, \\ x=0 \end{cases} \quad \text{和} \quad \begin{cases} T(z,x)=0, \\ y=0 \end{cases}$$

所表示的曲线分别是曲线 Γ 在 Oyz 面和 Ozx 面上的投影曲线.

例 5　求曲线 $\Gamma:\begin{cases} x^2+y^2+z^2=1, \\ y-z=0 \end{cases}$ 在 Oxy 面上的投影曲线.

解　方程组消去 z 得投影柱面 $x^2+2y^2=1$,所以 Γ 在 Oxy 面上的投影曲线为 $\begin{cases} x^2+2y^2=1, \\ z=0, \end{cases}$ 它是 Oxy 面上的一个椭圆.

例 6　求由锥面 $z=\sqrt{x^2+y^2}$ 与抛物面 $z=2-x^2-y^2$ 所围成的区域 Ω 在 Oxy 面上的投影.

解　求两曲面的交线 Γ:

$$\begin{cases} z=\sqrt{x^2+y^2}, \\ z=2-x^2-y^2. \end{cases}$$

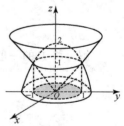

图　8-36

为了消去 z,将第一个方程代入第二个方程得 $z=2-z^2$,即 $z^2+z-2=0$,解得 $z=1$ 或 $z=-2$(舍去). 用 $z=1$ 代入第一(或第二)个方

程，就得到投影柱面为 $x^2 + y^2 = 1$. 因此 Γ 在 Oxy 面上的投影曲线为

$$\begin{cases} x^2 + y^2 = 1, \\ z = 0. \end{cases}$$

于是 Ω 在 Oxy 面上的投影是：$x^2 + y^2 \leqslant 1$（见图 8-36）.

四、空间曲面的参数方程

在空间直角坐标系中，曲面的参数方程通常含两个参数：

$$\begin{cases} x = x(s,t), \\ y = y(s,t), \\ z = z(s,t). \end{cases}$$

例如，空间曲线 Γ：$\begin{cases} x = x(t), \\ y = y(t), \\ z = z(t) \end{cases}$（$\alpha \leqslant t \leqslant \beta$）绕 z 轴旋转一周，所得旋转曲面的方程为

$$\begin{cases} x = \sqrt{x^2(t) + y^2(t)} \cos\theta, \\ y = \sqrt{x^2(t) + y^2(t)} \sin\theta, \quad (\alpha \leqslant t \leqslant \beta, 0 \leqslant \theta \leqslant 2\pi), \\ z = z(t) \end{cases} \tag{5}$$

这是因为：固定 t，得 Γ 上一点 $M_1(x(t), y(t), z(t))$，点 M_1 绕 z 轴旋转得空间一圆周，该圆在平面 $z = z(t)$ 上，半径为 M_1 到 z 轴的距离 $\sqrt{x^2(t) + y^2(t)}$，因此当 t 固定时，方程（5）就是该圆的参数方程. 再令 t 在 $[\alpha, \beta]$ 变动，方程（5）就是旋转曲面的方程（见图 8-37）.

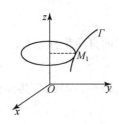

图 8-37

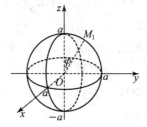

图 8-38

例 7 求球面 $x^2 + y^2 + z^2 = a^2 (a > 0)$ 的参数方程.

解 球面可看成 Oyz 面上半圆周

$$\begin{cases} x = 0, \\ y = a\sin\varphi, \quad (0 \leqslant \varphi \leqslant \pi) \\ z = a\cos\varphi \end{cases}$$

绕 z 轴旋转一周所得（见图 8-38）. 利用方程（5），得所求球面的参数方程为

$$\begin{cases} x = a\sin\varphi\cos\theta, \\ y = a\sin\varphi\sin\theta, \quad (0 \leqslant \varphi \leqslant \pi, 0 \leqslant \theta \leqslant 2\pi). \\ z = a\cos\varphi \end{cases}$$

例 8　求椭圆抛物面 $\dfrac{x^2}{a^2} + \dfrac{y^2}{b^2} = 2z \ (a, b > 0)$ 的参数方程.

解　该椭圆抛物面的参数方程可取为

$$\begin{cases} x = at\cos\theta, \\ y = bt\sin\theta, \quad (0 \leqslant t < +\infty, 0 \leqslant \theta \leqslant 2\pi). \\ z = t^2/2 \end{cases}$$

习　题　8.4

1. 分别求母线平行于 x 轴及 y 轴且通过曲线 $\begin{cases} 2x^2 + y^2 + z^2 = 16, \\ x^2 + z^2 - y^2 = 0 \end{cases}$ 的柱面方程.

2. 求球面 $x^2 + y^2 + z^2 = 9$ 与平面 $x + z = 1$ 的交线在 Oxy 面上的投影方程.

3. 求曲线 $\Gamma: \begin{cases} x^2 + y^2 + z^2 = 1, \\ x + y + z = 1 \end{cases}$ 在 Oxy 面上的投影曲线方程.

4. 将下列曲线的一般方程化为参数方程:

(1) $\begin{cases} x^2 + y^2 + z^2 = 9, \\ y = x; \end{cases}$　　(2) $\begin{cases} y^2 = 2px, \\ z = kx; \end{cases}$　　(3) $\begin{cases} (x-1)^2 + y^2 + (z+1)^2 = 4, \\ z = 0. \end{cases}$

5. 求曲线 $\Gamma: \begin{cases} (x+2)^2 - z = 4, \\ (x-2)^2 + y^2 = 4 \end{cases}$ 的参数方程, 并求 Γ 在 Oyz 面上的投影.

6. 求螺旋线 $\begin{cases} x = a\cos\theta, \\ y = a\sin\theta, \\ z = b\theta \end{cases}$ 在三个坐标面上的投影曲线的直角坐标方程.

7. 求上半球 $0 \leqslant z \leqslant \sqrt{a^2 - x^2 - y^2}$ 与圆柱体 $x^2 + y^2 \leqslant ax \, (a > 0)$ 的公共部分在 Oxy 面和 Ozx 面上的投影.

8. 求由上半球面 $z = \sqrt{4 - x^2 - y^2}$ 和锥面 $z = \sqrt{3(x^2 + y^2)}$ 所围成的立体在 Oxy 面上的投影.

9. 求旋转抛物面 $z = x^2 + y^2 \, (0 \leqslant z \leqslant 4)$ 在三个坐标面上的投影.

§8.5　平面及其方程

平面是空间曲面中最简单而且最重要的曲面之一. 本节我们将以向量为工具, 在空间直角坐标系中建立平面方程, 并讨论有关它的一些基本性质.

一、平面的点法式方程

因为过空间的一点可以唯一地作一个平面垂直于已知直线，所以当平面 Π 上的一点 $M_0(x_0,y_0,z_0)$ 以及垂直于平面的一个非零向量 $\boldsymbol{n}=(A,B,C)$ 已知时，平面 Π 就完全确定了（见图 8-39）. 向量 $\boldsymbol{n}$ 叫做平面 Π 的**法线向量**（简称**法向量**）. 下面给出平面 Π 的方程.

因为空间一点 $M(x,y,z)$ 在平面 Π 上的充分必要条件是

$$\overrightarrow{M_0M}\perp\boldsymbol{n},\quad 即\quad \overrightarrow{M_0M}\cdot\boldsymbol{n}=0.$$

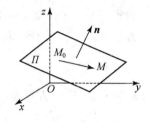

这里 $\boldsymbol{n}=(A,B,C),\overrightarrow{M_0M}=(x-x_0,y-y_0,z-z_0)$，所以有

$$A(x-x_0)+B(y-y_0)+C(z-z_0)=0. \qquad (1)$$

方程（1）就是平面 Π 的方程. 由于它是由平面 Π 上的一点 $M_0(x_0,y_0,z_0)$ 及 Π 的一个法向量 $\boldsymbol{n}=(A,B,C)$ 所确定的，所以方程（1）叫做平面的**点法式方程**.

图 8-39

例 1 已知两点 $A(2,-1,2),B(8,-7,5)$，求过点 A 且与直线 AB 垂直的平面.

解 由于 $\overrightarrow{AB}=(6,-6,3)=3(2,-2,1)$，可以取 $\boldsymbol{n}=(2,-2,1)$，得所求平面方程为

$$2(x-2)-2(y+1)+(z-2)=0,\quad 即\quad 2x-2y+z-8=0.$$

例 2 已知不共线的三点 $M_0(x_0,y_0,z_0),M_1(x_1,y_1,z_1),M_2(x_2,y_2,z_2)$，求过这三点的平面 Π 的方程.

解 先求 Π 的法向量 $\boldsymbol{n}$. 因为 $\boldsymbol{n}$ 与向量 $\overrightarrow{M_0M_1},\overrightarrow{M_0M_2}$ 都垂直，所以取 $\boldsymbol{n}=\overrightarrow{M_0M_1}\times\overrightarrow{M_0M_2}$. 又因为所求平面过 $M_0(x_0,y_0,z_0)$ 点，所以所求平面 Π 的方程是 $\overrightarrow{M_0M}\cdot\boldsymbol{n}=0$，用向量的混合积表示是

$$[\overrightarrow{M_0M}\ \overrightarrow{M_0M_1}\ \overrightarrow{M_0M_2}]=0,\quad 即\quad \begin{vmatrix} x-x_0 & y-y_0 & z-z_0 \\ x_1-x_0 & y_1-y_0 & z_1-z_0 \\ x_2-x_0 & y_2-y_0 & z_2-z_0 \end{vmatrix}=0.$$

上面两式都叫做平面 Π 的**三点式方程**.

二、平面的一般方程

由于任一平面都可以用它上面的一点及它的任一法线向量来确定，即可用平面的点法式方程（1）来表示，所以任一平面的方程是三元一次方程. 反之，设有三元一次方程

$$Ax+By+Cz+D=0, \qquad (2)$$

其中 A,B,C 不全为零. 任取这方程的一个解 x_0,y_0,z_0，即得

$$Ax_0+By_0+Cz_0+D=0.$$

将上式与（2）式相减得

$$A(x-x_0)+B(y-y_0)+C(z-z_0)=0. \qquad (3)$$

显然方程(2)与方程(3)同解,所以任一三元一次方程(2)的图形是一个平面. 方程(2)称为平面的**一般方程**,其中 x,y,z 的系数就是平面的一个法向量 $\boldsymbol{n}$ 的坐标,即 $\boldsymbol{n}=(A,B,C)$.

下面讨论一些特殊的三元一次方程的图形:

当 $D=0$ 时,方程(2)成为 $Ax+By+Cz=0$,它表示通过原点的平面.

当 $A=0$ 时,方程(2)成为 $By+Cz+D=0$,其法向量 $\boldsymbol{n}=(0,B,C)$ 垂直于 x 轴,于是方程表示平行于 x 轴的平面(这里把平面过直线看成平面与直线平行的特殊情形). 类似地,方程 $Ax+Cz+D=0$ 和 $Ax+By+D=0$ 分别表示平行于 y 轴和 z 轴的平面.

当 $A=B=0$ 时,方程(2)成为 $Cz+D=0$,即 $z=-\dfrac{D}{C}$,其法向量 $\boldsymbol{n}=(0,0,C)$ 垂直于 x 轴和 y 轴,所以方程表示平行 Oxy 面的平面(这里把平面重合看成平面平行的特殊情形). 同样,方程 $Ax+D=0\left(\text{即 } x=-\dfrac{D}{A}\right)$ 和 $By+D=0\left(\text{即 } y=-\dfrac{D}{B}\right)$ 分别表示平行于 Oyz 面和 Ozx 面的平面.

当 A,B,C,D 均不为零时,方程(2)可改写为

$$\frac{x}{a}+\frac{y}{b}+\frac{z}{c}=1, \tag{4}$$

其中 $a=-\dfrac{D}{A},b=-\dfrac{D}{B},c=-\dfrac{D}{C}$. 该平面与 x 轴、y 轴、z 轴的交点依次为 $(a,0,0)$,$(0,b,0)$,$(0,0,c)$. 方程(4)叫做平面的**截距式方程**,其中 a,b,c 依次叫做平面在 x 轴、y 轴、z 轴上的**截距**.

例3　求通过 x 轴和点 $(4,-3,-1)$ 的平面方程.

解　因平面通过 x 轴,它既平行于 x 轴,又通过原点,所以 $A=0,D=0$. 因此可设平面方程为

$$By+Cz=0.$$

又因平面过点 $(4,-3,-1)$,因此有

$$-3B-C=0, \quad \text{即} \quad C=-3B.$$

以 $C=-3B$ 代入所得方程,并除以 $B(B\neq0)$,得所求的平面方程为

$$y-3z=0.$$

例4　求平面 $2x-4y+3z+2=0$ 的截距式方程,并求它与坐标轴的交点.

解　所求截距式方程为

$$\frac{x}{-1}+\frac{y}{\frac{1}{2}}+\frac{z}{-\frac{2}{3}}=1.$$

该平面与 x 轴、y 轴、z 轴的交点依次为 $(-1,0,0)$,$\left(0,\dfrac{1}{2},0\right)$ 和 $\left(0,0,-\dfrac{2}{3}\right)$.

三、两平面的夹角

两平面的法向量的夹角(一般指锐角)称为两平面的**夹角**(见图 8-40). 设两平面 Π_1,Π_2 的方程为

$$\Pi_1: A_1 x + B_1 y + C_1 z + D_1 = 0,$$
$$\Pi_2: A_2 x + B_2 y + C_2 z + D_2 = 0,$$

则它们的法向量分别为 $\boldsymbol{n}_1 = (A_1,B_1,C_1), \boldsymbol{n}_2 = (A_2,B_2,C_2)$. 于是 Π_1 和 Π_2 的夹角 $\theta = (\widehat{\boldsymbol{n}_1,\boldsymbol{n}_2})$ 或 $\theta = \pi - (\widehat{\boldsymbol{n}_1,\boldsymbol{n}_2})$(取二者中的锐角),所以夹角余弦 $\cos\theta = |\cos(\widehat{\boldsymbol{n}_1,\boldsymbol{n}_2})|$,用坐标表示为

$$\cos\theta = \frac{|A_1 A_2 + B_1 B_2 + C_1 C_2|}{\sqrt{A_1^2 + B_1^2 + C_1^2} \cdot \sqrt{A_2^2 + B_2^2 + C_2^2}}. \qquad (5)$$

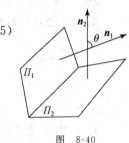

图 8-40

由(5)式立即推出下述**结论**:

(1) $\Pi_1 \perp \Pi_2 \Longleftrightarrow \boldsymbol{n}_1 \perp \boldsymbol{n}_2 \Longleftrightarrow A_1 A_2 + B_1 B_2 + C_1 C_2 = 0$;

(2) $\Pi_1 /\!/ \Pi_2 \Longleftrightarrow \boldsymbol{n}_1 /\!/ \boldsymbol{n}_2 \Longleftrightarrow \dfrac{A_1}{A_2} = \dfrac{B_1}{B_2} = \dfrac{C_1}{C_2}$.

特别地,当 $\dfrac{A_1}{A_2} = \dfrac{B_1}{B_2} = \dfrac{C_1}{C_2} = \dfrac{D_1}{D_2}$ 时,Π_1 与 Π_2 重合.

例 5 求两平面 $2x + y - z - 1 = 0$ 和 $x - y - 2z + 4 = 0$ 的夹角.

解 设两平面的夹角为 θ,由公式(5)得

$$\cos\theta = \frac{|2\times1 + 1\times(-1) + (-1)\times(-2)|}{\sqrt{2^2 + 1^2 + (-1)^2} \cdot \sqrt{1^2 + (-1)^2 + (-2)^2}} = \frac{1}{2},$$

从而 $\theta = \arccos\dfrac{1}{2} = \dfrac{\pi}{3}$.

例 6 已知一平面通过原点 O 及点 $(6,-3,2)$,且与平面 $4x - y + 2z = 8$ 垂直,求它的方程.

解 因平面过原点,故可设所求平面的方程为

$$Ax + By + Cz = 0.$$

依题意,有

$$\begin{cases} 6A - 3B + 2C = 0, \\ (A,B,C)\cdot(4,-1,2) = 4A - B + 2C = 0. \end{cases}$$

解方程组得 $B = A, C = -\dfrac{3}{2}A$. 代入 $Ax + By + Cz = 0$,化简后即得所求平面的方程为

$$2x + 2y - 3z = 0.$$

四、点到平面的距离

设点 $P_0(x_0,y_0,z_0)$ 是平面 $\Pi: Ax + By + Cz + D = 0$ 外的一点. 下面求点 P_0 到平面 Π

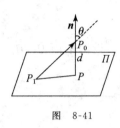

图 8-41

的距离 d. 在 Π 上任取点 $P_1(x_1,y_1,z_1)$,并作平面 Π 的法向量 $\boldsymbol{n}=(A,B,C)$. 由图 8-41 易知,所求距离为

$$d = |\operatorname{Prj}_{\boldsymbol{n}} \overrightarrow{P_1 P_0}| = \frac{|\boldsymbol{n} \cdot \overrightarrow{P_1 P_0}|}{|\boldsymbol{n}|}.$$

将 $\boldsymbol{n}=(A,B,C)$,$\overrightarrow{P_1 P_0}=(x_0-x_1,y_0-y_1,z_0-z_1)$ 代入上式,并利用 $Ax_1+By_1+Cz_1+D=0$ 即可求得点 $P_0(x_0,y_0,z_0)$ 到平面 Π 的距离公式

$$d = \frac{|Ax_0 + By_0 + Cz_0 + D|}{\sqrt{A^2 + B^2 + C^2}}. \tag{6}$$

例 7 求点 $(2,1,0)$ 到平面 $3x+4y+5z=0$ 的距离.

解 由公式(6)得所求的距离为

$$d = \frac{|3 \times 2 + 4 \times 1 + 5 \times 0 + 0|}{\sqrt{3^2 + 4^2 + 5^2}} = \sqrt{2}.$$

习 题 8.5

1. 分别求满足下列条件的平面方程:

(1) 通过点 $M_0(2,9,-6)$ 且与连接坐标原点及点 M_0 的线段 OM_0 垂直;

(2) 通过点 $A(2,-5,3)$ 且平行于 Ozx 面;

(3) 通过 x 轴和点 $A(5,-2,1)$.

2. 设一平面通过点 $(1,0,-1)$ 且平行于向量 $\boldsymbol{a}=(2,1,1)$ 和 $\boldsymbol{b}=(1,-1,0)$,求这平面的方程.

3. 求通过点 $A(1,1,1)$ 和 $B(1,0,2)$,且垂直于平面 $x+2y-z-6=0$ 的平面方程.

4. 求通过三点 $(1,1,-1)$,$(-2,-2,2)$ 和 $(1,-1,2)$ 的平面方程.

5. 求通过三点 $(7,6,7)$,$(5,10,5)$ 和 $(-1,8,9)$ 的平面方程.

6. 求通过坐标原点且垂直于两平面 $x-y+z-7=0$ 和 $3x+2y-12z+5=0$ 的平面方程.

7. 设一平面通过点 $(5,-7,4)$ 且在三个坐标轴上的截距相等,求这平面方程.

8. 求平面 $2x-2y+z+5=0$ 与各坐标面的夹角余弦.

9. 求下列给定点到给定平面的距离:

(1) 点 $A(3,-6,7)$,平面 $4x-3z-1=0$;

(2) 点 $A(1,2,1)$,平面 $x+2y+2z-10=0$.

10. 求下列平面的法向量与三个坐标轴所成的夹角 α,β,γ,并求原点到平面的距离:

(1) $x+\sqrt{2}y+z-10=0$;

(2) $y-z+2=0$.

§8.6 空间直线及其方程

一、空间直线的一般方程

空间直线可以看做是两个平面的交线(见图 8-42). 设平面 Π_1 和 Π_2 的交线为直线 L,它们的方程分别是 $A_1x+B_1y+C_1z+D_1=0$ 和 $A_2x+B_2y+C_2z+D_2=0$. 当法向量 $\boldsymbol{n}_1=(A_1,B_1,C_1)$ 和 $\boldsymbol{n}_2=(A_2,B_2,C_2)$ 不平行时,直线 L 可以用方程组

$$\begin{cases} A_1x+B_1y+C_1z+D_1=0, \\ A_2x+B_2y+C_2z+D_2=0 \end{cases} \tag{1}$$

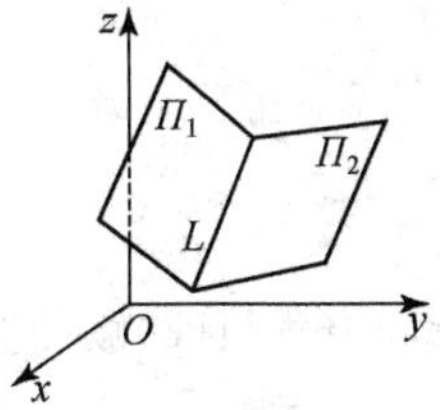

来表示. 方程组(1)叫做空间直线的**一般方程**.

图 8-42

二、空间直线的对称式方程与参数方程

空间直线 L 的位置可由其上的一点 M_0 和它的方向 s 唯一确定. 如图 8-43 所示,给定空间的已知点 $M_0(x_0,y_0,z_0)$ 和一非零向量 $s=(m,n,p)$,我们来建立通过 M_0 点,且平行于 s 的直线 L 的方程. 设 $M(x,y,z)$ 是空间上任一点,显然点 M 在 L 上的充分必要条件是 $\overrightarrow{M_0M}\,/\!/\,s$,即

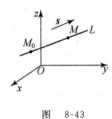

$$\frac{x-x_0}{m}=\frac{y-y_0}{n}=\frac{z-z_0}{p}. \tag{2}$$

因此方程组(2)就是直线 L 的方程,叫做直线的**对称式方程**或**点向式方程**. 由于非零向量 s 确定了直线的方向,我们称 s 为直线 L 的**方向向量**,向量 s 的坐标 m,n,p 称为直线 L 的一组**方向数**. 方向向量 s 的方向余弦也称为直线 L 的方向余弦.

图 8-43

由于 s 是非零向量,它的分量 m,n,p 不会同时为零,但可能有其中一个或两个为零的情况. 例如,当 s 垂直于 x 轴时,它在 x 轴上的投影 $m=0$,此时为了保持方程的对称形式,我们仍写成

$$\frac{x-x_0}{0}=\frac{y-y_0}{n}=\frac{z-z_0}{p},$$

但这时上式应理解为

$$\begin{cases} x-x_0=0, \\ \dfrac{y-y_0}{n}=\dfrac{z-z_0}{p}; \end{cases}$$

当 m,n,p 中有两个为零,例如 $m=n=0$,方程(2)应理解为

$$\begin{cases} x - x_0 = 0, \\ y - y_0 = 0. \end{cases}$$

由直线的对称式方程容易导出直线的参数方程：因为 $\overrightarrow{M_0 M} \ /\!/ \ s$ 的充分必要条件是存在实数 t，使得 $\overrightarrow{M_0 M} = t s$，即

$$\frac{x - x_0}{m} = \frac{y - y_0}{n} = \frac{z - z_0}{p} = t,$$

或

$$\begin{cases} x = x_0 + mt, \\ y = y_0 + nt, \quad (-\infty < t < +\infty), \\ z = z_0 + pt \end{cases} \tag{3}$$

所以方程组(3)就是直线的**参数方程**.

　　例 1　将直线 L 的一般方程 $\begin{cases} x - 2y + 3z + 1 = 0, \\ 2x + y - 4z - 8 = 0 \end{cases}$ 化为对称式方程及参数方程.

　　解　先求直线 L 上一个点. 令 $z = 0$，得 $\begin{cases} x - 2y + 1 = 0, \\ 2x + y - 8 = 0. \end{cases}$ 解方程组得 $x = 3, y = 2$，即求得 L 上的一个点 $(3, 2, 0)$. 再求 L 的方向向量 s. 由于

$$\boldsymbol{n_1} \times \boldsymbol{n_2} = \begin{vmatrix} \boldsymbol{i} & \boldsymbol{j} & \boldsymbol{k} \\ 1 & -2 & 3 \\ 2 & 1 & -4 \end{vmatrix} = 5\boldsymbol{i} + 10\boldsymbol{j} + 5\boldsymbol{k} = 5(\boldsymbol{i} + 2\boldsymbol{j} + \boldsymbol{k}),$$

所以可以取 $s = (1, 2, 1)$. 因此直线 L 的对称式方程为

$$\frac{x - 3}{1} = \frac{y - 2}{2} = \frac{z}{1},$$

参数方程为

$$\begin{cases} x = 3 + t, \\ y = 2 + 2t, \quad (-\infty < t < +\infty). \\ z = t \end{cases}$$

三、两直线的夹角

　　两直线的方向向量的夹角(通常指锐角)叫做两直线的**夹角**.

　　设直线 L_1 和 L_2 的方向向量依次为 $\boldsymbol{s_1} = (m_1, n_1, p_1)$ 和 $\boldsymbol{s_2} = (m_2, n_2, p_2)$，于是 L_1 和 L_2 的夹角为 $\varphi = (\widehat{\boldsymbol{s_1}, \boldsymbol{s_2}})$ 或 $\varphi = (\widehat{\boldsymbol{s_1}, -\boldsymbol{s_2}})$ (取二者中的锐角)，从而有 $\cos\varphi = |\cos(\widehat{\boldsymbol{s_1}, \boldsymbol{s_2}})|$，用坐标表示为

$$\cos\varphi = \frac{|m_1 m_2 + n_1 n_2 + p_1 p_2|}{\sqrt{m_1^2 + n_1^2 + p_1^2} \cdot \sqrt{m_2^2 + n_2^2 + p_2^2}}. \tag{4}$$

由上式立即推出下述结论：

(1) 两直线 $L_1 \perp L_2 \Longleftrightarrow s_1 \perp s_2 \Longleftrightarrow m_1 m_2 + n_1 n_2 + p_1 p_2 = 0$;

(2) 两直线 $L_1 /\!/ L_2 \Longleftrightarrow s_1 /\!/ s_2 \Longleftrightarrow \dfrac{m_1}{m_2} = \dfrac{n_1}{n_2} = \dfrac{p_1}{p_2}$.

例 2 设有直线 $L_1: \dfrac{x-1}{1} = \dfrac{y-5}{-2} = \dfrac{z+8}{1}$ 与 $L_2: \begin{cases} x-y=6, \\ 2y+z=3, \end{cases}$ 求两直线 L_1 与 L_2 的夹角 φ.

解 直线 L_1 和 L_2 的方向向量分别为

$$s_1 = (1, -2, 1), \quad s_2 = \begin{vmatrix} \boldsymbol{i} & \boldsymbol{j} & \boldsymbol{k} \\ 1 & -1 & 0 \\ 0 & 2 & 1 \end{vmatrix} = (-1, -1, 2).$$

由公式(4)有

$$\cos\varphi = \frac{|1 \times (-1) + (-2) \times (-1) + 1 \times 2|}{\sqrt{1^2 + (-2)^2 + 1^2} \cdot \sqrt{(-1)^2 + (-1)^2 + 2^2}} = \frac{1}{2},$$

所以夹角 $\varphi = \pi/3$.

四、直线与平面的夹角

当直线与平面不垂直时,该直线和它在平面上的投影直线的夹角 φ $(0 \leqslant \varphi < \pi/2)$ 叫做直线与平面的**夹角**(见图 8-44);当直线与平面垂直时,规定直线与平面的夹角等于 $\pi/2$.

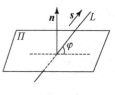

图 8-44

设直线 L 的方向向量为 $s = (m, n, p)$,平面 Π 的法向量为 $\boldsymbol{n} = (A, B, C)$,则 L 与 Π 的夹角 $\varphi = \left| \dfrac{\pi}{2} - (\widehat{s, n}) \right|$ (见图 8-44). 所以 $\sin\varphi = |\cos(\widehat{s, n})|$,用坐标表示为

$$\sin\varphi = \frac{|Am + Bn + Cp|}{\sqrt{A^2 + B^2 + C^2} \cdot \sqrt{m^2 + n^2 + p^2}}. \tag{5}$$

由上式立即推得下述结论:

(1) $L \perp \Pi \Longleftrightarrow s /\!/ \boldsymbol{n} \Longleftrightarrow \dfrac{A}{m} = \dfrac{B}{n} = \dfrac{C}{p}$;

(2) $L /\!/ \Pi \Longleftrightarrow s \perp \boldsymbol{n} \Longleftrightarrow Am + Bn + Cp = 0$.

这里 $L \perp \Pi$ 表示直线 L 与平面 Π 垂直, $L /\!/ \Pi$ 表示 L 与 Π 平行或 L 在 Π 上.

例 3 求通过点 $(1, -2, 4)$ 且与平面 $2x - 3y + z - 4 = 0$ 垂直的直线方程.

解 因为所求直线垂直已知平面,而该已知平面的法向量 $\boldsymbol{n} = (2, -3, 1)$,所以可以取直线的方向向量为 $s = \boldsymbol{n} = (2, -3, 1)$. 因此所求直线的点向式方程为

$$\frac{x-1}{2} = \frac{y+2}{-3} = \frac{z-4}{1}.$$

习 题 8.6

1. 求通过两点 $M_1(3,-5,1)$ 和 $M_2(1,2,4)$ 的直线方程.

2. 求通过点 $M_0(1,0,-5)$ 且和向量 $\boldsymbol{a}=(7,-2,1)$ 平行的直线方程.

3. 用对称式方程及参数方程表示直线 $\begin{cases} x-y+z=1, \\ 2x+y+z=4. \end{cases}$

4. 化直线的对称式方程 $\dfrac{x-1}{2}=\dfrac{y+2}{-5}=\dfrac{z-4}{7}$ 为一般方程.

5. 求直线 $\dfrac{x}{1}=\dfrac{y}{2}=\dfrac{z}{3}$ 与平面 $x+2y+3z-1=0$ 的交点.

6. 求点 $(-1,2,0)$ 在平面 $x+2y-z+1=0$ 上的投影.

7. 求下列直线间的夹角:

(1) $\dfrac{x-1}{3}=\dfrac{y+2}{6}=\dfrac{z-5}{2}$ 与 $\dfrac{x}{2}=\dfrac{y-3}{9}=\dfrac{z+1}{6}$;

(2) $\begin{cases} 5x-3y+3z-9=0, \\ 3x-2y+z-1=0 \end{cases}$ 与 $\begin{cases} 2x+2y-z+23=0, \\ 3x+8y+z-18=0. \end{cases}$

8. 求下列直线与平面的夹角:

(1) 直线 $\dfrac{x-1}{-2}=\dfrac{y}{-1}=\dfrac{z-5}{2}$ 与平面 $x+y+5=0$;

(2) 直线 $\begin{cases} x+y+3z=0, \\ x-y-z=0 \end{cases}$ 与平面 $x-y-z+1=0$.

9. 求通过点 $(0,2,4)$ 且与两平面 $x+2z=1$ 和 $y-3z=2$ 平行的直线方程.

10. 在 Ozx 面上求一条通过坐标原点且垂直于直线 $\dfrac{x-2}{3}=\dfrac{y+1}{-2}=\dfrac{z-5}{1}$ 的直线方程.

§8.7 综 合 例 题

首先介绍平面束的概念. 设直线 L 的一般方程为

$$\begin{cases} \Pi_1: A_1x+B_1y+C_1z+D_1=0, \\ \Pi_2: A_2x+B_2y+C_2z+D_2=0, \end{cases} \tag{1}$$

其中法向量 $\boldsymbol{n}_1=(A_1,B_1,C_1)$，$\boldsymbol{n}_2=(A_2,B_2,C_2)$ 不平行. 通过直线 L 有无限个平面. 下面将给出通过 L 的所有平面的表示法.

对于任意一个实数 λ，构造三元一次方程

$$A_1x+B_1y+C_1z+D_1+\lambda(A_2x+B_2y+C_2z+D_2)=0 \tag{2}$$

或

$$(A_1+\lambda A_2)x+(B_1+\lambda B_2)y+(C_1+\lambda C_2)z+D_1+\lambda D_2=0.$$

由于 $\boldsymbol{n}_1$ 与 $\boldsymbol{n}_2$ 不平行,所以方程(2)的系数 $A_1+\lambda A_2,B_1+\lambda B_2,C_1+\lambda C_2$ 不全为零,因此方程(2)表示一个平面. 显然 L 上任一点的坐标都满足方程(2),因此方程(2)表示通过直线 L 的平面. 反之,对通过直线 L 的任一平面(除平面 Π_2 外),可选取适当的 λ 值,使方程(2)表示该平面. 通过定直线 L 的所有平面的全体叫做直线 L 的**平面束**,而方程(2)叫做直线 L 的**平面束方程**(事实上缺少平面 Π_2).

例 1 设向量 $\boldsymbol{a}=(1,1,0),\boldsymbol{b}=(0,-2,1)$,求以向量 $\boldsymbol{a},\boldsymbol{b}$ 为边的平行四边形的对角线长度.

解 对角线的长分别为 $|\boldsymbol{a}+\boldsymbol{b}|$ 与 $|\boldsymbol{a}-\boldsymbol{b}|$. 又 $\boldsymbol{a}+\boldsymbol{b}=(1,-1,1),\boldsymbol{a}-\boldsymbol{b}=(1,3,-1)$,故 $|\boldsymbol{a}+\boldsymbol{b}|=\sqrt{3},|\boldsymbol{a}-\boldsymbol{b}|=\sqrt{11}$. 因此平行四边形对角线的长度分别为 $\sqrt{3}$ 与 $\sqrt{11}$.

例 2 设点 A 位于第一卦限,向径 $\overrightarrow{OA}$ 与 x 轴、y 轴的夹角依次为 $\dfrac{\pi}{3},\dfrac{\pi}{4}$,且 $|\overrightarrow{OA}|=6$,求点 A 的坐标.

解 设 α,β,γ 为 $\overrightarrow{OA}$ 的方向角. 已知 $\alpha=\dfrac{\pi}{3},\beta=\dfrac{\pi}{4}$,则 $\cos^2\gamma=1-\cos^2\alpha-\cos^2\beta=\dfrac{1}{4}$. 又因点 A 在第一卦限,故 $\cos\gamma=\dfrac{1}{2}$. 于是

$$\overrightarrow{OA}=|\overrightarrow{OA}|\boldsymbol{e}_{\overrightarrow{OA}}=6(\cos\alpha,\cos\beta,\cos\gamma)=6\left(\dfrac{1}{2},\dfrac{\sqrt{2}}{2},\dfrac{1}{2}\right)=(3,3\sqrt{2},3),$$

从而点 A 的坐标为 $(3,3\sqrt{2},3)$.

例 3 设 $\triangle ABC$ 三个顶点 A,B,C 所对的边长分别为 a,b,c,并用 A,B,C 分别表示三个内角,试用向量方法证明正弦定理:

$$\frac{a}{\sin A}=\frac{b}{\sin B}=\frac{c}{\sin C}.$$

证 如图 8-45 所示,由三角形面积公式得 $\triangle ABC$ 的面积

$$S=\frac{1}{2}|\overrightarrow{AC}\times\overrightarrow{AB}|=\frac{1}{2}|\overrightarrow{BA}\times\overrightarrow{BC}|=\frac{1}{2}|\overrightarrow{CB}\times\overrightarrow{CA}|.$$

因为

$$|\overrightarrow{AC}\times\overrightarrow{AB}|=bc\sin A,$$
$$|\overrightarrow{BA}\times\overrightarrow{BC}|=ca\sin B,$$
$$|\overrightarrow{CB}\times\overrightarrow{CA}|=ab\sin C,$$

所以 $\dfrac{a}{\sin A}=\dfrac{b}{\sin B}=\dfrac{c}{\sin C}$.

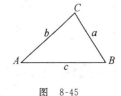

图 8-45

例 4 求直线 $L:\begin{cases}x+y-z-1=0,\\x-y+z+1=0\end{cases}$ 在平面 $\Pi:x+y+z=0$ 上的投影直线 L_0 的方程,并求直线 L_0 绕 z 轴旋转一周所生成的旋转曲面方程.

解　过直线 L 的平面束方程为
$$(x+y-z-1)+\lambda(x-y+z+1)=0,$$
即
$$(1+\lambda)x+(1-\lambda)y+(-1+\lambda)z+(-1+\lambda)=0,$$
其中 λ 为待定常数. 依题意,该平面与平面 $x+y+z=0$ 垂直,即
$$(1+\lambda,1-\lambda,-1+\lambda)\cdot(1,1,1)=0,$$
求得 $\lambda=-1$. 因此投影柱面的方程为 $y-z-1=0$,投影直线 L_0 的方程为
$$\begin{cases} x+y+z=0, \\ y-z-1=0. \end{cases}$$
下面求旋转曲面的方程. 将 L_0 的方程改写为参数方程
$$\begin{cases} x=-2z-1, \\ y=z+1, \\ z=z. \end{cases}$$
设 $M_0(x_0,y_0,z_0)$ 是 L_0 上任一点,即 $x_0=-2z_0-1,y_0=z_0+1$,当 L_0 绕 z 轴旋转时,M_0 也绕 z 轴旋转到另一点 $M(x,y,z)$,这时 $z=z_0$,且 M 与 z 轴的距离恒等于 M_0 与 z 轴的距离,即
$$x^2+y^2=x_0^2+y_0^2=(-2z_0-1)^2+(z_0+1)^2=5z_0^2+6z_0+2=5z^2+6z+2,$$
所以 L_0 绕 z 轴一周所生成的旋转曲面方程为
$$x^2+y^2-5z^2-6z-2=0.$$

例5　设 M_0 是直线 L 外一点,M 是直线 L 上任意一点,且直线 L 的方向向量为 $\boldsymbol{s}$. 证明:点 M_0 到直线 L 的距离为
$$d=\frac{|\overrightarrow{M_0M}\times\boldsymbol{s}|}{|\boldsymbol{s}|}.$$

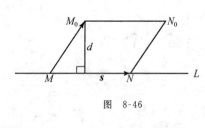

图 8-46

证　如图 8-46 所示,记 M_0 到 L 的距离为 d,则以 $\overrightarrow{MM_0}$ 与 $\boldsymbol{s}$ 为邻边的平行四边形的面积 $S=|\boldsymbol{s}|d$. 而由向量积的几何意义,该平行四边形的面积 $S=|\overrightarrow{MM_0}\times\boldsymbol{s}|$,所以有
$$|\boldsymbol{s}|d=|\overrightarrow{MM_0}\times\boldsymbol{s}|, \quad\text{即}\quad d=\frac{|\overrightarrow{M_0M}\times\boldsymbol{s}|}{|\boldsymbol{s}|}.$$

例6　求点 $M_0(0,1,-1)$ 到直线 $L:\dfrac{x-1}{1}=\dfrac{y}{-2}=\dfrac{z+1}{1}$ 的距离.

解　本题可直接利用例 5 的公式求解. 这里提供另一种解法:通过点 $M_0(0,1,-1)$ 且垂直于直线 L 的平面 Π 的方程为
$$x-2(y-1)+(z+1)=0, \quad\text{即}\quad x-2y+z+3=0.$$
再求直线 L 与平面 Π 的交点 M_1. 为此,把 L 改写为参数方程

$$
\begin{cases}
x = 1 + t, \\
y = -2t, \\
z = -1 + t.
\end{cases}
$$

将它代入平面 Π 的方程得 $(1+t) - 2(-2t) + (-1+t) + 3 = 0$，解得 $t = -1/2$. 故交点为 $M_1\left(\dfrac{1}{2}, 1, -\dfrac{3}{2}\right)$. 所以所求距离为

$$
d = |\overrightarrow{M_0 M_1}| = \sqrt{\left(\frac{1}{2}\right)^2 + (1-1)^2 + \left(-\frac{3}{2}+1\right)^2} = \frac{\sqrt{2}}{2}.
$$

例 7　设有两异面直线 $L_1: \dfrac{x-x_1}{l_1} = \dfrac{y-y_1}{m_1} = \dfrac{z-z_1}{p_1}$ 和 $L_2: \dfrac{x-x_2}{l_2} = \dfrac{y-y_2}{m_2} = \dfrac{z-z_2}{p_2}$，证明：直线 L_1 和 L_2 的距离 $d = \dfrac{|(\boldsymbol{s}_1 \times \boldsymbol{s}_2) \cdot \overrightarrow{M_1 M_2}|}{|\boldsymbol{s}_1 \times \boldsymbol{s}_2|} = \dfrac{|[\boldsymbol{s}_1 \boldsymbol{s}_2 \overrightarrow{M_1 M_2}]|}{|\boldsymbol{s}_1 \times \boldsymbol{s}_2|}$，其中 $\boldsymbol{s}_1 = (l_1, m_1, p_1)$，$\boldsymbol{s}_2 = (l_2, m_2, p_2)$，点 M_1, M_2 的坐标分别为 (x_1, y_1, z_1)，(x_2, y_2, z_2).

证　按定义，两直线 L_1 与 L_2 的距离是它们的公垂线 L 与它们的交点之间的距离. 因为 L 同时垂直 L_1 和 L_2，所以 L 的方向向量 $\boldsymbol{s} = \boldsymbol{s}_1 \times \boldsymbol{s}_2$. 设 L 与 L_1 和 L_2 的交点分别为 N_1 和 N_2（见图 8-47），那么 L_1 和 L_2 的距离 d 即为线段 $N_1 N_2$ 的长度，它等于向量 $\overrightarrow{M_1 M_2}$ 在 $\boldsymbol{s}$ 方向上的投影的绝对值，即

$$
\begin{aligned}
d &= |\mathrm{Prj}_s \overrightarrow{M_1 M_2}| = \frac{|\boldsymbol{s} \cdot \overrightarrow{M_1 M_2}|}{|\boldsymbol{s}|} \\
&= \frac{|(\boldsymbol{s}_1 \times \boldsymbol{s}_2) \cdot \overrightarrow{M_1 M_2}|}{|\boldsymbol{s}_1 \times \boldsymbol{s}_2|} = \frac{|[\boldsymbol{s}_1 \boldsymbol{s}_2 \overrightarrow{M_1 M_2}]|}{|\boldsymbol{s}_1 \times \boldsymbol{s}_2|}.
\end{aligned}
$$

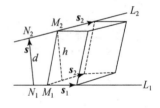

图　8-47

注　两异面直线的距离公式，有如下的几何意义：d 等于以 $\boldsymbol{s}_1, \boldsymbol{s}_2$ 为底面两邻边，以 $\overrightarrow{M_1 M_2}$ 为斜棱的平行六面体的高 h（见图 8-47）.

例 8　求两异面直线 $L_1: \dfrac{x-x_1}{l_1} = \dfrac{y-y_1}{m_1} = \dfrac{z-z_1}{p_1}$ 和 $L_2: \dfrac{x-x_2}{l_2} = \dfrac{y-y_2}{m_2} = \dfrac{z-z_2}{p_2}$ 的公垂线方程.

解　设公垂线为 L，则 L 与 L_1, L_2 都垂直且相交，所以可取 L 的方向向量为

$$
\boldsymbol{s} = \boldsymbol{s}_1 \times \boldsymbol{s}_2 = (l_1, m_1, p_1) \times (l_2, m_2, p_2) \xlongequal{\text{记为}} (l, m, p),
$$

其中 $\boldsymbol{s}_1, \boldsymbol{s}_2$ 分别为直线 L_1 和 L_2 的方向向量. 通过直线 L_1 且平行于 $\boldsymbol{s}$ 的平面 Π_1 的方程为

$$
\begin{vmatrix}
x - x_1 & y - y_1 & z - z_1 \\
l_1 & m_1 & p_1 \\
l & m & p
\end{vmatrix} = 0,
$$

这是因为平面 Π_1 通过点 $M_1(x_1, y_1, z_1)$，且它的法向量 $\boldsymbol{n}_1 = \boldsymbol{s}_1 \times \boldsymbol{s}$. 类似地，通过直线 L_2 且平行于 $\boldsymbol{s}$ 的平面 Π_2 的方程为

$$\begin{vmatrix} x - x_2 & y - y_2 & z - z_2 \\ l_2 & m_2 & p_2 \\ l & m & p \end{vmatrix} = 0.$$

于是所求公垂线 L 的一般方程为

$$\begin{cases} \Pi_1 : \begin{vmatrix} x - x_1 & y - y_1 & z - z_1 \\ l_1 & m_1 & p_1 \\ l & m & p \end{vmatrix} = 0, \\[4mm] \Pi_2 : \begin{vmatrix} x - x_2 & y - y_2 & z - z_2 \\ l_2 & m_2 & p_2 \\ l & m & p \end{vmatrix} = 0, \end{cases}$$

如图 8-48 所示.

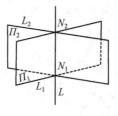

图 8-48

第九章

多元函数微分学

直到现在,我们仅讨论了一元函数的微积分.但在客观世界中,许多现象或过程的发生与发展常受到多种因素的制约,作为描述它们的数学模型,往往需要考虑多个自变量和多个因变量之间的相互依赖的关系问题,即所谓的多元函数或向量值函数的问题.本章只涉及多元函数的微分学及某些应用.讨论中将以二元函数为主要对象,这不仅因为二元函数的概念和方法比较直观,便于理解,而且这些概念和方法能容易推广到二元以上的多元函数上.

§9.1 多元函数的基本概念

多元函数的分析性质包括极限、连续性、可微性、可积性等,它们与一元函数的性质既有紧密联系,又有较大的差别.首先我们将 **R** 中涉及点集的一些基本概念推广到 **R**^{n},并着重讨论 **R**^{2} 的情况.

一、平面点集

在平面中引入直角坐标系后,平面上的点与有序实数组 (x,y) 之间建立一一对应.于是,可把平面上的点 P 与它的坐标 (x,y) 等同,即集合 $\mathbf{R}^2 = \mathbf{R} \times \mathbf{R} = \{(x,y) \,|\, x,y \in \mathbf{R}\}$ 就表示坐标面 Oxy.

定义 1 设点 $P_0(x_0,y_0) \in \mathbf{R}^2$,$\delta > 0$,则点集

$$U(P_0,\delta) = \{P \,|\, |P_0P| < \delta\} = \{(x,y) \,|\, \sqrt{(x-x_0)^2 + (y-y_0)^2} < \delta\}$$

称为点 P_0 的 δ **邻域**.

在几何上,$U(P_0,\delta)$ 就是 Oxy 面上以点 P_0 为中心,$\delta > 0$ 为半径的圆内部的所有点 P 组成的集合.

点集 $\mathring{U}(P_0,\delta) = \{P \,|\, 0 < |P_0P| < \delta\}$ 称为点 P_0 的**去心 δ 邻域**.

当不需要强调邻域的半径 δ 时,用 $U(P_0)$ 和 $\mathring{U}(P_0)$ 分别表示点 P_0 的某个邻域和去心邻域.

设点集 $E \subset \mathbf{R}^2$,E 在 $\mathbf{R}^2$ 的补集记为 E^c,即 $E^c = \mathbf{R}^2 \backslash E$. 对于任一点

$P \in \mathbf{R}^2$，P 的邻域与 E 的关系必是下列三种情况之一(见图 9-1)：

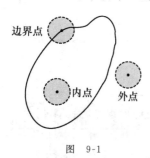

边界点

内点

外点

图 9-1

(1) **内点**：若存在点 P 的一个 δ 邻域 $U(P,\delta)$，使得 $U(P,\delta) \subset E$，则称 P 为 E 的**内点**. E 的内点的全体称为 E 的**内部**，记为 E°.

(2) **外点**：若存在点 P 的一个 δ 邻域 $U(P,\delta)$，使得 $U(P,\delta) \cap E = \varnothing$，即 $U(P,\delta) \subset E^c$，则称 P 为 E 的**外点**.

(3) **边界点**：若不存在 P 的具有上述情况(1)和(2)中的 δ 邻域，即 P 的任意邻域既包含 E 中的点，又包含不属于 E 的点，则称 P 为 E 的**边界点**. E 的边界点的全体称为 E 的**边界**，记做 ∂E.

可见，E 的内点必属于 E；E 的外点必不属于 E；E 的边界点可能属于 E，也可能不属于 E. 特别地，若存在 P 的一个邻域，其中只有点 P 属于 E，则称点 P 为 E 的**孤立点**. 显然孤立点必是边界点.

若对于任意给定的正数 $\delta > 0$，点 P 的去心邻域 $\mathring{U}(P_0,\delta)$ 内总有 E 中的点，则称点 P 是 E 的**聚点**. 聚点的另一种等价定义是，P 的任意邻域内总有 E 中的无限个点. 显然，E 的内点必是 E 的聚点；E 的边界点只要不是孤立点，必定是聚点. 因此 E 的聚点可能属于 E，也可能不属于 E. E 的聚点的全体称为 E 的**导集**，记为 E'.

下面再定义一些重要的平面点集.

开集　若点集 E 的每一个点都是 E 的内点，即 $E^\circ = E$，则称 E 为开集.

闭集　若点集 E 的边界 $\partial E \subset E$，则称 E 为闭集. 等价地，若 E 包含了它的所有聚点，则 E 是闭集.

连通集　若 E 内的任意两点都可用折线(称为 E 中的道路)连接起来，且该折线上的点都属于 E，则称 E 为连通集.

区域(或**开区域**)　连通的开集称为区域或开区域.

闭区域　开区域连同它的边界一起所构成的点集称为闭区域.

有界集　对于点集 E，若存在某一正数 r，使 $E \subset U(O,r)$，其中 O 是坐标原点，则称 E 为有界集.

无界集　若一个集合不是有界集，则称它为无界集.

例 1　设点集 $E = \{(x,y) \mid 0 < x^2 + y^2 \leqslant 1\}$，则 E 是有界集，不是开集，也不是闭集；并且

E 的内部 $E^\circ = \{(x,y) \mid 0 < x^2 + y^2 < 1\}$ 是区域；

E 的边界 $\partial E = \{(x,y) \mid x^2 + y^2 = 0$ 或 $x^2 + y^2 = 1\}$ 是闭集；

E 的**闭包** $\overline{E} = E \cup \partial E = \{(x,y) \mid x^2 + y^2 \leqslant 1\}$，是有界闭区域；

E 的导集 $E' = \overline{E}$.

例 2　设点集 $E = \{(x,y) \mid x > 0, y \neq 0\}$，则 E 是无界开集，但非连通集. 又

$$E^\circ = E, \quad \partial E = \{(x,y) \mid x = 0 \text{ 或 } x > 0, y = 0\}, \quad \overline{E} = \{(x,y) \mid x \geqslant 0\},$$

其中 $\overline{E}$ 为无界闭区域.

设 $(x,y) \in \mathbf{R}^2$ 是 $\mathbf{R}^2$ 中的变点(或变元),(x_0, y_0) 是 $\mathbf{R}^2$ 中的固定点(或固定元),则它们之间的距离等于 $\sqrt{(x-x_0)^2 + (y-y_0)^2}$.

定义 2(变元的极限) 如果 $\sqrt{(x-x_0)^2 + (y-y_0)^2} \to 0$,则称变元 (x,y) 趋于固定元 (x_0, y_0),记做 $(x,y) \to (x_0, y_0)$.

定理 1 $(x,y) \to (x_0, y_0) \Longleftrightarrow x \to x_0$ 且 $y \to y_0$.

证 利用不等式

$$|x - x_0| \leqslant \sqrt{(x-x_0)^2 + (y-y_0)^2} \leqslant |x - x_0| + |y - y_0|$$

和 $$|y - y_0| \leqslant \sqrt{(x-x_0)^2 + (y-y_0)^2} \leqslant |x - x_0| + |y - y_0|,$$

即得所要证的结论.

下面简单介绍 n 维空间 $\mathbf{R}^n$.

我们已用直角坐标系或者直积(笛卡儿积)定义了 $\mathbf{R}^2$(或 $\mathbf{R}^3$),现将它推广到一般情况. 设 n 为任意取定的正整数,定义集合

$$\mathbf{R}^n = \underbrace{\mathbf{R} \times \mathbf{R} \times \cdots \times \mathbf{R}}_{n\text{个}} = \{(x_1, x_2, \cdots, x_n) \mid x_i \in \mathbf{R}, \quad i = 1, 2, \cdots, n\}.$$

$\mathbf{R}^n$ 中的元素 $(x_1, x_2, \cdots, x_n)$ 也记为 $\boldsymbol{x}$,即 $\boldsymbol{x} = (x_1, x_2, \cdots, x_n)$,它是 n 元有序实数组,称为 n **维向量**. 与平面 $\mathbf{R}^2$ 上的点一样,我们也称 $\boldsymbol{x}$ 为 $\mathbf{R}^n$ 中的点,数 x_i 称为点 $\boldsymbol{x}$ 的第 i 个坐标或 n 维向量 $\boldsymbol{x}$ 的第 i 个分量. 特别地,$\mathbf{R}^n$ 中的零元 $\boldsymbol{0} = (0, 0, \cdots, 0)$ 称为 $\mathbf{R}^n$ 中的**坐标原点**或 n 维**零向量**.

在集合 $\mathbf{R}^n$ 中定义线性运算如下:设 $\boldsymbol{x} = (x_1, x_2, \cdots, x_n)$ 和 $\boldsymbol{y} = (y_1, y_2, \cdots, y_n)$ 是 $\mathbf{R}^n$ 中任意两个元素,$\lambda \in \mathbf{R}$,规定

$$\boldsymbol{x} + \boldsymbol{y} = (x_1 + y_1, x_2 + y_2, \cdots, x_n + y_n), \quad \lambda \boldsymbol{x} = (\lambda x_1, \lambda x_2, \cdots, \lambda x_n).$$

定义了线性运算的集合 $\mathbf{R}^n$ 称为 n **维向量空间**(简称 n **维空间**).

再在 n 维空间 $\mathbf{R}^n$ 中规定点 $\boldsymbol{x} = (x_1, x_2, \cdots, x_n)$ 和 $\boldsymbol{y} = (y_1, y_2, \cdots, y_n)$ 之间的距离为

$$\rho(\boldsymbol{x}, \boldsymbol{y}) = \sqrt{(x_1 - y_1)^2 + (x_2 - y_2)^2 + \cdots (x_n - y_n)^2}.$$

特别地,$\boldsymbol{x}$ 与原点 $\boldsymbol{0}$ 之间的距离 $\rho(\boldsymbol{x}, \boldsymbol{0})$ 记做 $\|\boldsymbol{x}\|$,称为 $\boldsymbol{x}$ 的**范数**,即

$$\|\boldsymbol{x}\| = \sqrt{x_1^2 + x_2^2 + \cdots + x_n^2}.$$

由此易得点 $\boldsymbol{x}$ 和 $\boldsymbol{y}$ 之间的距离为

$$\rho(\boldsymbol{x}, \boldsymbol{y}) = \|\boldsymbol{x} - \boldsymbol{y}\|.$$

在 n 维空间 $\mathbf{R}^n$ 中按上述规定了距离(也就规定了范数)之后,称 $\mathbf{R}^n$ 为 n **维欧氏空间**. 这里我们仍将它简称为 n 维空间.

定义 2′(变元的极限)　设变元 $x=(x_1,x_2,\cdots,x_n)\in \mathbf{R}^n$,固定元 $a=(a_1,a_2,\cdots,a_n)\in \mathbf{R}^n$.若 $\|x-a\|\to 0$,则称变元 x 趋于固定元 a,记做 $x\to a$.

定理 1′　$x\to a\Longleftrightarrow x_1\to a_1,x_2\to a_2,\cdots,x_n\to a_n$.

在 n 维欧氏空间 $\mathbf{R}^n$ 中,类似于 $\mathbf{R}^2$,可以定义 $a=(a_1,a_2,\cdots,a_n)\in \mathbf{R}^n$ 的 δ 邻域为

$$U(a,\delta)=\{x\mid x\in \mathbf{R}^n,\|x-a\|<\delta\}.$$

由邻域的概念即可定义 $\mathbf{R}^n$ 中点集的内点、外点、边界点和聚点以及开集、闭集、区域等一系列概念.

二、多元函数的概念

在实际问题中,往往会遇到因变量随多个自变量的变化而变化的情况.例如,长方体体积 V 和它的三条棱长 a,b,c 之间的关系为 $V=abc$,即体积 V 的变化同时依赖于 a,b 和 c.因此有必要把一元函数的概念推广到多元函数.

定义 3　设 D 是 $\mathbf{R}^n$ 的一个非空点集,称映射 $f\colon D\to \mathbf{R}$ 是 D 上的 n **元函数**(简称函数),记为

$$u=f(x_1,x_2,\cdots,x_n),\quad (x_1,x_2,\cdots,x_n)\in D$$

或 $$u=f(x),\quad x=(x_1,x_2,\cdots,x_n)\in D.$$

这时 D 称为函数 f 的**定义域**,$x_1,x_2,\cdots,x_n$ 称为函数 f 的**自变量**,u 称为函数 f 的**因变量**.

上述定义中,当 $n=1$ 时,即是一元函数;当 $n\geqslant 2$ 时,n 元函数统称为**多元函数**.习惯上,二元函数记为 $z=f(x,y)$,三元函数记为 $u=f(x,y,z)$.下面主要讨论二元函数和三元函数的性质,它们容易推广到一般的 n 元函数.此外,若不特别声明,我们约定多元函数 $u=f(x)$ $(x\in D)$ 的定义域是指其自然定义域,即使得式 $u=f(x)$ 有意义的点 $x=(x_1,x_2,\cdots,x_n)$ 所组成的集合.此时 D 就不再特别标出,多元函数可记为 $u=f(x)$ 或 $u=f(x_1,x_2,\cdots,x_n)$,也可记为 $u=f(P)$.

集合

$$f(D)=\{u\in \mathbf{R}\mid u=f(x),x\in D\}$$

称为函数 f 的**值域**.集合

$$\Sigma=\{(x,u)\mid u=f(x),x\in D\}$$

称为函数 f 的图像,也可记为

$$\Sigma=\{(x_1,x_2,\cdots,x_n,u)\mid u=f(x_1,x_2,\cdots,x_n),(x_1,x_2,\cdots,x_n)\in D\},$$

其中 $(x_1,x_2,\cdots,x_n,u)\in \mathbf{R}^{n+1}$.例如,$z=\sqrt{1-\dfrac{x^2}{a^2}-\dfrac{y^2}{b^2}}$ 是二元函数,其自然定义域

$$D=\left\{(x,y)\,\Big|\,\frac{x^2}{a^2}+\frac{y^2}{b^2}\leqslant 1\right\}$$

是 Oxy 面上一椭圆所围成的闭区域;函数的图像是空间上的上半椭球面(见图 9-2).又如,三元函数 $u = \sqrt{R^2 - x^2 - y^2 - z^2} + \sqrt{x^2 + y^2 + z^2 - r^2}$ $(R>r)$的定义域

$$D = \{(x,y,z) \mid r^2 \leqslant x^2 + y^2 + z^2 \leqslant R^2\}$$

是空间中两个球面所围成的闭区域(见图 9-3).

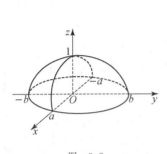

图 9-2

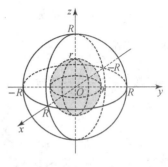

图 9-3

三、多元函数的极限

为了几何上的直观,我们以二元函数为例来阐述多元函数极限的概念.

二元函数 $z = f(P) = f(x,y)$,当 $P(x,y)$ 无限接近于点 $P_0(x_0,y_0)$ 时的极限,指的是在 $P \to P_0$ 的过程中,对应的函数值 $f(P) = f(x,y)$ 无限接近于一个确定的常数 A. 这里要求动点 P 是以任何方式趋于 P_0,且点 P 与 P_0 之间的距离趋于零,即

$$|PP_0| = \sqrt{(x-x_0)^2 + (y-y_0)^2} \to 0.$$

下面用"ε-δ"语言给出二元函数极限概念的严格定义.

定义 4 设二元函数 $z = f(P) = f(x,y)$ 的定义域为 D,$P_0(x_0,y_0)$ 是 D 的聚点,A 为常数.若对于任意给定的正数 ε,总存在正数 δ,使得当 $P(x,y) \in D \cap \mathring{U}(P_0,\delta)$ 时,成立

$$|f(P) - A| = |f(x,y) - A| < \varepsilon,$$

则称常数 A 为函数 $f(x,y)$ 当 $(x,y) \to (x_0,y_0)$ **时的极限**,记做

$$\lim_{(x,y) \to (x_0,y_0)} f(x,y) = A \quad \text{或} \quad f(x,y) \to A \ ((x,y) \to (x_0,y_0)),$$

也记为 $\lim\limits_{P \to P_0} f(P) = A$ 或 $f(P) \to A \ (P \to P_0)$.

不难由二元函数极限的概念得知,一元函数极限的性质,如唯一性、局部有界性,保号性、夹逼准则等,以及运算法则对二元函数的极限(也称二重极限)依然成立.

类似于一元函数,直接用极限的定义来求二元函数的极限往往是比较困难或繁琐的,因此我们主要根据极限的有关性质和运算法则来求极限,也常常通过多种形式的转化,如等价无穷小代换、夹逼准则、变量替换等,把二重极限化为一元函数的极限来计算.

例 3 设函数 $f(x,y)=(x+y)\sin\dfrac{y}{x^2+y^2}$，证明 $\lim\limits_{(x,y)\to(0,0)}f(x,y)=0$.

证 显然 $O(0,0)$ 为 $f(x,y)$ 的定义域 $D=\mathbf{R}^2\setminus\{(0,0)\}$ 的聚点. 由于

$$0\leqslant|f(x,y)-0|=\left|(x+y)\sin\frac{y}{x^2+y^2}\right|\leqslant|x+y|\leqslant|x|+|y|\leqslant2\sqrt{x^2+y^2},$$

且当 $(x,y)\to(0,0)$ 时，右端项 $2\sqrt{x^2+y^2}\to0$，故由夹逼准则得 $\lim\limits_{(x,y)\to(0,0)}f(x,y)=0$.

例 4 求极限 $\lim\limits_{(x,y)\to(0,0)}\dfrac{1-\cos(xy)}{x\sin(xy)}$.

解 函数 $\dfrac{1-\cos(xy)}{x\sin(xy)}$ 的定义域为 $D=\{(x,y)\mid x\neq0\text{ 且 }y\neq0\}$，$P_0(0,0)$ 是 D 的聚点，

于是 $\lim\limits_{(x,y)\to(0,0)}\dfrac{1-\cos(xy)}{x\sin(xy)}=\lim\limits_{(x,y)\to(0,0)}\dfrac{\dfrac{x^2y^2}{2}}{x\cdot(xy)}=\lim\limits_{y\to0}\dfrac{y}{2}=0.$

应当注意的是，对一元函数 $f(x)$，只要在 x_0 处的左、右极限存在且相等，那么函数 $f(x)$ 在 x_0 处的极限就存在；但对于二元函数 $f(x,y)$，它在 $P_0(x_0,y_0)$ 处的极限存在，要求当 $P(x,y)$ 以任何方式趋于点 $P_0(x_0,y_0)$ 时，函数值都要趋于同一个极限值. 因此，若 $P(x,y)$ 沿两条不同的曲线趋于点 $P_0(x_0,y_0)$ 时，函数 $f(x,y)$ 的极限不同时，就可以断言这个函数在该点的极限一定不存在.

例 5 设函数 $f(x,y)=\begin{cases}\dfrac{xy}{x^2+y^2}, & (x,y)\neq(0,0),\\ 0, & (x,y)=(0,0),\end{cases}$ 证明极限 $\lim\limits_{(x,y)\to(0,0)}f(x,y)$ 不存在.

证 显然当点 (x,y) 沿 x 轴和 y 轴趋于 $(0,0)$ 时，$f(x,y)$ 的极限都等于零. 但当点 (x,y) 沿直线 $y=kx$ 趋于 $(0,0)$ 时，有

$$\lim\limits_{\substack{x\to0\\y=kx}}f(x,y)=\lim\limits_{x\to0}\frac{kx^2}{x^2+k^2x^2}=\frac{k}{1+k^2}.$$

上式对不同的 k 有不同的值，所以 $f(x,y)$ 在点 $(0,0)$ 的极限不存在.

例 6 求极限 $\lim\limits_{(x,y)\to(0,0)}x\cos\dfrac{1}{\sqrt{x^2+y^2}}$.

解 因为 $\lim\limits_{(x,y)\to(0,0)}x=\lim\limits_{x\to0}x=0$，而 $\cos\dfrac{1}{\sqrt{x^2+y^2}}$ 是有界量，故由无穷小与有界量的乘积仍是无穷小得

$$\lim\limits_{(x,y)\to(0,0)}x\cos\frac{1}{\sqrt{x^2+y^2}}=0.$$

四、多元函数的连续性

下面以二元函数为例讨论多元函数的连续性.

定义 5　设二元函数 $f(P)=f(x,y)$ 的定义域为 D，$P_0(x_0,y_0)$ 为 D 的聚点且 $P_0\in D$. 若

$$\lim_{(x,y)\to(x_0,y_0)}f(x,y)=f(x_0,y_0),$$

则称函数 f 在点 $P_0(x_0,y_0)$ **连续**. 若 f 在 D 上每一点都连续，则称 f 在 D 上连续，或称 f 是 D 上的**连续函数**.

连续性用"ε-δ"语言描述为：若对任意的 $\varepsilon>0$，总存在 $\delta>0$，使得当 $P\in D\bigcap U(P_0,\delta)$ 时，成立 $|f(P)-f(P_0)|<\varepsilon$，则称函数 f 在点 P_0 连续.

例 7　设函数 $f(x,y)=\sin x$，证明 $f(x,y)$ 是 $\mathbf{R}^2$ 上的连续函数.

证　设 $P_0(x_0,y_0)\in\mathbf{R}^2$，因为 $\sin x$ 在 x_0 连续，所以对任意的 $\varepsilon>0$，存在 $\delta>0$，使得当 $|x-x_0|<\delta$ 时，成立 $|\sin x-\sin x_0|<\varepsilon$. 以上述 δ 作 P_0 的 δ 邻域 $U(P_0,\delta)$，则当 $P(x,y)\in U(P_0,\delta)$ 时，成立

$$|x-x_0|\leqslant|PP_0|=\sqrt{(x-x_0)^2+(y-y_0)^2}<\delta.$$

所以有

$$|f(x,y)-f(x_0,y_0)|=|\sin x-\sin x_0|<\varepsilon,$$

即 $f(x,y)=\sin x$ 在点 $P_0(x_0,y_0)$ 连续. 由 P_0 的任意性知，$\sin x$ 作为 x,y 的二元函数在 $\mathbf{R}^2$ 上连续.

显然，每一个一元基本初等函数看成二元函数时，它都是定义域内的连续函数.

类似于一元函数，可以证明二元连续函数的四则运算性质及复合函数的连续性仍然成立.

下面考虑二元初等函数的连续性. 所谓**二元初等函数**是指可用一个式子表示的函数，且这个式子是由常数及分别以 x 和 y 为自变量的一元基本初等函数经过有限次的四则运算及复合运算而得到的. 例如 $(x+y)\sin\dfrac{y}{x^2+y^2}$，$\ln(y-x)+\dfrac{\sqrt{x}}{\sqrt{1-x^2-y^2}}$ 等都是二元初等函数.

容易得出结论：每一个二元初等函数在其定义区域内是连续的. 所谓定义区域是指包含在定义域内的区域或闭区域[①].

定义 6　设二元函数 $f(P)=f(x,y)$ 的定义域为 D，$P_0(x_0,y_0)$ 是 D 的聚点. 若函数 $f(x,y)$ 在 $P_0(x_0,y_0)$ 不连续（即 $\lim\limits_{(x,y)\to(x_0,y_0)}f(x,y)=f(x_0,y_0)$ 不成立），则称 P_0 为函数 $f(x,y)$ 的一个**间断点**（或**不连续点**）.

————————————

① 关于二元函数 $f(x,y)$ 的连续性，若采用下述较广的定义，则可以说二元初等函数在其定义域上连续：

设二元函数 $f(P)=f(x,y)$ 的定义域为 D，$P_0\in D$. 若对任意的 $\varepsilon>0$，总存在 $\delta>0$，使得当 $P\in D\bigcap U(P_0,\delta)$ 时，成立 $|f(P)-f(P_0)|<\varepsilon$，则称 $f(x,y)$ 在 P_0 连续.

由此定义可知，D 的孤立点必为连续点. 若 P_0 是 D 的聚点，这个定义等价于 $\lim\limits_{P\to P_0}f(P)=f(P_0)$.

在定义 6 中,若极限 $\lim\limits_{(x,y)\to(x_0,y_0)}f(x,y)$ 不存在,则称 $P_0(x_0,y_0)$ 为 $f(x,y)$ 的**本性间断点**;若极限 $\lim\limits_{(x,y)\to(x_0,y_0)}f(x,y)$ 存在,但不等于 $f(x_0,y_0)$ 或者 $f(x,y)$ 在点 $P_0(x_0,y_0)$ 无定义,则称 $P_0(x_0,y_0)$ 为 $f(x,y)$ 的**可去间断点**.

例如,对例 5 中的函数 $f(x,y)=\begin{cases}\dfrac{xy}{x^2+y^2}, & (x,y)\neq(0,0),\\ 0, & (x,y)=(0,0),\end{cases}$ 我们已经知道极限 $\lim\limits_{(x,y)\to(0,0)}f(x,y)$ 不存在,所以原点 $O(0,0)$ 是 $f(x,y)$ 的一个间断点,且是本性间断点.

又如函数 $f(x,y)=\sin\dfrac{1}{x^2+y^2-1}$,其定义域 $D=\{(x,y)\,|\,x^2+y^2\neq1\}$,圆周 $C=\{(x,y)\,|\,x^2+y^2=1\}$ 上的点都是 D 的聚点,而 $f(x,y)$ 在 C 上没有定义,所以 C 上每一点都是该函数的间断点.可以验证它们都是本性间断点.

上述关于二元函数的连续性及间断性的讨论都可以相应地推广到 n 元函数上($n\geqslant2$).

由多元函数的连续性可知,当 P_0 是 $f(P)$ 的连续点时,$f(P)$ 在点 P_0 的极限值就是 f 在点 P_0 的函数值,即 $\lim\limits_{P\to P_0}f(P)=f(P_0)$.

例 8　求极限 $\lim\limits_{(x,y)\to(0,0)}\dfrac{x^2+y^2}{\sqrt{1+x^2+y^2}-1}$.

解　
$$\lim_{(x,y)\to(0,0)}\frac{x^2+y^2}{\sqrt{1+x^2+y^2}-1}=\lim_{(x,y)\to(0,0)}\frac{(x^2+y^2)(\sqrt{1+x^2+y^2}+1)}{(1+x^2+y^2)-1}$$
$$=\lim_{(x,y)\to(0,0)}(\sqrt{1+x^2+y^2}+1)=\sqrt{1+0^2+0^2}+1=2.$$

这是利用二元初等函数 $\sqrt{1+x^2+y^2}$ 的连续性求极限.

例 9　求极限 $\lim\limits_{(x,y)\to(0,0)}\dfrac{\sin\left[(x^2+1)\sqrt{x^2+y^2}\right]}{\sqrt{x^2+y^2}}$.

解　利用 $\lim\limits_{t\to0}\dfrac{\sin t}{t}=1$ 及二元初等函数的连续性,得

$$\lim_{(x,y)\to(0,0)}\frac{\sin\left[(x^2+1)\sqrt{x^2+y^2}\right]}{\sqrt{x^2+y^2}}=\lim_{(x,y)\to(0,0)}\frac{\sin\left[(x^2+1)\sqrt{x^2+y^2}\right]}{(x^2+1)\sqrt{x^2+y^2}}(x^2+1)$$
$$=\lim_{(x,y)\to(0,0)}\frac{\sin\left[(x^2+1)\sqrt{x^2+y^2}\right]}{(x^2+1)\sqrt{x^2+y^2}}\cdot\lim_{(x,y)\to(0,0)}(x^2+1)=1.$$

下面将一元连续函数在闭区间上的性质推广到多元连续函数上.

设 D 是 $\mathbf{R}^n$ 中的有界闭区域,$f(P)$ 是 D 上的 n 元连续函数,则 $f(P)$ 具有下述性质:

性质 1（有界性定理）　$f(P)$ 在 D 上有界,即存在常数 $M>0$,使得当 $P\in D$ 时,成立
$$|f(P)|\leqslant M.$$

性质 2（最值定理） $f(P)$ 在 D 上必能取到最大值和最小值，即存在 $P_1,P_2\in D$，使得对任意的 $P\in D$，成立 $f(P_1)\leqslant f(P)\leqslant f(P_2)$，或者

$$f(P_1)=\min\{f(P)\mid P\in D\},\quad f(P_2)=\max\{f(P)\mid P\in D\}.$$

性质 3（介值定理） $f(P)$ 必取得介于最大值和最小值之间的任何值，即对于任意介于最大值与最小值之间的常数 C，必存在 $\widetilde{P}\in D$，使得 $f(\widetilde{P})=C$.

习　题　9.1

1. 求下列 $\mathbf{R}^2$ 的子集 E 的内部、导集和边界：

(1) $E=\{(x,y)\mid x^2+(y-1)^2\geqslant 1\}\bigcap\{(x,y)\mid x^2+(y-2)^2\leqslant 4\}$；

(2) $E=\left\{(x,y)\,\middle|\,0<x\leqslant 1,y=\sin\dfrac{1}{x}\right\}$.

2. 求下列函数的定义域：

(1) $z=\ln(y-x)+\dfrac{x}{\sqrt{1-x^2-y^2}}$；　　　(2) $z=\dfrac{1}{\sqrt{x+y}}+\dfrac{1}{\sqrt{x-y}}$；

(3) $u=\sqrt{R^2-x^2-y^2-z^2}+\dfrac{1}{\sqrt{x^2+y^2+z^2-r^2}}\ (R>r>0)$；

(4) $u=\arcsin\dfrac{z}{x^2+y^2}$.

3. 若函数 $f(x,y)=\sqrt{y}+\varphi(\sqrt{x}-1)$，且当 $y=4$ 时，$f(x,y)=x+1$，求 $\varphi(x)$ 和 $f(x,y)$.

4. 求下列极限：

(1) $\displaystyle\lim_{(x,y)\to(0,1)}\dfrac{1-xy}{x^2+y^2}$；　　　　(2) $\displaystyle\lim_{(x,y)\to(0,0)}\dfrac{\sqrt{1+xy}-1}{xy}$；

(3) $\displaystyle\lim_{(x,y)\to(0,0)}\dfrac{xy}{\sqrt{2-\mathrm{e}^{xy}}-1}$；　　(4) $\displaystyle\lim_{(x,y)\to(0,0)}\dfrac{1-\cos(x^2+y^2)}{(x^2+y^2)\mathrm{e}^{x^2+y^2}}$；

(5) $\displaystyle\lim_{(x,y)\to(1,0)}\dfrac{\arcsin(xy)}{y}$；　　　(6) $\displaystyle\lim_{(x,y)\to(+\infty,+\infty)}(x^2+y^2)\mathrm{e}^{-(x+y)}$.

*5. 证明下列极限不存在：

(1) $\displaystyle\lim_{(x,y)\to(0,0)}\dfrac{x+y}{x-y}$；　　(2) $\displaystyle\lim_{(x,y)\to(0,0)}\sin\dfrac{1}{xy}$.

*6. 设二元函数 $f(x,y)$ 在区域 $D\subset\mathbf{R}^2$ 内对于变量 x 是连续的，对于变量 y 满足**李普希茨**[①]**条件**：$|f(x,y')-f(x,y'')|\leqslant L|y'-y''|$，其中 $(x,y'),(x,y'')\in D,L$ 为常数（称为**李普希茨常数**）. 证明 $f(x,y)$ 在 D 内连续.

---

① 李普希茨(Lipschitz,1832—1903)，德国数学家.

$$\S 9.2 \quad 偏 \quad 导 \quad 数$$

一、偏导数的概念及计算方法

一元函数的导数表示函数的变化率，对于多元函数同样需要讨论函数的变化率. 事实上，我们常常需要研究某个受到多种因素制约的变量，在其他因素固定不变的情况下，只随一种因素变化的变化率问题. 这反映在数学上就是所谓的偏导数问题. 现以二元函数为例，引入偏导数的概念.

定义　设函数 $z = f(x,y)((x,y) \in D)$，又 (x_0, y_0) 是 D 的一个内点. 当取定 $y = y_0$，而变量 x 在 x_0 处有增量 Δx 时，相应的函数将有增量

$$\Delta z = f(x_0 + \Delta x, y_0) - f(x_0, y_0).$$

若极限

$$\lim_{\Delta x \to 0} \frac{\Delta z}{\Delta x} = \lim_{\Delta x \to 0} \frac{f(x_0 + \Delta x, y_0) - f(x_0, y_0)}{\Delta x}$$

存在，则称函数 $z = f(x,y)$ 在点 (x_0, y_0) 关于 x **可偏导**，并称此极限为函数 $z = f(x,y)$ 在点 (x_0, y_0)**关于 x 的偏导数**，记做

$$\frac{\partial z}{\partial x}\bigg|_{\substack{x=x_0 \\ y=y_0}}, \quad \frac{\partial f}{\partial x}(x_0, y_0), \quad z_x(x_0, y_0) \quad 或 \quad f_x(x_0, y_0).$$

类似地，可定义函数 $z = f(x,y)$ 在点 (x_0, y_0)**关于 y 的偏导数**为

$$\lim_{\Delta y \to 0} \frac{f(x_0, y_0 + \Delta y) - f(x_0, y_0)}{\Delta y},$$

记做

$$\frac{\partial z}{\partial y}\bigg|_{\substack{x=x_0 \\ y=y_0}}, \quad \frac{\partial f}{\partial y}(x_0, y_0), \quad z_y(x_0, y_0) \quad 或 \quad f_y(x_0, y_0).$$

若 $z = f(x,y)$ 在点 (x_0, y_0) 关于 x 和 y 均可偏导，则称 $f(x,y)$ 在点 (x_0, y_0)**可偏导**，或简称 $f(x,y)$ 在 (x_0, y_0)**可导**.

若函数 $z = f(x,y)$ 在开集 D 内每一点 (x,y) 关于 x 的偏导数都存在，那么这个偏导数也是 x, y 的函数，称为函数 $z = f(x,y)$**关于 x 的偏导函数**，记做 $\frac{\partial z}{\partial x}\left(或 \frac{\partial f}{\partial x}, z_x, f_x\right)$；类似地，可定义函数 $z = f(x,y)$**关于 y 的偏导函数** $\frac{\partial z}{\partial y}\left(或 \frac{\partial f}{\partial y}, z_y, f_y\right)$. 偏导函数在不致混淆时也称为偏导数.

从偏导数的定义得

$$f_x(x_0, y_0) = \lim_{\Delta x \to 0} \frac{f(x_0 + \Delta x, y_0) - f(x_0, y_0)}{\Delta x} = \frac{\mathrm{d}}{\mathrm{d}x} f(x, y_0)\bigg|_{x=x_0},$$

所以二元函数 $f(x,y)$ 在 (x_0, y_0) 关于 x 的偏导数 $f_x(x_0, y_0)$ 等于一元函数 $f(x, y_0)$ 在点 x_0

的导数. 对 $f_y(x_0,y_0)$ 也有类似的结论. 因此求二元函数 $z=f(x,y)$ 的偏导数时, 只要把一个自变量看做常量, 而对另一变量求导数即可, 也就是说只需用一元函数的微分法即可.

二元函数偏导数的概念可推广到多元函数上. 例如, 三元函数 $u=f(x,y,z)$ 在点 (x,y,z) 关于 x 的偏导数定义为

$$f_x(x,y,z)=\lim_{\Delta x\to 0}\frac{f(x+\Delta x,y,z)-f(x,y,z)}{\Delta x}.$$

类似地, 可以定义函数 $f(x,y,z)$ 在点 (x,y,z) 关于 y 和关于 z 的偏导数 $f_y(x,y,z)$ 和 $f_z(x,y,z)$.

现在考查偏导数的几何意义. 考虑二元连续函数 $z=f(x,y)$ $((x,y)\in D)$. 它的图像是空间曲面. 设 $M_0(x_0,y_0,f(x_0,y_0))$ 是该曲面上一点, 则平面 $y=y_0$ 与曲面的交线 l 的方程为

$$\begin{cases} z=f(x,y), \\ y=y_0. \end{cases}$$

那么由 $f_x(x_0,y_0)=\dfrac{\mathrm{d}}{\mathrm{d}x}f(x,y_0)\Big|_{x=x_0}$ 可见, 偏导数 $f_x(x_0,y_0)$ 就是曲线 l 在点 M_0 处的切线 T_x 对 x 轴的斜率(见图 9-4). 偏导数 $f_y(x_0,y_0)$ 也有类似的几何意义.

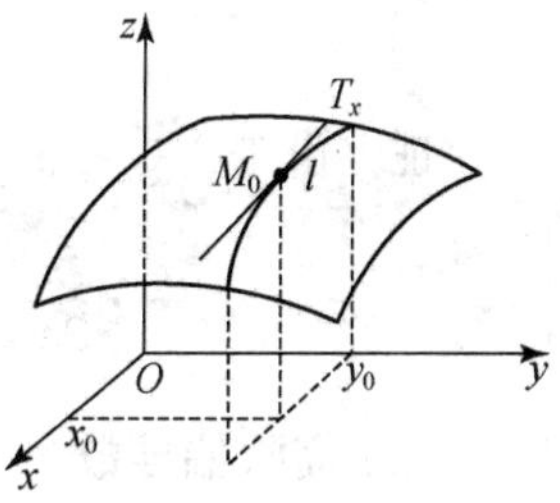

例 1 求函数 $z=\dfrac{1}{\sqrt{x^2+y^2}}$ 的偏导函数.

解 将 y 看成常量, 对 x 求导数得

$$\frac{\partial z}{\partial x}=-\frac{x}{(x^2+y^2)^{3/2}}.$$

由于所给函数关于自变量的对称性(即当函数表达式中任意两个自变量对调后仍表示原函数), 所以

$$\frac{\partial z}{\partial y}=-\frac{y}{(x^2+y^2)^{3/2}}.$$

图 9-4

例 2 设函数 $f(x,y)=x+(y-1)\arcsin\sqrt{\dfrac{x}{y}}$, 求 $f_x(x,1)$.

解 **方法 1** 因为 $f_x(x,y)=1+(y-1)\cdot\dfrac{1}{\sqrt{1-\dfrac{x}{y}}}\cdot\dfrac{\dfrac{1}{y}}{2\sqrt{\dfrac{x}{y}}}$, 所以 $f_x(x,1)=1$.

方法 2 因为 $f(x,1)=x$, 所以 $f_x(x,y)=\dfrac{\mathrm{d}}{\mathrm{d}x}f(x,1)\Big|_{x=1}=1$.

例 3 求函数 $u=x\mathrm{e}^{yz}+\mathrm{e}^{-z}+y$ 的偏导数.

解　$\dfrac{\partial u}{\partial x}=\mathrm{e}^{yz}$，$\dfrac{\partial u}{\partial y}=xz\mathrm{e}^{yz}+1$，$\dfrac{\partial u}{\partial z}=xy\mathrm{e}^{yz}-\mathrm{e}^{-z}$.

例 4　设函数 $f(x,y)=\begin{cases}\dfrac{xy}{x^2+y^2}, & (x,y)\neq(0,0),\\ 0, & (x,y)=(0,0),\end{cases}$　求 $f_x(0,0)$ 和 $f_y(0,0)$.

解　按定义得 $f_x(0,0)=\lim\limits_{\Delta x\to 0}\dfrac{f(0+\Delta x,0)-f(0,0)}{\Delta x}=\lim\limits_{\Delta x\to 0}\dfrac{0}{\Delta x}=0.$

类似地,有 $f_y(0,0)=0$.

注 1　对一元函数而言,导数 $\dfrac{\mathrm{d}y}{\mathrm{d}x}$ 可看做因变量的微分 $\mathrm{d}y$ 与自变量的微分 $\mathrm{d}x$ 的商,但偏导数的记号 $\dfrac{\partial u}{\partial x}$ 是一个整体.

注 2　对于分段函数在分段点的偏导数要利用偏导数的定义来求.

注 3　不同于一元函数的"可导必定连续"的性质,多元函数可偏导未必连续. 例如例 4 中的函数 $f(x,y)$ 尽管在 $(0,0)$ 处可偏导,但 $f(x,y)$ 在 $(0,0)$ 不连续(见 §9.1 例 5).

例 5　设函数 $z=x^y\ (x>0,x\neq 1)$,证明它满足方程

$$\frac{x}{y}\cdot\frac{\partial z}{\partial x}+\frac{1}{\ln x}\cdot\frac{\partial z}{\partial y}=2z.$$

证　由于 $\dfrac{\partial z}{\partial x}=yx^{y-1}$,$\dfrac{\partial z}{\partial y}=x^y\ln x$,所以

$$\frac{x}{y}\cdot\frac{\partial z}{\partial x}+\frac{1}{\ln x}\cdot\frac{\partial z}{\partial y}=\frac{x}{y}\cdot yx^{y-1}+\frac{1}{\ln x}\cdot x^y\ln x=2x^y=2z.$$

二、高阶偏导数

设二元函数 $z=f(x,y)$ 在区域 $D\subset\mathbf{R}^2$ 上具有偏导数

$$\frac{\partial z}{\partial x}=f_x(x,y)\quad\text{和}\quad\frac{\partial z}{\partial y}=f_y(x,y),$$

那么在 D 上,$f_x(x,y)$ 和 $f_y(x,y)$ 都是二元函数. 若这两个偏导函数的偏导数也存在,则称它们是 $f(x,y)$ 的**二阶偏导数**. 根据它们对自变量的求导次序不同,二元函数 $z=f(x,y)$ 的二阶偏导数有下列四种:

$$f_{xx}(x,y)=\frac{\partial^2 z}{\partial x^2}=\frac{\partial}{\partial x}\left(\frac{\partial z}{\partial x}\right),\qquad f_{xy}(x,y)=\frac{\partial^2 z}{\partial x\partial y}=\frac{\partial}{\partial y}\left(\frac{\partial z}{\partial x}\right),$$

$$f_{yx}(x,y)=\frac{\partial^2 z}{\partial y\partial x}=\frac{\partial}{\partial x}\left(\frac{\partial z}{\partial y}\right),\quad f_{yy}(x,y)=\frac{\partial^2 z}{\partial y^2}=\frac{\partial}{\partial y}\left(\frac{\partial z}{\partial y}\right),$$

其中 $f_{xy}(x,y)$ 和 $f_{yx}(x,y)$ 称为**混合偏导数**. 可类似得到三阶、四阶以及 n 阶的偏导数. 二阶及二阶以上的偏导数统称为**高阶偏导数**. 同样,可对 n 元函数 $u=f(x_1,x_2,\cdots,x_n)$ 定义高阶偏导数.

例 6 设函数 $z=3x^2y-xy^2$,求 z 的二阶偏导数.

解 由于 $\dfrac{\partial z}{\partial x}=6xy-y^2$,$\dfrac{\partial z}{\partial y}=3x^2-2xy$,从而有

$$\frac{\partial^2 z}{\partial x^2}=6y,\quad \frac{\partial^2 z}{\partial x\partial y}=6x-2y,\quad \frac{\partial^2 z}{\partial y\partial x}=6x-2y,\quad \frac{\partial^2 z}{\partial y^2}=-2x.$$

注意,本例中两个混合偏导数相等,即 $\dfrac{\partial^2 z}{\partial x\partial y}=\dfrac{\partial^2 z}{\partial y\partial x}$. 但并非任何具有二阶混合偏导数的函数都有这个结果.

例 7 设函数 $f(x,y)=\begin{cases} xy\dfrac{x^2-y^2}{x^2+y^2}, & (x,y)\neq(0,0), \\ 0, & (x,y)=(0,0), \end{cases}$ 证明 $f_{xy}(0,0)\neq f_{yx}(0,0)$.

证 先求 $f(x,y)$ 的一阶偏导数:

$$f_x(x,y)=\begin{cases} y\dfrac{x^4+4x^2y^2-y^4}{(x^2+y^2)^2}, & (x,y)\neq(0,0), \\ 0, & (x,y)=(0,0), \end{cases}$$

$$f_y(x,y)=\begin{cases} x\dfrac{x^4-4x^2y^2-y^4}{(x^2+y^2)^2}, & (x,y)\neq(0,0), \\ 0, & (x,y)=(0,0). \end{cases}$$

所以

$$f_{xy}(0,0)=\lim_{\Delta y\to 0}\frac{f_x(0,0+\Delta y)-f_x(0,0)}{\Delta y}=\lim_{\Delta y\to 0}\frac{\dfrac{-(\Delta y)^5}{(\Delta y)^4}-0}{\Delta y}=-1,$$

$$f_{yx}(0,0)=\lim_{\Delta x\to 0}\frac{f_y(0+\Delta x,0)-f_y(0,0)}{\Delta x}=\lim_{\Delta x\to 0}\frac{\dfrac{(\Delta x)^5}{(\Delta x)^4}-0}{\Delta x}=1.$$

因此 $f_{xy}(0,0)\neq f_{yx}(0,0)$.

那么自然要问:在什么条件下,函数 $f(x,y)$ 的两个混合偏导数 $f_{xy}(x,y)$ 和 $f_{yx}(x,y)$ 才能相等,亦即函数的二阶混合偏导与求偏导的次序无关? 我们有下述的充分条件.

定理 若函数 $z=f(x,y)$ 的两个混合偏导数 $f_{xy}(x,y)$ 和 $f_{yx}(x,y)$ 在点 (x_0,y_0) 连续,则成立等式

$$f_{xy}(x_0,y_0)=f_{yx}(x_0,y_0).$$

定理证明从略. 该定理表明,二阶混合偏导数在连续的条件下与求导次序无关. 对于更高阶的混合偏导数也有类似的结论. 在实际问题中,往往认为所出现的偏导数是连续的,所以求偏导数时不介意求导次序.

例 8 验证二元函数 $z=\ln\sqrt{x^2+y^2}$ 满足**拉普拉斯**①**方程**

---

① 拉普拉斯(Laplace,1749—1827),法国数学家、天文学家.

$$\Delta z \equiv \frac{\partial^2 z}{\partial x^2} + \frac{\partial^2 z}{\partial y^2} = 0.$$

证　因为

$$\frac{\partial z}{\partial x} = \frac{x}{x^2 + y^2}, \quad \frac{\partial z}{\partial y} = \frac{y}{x^2 + y^2}, \quad \frac{\partial^2 z}{\partial x^2} = \frac{y^2 - x^2}{(x^2 + y^2)^2}, \quad \frac{\partial^2 z}{\partial y^2} = \frac{x^2 - y^2}{(x^2 + y^2)^2},$$

所以

$$\frac{\partial^2 z}{\partial x^2} + \frac{\partial^2 z}{\partial y^2} = \frac{y^2 - x^2}{(x^2 + y^2)^2} + \frac{x^2 - y^2}{(x^2 + y^2)^2} = 0.$$

例 9　验证三元函数 $u = \dfrac{1}{\sqrt{x^2 + y^2 + z^2}}$ 满足拉普拉斯方程

$$\Delta u \equiv \frac{\partial^2 u}{\partial x^2} + \frac{\partial^2 u}{\partial y^2} + \frac{\partial^2 u}{\partial z^2} = 0.$$

证　记 $r = \sqrt{x^2 + y^2 + z^2}$，则

$$\frac{\partial u}{\partial x} = -\frac{1}{r^2} \cdot \frac{\partial r}{\partial x} = -\frac{1}{r^2} \cdot \frac{x}{r} = -\frac{x}{r^3}, \quad \frac{\partial^2 u}{\partial x^2} = -\frac{1}{r^3} + \frac{3x}{r^4} \cdot \frac{\partial r}{\partial x} = -\frac{1}{r^3} + \frac{3x^2}{r^5}.$$

由于函数关于自变量的对称性，有

$$\frac{\partial^2 u}{\partial y^2} = -\frac{1}{r^3} + \frac{3y^2}{r^5}, \quad \frac{\partial^2 u}{\partial z^2} = -\frac{1}{r^3} + \frac{3z^2}{r^5}.$$

所以

$$\frac{\partial^2 u}{\partial x^2} + \frac{\partial^2 u}{\partial y^2} + \frac{\partial^2 u}{\partial z^2} = -\frac{1}{r^3} + \frac{3x^2}{r^5} + \left(-\frac{1}{r^3} + \frac{3y^2}{r^5}\right) + \left(-\frac{1}{r^3} + \frac{3z^2}{r^5}\right)$$

$$= \frac{3}{r^5}(x^2 + y^2 + z^2) - \frac{3}{r^3} = \frac{3}{r^5} \cdot r^2 - \frac{3}{r^3} = 0.$$

例 10　设函数 $z = x\ln(xy)$，求 $\dfrac{\partial^3 z}{\partial x^2 \partial y}$ 和 $\dfrac{\partial^3 z}{\partial x \partial y^2}$.

解　由 $\dfrac{\partial z}{\partial x} = \ln(xy) + 1$ 得 $\dfrac{\partial^2 z}{\partial x^2} = \dfrac{1}{x}$，$\dfrac{\partial^2 z}{\partial x \partial y} = \dfrac{1}{y}$，于是

$$\frac{\partial^3 z}{\partial x^2 \partial y} = 0, \quad \frac{\partial^3 z}{\partial x \partial y^2} = -\frac{1}{y^2}.$$

习　题　9.2

1. 求下列函数的偏导数：

(1) $z = xy + \dfrac{x}{y}$;　　　(2) $z = \sin\dfrac{x}{y} \cdot \cos\dfrac{y}{x}$;　　　(3) $z = \ln(x + \ln y)$;

(4) $z = (1 + xy)^y$;　　　(5) $u = \arctan(x - y)^z$;　　　(6) $u = x^{y^z}$.

2. 设函数 $f(x, y, z) = \dfrac{x\cos y + y\cos z + z\cos x}{1 + \cos x + \cos y + \cos z}$，求 $f_x(0,0,0), f_y(0,0,0), f_z(0,0,0)$.

3. 求曲线 $\begin{cases} z=\dfrac{x^2+y^2}{4}, \\ y=4 \end{cases}$ 在点$(2,4,5)$处的切线与x轴正向的夹角.

4. 验证:

(1) 函数 $z=\mathrm{e}^{x/y^2}$ 满足 $2x\dfrac{\partial z}{\partial x}+y\dfrac{\partial z}{\partial y}=0$;

(2) 函数 $r=\sqrt{x^2+y^2+z^2}$ 满足 $\dfrac{\partial^2 r}{\partial x^2}+\dfrac{\partial^2 r}{\partial y^2}+\dfrac{\partial^2 r}{\partial z^2}=\dfrac{2}{r}$.

5. 求下列函数的高阶偏导数:

(1) $z=\arctan\dfrac{y}{x}$, 求 $\dfrac{\partial^2 z}{\partial x^2},\dfrac{\partial^2 z}{\partial x\partial y},\dfrac{\partial^2 z}{\partial y^2}$;　　(2) $z=y^x$, 求 $\dfrac{\partial^2 z}{\partial x^2},\dfrac{\partial^2 z}{\partial x\partial y},\dfrac{\partial^2 z}{\partial y^2}$;

(3) $z=x\mathrm{e}^{xy}$, 求 $\dfrac{\partial^3 z}{\partial x^2\partial y},\dfrac{\partial^3 z}{\partial x\partial y^2}$;　　　　　(4) $u=\ln(ax+by+cz)$, 求 $\dfrac{\partial^2 u}{\partial x^2},\dfrac{\partial^3 u}{\partial x^2\partial y}$.

§9.3　全　微　分

一、全微分的概念

二元函数 $z=f(x,y)$ 在一点的偏导数表示当一自变量固定时对另一自变量的变化率. 但实际问题中往往还需要讨论两个自变量都取得增量时,相应的因变量所得到的增量,即全增量的变化情况.

设函数 $z=f(x,y)$ 在包含点 $M(x,y)$ 的区域 D 内有定义,当自变量 x,y 分别取得增量 $\Delta x,\Delta y$ 时,$M'(x+\Delta x,y+\Delta y)\in D$,则函数的改变量

$$\Delta z=f(x+\Delta x,y+\Delta y)-f(x,y)$$

称为函数在点(x,y)的**全增量**. 与一元函数的微分类似,我们也希望用自变量的增量 Δx 和 Δy 的线性函数来近似表示函数的全增量 Δz. 为此引入下述定义.

定义　设函数 $z=f(x,y)$ 定义在区域 D 内,$(x,y)\in D$ 是一定点,且$(x+\Delta x,y+\Delta y)$ $\in D$. 若存在只与点(x,y)有关而与 $\Delta x,\Delta y$ 无关的常数 A 和 B,使得全增量

$$\Delta z=f(x+\Delta x,y+\Delta y)-f(x,y)$$

可表示为

$$\Delta z=A\Delta x+B\Delta y+o(\rho), \tag{1}$$

其中 $\rho=\sqrt{\Delta x^2+\Delta y^2}$,则称函数 $z=f(x,y)$ 在点(x,y)**可微**,并称 Δz 的线性主要部分(简称线性主部)$A\Delta x+B\Delta y$ 为 $f(x,y)$ 在点(x,y)的**全微分**,记做 $\mathrm{d}z$,即

$$\mathrm{d}z=A\Delta x+B\Delta y.$$

与一元函数类似,常将自变量的增量 $\Delta x,\Delta y$ 分别记为 $\mathrm{d}x,\mathrm{d}y$,并称为自变量的微分,那

么函数 $z=f(x,y)$ 在点 (x,y) 的全微分为

$$dz = A\mathrm{d}x + B\mathrm{d}y.$$

若函数在区域 D 内各点都可微,则称该函数在 D 内可微.

下面讨论多元函数连续性、可偏导性及可微性之间的关系. 首先,上节例 4 表明多元函数在某点可偏导并不能保证函数在这点连续. 但是,若函数 $z=f(x,y)$ 在点 (x,y) 可微,那么在该点必定连续. 事实上,由可微的定义

$$\Delta z = A\Delta x + B\Delta y + o(\rho)$$

可得到 $\lim\limits_{\rho\to 0}\Delta z=0$,故连续.

可微与可偏导之间具有如下关系:

定理 1(可微的必要条件)　若函数 $z=f(x,y)$ 在点 (x,y) 可微,则在该点必可偏导,且函数 $z=f(x,y)$ 在点 (x,y) 的全微分为

$$dz = \frac{\partial z}{\partial x}\mathrm{d}x + \frac{\partial z}{\partial y}\mathrm{d}y. \tag{2}$$

证　设 $z=f(x,y)$ 在点 (x,y) 可微,由定义,存在与 $\Delta x,\Delta y$ 无关的常数 A,B,使得

$$\Delta z = f(x+\Delta x,y+\Delta y)-f(x,y) = A\Delta x + B\Delta y + o(\rho),$$

其中 $\rho=\sqrt{(\Delta x)^2+(\Delta y)^2}$. 特别地,当 $\Delta y=0$ 时,$\rho=|\Delta x|$,上式成为

$$f(x+\Delta x,y)-f(x,y) = A\Delta x + o(|\Delta x|),$$

因此有　　　　　$$\lim_{\Delta x\to 0}\frac{f(x+\Delta x,y)-f(x,y)}{\Delta x}=A,\quad \text{即}\quad \frac{\partial z}{\partial x}=A.$$

类似地,可证 $\dfrac{\partial z}{\partial y}=B$. 所以 $f(x,y)$ 在点 (x,y) 可偏导,且有

$$dz = A\mathrm{d}x + B\mathrm{d}y = \frac{\partial z}{\partial x}\mathrm{d}x + \frac{\partial z}{\partial y}\mathrm{d}y.$$

但是,不同于一元函数的"可微的充分必要条件是可导",对于多元函数,在一点可偏导未必在这点是可微的. 例如,上节例 4 的函数

$$f(x,y)=\begin{cases} \dfrac{xy}{x^2+y^2}, & (x,y)\neq(0,0),\\[2mm] 0, & (x,y)=(0,0) \end{cases}$$

在点 $(0,0)$ 不连续,所以不可微,但在点 $(0,0)$ 是可偏导的.

下面给出多元函数可微的一个充分条件.

定理 2(可微的充分条件)　设函数 $z=f(x,y)$ 在点 (x,y) 的某邻域存在偏导数 $\dfrac{\partial z}{\partial x},\dfrac{\partial z}{\partial y}$,且都在 (x,y) 连续,则函数 f 在点 (x,y) 可微.

证　函数在点 (x,y) 的全增量可表示为

$$\Delta z = f(x+\Delta x, y+\Delta y) - f(x,y)$$
$$= [f(x+\Delta x, y+\Delta y) - f(x, y+\Delta y)] + [f(x, y+\Delta y) - f(x,y)]$$
$$= f_x(x+\theta_1\Delta x, y+\Delta y)\Delta x + f_y(x, y+\theta_2\Delta y)\Delta y \quad (0<\theta_1, \theta_2<1),$$

上述的最后等式利用了一元函数的拉格朗日微分中值定理. 由于假定 $f_x(x,y), f_y(x,y)$ 在点 (x,y) 连续,所以有

$$f_x(x+\theta_1\Delta x, y+\Delta y) = f_x(x,y) + o(1), \quad f_y(x, y+\theta_2\Delta y) = f_y(x,y) + o(1),$$

其中 $o(1)$ 表示当 $\rho = \sqrt{(\Delta x)^2 + (\Delta y)^2} \to 0$ 时的无穷小量. 于是有

$$\Delta z = f_x(x,y)\Delta x + f_y(x,y)\Delta y + o(1)\Delta x + o(1)\Delta y$$
$$= f_x(x,y)\Delta x + f_y(x,y)\Delta y + o(\rho),$$

其中 $\rho = \sqrt{(\Delta x)^2 + (\Delta y)^2}$,所以 $f(x,y)$ 在点 (x,y) 可微.

关于二元函数全微分的定义及其性质都可以类似地推广到 n 元函数上. 例如,三元函数 $u = f(x,y,z)$ 的全微分可写为

$$du = \frac{\partial u}{\partial x}dx + \frac{\partial u}{\partial y}dy + \frac{\partial u}{\partial z}dz.$$

例 1 求函数 $z = x^2 y + y^2$ 的全微分.

解 因为 $\frac{\partial z}{\partial x} = 2xy, \frac{\partial z}{\partial y} = x^2 + 2y$,所以全微分为

$$dz = 2xydx + (x^2 + 2y)dy.$$

例 2 求函数 $z = \frac{\sin x}{y^2}$ 在点 $(0,1)$ 的全微分.

解 由于 $\frac{\partial z}{\partial x} = \frac{\cos x}{y^2}, \frac{\partial z}{\partial y} = -\frac{2\sin x}{y^3}$,从而有

$$dz = \frac{\cos x}{y^2}dx - \frac{2\sin x}{y^3}dy, \quad dz\big|_{(0,1)} = dx.$$

例 3 求函数 $u = x - \cos\frac{y}{2} + \arctan\frac{z}{y}$ 的全微分.

解 由 $\frac{\partial u}{\partial x} = 1, \frac{\partial u}{\partial y} = \frac{1}{2}\sin\frac{y}{2} + \dfrac{-\frac{z}{y^2}}{1+\left(\frac{z}{y}\right)^2} = \frac{1}{2}\sin\frac{y}{2} - \frac{z}{y^2+z^2}, \frac{\partial u}{\partial z} = \dfrac{\frac{1}{y}}{1+\left(\frac{z}{y}\right)^2} = \frac{y}{y^2+z^2}$ 得

$$du = \frac{\partial u}{\partial x}dx + \frac{\partial u}{\partial y}dy + \frac{\partial u}{\partial z}dz$$
$$= dx + \left(\frac{1}{2}\sin\frac{y}{2} - \frac{z}{y^2+z^2}\right)dy + \frac{y}{y^2+z^2}dz.$$

二、全微分在近似计算中的应用

由全微分的定义及性质,当二元函数 $z = f(x,y)$ 在点 (x_0, y_0) 的某个邻域内具有连续的

偏导数 $f_x(x,y),f_y(x,y)$,且$|\Delta x|=|x-x_0|,|\Delta y|=|y-y_0|$充分小时,就有近似公式

$$\Delta z \approx \mathrm{d}z = f_x(x_0,y_0)\Delta x + f_y(x_0,y_0)\Delta y$$

或

$$f(x_0+\Delta x,y_0+\Delta y) \approx f(x_0,y_0)+f_x(x_0,y_0)(x-x_0)+f_y(x_0,y_0)(y-y_0). \quad (3)$$

利用上式可对二元函数作近似计算和进行误差估计.

从几何上看,(3)式右端是一个 x,y 的线性函数,其图像是通过点 (x_0,y_0) 的一个平面,近似公式(3)的几何思想就是用过点 (x_0,y_0) 的一小块平面近似代替过点 (x_0,y_0) 邻近的一小块曲面,其函数值的近似计算实质上就是用平面上的函数值近似代替曲面上的函数值,并使误差在容许的范围内.

例 4   计算 $1.04^{2.02}$ 的近似值.

解   令 $f(x,y)=x^y$,本例相当于要计算 $f(1.04,2.02)$ 的近似值.

对 $f(x,y)$ 求偏导数得 $f_x(x,y)=yx^{y-1}$,$f_y(x,y)=x^y\ln x$.

取 $x_0=1,y_0=2,\Delta x=0.04,\Delta y=0.02$. 计算得

$$f(1,2)=1, \quad f_x(1,2)=2, \quad f_y(1,2)=0.$$

应用公式(3)得

$$1.04^{2.02} \approx 1+2\times0.04+0\times0.02=1.08.$$

习 题 9.3

1. 求下列函数的全微分:

(1) $z=\dfrac{x+y}{x-y}$;

(2) $z=\dfrac{y}{\sqrt{x^2+y^2}}$;

(3) $u=x^{yz}$;

(4) $u=\sqrt{x^2+y^2+z^2}$.

2. 求下列函数在指定点的全微分:

(1) $z=\ln(1+x^2+y^2)$,在点 $(2,4)$;

(2) $u=\mathrm{e}^{x+y+z}(x^2+y^2+z^2)$,在点 $(1,1,1)$.

3. 求函数 $z=\dfrac{y}{x}$ 当 $x=2,y=1,\Delta x=0.1,\Delta y=-0.2$ 时的全增量和全微分.

*4. 计算 $\sqrt{1.02^3+1.97^3}$ 的近似值.

5. 考虑函数 $f(x,y)$ 的下列四条性质:

(1) $f(x,y)$ 在点 (x_0,y_0) 连续;

(2) $f_x(x,y),f_y(x,y)$ 在点 (x_0,y_0) 连续;

(3) $f(x,y)$ 在点 (x_0,y_0) 可微;

(4) $f_x(x_0,y_0),f_y(x_0,y_0)$ 存在.

若用"$P \Rightarrow Q$"表示可由性质 P 推出性质 Q,则下列四个选项中正确的是(   ).

(A) $(2)\Rightarrow(3)\Rightarrow(1)$

(B) $(3)\Rightarrow(2)\Rightarrow(1)$

(C) $(3)\Rightarrow(4)\Rightarrow(1)$

(D) $(3)\Rightarrow(1)\Rightarrow(4)$

$$\S 9.4 \quad 多元复合函数的求导法则$$

本节将一元函数的复合函数求导法则推广到多元函数的情形,导出多元函数的求导法则——链式法则.

一、多元复合函数的求导法则

首先导出一元函数与多元函数复合的求导法则.

定理 1 设函数 $u=\varphi(t)$，$v=\psi(t)$ 在点 t 可导，函数 $z=f(u,v)$ 在对应点 (u,v) 可微分，则复合函数 $z=f[\varphi(t),\psi(t)]$ 在点 t 可导，且有

$$\frac{\mathrm{d}z}{\mathrm{d}t}=\frac{\partial z}{\partial u}\cdot\frac{\mathrm{d}u}{\mathrm{d}t}+\frac{\partial z}{\partial v}\cdot\frac{\mathrm{d}v}{\mathrm{d}t}, \tag{1}$$

这里 $\dfrac{\mathrm{d}z}{\mathrm{d}t}$ 称为**全导数**.

证 由于 $z=f(u,v)$ 在点 (u,v) 可微，因此函数的全增量

$$\Delta z=\frac{\partial z}{\partial u}\Delta u+\frac{\partial z}{\partial v}\Delta v+\alpha(\Delta u,\Delta v)\sqrt{(\Delta u)^2+(\Delta v)^2}, \tag{2}$$

其中 $\alpha(\Delta u,\Delta v)$ 满足 $\lim\limits_{(\Delta u,\Delta v)\to(0,0)}\alpha(\Delta u,\Delta v)=0$，即 $\alpha(\Delta u,\Delta v)$ 是 $\sqrt{(\Delta u)^2+(\Delta v)^2}$ 趋于零时的无穷小量. 补充定义 $\alpha(0,0)=0$，那么(2)式当 $(\Delta u,\Delta v)=(0,0)$ 时也成立.

设 t 的增量为 Δt，函数 $u=\varphi(t)$，$v=\psi(t)$ 的对应增量分别为 $\Delta u,\Delta v$. 将函数 $z=f(u,v)$ 对应的全增量 Δz 除以 Δt，由(2)式得到

$$\frac{\Delta z}{\Delta t}=\frac{\partial z}{\partial u}\cdot\frac{\Delta u}{\Delta t}+\frac{\partial z}{\partial v}\cdot\frac{\Delta v}{\Delta t}+\frac{\alpha(\Delta u,\Delta v)\sqrt{(\Delta u)^2+(\Delta v)^2}}{\Delta t}.$$

因为当 $\Delta t\to 0$ 时，有

$$\Delta u\to 0,\quad \Delta v\to 0,\quad \sqrt{(\Delta u)^2+(\Delta v)^2}\to 0,\quad \frac{\Delta u}{\Delta t}\to\frac{\mathrm{d}u}{\mathrm{d}t},\quad \frac{\Delta v}{\Delta t}\to\frac{\mathrm{d}v}{\mathrm{d}t}$$

及

$$\frac{\alpha(\Delta u,\Delta v)\sqrt{(\Delta u)^2+(\Delta v)^2}}{\Delta t}=\alpha(\Delta u,\Delta v)\frac{|\Delta t|}{\Delta t}\sqrt{\left(\frac{\Delta u}{\Delta t}\right)^2+\left(\frac{\Delta v}{\Delta t}\right)^2}\to 0,$$

所以

$$\lim_{\Delta t\to 0}\frac{\Delta z}{\Delta t}=\frac{\partial z}{\partial u}\cdot\frac{\mathrm{d}u}{\mathrm{d}t}+\frac{\partial z}{\partial v}\cdot\frac{\mathrm{d}v}{\mathrm{d}t}.$$

这就证明了复合函数 $z=f[\varphi(t),\psi(t)]$ 在点 t 可导，且可用公式(1)计算导数.

定理 1 可推广到中间变量多于两个的复合函数上. 例如，由 $z=f(u,v,w)$ 与 $u=\varphi(t)$，$v=\psi(t)$，$w=\omega(t)$ 复合而成的复合函数 $z=f[\varphi(t),\psi(t),\omega(t)]$，在类似于定理 1 的条件下，其全导数公式为

$$\frac{\mathrm{d}z}{\mathrm{d}t}=\frac{\partial z}{\partial u}\cdot\frac{\mathrm{d}u}{\mathrm{d}t}+\frac{\partial z}{\partial v}\cdot\frac{\mathrm{d}v}{\mathrm{d}t}+\frac{\partial z}{\partial w}\cdot\frac{\mathrm{d}w}{\mathrm{d}t}. \tag{3}$$

下面给出多元函数与多元函数复合的求导法则.

定理 2　设函数 $u=\varphi(x,y),v=\psi(x,y)$ 都在点 (x,y) 具有关于 x 和 y 的偏导数,函数 $z=f(u,v)$ 在对应点 (u,v) 可微分,则复合函数 $z=f[\varphi(x,y),\psi(x,y)]$ 在点 (x,y) 的偏导数存在,且有

$$\frac{\partial z}{\partial x}=\frac{\partial z}{\partial u}\cdot\frac{\partial u}{\partial x}+\frac{\partial z}{\partial v}\cdot\frac{\partial v}{\partial x},\quad \frac{\partial z}{\partial y}=\frac{\partial z}{\partial u}\cdot\frac{\partial u}{\partial y}+\frac{\partial z}{\partial v}\cdot\frac{\partial v}{\partial y}. \tag{4}$$

事实上,求 $\dfrac{\partial z}{\partial x}$ 时,将 y 看做常量,因此 $u=\varphi(x,y)$ 及 $v=\psi(x,y)$ 可看做 x 的一元函数,所以可以应用定理 1. 但由于 $u=\varphi(x,y)$ 及 $v=\psi(x,y)$ 都是 x,y 的二元函数,所以将公式 (1) 中的 d 改为 ∂,把 t 换成 x,即可得式 (4) 的第一式成立.同理可得第二式成立.

定理 2 也可以推广到中间变量多于两个的复合函数上.例如,由 $z=f(u,v,w)$ 与 $u=\varphi(x,y),v=\psi(x,y),w=\omega(x,y)$ 复合而成的复合函数

$$z=f[\varphi(x,y),\psi(x,y),\omega(x,y)],$$

在类似于定理 2 的条件下,有如下求导公式:

$$\frac{\partial z}{\partial x}=\frac{\partial z}{\partial u}\cdot\frac{\partial u}{\partial x}+\frac{\partial z}{\partial v}\cdot\frac{\partial v}{\partial x}+\frac{\partial z}{\partial w}\cdot\frac{\partial w}{\partial x},\quad \frac{\partial z}{\partial y}=\frac{\partial z}{\partial u}\cdot\frac{\partial u}{\partial y}+\frac{\partial z}{\partial v}\cdot\frac{\partial v}{\partial y}+\frac{\partial z}{\partial w}\cdot\frac{\partial w}{\partial y}. \tag{5}$$

例 1　设函数 $z=uv+\sin t$,其中 $u=\mathrm{e}^t,v=\cos t$,求全导数 $\dfrac{\mathrm{d}z}{\mathrm{d}t}$.

解　这里 $z=uv+\sin t$ 可以看做 $z=uv+\sin w$ 与 $u=\mathrm{e}^t,v=\cos t,w=t$ 的复合函数,所以利用公式 (3),得

$$\frac{\mathrm{d}z}{\mathrm{d}t}=\frac{\partial z}{\partial u}\cdot\frac{\mathrm{d}u}{\mathrm{d}t}+\frac{\partial z}{\partial v}\cdot\frac{\mathrm{d}v}{\mathrm{d}t}+\frac{\partial z}{\partial w}\cdot\frac{\mathrm{d}w}{\mathrm{d}t}=\frac{\partial z}{\partial u}\cdot\frac{\mathrm{d}u}{\mathrm{d}t}+\frac{\partial z}{\partial v}\cdot\frac{\mathrm{d}v}{\mathrm{d}t}+\frac{\partial z}{\partial w}$$

$$=v\mathrm{e}^t-u\sin t+\cos w=\mathrm{e}^t\cos t-\mathrm{e}^t\sin t+\cos t$$

$$=\mathrm{e}^t(\cos t-\sin t)+\cos t.$$

例 2　设函数 $z=\arctan(xy)$,其中 $y=\mathrm{e}^x$,求 $\dfrac{\mathrm{d}z}{\mathrm{d}x}\Big|_{x=0}$.

解　由公式 (1) 得

$$\frac{\mathrm{d}z}{\mathrm{d}x}=\frac{\partial z}{\partial x}\cdot\frac{\mathrm{d}x}{\mathrm{d}x}+\frac{\partial z}{\partial y}\cdot\frac{\mathrm{d}y}{\mathrm{d}x}=\frac{y}{1+(xy)^2}\cdot 1+\frac{x}{1+(xy)^2}\cdot\mathrm{e}^x=\frac{\mathrm{e}^x(1+x)}{1+x^2\mathrm{e}^{2x}}.$$

于是 $\dfrac{\mathrm{d}z}{\mathrm{d}x}\Big|_{x=0}=1.$

例 3　设函数 $z=\dfrac{u^2}{v}$,其中 $u=x-2y,v=2x+y$,求 $\dfrac{\partial z}{\partial x},\dfrac{\partial z}{\partial y}$.

解　利用公式 (4) 得

$$\frac{\partial z}{\partial x}=\frac{\partial z}{\partial u}\cdot\frac{\partial u}{\partial x}+\frac{\partial z}{\partial v}\cdot\frac{\partial v}{\partial x}=\frac{2u}{v}\cdot 1+\left(-\frac{u^2}{v^2}\right)\cdot 2$$

$$= \frac{2(x-2y)}{2x+y} - \frac{2(x-2y)^2}{(2x+y)^2} = \frac{2(x-2y)(x+3y)}{(2x+y)^2}.$$

类似地，可得

$$\frac{\partial z}{\partial y} = \frac{(2y-x)(9x+2y)}{(2x+y)^2}.$$

例 4 设函数 $w=f(x^2+y^2+z^2, xyz)$，其中 f 具有二阶连续偏导数，求 $\dfrac{\partial w}{\partial x}, \dfrac{\partial^2 w}{\partial x \partial z}$.

解 将 $w=f(x^2+y^2+z^2, xyz)$ 看做 $w=f(u,v)$，其中 $u=x^2+y^2+z^2, v=xyz$. 为了使表达式简单，引入记号

$$f_1' = \frac{\partial f(u,v)}{\partial u}, \quad f_2' = \frac{\partial f(u,v)}{\partial v}, \quad f_{12}'' = \frac{\partial^2 f(u,v)}{\partial u \partial v}, \quad \text{等等},$$

这里函数符号加下标 $i\ (i=1,2)$ 表示对其第 i 个变量的偏导数. 因此有

$$\frac{\partial w}{\partial x} = \frac{\partial w}{\partial u} \cdot \frac{\partial u}{\partial x} + \frac{\partial w}{\partial v} \cdot \frac{\partial v}{\partial x} = 2xf_1' + yzf_2'.$$

注意到 $f_1'(u,v)$ 和 $f_2'(u,v)$ 仍是复合函数，于是再运用复合函数求导法并由

$$\frac{\partial u}{\partial z} = 2z, \quad \frac{\partial v}{\partial z} = xy$$

得

$$\frac{\partial^2 w}{\partial x \partial z} = \frac{\partial}{\partial z}(2xf_1' + yzf_2') = 2x\frac{\partial f_1'}{\partial z} + yf_2' + yz\frac{\partial f_2'}{\partial z}$$

$$= 2x\left(f_{11}''\frac{\partial u}{\partial z} + f_{12}''\frac{\partial v}{\partial z}\right) + yf_2' + yz\left(f_{21}''\frac{\partial u}{\partial z} + f_{22}''\frac{\partial v}{\partial z}\right)$$

$$= 2x(2zf_{11}'' + xyf_{12}'') + yf_2' + yz(2zf_{21}'' + xyf_{22}'')$$

$$= 4xzf_{11}'' + 2y(x^2+z^2)f_{12}'' + xy^2zf_{22}'' + yf_2',$$

其中最后的等式利用 $f_{12}'' = f_{21}''$.

例 5 设函数 $u=f(x,y,z)=\mathrm{e}^{x^2+y^2+z^2}$，而 $z=x^2\sin y$，求 $\dfrac{\partial u}{\partial x}, \dfrac{\partial u}{\partial y}$.

解 这可看成公式(5)的特殊情形，这里 x,y 既是中间变量又是复合函数的自变量，即 $\varphi(x,y)=x, \psi(x,y)=y, \omega(x,y)=x^2\sin y$，从而有

$$\frac{\partial \varphi}{\partial x} = 1, \quad \frac{\partial \varphi}{\partial y} = 0, \quad \frac{\partial \psi}{\partial x} = 0, \quad \frac{\partial \psi}{\partial y} = 1,$$

所以

$$\frac{\partial u}{\partial x} = \frac{\partial f}{\partial x} + \frac{\partial f}{\partial z} \cdot \frac{\partial z}{\partial x} = 2x\mathrm{e}^{x^2+y^2+z^2} + 2z\mathrm{e}^{x^2+y^2+z^2} \cdot 2x\sin y,$$

$$= 2x(1+2x^2\sin^2 y)\mathrm{e}^{x^2+y^2+x^4\sin^2 y},$$

$$\frac{\partial u}{\partial y} = \frac{\partial f}{\partial y} + \frac{\partial f}{\partial z} \cdot \frac{\partial z}{\partial y} = 2y\mathrm{e}^{x^2+y^2+z^2} + 2z\mathrm{e}^{x^2+y^2+z^2} \cdot x^2\cos y$$

$$= 2(y + x^4\sin y\cos y)\mathrm{e}^{x^2+y^2+x^4\sin^2 y}.$$

这里应注意 $\dfrac{\partial u}{\partial x}$ 与 $\dfrac{\partial f}{\partial x}$ 是不同的，$\dfrac{\partial u}{\partial x}$ 是指 $u=f(x,y,z)=\mathrm{e}^{x^2+y^2+z^2}$ 与 $z=x^2\sin y$ 的复合函数中的 y 看做不变量而对 x 的偏导数，$\dfrac{\partial f}{\partial x}$ 是把 $f(x,y,z)=\mathrm{e}^{x^2+y^2+z^2}$ 中的 y 和 z 看做不变量而对 x 的偏导数. $\dfrac{\partial u}{\partial y}$ 与 $\dfrac{\partial f}{\partial y}$ 也有类似的区别. 此外在应用公式（5）求偏导数时，还应注意变元的变换.

例 6　已知 $u=f(x,y)$ 为可微函数，求 $\left(\dfrac{\partial u}{\partial x}\right)^2+\left(\dfrac{\partial u}{\partial y}\right)^2$ 在极坐标下的表达式.

解　直角坐标 (x,y) 与极坐标 (ρ,θ) 之间的关系式为

$$x=\rho\cos\theta,\quad y=\rho\sin\theta.$$

方法 1　将 x,y 看成中间变量，则有

$$\frac{\partial u}{\partial\rho}=\frac{\partial u}{\partial x}\cdot\frac{\partial x}{\partial\rho}+\frac{\partial u}{\partial y}\cdot\frac{\partial y}{\partial\rho}=\frac{\partial u}{\partial x}\cos\theta+\frac{\partial u}{\partial y}\sin\theta,$$

$$\frac{\partial u}{\partial\theta}=\frac{\partial u}{\partial x}\cdot\frac{\partial x}{\partial\theta}+\frac{\partial u}{\partial y}\cdot\frac{\partial y}{\partial\theta}=-\rho\sin\theta\frac{\partial u}{\partial x}+\rho\cos\theta\frac{\partial u}{\partial y}.$$

将第一式乘以 ρ 后的平方加上第二式的平方，再除以 ρ^2，即得到

$$\left(\frac{\partial u}{\partial x}\right)^2+\left(\frac{\partial u}{\partial y}\right)^2=\left(\frac{\partial u}{\partial\rho}\right)^2+\frac{1}{\rho^2}\left(\frac{\partial u}{\partial\theta}\right)^2.$$

方法 2　由 $\rho=\sqrt{x^2+y^2}$，$\theta=\arctan\dfrac{y}{x}\left(\text{或 }\theta=\arctan\dfrac{y}{x}+\pi\right)$[①]，将 ρ,θ 看成中间变量，$u=u[\rho(x,y),\theta(x,y)]$，则有

$$\frac{\partial u}{\partial x}=\frac{\partial u}{\partial\rho}\cdot\frac{\partial\rho}{\partial x}+\frac{\partial u}{\partial\theta}\cdot\frac{\partial\theta}{\partial x}=\frac{\partial u}{\partial\rho}\cdot\frac{x}{\rho}-\frac{\partial u}{\partial\theta}\cdot\frac{y}{\rho^2}=\frac{\partial u}{\partial\rho}\cos\theta-\frac{\partial u}{\partial\theta}\cdot\frac{\sin\theta}{\rho},$$

$$\frac{\partial u}{\partial y}=\frac{\partial u}{\partial\rho}\cdot\frac{\partial\rho}{\partial y}+\frac{\partial u}{\partial\theta}\cdot\frac{\partial\theta}{\partial y}=\frac{\partial u}{\partial\rho}\cdot\frac{y}{\rho}+\frac{\partial u}{\partial\theta}\cdot\frac{x}{\rho^2}=\frac{\partial u}{\partial\rho}\sin\theta+\frac{\partial u}{\partial\theta}\cdot\frac{\cos\theta}{\rho}.$$

两式平方后相加得

$$\left(\frac{\partial u}{\partial x}\right)^2+\left(\frac{\partial u}{\partial y}\right)^2=\left(\frac{\partial u}{\partial\rho}\right)^2+\frac{1}{\rho^2}\left(\frac{\partial u}{\partial\theta}\right)^2.$$

当 $u=f(x,y)$ 具有二阶连续偏导数时，类似地可以求得

$$\frac{\partial^2 u}{\partial x^2}+\frac{\partial^2 u}{\partial y^2}=\frac{\partial^2 u}{\partial\rho^2}+\frac{1}{\rho}\cdot\frac{\partial u}{\partial\rho}+\frac{1}{\rho^2}\cdot\frac{\partial^2 u}{\partial\theta^2}$$

---

①　当点 $P(x,y)$ 在第一、四象限时，规定 $-\dfrac{\pi}{2}<\theta<\dfrac{\pi}{2}$，则 $\theta=\arctan\dfrac{y}{x}$；当点 $P(x,y)$ 在第二、三象限时，规定 $\dfrac{\pi}{2}<\theta<\dfrac{3\pi}{2}$，则 $\theta=\arctan\dfrac{y}{x}+\pi$.

$$= \frac{1}{\rho^2}\Big[\rho\frac{\partial}{\partial\rho}\Big(\rho\frac{\partial u}{\partial\rho}\Big)+\frac{\partial^2 u}{\partial\theta^2}\Big].$$

二、全微分形式不变性

下面总假设所讨论的函数都满足相应的可微性条件.

设 $z=f(u,v)$ 为二元函数,那么当 u,v 为自变量时,$z=f(u,v)$ 的全微分

$$\mathrm{d}z = \frac{\partial z}{\partial u}\mathrm{d}u+\frac{\partial z}{\partial v}\mathrm{d}v.$$

而当 u,v 为中间变量时,设 $u=\varphi(x,y),v=\psi(x,y)$,则复合函数 $z=f[\varphi(x,y),\psi(x,y)]$ 的全微分为

$$\mathrm{d}z = \Big(\frac{\partial z}{\partial u}\cdot\frac{\partial u}{\partial x}+\frac{\partial z}{\partial v}\cdot\frac{\partial v}{\partial x}\Big)\mathrm{d}x+\Big(\frac{\partial z}{\partial u}\cdot\frac{\partial u}{\partial y}+\frac{\partial z}{\partial v}\cdot\frac{\partial v}{\partial y}\Big)\mathrm{d}y$$

$$=\frac{\partial z}{\partial u}\Big(\frac{\partial u}{\partial x}\mathrm{d}x+\frac{\partial u}{\partial y}\mathrm{d}y\Big)+\frac{\partial z}{\partial v}\Big(\frac{\partial v}{\partial x}\mathrm{d}x+\frac{\partial v}{\partial y}\mathrm{d}y\Big)=\frac{\partial z}{\partial u}\mathrm{d}u+\frac{\partial z}{\partial v}\mathrm{d}v.$$

这说明无论 u,v 是自变量还是中间变量,函数 $z=f(u,v)$ 的微分都具有相同的形式,这个性质称为**全微分形式不变性**.

例 7　设函数 $z=\sqrt[4]{\dfrac{x+y}{x-y}}$,求全微分 $\mathrm{d}z$.

解　对 $z=\sqrt[4]{\dfrac{x+y}{x-y}}$ 的两边取对数得

$$\ln z = \frac{1}{4}\big[\ln(x+y)-\ln(x-y)\big].$$

两边求全微分,利用全微分形式不变性,有

$$\frac{\mathrm{d}z}{z} = \frac{1}{4}\Big(\frac{\mathrm{d}x+\mathrm{d}y}{x+y}-\frac{\mathrm{d}x-\mathrm{d}y}{x-y}\Big),\quad\text{即}\quad \mathrm{d}z = \frac{1}{2}\sqrt[4]{\frac{x+y}{x-y}}\cdot\frac{x\mathrm{d}y-y\mathrm{d}x}{x^2-y^2}.$$

同时还得到两个偏导数

$$\frac{\partial z}{\partial x} = -\frac{1}{2}\sqrt[4]{\frac{x+y}{x-y}}\cdot\frac{y}{x^2-y^2},\quad \frac{\partial z}{\partial y} = \frac{1}{2}\sqrt[4]{\frac{x+y}{x-y}}\cdot\frac{x}{x^2-y^2}.$$

这也是求偏导数的方法之一.

当我们求某些复合关系较复杂的复合函数的偏导数时,可利用全微分形式不变性,由外向内逐层微分,直到自变量的微分,即可求得所要的偏导数.

例 8　设函数 $z=f(x,u,v)$,其中 $u=\varphi(x),v=\phi(u,y)$,且 f 和 ϕ 具有连续偏导数,求 $\dfrac{\partial z}{\partial x},\dfrac{\partial z}{\partial y}$.

解　利用全微分形式不变性得

$$\mathrm{d}z = f_x\mathrm{d}x+f_u\mathrm{d}u+f_v\mathrm{d}v = f_x\mathrm{d}x+f_u\varphi'(x)\mathrm{d}x+f_v\cdot(\phi_u\mathrm{d}u+\phi_y\mathrm{d}y)$$

$$= \big[f_x+f_u\varphi'(x)+f_v\phi_u\varphi'(x)\big]\mathrm{d}x+f_v\phi_y\mathrm{d}y,$$

所以
$$\frac{\partial z}{\partial x}=f_x+f_u\varphi'(x)+f_v\phi_u\varphi'(x),\quad \frac{\partial z}{\partial y}=f_v\phi_y.$$

习　题　9.4

1. 求下列函数的全导数：

(1) $z=e^{x-2y}$，其中 $x=\sin t$，$y=t^3$，求 $\dfrac{\mathrm{d}z}{\mathrm{d}t}$；

(2) $z=\tan(3t+2x^2-y^2)$，其中 $x=\dfrac{1}{t}$，$y=\sqrt{t}$，求 $\dfrac{\mathrm{d}z}{\mathrm{d}t}$；

(3) $u=\dfrac{e^{ax}(y-z)}{a^2+1}$，其中 $y=a\sin x$，$z=\cos x$，a 为常数，求 $\dfrac{\mathrm{d}u}{\mathrm{d}x}$.

2. 求下列函数的偏导数：

(1) $z=u^2\ln v$，其中 $u=\dfrac{x}{y}$，$v=3x-2y$，求 $\dfrac{\partial z}{\partial x}$，$\dfrac{\partial z}{\partial y}$；

(2) $z=\arctan\dfrac{x}{y}$，其中 $x=u+v$，$y=u-v$，求 $\dfrac{\partial z}{\partial u}$，$\dfrac{\partial z}{\partial v}$；

(3) $u=(x+y+z)\sin(x^2+y^2+z^2)$，其中 $x=te^s$，$y=e^t$，$z=e^{s+t}$，求 $\dfrac{\partial u}{\partial s}$，$\dfrac{\partial u}{\partial t}$.

3. 求下列函数的偏导数（其中 f 具有连续偏导数）：

(1) $u=f\left(xy,\dfrac{x}{y}\right)$；　　　　(2) $u=f[\ln(1+x^2+y^2),e^{x+y}]$；

(3) $u=f(x,xy,xyz)$.

4. 求下列函数的二阶偏导数（其中 f 具有二阶连续导数或二阶连续偏导数）：

(1) $z=f(x^2+y^2)$，求 $\dfrac{\partial^2 z}{\partial x^2}$，$\dfrac{\partial^2 z}{\partial x\partial y}$，$\dfrac{\partial^2 z}{\partial y^2}$；

(2) $z=f(e^x\sin y,x^2+y^2)$，求 $\dfrac{\partial^2 z}{\partial x\partial y}$；

(3) $z=f(\sin x,\cos y,e^{x+y})$，求 $\dfrac{\partial^2 z}{\partial x^2}$，$\dfrac{\partial^2 z}{\partial x\partial y}$.

5. 验证：

(1) $z=\dfrac{y}{f(x^2-y^2)}$（其中 $f(t)$ 具有连续导数，且 $f(t)\neq 0$）满足方程
$$\frac{1}{x}\cdot\frac{\partial z}{\partial x}+\frac{1}{y}\cdot\frac{\partial z}{\partial y}=\frac{z}{y^2};$$

(2) $z=xy+xF(u)$（其中 $u=\dfrac{y}{x}$，$F(u)$ 具有连续导数）满足方程
$$x\frac{\partial z}{\partial x}+y\frac{\partial z}{\partial y}=z+xy;$$

(3) $z=\varphi(x-at)+\psi(x+at)$（其中 $\varphi(u)$，$\psi(u)$ 具有二阶连续导数）满足方程

$$\frac{\partial^2 z}{\partial t^2} = a^2 \frac{\partial^2 z}{\partial x^2}.$$

6. 若函数 $f(x,y)$ 满足：对于任意的实数 t 及自变量 x,y，成立 $f(tx,ty)=t^n f(x,y)$，那么称 f 为 n **次齐次函数**.

(1) 证明 n 次齐次函数 f 满足方程 $x\dfrac{\partial f}{\partial x}+y\dfrac{\partial f}{\partial y}=nf$；

(2) 利用(1)中的性质，对于 $z=\sqrt{x^2+y^2}$，求出 $x\dfrac{\partial z}{\partial x}+y\dfrac{\partial z}{\partial y}$.

§9.5　隐函数的求导公式

前面讨论的函数大多是显函数 $z=f(x,y)$ 的形式.但在理论与实际问题中往往会遇到函数关系无法用显式来表达的情况.例如,反映行星运动规律的开普勒(Kepler)方程

$$F(x,y)=y-x-\varepsilon\sin y=0 \quad (0<\varepsilon<1),$$

从天体力学确知 y 必定是 x 的函数,但其函数关系却不能用显式表达.

一、一个方程的情形

我们先讨论一个方程,例如

$$F(x,y) = 0, \tag{1}$$

在何种条件下确实表示一个隐函数,且保证该隐函数具有连续性和可微性等分析性质,同时考虑利用复合函数求导法则导出隐函数的求导公式.

定理 1 (一元隐函数存在定理)　设函数 $F(x,y)$ 在 $P_0(x_0,y_0)$ 的某一邻域内具有连续偏导数,且满足 $F(x_0,y_0)=0$,$F_y(x_0,y_0)\neq0$,则方程 $F(x,y)=0$ 在点 $P_0(x_0,y_0)$ 的某一邻域内唯一确定一个连续且具有连续导数的隐函数 $y=f(x)$,满足 $F[x,f(x)]=0$ 和 $y_0=f(x_0)$,且有

$$\frac{\mathrm{d}y}{\mathrm{d}x} = -\frac{F_x(x,y)}{F_y(x,y)}. \tag{2}$$

这个定理的隐函数存在性、连续性以及连续可导性不予证明,我们只推导公式(2).将方程(1)所确定的隐函数 $y=f(x)$ 代入方程(1),那么在 x_0 的某一邻域内成立

$$F[x,f(x)] \equiv 0.$$

恒等式的左边可以看成是 x 的一个复合函数.在恒等式两边对 x 求导数,得

$$\frac{\partial F}{\partial x} + \frac{\partial F}{\partial y} \cdot \frac{\mathrm{d}y}{\mathrm{d}x} = 0.$$

由于 $F_y(x,y)$ 连续且 $F_y(x_0,y_0)\neq0$,所以在 $P(x_0,y_0)$ 的某一邻域内 $F_y(x,y)\neq0$.于是有

$$\frac{\mathrm{d}y}{\mathrm{d}x} = -\frac{F_x(x,y)}{F_y(x,y)}.$$

若 $F(x,y)$ 的二阶偏导数也连续,可以证明隐函数 $y=f(x)$ 具有二阶连续导数.事实上,

利用公式(2)及复合函数求导法则,可得

$$\frac{\mathrm{d}^2 y}{\mathrm{d}x^2} = \frac{\partial}{\partial x}\left(-\frac{F_x}{F_y}\right) + \frac{\partial}{\partial y}\left(-\frac{F_x}{F_y}\right) \cdot \frac{\mathrm{d}y}{\mathrm{d}x} = -\frac{F_{xx}F_y - F_{yx}F_x}{F_y^2} - \frac{F_{xy}F_y - F_{yy}F_x}{F_y^2}\left(-\frac{F_x}{F_y}\right)$$

$$= -\frac{F_{xx}F_y^2 - 2F_{xy}F_xF_y + F_{yy}F_x^2}{F_y^3}.$$

例1　验证方程 $x^2+y^2=1$ 在点 $(0,1)$ 的某一邻域内唯一确定了一个隐函数 $y=f(x)$,并求它的一阶与二阶导数在 $x=0$ 的值.

解　令 $F(x,y)=x^2+y^2-1$,则 $F_x=2x, F_y=2y, F(0,1)=0, F_y(0,1)=2\neq0$. 因此由定理1可知,方程 $x^2+y^2=1$ 在点 $(0,1)$ 的某一邻域内唯一确定了一个具有连续导数的隐函数 $y=f(x)$,它满足当 $x=0$ 时 $y=1$,且

$$\frac{\mathrm{d}y}{\mathrm{d}x} = -\frac{F_x}{F_y} = -\frac{x}{y},$$

从而

$$\frac{\mathrm{d}^2 y}{\mathrm{d}x^2} = -\frac{y-xy'}{y^2} = -\frac{y-x\left(-\dfrac{x}{y}\right)}{y^2} = -\frac{y^2+x^2}{y^3} = -\frac{1}{y^3}.$$

于是

$$\frac{\mathrm{d}y}{\mathrm{d}x}\bigg|_{\substack{x=0 \\ y=1}} = 0, \quad \frac{\mathrm{d}^2 y}{\mathrm{d}x^2}\bigg|_{\substack{x=0 \\ y=1}} = -1.$$

读者可以用隐函数的显式表达式 $y=\sqrt{1-x^2}$ 来验证上述结果的正确性.

隐函数存在定理可以推广到多元函数的情形. 例如,一个三元函数方程

$$F(x,y,z) = 0 \tag{3}$$

有可能确定一个二元隐函数. 这就是下面的定理.

定理2（二元隐函数存在定理）　设函数 $F(x,y,z)$ 在点 $P_0(x_0,y_0,z_0)$ 的某一邻域内具有连续偏导数,且 $F(x_0,y_0,z_0)=0, F_z(x_0,y_0,z_0)\neq0$,则方程(3)在点 $P_0(x_0,y_0,z_0)$ 的某一邻域内唯一确定一个连续且有连续偏导数的隐函数 $z=f(x,y)$,它满足 $F[x,y,f(x,y)]=0, z_0=f(x_0,y_0)$,且有

$$\frac{\partial z}{\partial x} = -\frac{F_x(x,y,z)}{F_z(x,y,z)}, \quad \frac{\partial z}{\partial y} = -\frac{F_y(x,y,z)}{F_z(x,y,z)}. \tag{4}$$

这里仅推导公式(4). 由于

$$F[x,y,f(x,y)] \equiv 0,$$

上式两边分别对 x 和 y 求偏导数,并利用复合函数求导法则,得

$$F_x + F_z\frac{\partial z}{\partial x} = 0, \quad F_y + F_z\frac{\partial z}{\partial y} = 0,$$

于是有

$$\frac{\partial z}{\partial x} = -\frac{F_x}{F_z}, \quad \frac{\partial z}{\partial y} = -\frac{F_y}{F_z}.$$

例2　设方程 $x^2+y^2+z^2=4z$ 确定 z 为 x,y 的隐函数,求 $\dfrac{\partial^2 z}{\partial x^2}, \dfrac{\partial^2 z}{\partial y\partial x}$.

解 可直接利用公式(4)来求,下面按推导公式(4)的方法求解.将方程两边对 x 求导数,得

$$2x + 2z\frac{\partial z}{\partial x} = 4\frac{\partial z}{\partial x}, \quad \text{于是} \quad \frac{\partial z}{\partial x} = \frac{x}{2-z}.$$

再在前一等式两边对 x 求导数,得

$$2 + 2\left(\frac{\partial z}{\partial x}\right)^2 + 2z\frac{\partial^2 z}{\partial x^2} = 4\frac{\partial^2 z}{\partial x^2}, \quad \text{因此} \quad \frac{\partial^2 z}{\partial x^2} = \frac{1+\left(\frac{\partial z}{\partial x}\right)^2}{2-z} = \frac{(2-z)^2+x^2}{(2-z)^3}.$$

又在方程 $x^2+y^2+z^2=4z$ 两边对 y 求导数,得

$$2y + 2z\frac{\partial z}{\partial y} = 4\frac{\partial z}{\partial y}, \quad \text{于是} \quad \frac{\partial z}{\partial y} = \frac{y}{2-z}.$$

再在前一等式两边对 x 求导数,得

$$2\frac{\partial z}{\partial x} \cdot \frac{\partial z}{\partial y} + 2z\frac{\partial^2 z}{\partial y\partial x} = 4\frac{\partial^2 z}{\partial y\partial x}, \quad \text{所以} \quad \frac{\partial^2 z}{\partial y\partial x} = \frac{\frac{\partial z}{\partial x} \cdot \frac{\partial z}{\partial y}}{2-z} = \frac{xy}{(2-z)^3}.$$

例 3 设方程 $F(xz, yz)=0$ 确定 z 为 x,y 的函数,其中函数 F 具有连续偏导数,求 $\frac{\partial z}{\partial x}, \frac{\partial z}{\partial y}$.

解 当 $\frac{\partial F}{\partial z} = xF_1' + yF_2' \neq 0$ 时,可以应用隐函数存在定理.在方程 $F(xz, yz)=0$ 两边分别对 x 和 y 求偏导数,得

$$\left(z + x\frac{\partial z}{\partial x}\right)F_1' + y\frac{\partial z}{\partial x}F_2' = 0, \quad x\frac{\partial z}{\partial y}F_1' + \left(z + y\frac{\partial z}{\partial y}\right)F_2' = 0,$$

于是

$$\frac{\partial z}{\partial x} = -\frac{zF_1'}{xF_1' + yF_2'}, \quad \frac{\partial z}{\partial y} = -\frac{zF_2'}{xF_1' + yF_2'}.$$

二、方程组的情形

下面讨论由方程组

$$\begin{cases} F(x,y,u,v) = 0, \\ G(x,y,u,v) = 0 \end{cases} \tag{5}$$

确定的隐函数的存在性问题.这时,在四个变量 x,y,u,v 中,一般只能有两个独立变量,因此方程组(5)有可能确定两个二元隐函数(也称为向量值隐函数).

定理 3(向量值隐函数存在定理) 设函数 $F(x,y,u,v), G(x,y,u,v)$ 在点 $P_0(x_0,y_0,u_0,v_0)$ 的某一邻域内具有连续偏导数,又 $F(x_0,y_0,u_0,v_0)=0, G(x_0,y_0,u_0,v_0)=0$,且由偏导数所组成的函数行列式(称为**雅可比**[①]**行列式**)

---

① 雅可比(Jacobi,1804—1851),德国数学家.

$$J = \frac{\partial(F,G)}{\partial(u,v)} = \begin{vmatrix} \dfrac{\partial F}{\partial u} & \dfrac{\partial F}{\partial v} \\[2mm] \dfrac{\partial G}{\partial u} & \dfrac{\partial G}{\partial v} \end{vmatrix}$$

在点 $P_0(x_0,y_0,u_0,v_0)$ 不等于零,则方程组(5)在点 (x_0,y_0,u_0,v_0) 的某一邻域内唯一确定一组连续且有连续偏导数的函数 $u=u(x,y)$,$v=v(x,y)$,它们满足 $u_0=u(x_0,y_0)$,$v_0=v(x_0,y_0)$,$F[x,y,u(x,y),v(x,y)]=0$,$G[x,y,u(x,y),v(x,y)]=0$,且有

$$\frac{\partial u}{\partial x} = -\frac{1}{J} \cdot \frac{\partial(F,G)}{\partial(x,v)} = -\frac{\begin{vmatrix} F_x & F_v \\ G_x & G_v \end{vmatrix}}{\begin{vmatrix} F_u & F_v \\ G_u & G_v \end{vmatrix}}, \quad \frac{\partial v}{\partial x} = -\frac{1}{J} \cdot \frac{\partial(F,G)}{\partial(u,x)} = -\frac{\begin{vmatrix} F_u & F_x \\ G_u & G_x \end{vmatrix}}{\begin{vmatrix} F_u & F_v \\ G_u & G_v \end{vmatrix}},$$

$$\tag{6}$$

$$\frac{\partial u}{\partial y} = -\frac{1}{J} \cdot \frac{\partial(F,G)}{\partial(y,v)} = -\frac{\begin{vmatrix} F_y & F_v \\ G_y & G_v \end{vmatrix}}{\begin{vmatrix} F_u & F_v \\ G_u & G_v \end{vmatrix}}, \quad \frac{\partial v}{\partial y} = -\frac{1}{J} \cdot \frac{\partial(F,G)}{\partial(u,y)} = -\frac{\begin{vmatrix} F_u & F_y \\ G_u & G_y \end{vmatrix}}{\begin{vmatrix} F_u & F_v \\ G_u & G_v \end{vmatrix}}.$$

这里仅推导公式(6). 由于有

$$\begin{cases} F[x,y,u(x,y),v(x,y)] \equiv 0, \\ G[x,y,u(x,y),v(x,y)] \equiv 0, \end{cases}$$

将恒等式两边对 x 求导数,并利用复合函数求导法则,得

$$\begin{cases} F_x + F_u \dfrac{\partial u}{\partial x} + F_v \dfrac{\partial v}{\partial x} = 0, \\[2mm] G_x + G_u \dfrac{\partial u}{\partial x} + G_v \dfrac{\partial v}{\partial x} = 0. \end{cases}$$

这是关于 $\dfrac{\partial u}{\partial x}$,$\dfrac{\partial v}{\partial x}$ 的线性方程组. 由假设知在点 $P_0(x_0,y_0,u_0,v_0)$ 的某一邻域内,系数行列式 $J = \begin{vmatrix} F_u & F_u \\ G_u & G_v \end{vmatrix} \neq 0$,因此可解出

$$\frac{\partial u}{\partial x} = -\frac{1}{J} \cdot \frac{\partial(F,G)}{\partial(x,v)}, \quad \frac{\partial v}{\partial x} = -\frac{1}{J} \cdot \frac{\partial(F,G)}{\partial(u,x)}.$$

同理可得

$$\frac{\partial u}{\partial y} = -\frac{1}{J} \cdot \frac{\partial(F,G)}{\partial(y,v)}, \quad \frac{\partial v}{\partial y} = -\frac{1}{J} \cdot \frac{\partial(F,G)}{\partial(u,y)}.$$

对于方程组

$$\begin{cases} F(x,y,z) = 0, \\ G(x,y,z) = 0, \end{cases} \tag{7}$$

有类似的隐函数存在定理.

定理 4 设 $F(x,y,z),G(x,y,z)$ 在点 $P_0(x_0,y_0,z_0)$ 的某一邻域内具有连续偏导数,又 $F(x_0,y_0,z_0)=0,G(x_0,y_0,z_0)=0$,且由偏导数所组成的雅可比行列式

$$J = \frac{\partial(F,G)}{\partial(y,z)} = \begin{vmatrix} \dfrac{\partial F}{\partial y} & \dfrac{\partial F}{\partial z} \\ \dfrac{\partial G}{\partial y} & \dfrac{\partial G}{\partial z} \end{vmatrix}$$

在点 $P_0(x_0,y_0,z_0)$ 不等于零,则方程组(7)在点 (x_0,y_0,z_0) 的某一邻域内唯一确定一组连续且具有连续导数的隐函数 $y=y(x),z=z(x)$,它们满足 $y(x_0)=y_0,z(x_0)=z_0$, $F[x,y(x),z(x)]=0,G[x,y(x),z(x)]=0$,且有

$$\frac{\mathrm{d}y}{\mathrm{d}x}=-\frac{1}{J}\cdot\frac{\partial(F,G)}{\partial(x,z)}, \quad \frac{\mathrm{d}z}{\mathrm{d}x}=-\frac{1}{J}\cdot\frac{\partial(F,G)}{\partial(y,x)}. \tag{8}$$

例 4 设 $u=u(x,y),v=v(x,y)$ 是由方程组

$$\begin{cases} xu-yv=0, \\ yu+xv=1 \end{cases}$$

所确定的隐函数,求 $\dfrac{\partial u}{\partial x},\dfrac{\partial v}{\partial x},\dfrac{\partial u}{\partial y},\dfrac{\partial v}{\partial y}$.

解 可以直接利用公式(6)来求,这里按推导公式(6)的方法求解.将所给的方程组的方程两边对 x 求导数,得

$$\begin{cases} x\dfrac{\partial u}{\partial x} - y\dfrac{\partial v}{\partial x} = -u, \\ y\dfrac{\partial u}{\partial x} + x\dfrac{\partial v}{\partial x} = -v. \end{cases}$$

当 $J = \begin{vmatrix} x & -y \\ y & x \end{vmatrix} = x^2+y^2 \neq 0$ 时,解得

$$\frac{\partial u}{\partial x} = \frac{\begin{vmatrix} -u & -y \\ -v & x \end{vmatrix}}{\begin{vmatrix} x & -y \\ y & x \end{vmatrix}} = -\frac{xu+yv}{x^2+y^2}, \quad \frac{\partial v}{\partial x} = \frac{\begin{vmatrix} x & -u \\ y & -v \end{vmatrix}}{\begin{vmatrix} x & -y \\ y & x \end{vmatrix}} = \frac{yu-xv}{x^2+y^2}.$$

将所给的方程两边对 y 求导数,同样方法可得

$$\frac{\partial u}{\partial y} = \frac{xv-yu}{x^2+y^2}, \quad \frac{\partial v}{\partial y} = -\frac{xu+yv}{x^2+y^2}.$$

例 5 设由方程组 $\begin{cases} z=xf(x+y), \\ F(x,y,z)=0 \end{cases}$ 确定函数组 $y=y(x),z=z(x)$,其中 f 和 F 分别具有连续的导数和偏导数,求 $\dfrac{\mathrm{d}z}{\mathrm{d}x}$.

解 可以直接利用公式(8)来求,我们按推导公式(8)的方法求解.将方程 $z=xf(x+y)$

和 $F(x,y,z)=0$ 两边对 x 求导数,得

$$\begin{cases} \dfrac{\mathrm{d}z}{\mathrm{d}x} = f(x+y) + x\left(1+\dfrac{\mathrm{d}y}{\mathrm{d}x}\right)f'(x+y), \\ \dfrac{\partial F}{\partial x} + \dfrac{\partial F}{\partial y}\cdot\dfrac{\mathrm{d}y}{\mathrm{d}x} + \dfrac{\partial F}{\partial z}\cdot\dfrac{\mathrm{d}z}{\mathrm{d}x} = 0, \end{cases}$$

整理后得

$$\begin{cases} -xf'(x+y)\dfrac{\mathrm{d}y}{\mathrm{d}x} + \dfrac{\mathrm{d}z}{\mathrm{d}x} = f(x+y) + xf'(x+y), \\ \dfrac{\partial F}{\partial y}\cdot\dfrac{\mathrm{d}y}{\mathrm{d}x} + \dfrac{\partial F}{\partial z}\cdot\dfrac{\mathrm{d}z}{\mathrm{d}x} = -\dfrac{\partial F}{\partial x}. \end{cases}$$

解方程组即得

$$\dfrac{\mathrm{d}z}{\mathrm{d}x} = \dfrac{\left[f(x+y) + xf'(x+y)\right]\dfrac{\partial F}{\partial y} - xf'(x+y)\dfrac{\partial F}{\partial x}}{xf'(x+y)\dfrac{\partial F}{\partial z} + \dfrac{\partial F}{\partial y}}.$$

读者可类似地求得 $\dfrac{\mathrm{d}y}{\mathrm{d}x}$.

下面利用定理 3 将一元函数的反函数存在定理推广到一般情形.

例 6（逆映射定理）　设函数组 $\begin{cases} x=x(u,v), \\ y=y(u,v) \end{cases}$ 在点 (u,v) 的某一邻域内连续且具有连续

的偏导数,又 $\dfrac{\partial(x,y)}{\partial(u,v)}\neq 0$.

(1) 证明函数组 $\begin{cases} x=x(u,v), \\ y=y(u,v) \end{cases}$ 在点 (x,y,u,v) 的某一邻域内唯一确定一组连续且具有

连续偏导数的反函数 $\begin{cases} u=u(x,y), \\ v=v(x,y); \end{cases}$

(2) 求反函数组 $\begin{cases} u=u(x,y), \\ v=v(x,y) \end{cases}$ 关于 x 和关于 y 的偏导数;

(3) 证明 $\dfrac{\partial(x,y)}{\partial(u,v)}\cdot\dfrac{\partial(u,v)}{\partial(x,y)}=1$.

解　(1) 将函数组 $\begin{cases} x=x(u,v), \\ y=y(u,v) \end{cases}$ 改写成

$$\begin{cases} F(x,y,u,v) = x - x(u,v) = 0, \\ G(x,y,u,v) = y - y(u,v) = 0. \end{cases}$$

由假定有 $J = \dfrac{\partial(F,G)}{\partial(u,v)} = \dfrac{\partial(x,y)}{\partial(u,v)}\neq 0$,再由定理 3 即得所要证的结论.

(2) 将反函数组 $\begin{cases} u=u(x,y), \\ v=v(x,y) \end{cases}$ 代入函数组 $\begin{cases} x=x(u,v), \\ y=y(u,v) \end{cases}$ 即得

$$\begin{cases} x \equiv x[u(x,y),v(x,y)], \\ y \equiv y[u(x,y),v(x,y)]. \end{cases}$$

将上述恒等式两边对 x 求导数,得

$$\begin{cases} 1 = \dfrac{\partial x}{\partial u} \cdot \dfrac{\partial u}{\partial x} + \dfrac{\partial x}{\partial v} \cdot \dfrac{\partial v}{\partial x}, \\ 0 = \dfrac{\partial y}{\partial u} \cdot \dfrac{\partial u}{\partial x} + \dfrac{\partial y}{\partial v} \cdot \dfrac{\partial v}{\partial x}. \end{cases}$$

由于 $J \neq 0$,可解得

$$\frac{\partial u}{\partial x} = \frac{1}{J} \cdot \frac{\partial y}{\partial v}, \quad \frac{\partial v}{\partial x} = -\frac{1}{J} \cdot \frac{\partial y}{\partial u}.$$

同理可得

$$\frac{\partial u}{\partial y} = -\frac{1}{J} \cdot \frac{\partial x}{\partial v}, \quad \frac{\partial v}{\partial y} = \frac{1}{J} \cdot \frac{\partial x}{\partial u}.$$

(3) 由(2)立即得到

$$\frac{\partial(x,y)}{\partial(u,v)} \cdot \frac{\partial(u,v)}{\partial(x,y)} = 1.$$

这说明映射与逆映射的雅可比行列式互为倒数. 这个结果与一元函数的反函数导数公式 $\dfrac{\mathrm{d}x}{\mathrm{d}y} \cdot \dfrac{\mathrm{d}y}{\mathrm{d}x} = 1$ 是类似的.

结果(3)还可以推广到三维以上空间的坐标变换中去. 例如,若函数组 $x=x(u,v,w)$,$y=y(u,v,w)$,$z=z(u,v,w)$ 确定反函数 $u=u(x,y,z)$,$v=v(x,y,z)$,$w=w(x,y,z)$,则在一定的条件下,有

$$\frac{\partial(x,y,z)}{\partial(u,v,w)} \cdot \frac{\partial(u,v,w)}{\partial(x,y,z)} = 1.$$

习　题　9.5

1. 求由方程 $\ln\sqrt{x^2+y^2} = \arctan\dfrac{y}{x}$ 所确定的隐函数的导数 $\dfrac{\mathrm{d}y}{\mathrm{d}x}$.

2. 设 $z=z(x,y)$ 是由方程 $z=\mathrm{e}^{2x-3z}+2y$ 所确定的隐函数,求 $\dfrac{\partial z}{\partial x}$,$\dfrac{\partial z}{\partial y}$.

3. 设 $z=z(x,y)$ 是由方程 $x+2y+z-2\sqrt{xyz}=0$ 所确定的隐函数,求 $\dfrac{\partial z}{\partial x}$,$\dfrac{\partial z}{\partial y}$.

4. 设 $z=z(x,y)$ 是由方程 $z-y-x+x\mathrm{e}^{z-y-x}=0$ 所确定的隐函数,求 $\mathrm{d}z$.

5. 设 $f(x,y,z)=\mathrm{e}^x yz^2$,其中 $z=z(x,y)$ 是由 $x+y+z+xyz=0$ 所确定的隐函数,求 $f_x(0,1,-1)$.

6. 设 $z = x + ye^z$，求 $\dfrac{\partial^2 z}{\partial x \partial y}$.

7. 设 $z^3 - 3xyz = a^3$，求 $\dfrac{\partial^2 z}{\partial x \partial y}$.

8. 设方程 $\varphi\left(x + \dfrac{z}{y}, y + \dfrac{z}{x}\right) = 0$ 确定隐函数 $z = f(x, y)$，证明该隐函数满足方程

$$x \frac{\partial z}{\partial x} + y \frac{\partial z}{\partial y} = z - xy.$$

9. 设 $y = f(x, t)$，而 t 是由方程 $F(x, y, t) = 0$ 所确定的 x, y 的隐函数，其中 f 和 F 都具有连续的偏导数. 证明

$$\frac{\mathrm{d}y}{\mathrm{d}x} = \frac{\dfrac{\partial f}{\partial x} \cdot \dfrac{\partial F}{\partial t} - \dfrac{\partial f}{\partial t} \cdot \dfrac{\partial F}{\partial x}}{\dfrac{\partial f}{\partial t} \cdot \dfrac{\partial F}{\partial y} + \dfrac{\partial F}{\partial t}}.$$

10. 求由下列方程组所确定的隐函数的导数或偏导数：

(1) $\begin{cases} z - x^2 - y^2 = 0, \\ x^2 + 2y^2 + 3z^2 = 4a^2, \end{cases}$ 求 $\dfrac{\mathrm{d}y}{\mathrm{d}x}, \dfrac{\mathrm{d}z}{\mathrm{d}x}$；

(2) $\begin{cases} u = f(ux, v + y), \\ v = g(u - x, v^2 y), \end{cases}$ 其中 f, g 具有连续偏导数，求 $\dfrac{\partial u}{\partial x}, \dfrac{\partial v}{\partial x}$；

(3) $\begin{cases} x = e^u + u\sin v, \\ y = e^u - u\cos v, \end{cases}$ 求 $\dfrac{\partial u}{\partial x}, \dfrac{\partial u}{\partial y}, \dfrac{\partial v}{\partial x}, \dfrac{\partial v}{\partial y}$；

(4) $\begin{cases} x = e^u \cos v, \\ y = e^u \sin v, \quad 求 \ \dfrac{\partial z}{\partial x}, \dfrac{\partial z}{\partial y}. \\ z = u^2 + v^2, \end{cases}$

§9.6　多元函数微分学的几何应用

一、空间曲线的切线与法平面

设空间曲线 Γ 的参数方程为

$$\begin{cases} x = \varphi(t), \\ y = \psi(t), \quad t \in [\alpha, \beta], \\ z = \omega(t), \end{cases} \tag{1}$$

它也可以写成向量形式

$$\boldsymbol{r}(t) = \varphi(t)\boldsymbol{i} + \psi(t)\boldsymbol{j} + \omega(t)\boldsymbol{k}, \quad t \in [\alpha, \beta].$$

这里假定(1)式的三个函数都在 $[\alpha, \beta]$ 上可导，且三个导数不同时为零. 特别地，当 $\varphi'(t)$，

$\psi'(t),\omega'(t)$ 都连续时,通常称 Γ 是**光滑曲线**.

下面求 Γ 上一点 $M_0(x_0,y_0,z_0)$ 处的切线和法平面方程.

空间曲线的切线定义与平面的情况相同,即定义为割线的极限位置. 设与点 M_0 对应的参数为 t_0,即 $x_0=\varphi(t_0),y_0=\psi(t_0),z_0=\omega(t_0)$. 在点 M_0 外任意取 Γ 上一点 M,设 M 对应的参数为 t,即 $M(\varphi(t),\psi(t),\omega(t))$,那么过点 M_0 和 M 的割线方程为

$$\frac{x-x_0}{\varphi(t)-\varphi(t_0)}=\frac{y-y_0}{\psi(t)-\psi(t_0)}=\frac{z-z_0}{\omega(t)-\omega(t_0)}$$

或

$$\frac{x-x_0}{\dfrac{\varphi(t)-\varphi(t_0)}{t-t_0}}=\frac{y-y_0}{\dfrac{\psi(t)-\psi(t_0)}{t-t_0}}=\frac{z-z_0}{\dfrac{\omega(t)-\omega(t_0)}{t-t_0}}.$$

当点 M 沿着曲线 Γ 趋于点 M_0,即 $t\to t_0$ 时,就得到曲线 Γ 在 M_0 处的**切线方程**

$$\frac{x-x_0}{\varphi'(t_0)}=\frac{y-y_0}{\psi'(t_0)}=\frac{z-z_0}{\omega'(t_0)}. \tag{2}$$

向量 $\boldsymbol{T}=(\varphi'(t_0),\psi'(t_0),\omega'(t_0))$ 就是曲线 Γ 在点 M_0 处的切线的一个方向向量,称为 Γ 在 M_0 处的**切向量**.

通过点 M_0 且与切线垂直的平面称为曲线 Γ 在点 M_0 处的**法平面**. 它是通过点 M_0 且以切向量 $\boldsymbol{T}=(\varphi'(t_0),\psi'(t_0),\omega'(t_0))$ 为法向量的平面,因此曲线 Γ 在点 M_0 处的法平面方程为

$$\varphi'(t_0)(x-x_0)+\psi'(t_0)(y-y_0)+\omega'(t_0)(z-z_0)=0. \tag{3}$$

特别地,若空间曲线 Γ 用显式表示为

$$\begin{cases} y=\psi(x), \\ z=\omega(x), \end{cases} \tag{4}$$

可以把它看成以 x 为参数的参数方程

$$\begin{cases} x=x, \\ y=\psi(x), \\ z=\omega(x). \end{cases}$$

这时 Γ 在点 $M_0(x_0,y_0,z_0)$ 处的一个切向量为 $\boldsymbol{T}=(1,\psi'(x_0),\omega'(x_0))$,因此切线方程为

$$\frac{x-x_0}{1}=\frac{y-y_0}{\psi'(x_0)}=\frac{z-z_0}{\omega'(x_0)}, \tag{5}$$

法平面方程为

$$(x-x_0)+\psi'(x_0)(y-y_0)+\omega'(x_0)(z-z_0)=0. \tag{6}$$

若空间曲线 Γ 的一般方程为

$$\begin{cases} F(x,y,z)=0, \\ G(x,y,z)=0, \end{cases} \tag{7}$$

$M_0(x_0,y_0,z_0)$ 是曲线 Γ 上的一点,设函数 $F(x,y,z),G(x,y,z)$ 具有连续偏导数,且雅可比

行列式 $\dfrac{\partial(F,G)}{\partial(y,z)}$，$\dfrac{\partial(F,G)}{\partial(z,x)}$，$\dfrac{\partial(F,G)}{\partial(x,y)}$ 中至少有一个，例如 $\dfrac{\partial(F,G)}{\partial(y,z)}$ 在 M_0 点不等于零，即 $\dfrac{\partial(F,G)}{\partial(y,z)}\Big|_{M_0}\neq 0$，那么由隐函数存在定理 4 知，方程组（7）在点 $M_0(x_0,y_0,z_0)$ 的某一邻域内唯一确定一组连续且具有连续导数的函数 $y=\psi(x)$，$z=\omega(x)$，满足 $y_0=\psi(x_0)$，$z_0=\omega(x_0)$，且有

$$\frac{\mathrm{d}y}{\mathrm{d}x}\Big|_{x=x_0}=\psi'(x_0)=\frac{\begin{vmatrix} F_z & F_x \\ G_z & G_x \end{vmatrix}_{M_0}}{\begin{vmatrix} F_y & F_z \\ G_y & G_z \end{vmatrix}_{M_0}},\quad \frac{\mathrm{d}z}{\mathrm{d}x}\Big|_{x=x_0}=\omega'(x_0)=\frac{\begin{vmatrix} F_x & F_y \\ G_x & G_y \end{vmatrix}_{M_0}}{\begin{vmatrix} F_y & F_z \\ G_y & G_z \end{vmatrix}_{M_0}}.$$

于是 Γ 在点 M_0 处的一个切向量为 $\boldsymbol{T}=(1,\psi'(x_0),\omega'(x_0))$，也可以取切向量为

$$\boldsymbol{T}=\left(\begin{vmatrix} F_y & F_z \\ G_y & G_z \end{vmatrix}_{M_0},\begin{vmatrix} F_z & F_x \\ G_z & G_x \end{vmatrix}_{M_0},\begin{vmatrix} F_x & F_y \\ G_x & G_y \end{vmatrix}_{M_0}\right).$$

因此，曲线 Γ 在点 $M_0(x_0,y_0,z_0)$ 处的切线方程为

$$\frac{x-x_0}{\begin{vmatrix} F_y & F_z \\ G_y & G_z \end{vmatrix}_{M_0}}=\frac{y-y_0}{\begin{vmatrix} F_z & F_x \\ G_z & G_x \end{vmatrix}_{M_0}}=\frac{z-z_0}{\begin{vmatrix} F_x & F_y \\ G_x & G_y \end{vmatrix}_{M_0}}, \tag{8}$$

法平面方程

$$\begin{vmatrix} F_y & F_z \\ G_y & G_z \end{vmatrix}_{M_0}(x-x_0)+\begin{vmatrix} F_z & F_x \\ G_z & G_x \end{vmatrix}_{M_0}(y-y_0)+\begin{vmatrix} F_x & F_y \\ G_x & G_y \end{vmatrix}_{M_0}(z-z_0)=0. \tag{9}$$

例 1 求空间曲线 $\boldsymbol{r}(t)=(2\cos t)\boldsymbol{i}+(3\sin t)\boldsymbol{j}+4t\boldsymbol{k}$ 在 $t=\pi/2$ 相应点处的切线和法平面方程.

解 设 $x=2\cos t$，$y=3\sin t$，$z=4t$，则

$$\frac{\mathrm{d}x}{\mathrm{d}t}=-2\sin t,\quad \frac{\mathrm{d}y}{\mathrm{d}t}=3\cos t,\quad \frac{\mathrm{d}z}{\mathrm{d}t}=4,$$

所以切向量为 $\boldsymbol{T}=(-2,0,4)$. 又 $t=\pi/2$ 对应于点 $(0,3,2\pi)$，所以切线方程为

$$\frac{x-0}{-2}=\frac{y-3}{0}=\frac{z-2\pi}{4},\quad 即 \quad \frac{x}{-1}=\frac{y-3}{0}=\frac{z-2\pi}{2},$$

法平面方程为

$$-(x-0)+2(z-2\pi)=0,\quad 即 \quad x-2z+4\pi=0.$$

例 2 求曲线 $\Gamma:\begin{cases} x^2+y^2+z^2-2y=4 \\ x+y+z=0 \end{cases}$ 在点 $(1,1,-2)$ 处的切线和法平面方程.

解 方法 1 直接利用公式求解.

Γ 的方程可写为 $\begin{cases} F(x,y,z)=x^2+y^2+z^2-2y-4=0, \\ G(x,y,z)=x+y+z=0, \end{cases}$ 于是有

$$\frac{\partial(F,G)}{\partial(y,z)}=\begin{vmatrix} 2y-2 & 2z \\ 1 & 1 \end{vmatrix}=2(y-z-1), \quad \frac{\partial(F,G)}{\partial(z,x)}=\begin{vmatrix} 2z & 2x \\ 1 & 1 \end{vmatrix}=2(z-x),$$

$$\frac{\partial(F,G)}{\partial(x,y)}=\begin{vmatrix} 2x & 2y-2 \\ 1 & 1 \end{vmatrix}=2(x-y+1).$$

因此 $\quad\dfrac{\partial(F,G)}{\partial(y,z)}\bigg|_{(1,1,-2)}=4, \quad \dfrac{\partial(F,G)}{\partial(z,x)}\bigg|_{(1,1,-2)}=-6, \quad \dfrac{\partial(F,G)}{\partial(x,y)}\bigg|_{(1,1,-2)}=2.$

所以,所求的切线方程为

$$\frac{x-1}{4}=\frac{y-1}{-6}=\frac{z+2}{2}, \quad 即 \quad \frac{x-1}{2}=\frac{y-1}{-3}=\frac{z+2}{1},$$

法平面方程为

$$4(x-1)-6(y-1)+2(z+2)=0, \quad 即 \quad 2x-3y+z+3=0.$$

方法 2 按推导公式的方法求解. 将 Γ 的方程两边对 x 求导数得

$$\begin{cases} 2x+2y\dfrac{\mathrm{d}y}{\mathrm{d}x}+2z\dfrac{\mathrm{d}z}{\mathrm{d}x}-2\dfrac{\mathrm{d}y}{\mathrm{d}x}=0, \\[2mm] 1+\dfrac{\mathrm{d}y}{\mathrm{d}x}+\dfrac{\mathrm{d}z}{\mathrm{d}x}=0, \end{cases}$$

解方程组得

$$\frac{\mathrm{d}y}{\mathrm{d}x}=\frac{z-x}{y-z-1}, \quad \frac{\mathrm{d}z}{\mathrm{d}x}=\frac{1-y+x}{y-z-1},$$

因此有 $\dfrac{\mathrm{d}y}{\mathrm{d}x}\bigg|_{(1,1,-2)}=-\dfrac{3}{2}, \dfrac{\mathrm{d}z}{\mathrm{d}x}\bigg|_{(1,1,-2)}=\dfrac{1}{2}.$ 于是曲线 Γ 在点 $(1,1,-2)$ 处的一个切向量为 $\left(1,-\dfrac{3}{2},\dfrac{1}{2}\right)$, 也可以取切向量为 $\boldsymbol{T}=(2,-3,1)$, 所以所求的切线和法平面方程同于方法 1 的结果.

二、曲面的切平面与法线

设空间曲面 Σ 的隐式方程是

$$F(x,y,z)=0, \tag{10}$$

$M_0(x_0,y_0,z_0)$ 是曲面 Σ 上的一点, 又设 $F(x,y,z)$ 在点 M_0 具有连续偏导数, 且偏导数不全为零(即 $F_x^2(M_0)+F_y^2(M_0)+F_z^2(M_0)\neq 0$). 在曲面 Σ 上过点 M_0 任作一条曲线 Γ (见图 9-5)

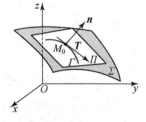

$$\begin{cases} x=\varphi(t), \\ y=\psi(t), \quad \alpha\leqslant t\leqslant\beta. \\ z=\omega(t), \end{cases} \tag{11}$$

设 $t=t_0$ 对应于点 $M_0(x_0,y_0,z_0)$, 且

图 9-5

$$\varphi'^2(t_0) + \psi'^2(t_0) + \omega'^2(t_0) \neq 0,$$

则曲线 Γ 在点 M_0 处的一个切向量为 $\boldsymbol{T} = (\varphi'(t_0), \psi'(t_0), \omega'(t_0))$. 由于 Γ 在 Σ 上，因此

$$F[\varphi(t), \psi(t), \omega(t)] \equiv 0.$$

在恒等式两边对 t 求导数，并在 $t = t_0$ 取值，即有

$$\frac{\mathrm{d}}{\mathrm{d}t} F[\varphi(t), \psi(t), \omega(t)]\bigg|_{t=t_0} = 0,$$

再利用复合函数求导法则得

$$F_x(x_0, y_0, z_0)\varphi'(t_0) + F_y(x_0, y_0, z_0)\psi'(t_0) + F_z(x_0, y_0, z_0)\omega'(t_0) = 0.$$

记向量 $\boldsymbol{n} = (F_x(x_0, y_0, z_0), F_y(x_0, y_0, z_0), F_z(x_0, y_0, z_0))$. 上式表示 $\boldsymbol{T} \cdot \boldsymbol{n} = 0$. 这说明曲面 Σ 上过点 M_0 的任意一条曲线 Γ 在 M_0 处的切线都与向量 $\boldsymbol{n}$ 垂直. 因此这些切线都在某个平面 Π 上. 平面 Π 称为曲面 Σ 在点 M_0 处的**切平面**（见图 9-5）. 易知，曲面 Σ 在点 M_0 处的**切平面方程**是

$$F_x(x_0, y_0, z_0)(x - x_0) + F_y(x_0, y_0, z_0)(y - y_0) + F_z(x_0, y_0, z_0)(z - z_0) = 0. \quad (12)$$

切平面的法线向量称为曲面的**法向量**. 向量

$$\boldsymbol{n} = (F_x(x_0, y_0, z_0), F_y(x_0, y_0, z_0), F_z(x_0, y_0, z_0))$$

就是曲面 Σ 在点 M_0 处的一个法向量. 过点 $M_0(x_0, y_0, z_0)$ 且垂直于切平面（12）的直线称为曲面 Σ 在点 M_0 处的**法线**. 显然，曲面 Σ 在点 M_0 处的**法线方程**是

$$\frac{x - x_0}{F_x(x_0, y_0, z_0)} = \frac{y - y_0}{F_y(x_0, y_0, z_0)} = \frac{z - z_0}{F_z(x_0, y_0, z_0)}. \quad (13)$$

现在考虑空间曲面 Σ 的显式方程

$$z = f(x, y). \quad (14)$$

令 $F(x, y, z) = f(x, y) - z$，则

$$F_x(x, y, z) = f_x(x, y), \quad F_y(x, y, z) = f_y(x, y), \quad F_z(x, y, z) = -1.$$

当 $f(x, y)$ 的偏导数 $f_x(x, y), f_y(x, y)$ 在点 (x_0, y_0) 连续时，曲面 Σ 在点 $M_0(x_0, y_0, z_0)$（其中 $z_0 = f(x_0, y_0)$）处的一个法向量为

$$\boldsymbol{n} = (f_x(x_0, y_0), f_y(x_0, y_0), -1),$$

于是 Σ 在点 M_0 处的切平面方程为

$$z - z_0 = f_x(x_0, y_0)(x - x_0) + f_y(x_0, y_0)(y - y_0), \quad (15)$$

法线方程为

$$\frac{x - x_0}{f_x(x_0, y_0)} = \frac{y - y_0}{f_y(x_0, y_0)} = \frac{z - z_0}{-1}. \quad (16)$$

方程（15）的右端恰好是函数 $z = f(x, y)$ 在点 (x_0, y_0) 的全微分，而左端是切平面上点的竖坐标的增量. 因此，函数 $z = f(x, y)$ 在点 (x_0, y_0) 的全微分在几何上表示曲面 $z = f(x, y)$ 在 (x_0, y_0) 处的切平面上点的竖坐标增量.

将（15）式与函数 $z = f(x, y)$ 在点 (x_0, y_0) 的增量表达式

$$z - z_0 = f(x,y) - f(x_0,y_0)$$

$$= f_x(x_0,y_0)(x-x_0) + f_y(x_0,y_0)(y-y_0) + o(\sqrt{(x-x_0)^2+(y-y_0)^2}),$$

进行比较可知,若 $z=f(x,y)$ 在点 (x_0,y_0) 可微,则在点 (x_0,y_0) 的某个小邻域内可以用曲面 Σ 在点 (x_0,y_0,z_0) 处的切平面近似代替曲面,其误差是 $\sqrt{(x-x_0)^2+(y-y_0)^2}$ 的高阶无穷小.

例 3 求曲面 $e^{\frac{x}{z}} + e^{\frac{y}{z}} = 4$ 在点 $(\ln 2, \ln 2, 1)$ 处的切平面与法线方程.

解 由于曲面方程 $F(x,y,z) = e^{\frac{x}{z}} + e^{\frac{y}{z}} - 4 = 0$,且

$$F_x = \frac{1}{z}e^{\frac{x}{z}}, \quad F_y = \frac{1}{z}e^{\frac{y}{z}}, \quad F_z = -\frac{x}{z^2}e^{\frac{x}{z}} - \frac{y}{z^2}e^{\frac{y}{z}},$$

因此曲面在点 $(\ln 2, \ln 2, 1)$ 处的一个法向量为

$$\boldsymbol{n} = (F_x, F_y, F_z)\big|_{(\ln 2, \ln 2, 1)} = (2, 2, -4\ln 2).$$

所以曲面在点 $(\ln 2, \ln 2, 1)$ 的切平面方程为

$$x - \ln 2 + y - \ln 2 - 2\ln 2 \cdot (z-1) = 0, \quad 即 \quad x + y - 2z\ln 2 = 0,$$

法线方程为

$$x - \ln 2 = y - \ln 2 = \frac{z-1}{-2\ln 2}.$$

例 4 求椭球面 $x^2 + 2y^2 + 3z^2 = 498$ 的平行于平面 $x + 3y + 5z = 7$ 的切平面.

解 设切点为 (x_0, y_0, z_0),则可取法向量 $\boldsymbol{n} = (2x_0, 4y_0, 6z_0)$.因为向量 $(2x_0, 4y_0, 6z_0)$ 与向量 $(1,3,5)$ 平行,所以

$$\frac{2x_0}{1} = \frac{4y_0}{3} = \frac{6z_0}{5}, \quad 解得 \quad y_0 = \frac{3}{2}x_0, \quad z_0 = \frac{5}{3}x_0.$$

代入椭球面方程得 $x_0 = \pm 6$,即切点为 $(6,9,10)$ 或 $(-6,-9,-10)$,因此所求的切平面方程为

$$(x-6) + 3(y-9) + 5(z-10) = 0 \quad 与 \quad (x+6) + 3(y+9) + 5(z+10) = 0,$$

即 $x + 3y + 5z \pm 83 = 0$.

例 5 求旋转抛物面 $z = x^2 + y^2 - 1$ 在点 $(2,1,4)$ 的切平面和法线方程.

解 设 $f(x,y) = x^2 + y^2 - 1$,则旋转抛物面的法向量为

$$\boldsymbol{n} = (f_x, f_y, -1) = (2x, 2y, -1), \quad \boldsymbol{n}\big|_{(2,1,4)} = (4, 2, -1).$$

所以旋转抛物在点 $(2,1,4)$ 处的切平面方程为

$$4(x-2) + 2(y-1) - (z-4) = 0, \quad 即 \quad 4x + 2y - z - 6 = 0,$$

法线方程为

$$\frac{x-2}{4} = \frac{y-1}{2} = \frac{z-4}{-1}.$$

习　题　9.6

1. 求下列曲线在指定点处的切线与法平面方程：

(1) $\begin{cases} x=t-\sin t, \\ y=1-\cos t, \\ z=4\sin \dfrac{t}{2}, \end{cases}$ 在 $t=\dfrac{\pi}{2}$ 对应的点；　(2) $\begin{cases} y=x^2, \\ z=\dfrac{x}{1+x}, \end{cases}$ 在点 $\left(1,1,\dfrac{1}{2}\right)$；

(3) $\begin{cases} \dfrac{x^2}{4}+\dfrac{y^2}{2}+\dfrac{z^2}{4}=1, \\ x-2y+z=0, \end{cases}$ 在点 $(1,1,1)$.

2. 在曲线 $\begin{cases} x=t, \\ y=t^2, \\ z=t^3 \end{cases}$ 上求一点，使得曲线在该点处的切线与平面 $x+2y+z=10$ 平行.

3. 求下列曲面在指定点处的切平面与法线方程：

(1) $z=2x^4+3y^3$，在点 $(2,1,35)$；　(2) $e^z-z+xy=3$，在点 $(2,1,0)$.

4. 求曲面 $z=x^2+y^2$ 的与平面 $2x+4y-z=0$ 平行的切平面方程.

5. 已知曲面 $x^2-y^2-3z=0$，求该曲面的通过点 $P(0,0,-1)$ 且与直线 $\dfrac{x}{2}=\dfrac{y}{1}=\dfrac{z}{2}$ 平行的切平面方程.

6. 在曲面 $z=xy$ 上求一点，使得该点的法线与平面 $x+3y+z+9=0$ 垂直，并写出此法线的方程.

7. 证明：曲面 $\sqrt{x}+\sqrt{y}+\sqrt{z}=\sqrt{a}$ $(a>0)$ 上任何点处的切平面在各坐标轴上的截距之和等于 a.

§9.7　方向导数与梯度

一、方向导数

二元函数的偏导数表示函数沿 x 轴和 y 轴方向的变化率. 下面讨论函数沿平面上任意方向的变化率.

如图 9-6 所示，设 l 是 Oxy 面上以定点 $P_0(x_0,y_0)$ 为起点的一条射线，$e_l=(\cos\alpha,\cos\beta)$ 是与 l 同方向的单位向量，则射线 l 的参数方程为

$$\begin{cases} x=x_0+t\cos\alpha, \\ y=y_0+t\cos\beta, \end{cases} \quad t\geqslant 0,\ \alpha+\beta=\dfrac{\pi}{2}. \tag{1}$$

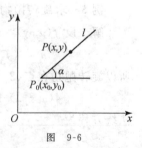

图 9-6

设 $P(x,y)=P(x_0+t\cos\alpha,y_0+t\cos\beta)$ 为射线 l 上任一点,那么 P,P_0 两点之间的距离为

$$|PP_0|=t.$$

定义 1 设函数 $z=f(x,y)$ 在点 $P_0(x_0,y_0)$ 的某一邻域内有定义,$P\in l$. 如果极限

$$\lim_{P\to P_0}\frac{f(P)-f(P_0)}{|P_0P|}=\lim_{t\to 0^+}\frac{f(x_0+t\cos\alpha,y_0+t\cos\beta)-f(x_0,y_0)}{t}$$

存在,则称此极限为函数 f 在点 $P_0(x_0,y_0)$ 处沿 l 的**方向导数**,记做 $\left.\dfrac{\partial f}{\partial l}\right|_{(x_0,y_0)}$,即

$$\left.\frac{\partial f}{\partial l}\right|_{(x_0,y_0)}=\lim_{t\to 0^+}\frac{f(x_0+t\cos\alpha,y_0+t\cos\beta)-f(x_0,y_0)}{t}. \tag{2}$$

由定义,方向导数 $\left.\dfrac{\partial f}{\partial l}\right|_{(x_0,y_0)}$ 就是函数 f 沿方向 l 的变化率. 由于 x 轴与 y 轴的正方向分别为 $e_1=(1,0)$ 和 $e_2=(0,1)$ 的方向,若函数 $f(x,y)$ 在点 $P_0(x_0,y_0)$ 的偏导数存在,则有

$$\left.\frac{\partial f}{\partial e_1}\right|_{(x_0,y_0)}=\lim_{t\to 0^+}\frac{f(x_0+t,y_0)-f(x_0,y_0)}{t}=f_x(x_0,y_0),$$

$$\left.\frac{\partial f}{\partial e_2}\right|_{(x_0,y_0)}=\lim_{t\to 0^+}\frac{f(x_0,y_0+t)-f(x_0,y_0)}{t}=f_y(x_0,y_0).$$

但应注意的是,方向导数的存在不能保证偏导数一定存在. 例如,$z=\sqrt{x^2+y^2}$ 在点 $(0,0)$ 处沿 $e_1=(1,0)$ 的方向导数 $\left.\dfrac{\partial f}{\partial e_1}\right|_{(0,0)}=1$,但偏导数 $f_x(0,0)$ 却不存在. 由定义易知,函数 $f(x,y)$ 在点 (x_0,y_0) 处关于 x(或 y)的偏导数存在的充分必要条件是 $f(x,y)$ 沿方向 e_1 和 $-e_1$(或方向 e_2 和 $-e_2$)的方向导数都存在,且互为相反数. 这时在点 (x_0,y_0) 成立:

$$\frac{\partial f}{\partial x}=\frac{\partial f}{\partial e_1} \quad \left(\text{或}\ \frac{\partial f}{\partial y}=\frac{\partial f}{\partial e_2}\right).$$

下面给出方向导数存在的充分条件及计算公式.

定理 1 如果函数 $f(x,y)$ 在点 $P_0(x_0,y_0)$ 处可微,则函数 f 在该点沿任一方向 l 的方向导数都存在,且有

$$\left.\frac{\partial f}{\partial l}\right|_{(x_0,y_0)}=f_x(x_0,y_0)\cos\alpha+f_y(x_0,y_0)\cos\beta$$

$$=f_x(x_0,y_0)\cos\alpha+f_y(x_0,y_0)\sin\alpha, \tag{3}$$

其中 $\cos\alpha,\cos\beta(=\sin\alpha)$ 是 l 的方向余弦.

证 设 l 是任意一条以 $P_0(x_0,y_0)$ 为起点的射线,其方向余弦为 $\cos\alpha,\cos\beta$,即方程(1)是它的参数方程. 由假设 $f(x,y)$ 在点 (x_0,y_0) 处可微,故有

$$f(x_0+\Delta x,y_0+\Delta y)-f(x_0,y_0)=f_x(x_0,y_0)\Delta x+f_y(x_0,y_0)\Delta y+o(\sqrt{\Delta x^2+\Delta y^2}).$$

特别地,当点 $P(x_0+\Delta x,y_0+\Delta y)\in l$ 时,有 $\Delta x=t\cos\alpha,\Delta y=t\cos\beta,\sqrt{\Delta x^2+\Delta y^2}=t$,所以由上式可得

$$\lim_{t \to 0^+} \frac{f(x_0 + t\cos\alpha, y_0 + t\cos\beta) - f(x_0, y_0)}{t} = f_x(x_0, y_0)\cos\alpha + f_y(x_0, y_0)\cos\beta.$$

这就证明了在点 $P_0(x_0, y_0)$ 处沿 l 的方向导数存在，且有

$$\left. \frac{\partial f}{\partial l} \right|_{(x_0, y_0)} = f_x(x_0, y_0)\cos\alpha + f_y(x_0, y_0)\cos\beta.$$

方向导数的概念可以相应地推广到多元函数上. 例如，三元函数 $u = f(x, y, z)$ 在空间一点 $P_0(x_0, y_0, z_0)$ 处沿方向 $\boldsymbol{e}_l = (\cos\alpha, \cos\beta, \cos\gamma)$ 的方向导数定义为

$$\left. \frac{\partial f}{\partial l} \right|_{(x_0, y_0, z_0)} = \lim_{t \to 0^+} \frac{f(x_0 + t\cos\alpha, y_0 + t\cos\beta, z_0 + t\cos\gamma) - f(x_0, y_0, z_0)}{t}. \tag{4}$$

若 $f(x, y, z)$ 在点 (x_0, y_0, z_0) 可微，则方向导数的计算公式为

$$\left. \frac{\partial f}{\partial l} \right|_{(x_0, y_0, z_0)} = f_x(x_0, y_0, z_0)\cos\alpha + f_y(x_0, y_0, z_0)\cos\beta + f_z(x_0, y_0, z_0)\cos\gamma. \tag{5}$$

例 1　求函数 $z = xe^{2y}$ 在点 $P(1, 0)$ 处沿从点 $P(1, 0)$ 到 $Q(2, -1)$ 的方向的方向导数.

解　这里方向 l 就是向量 $\overrightarrow{PQ} = (1, -1)$ 的方向，其单位向量为 $\boldsymbol{e}_l = \left(\frac{1}{\sqrt{2}}, -\frac{1}{\sqrt{2}} \right)$. 因为函数可微，且 $\left. \frac{\partial z}{\partial x} \right|_{(1,0)} = e^{2y} |_{(1,0)} = 1$，$\left. \frac{\partial z}{\partial y} \right|_{(1,0)} = 2xe^{2y} |_{(1,0)} = 2$，所以

$$\left. \frac{\partial f}{\partial l} \right|_{(1,0)} = 1 \cdot \frac{1}{\sqrt{2}} + 2 \cdot \left(-\frac{1}{\sqrt{2}} \right) = -\frac{\sqrt{2}}{2}.$$

例 2　求函数 $f(x, y, z) = xy^2 + z^3 - xyz$ 在点 $(1, 1, 2)$ 处沿方向 l 的方向导数，其中 l 的方向角分别为 $60°, 45°, 60°$.

解　与 l 同方向的单位向量为 $\boldsymbol{e}_l = \left(\cos\frac{\pi}{3}, \cos\frac{\pi}{4}, \cos\frac{\pi}{3} \right) = \left(\frac{1}{2}, \frac{\sqrt{2}}{2}, \frac{1}{2} \right)$. 因为函数可微，且

$$f_x(1, 1, 2) = (y^2 - yz) |_{(1,1,2)} = -1, \quad f_y(1, 1, 2) = (2xy - xz) |_{(1,1,2)} = 0,$$

$$f_z(1, 1, 2) = (3z^2 - xy) |_{(1,1,2)} = 11,$$

所以由公式(5)得

$$\left. \frac{\partial f}{\partial l} \right|_{(1,1,2)} = \frac{1}{2} \cdot (-1) + \frac{\sqrt{2}}{2} \cdot 0 + \frac{1}{2} \cdot 11 = 5.$$

二、梯度

定义 2　设二元函数 $f(x, y)$ 定义在区域 $D \subset \mathbf{R}^2$ 上，$P_0(x_0, y_0) \in D$. 若函数 $f(x, y)$ 在点 $P_0(x_0, y_0)$ 可偏导，则称向量 $f_x(x_0, y_0)\boldsymbol{i} + f_y(x_0, y_0)\boldsymbol{j}$ 为 $f(x, y)$ 在点 $P_0(x_0, y_0)$ 的**梯度**，记为 $\mathbf{grad} f(x_0, y_0)$ 或 $\nabla f(x_0, y_0)$，即

$$\mathbf{grad} f(x_0, y_0) = \nabla f(x_0, y_0) = f_x(x_0, y_0)\boldsymbol{i} + f_y(x_0, y_0)\boldsymbol{j},$$

其中 $\nabla=\dfrac{\partial}{\partial x}\boldsymbol{i}+\dfrac{\partial}{\partial y}\boldsymbol{j}$ 称为（二维）**向量微分算子**或 Nabla **算子**：$\nabla f=\dfrac{\partial f}{\partial x}\boldsymbol{i}+\dfrac{\partial f}{\partial y}\boldsymbol{j}$.

若函数 $f(x,y)$ 在点 $P_0(x_0,y_0)$ 可微,那么方向导数与梯度之间有关系式

$$\dfrac{\partial f}{\partial l}\Big|_{(x_0,y_0)}=f_x(x_0,y_0)\cos\alpha+f_y(x_0,y_0)\cos\beta$$

$$=\mathbf{grad}\,f(x_0,y_0)\cdot\boldsymbol{e}_l=|\mathbf{grad}\,f(x_0,y_0)|\cos\theta,$$

其中 $\theta=(\widehat{\mathbf{grad}\,f(x_0,y_0)},\boldsymbol{e}_l)$. 由这一关系式可得下列结论:

（1）当 $\theta=0$,即方向 l 与梯度 $\mathbf{grad}\,f(x_0,y_0)$ 方向相同时,函数 f 沿这方向的方向导数达到最大值 $|\mathbf{grad}\,f(x_0,y_0)|$,函数 f 增加最快. 也就是说,函数 $f(x,y)$ 在一点可微时,梯度 $\mathbf{grad}\,f$ 的方向是函数 f 在该点的方向导数取最大值的方向,它的模是方向导数的最大值.

（2）当 $\theta=\pi$,即方向 l 与梯度 $\mathbf{grad}\,f(x_0,y_0)$ 方向相反时,函数 f 沿这方向的方向导数达到最小值$-|\mathbf{grad}\,f(x_0,y_0)|$,函数 f 减少最快.

（3）当 $\theta=\pi/2$,即方向 l 与梯度 $\mathbf{grad}\,f(x_0,y_0)$ 的方向正交时,函数 f 沿这方向的方向导数等于零,即函数变化率为零.

如果二元函数 $z=f(x,y)$ 在区域 D 内具有连续偏导数,那么梯度

$$\mathbf{grad}\,f(x,y)=\nabla f(x,y)=f_x(x,y)\boldsymbol{i}+f_y(x,y)\boldsymbol{j}$$

是 D 上的一个**向量值函数**,称为由 $f(x,y)$ 生成的**梯度场**.

梯度具有如下运算法则:

（1）若 $f\equiv C$（C 为常数）,则 $\mathbf{grad}\,C=\boldsymbol{0}$;

（2）若 α,β 为常数,则 $\mathbf{grad}(\alpha f+\beta g)=\alpha\,\mathbf{grad}\,f+\beta\,\mathbf{grad}\,g$;

（3）$\mathbf{grad}(f\cdot g)=f\cdot\mathbf{grad}\,g+g\cdot\mathbf{grad}\,f$;

（4）$\mathbf{grad}\left(\dfrac{f}{g}\right)=\dfrac{g\cdot\mathbf{grad}\,f-f\cdot\mathbf{grad}\,g}{g^2}$（$g\neq 0$）,

其中函数 $f(x,y),g(x,y)$ 具有连续偏导数.

下面我们讨论梯度 $\mathbf{grad}\,f(x,y)$ 的几何意义.

二元函数 $z=f(x,y)$ 在空间直角坐标系中通常表示一个曲面,这曲面与平面 $z=C$（C 是常数）的交线 l 的方程为

$$\begin{cases} z=f(x,y),\\ z=C. \end{cases}$$

记 l 在 Oxy 面上的投影曲线为 l^*,它在 Oxy 面上的方程为

$$f(x,y)=C.$$

对于曲线 l^* 上的每一点 (x,y),其函数值 $f(x,y)$ 都等于 C,所以称 l^* 为函数 $z=f(x,y)$ 的**等值线**（见图 9-7）. 若 f_x,f_y 不同时为零时,则等值线上任一点 $P_0(x_0,y_0)$ 的一个单位法向量为

第九章　多元函数微分学

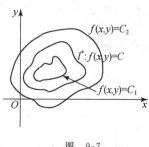

$$n = \frac{1}{\sqrt{f_x^2(x_0, y_0) + f_y^2(x_0, y_0)}}(f_x(x_0, y_0), f_y(x_0, y_0))$$
$$= \frac{\mathbf{grad}\, f(x_0, y_0)}{|\mathbf{grad}\, f(x_0, y_0)|}.$$

这一式表明,函数 $f(x, y)$ 在点 $P_0(x_0, y_0)$ 的梯度 $\mathbf{grad}\, f(x_0, y_0)$ 的方向就是等值线 $f(x, y) = C$ 在这点的法线方向 n,而梯度的模 $|\mathbf{grad}\, f(x_0, y_0)|$ 就是沿这法线方向的方向导数 $\dfrac{\partial f}{\partial n}$. 于是有

图　9-7

$$\mathbf{grad}\, f(x_0, y_0) = \frac{\partial f}{\partial n}\mathbf{n}.$$

上述二元函数梯度的概念可以推广到多元函数上. 例如,若三元函数 $u = f(x, y, z)$ 在空间区域 $D \subset \mathbf{R}^3$ 内具有连续偏导数,则对于每一点 $P_0(x_0, y_0, z_0) \in D$,可定义 $f(x, y, z)$ 在点 $P_0(x_0, y_0, z_0)$ 处的梯度

$$\mathbf{grad}\, f(x_0, y_0, z_0) = \nabla f(x_0, y_0, z_0)$$
$$= f_x(x_0, y_0, z_0)\mathbf{i} + f_y(x_0, y_0, z_0)\mathbf{j} + f_z(x_0, y_0, z_0)\mathbf{k}.$$

它具有与二元函数的梯度类似的性质. 例如,梯度 $\mathbf{grad}\, f(x_0, y_0, z_0)$ 的方向是函数 f 在该点的方向导数取得最大值的方向,它的模等于方向导数的最大值;又如,梯度 $\mathbf{grad}\, f(x_0, y_0, z_0)$ 的方向是函数 $f(x, y, z)$ 的**等值面** $f(x, y, z) = C$ 上点 (x_0, y_0, z_0) 处的一个法向 n,而它的模 $|\mathbf{grad}\, f(x_0, y_0, z_0)|$ 就等于沿方向 n 的方向导数 $\dfrac{\partial f}{\partial n}$;此外,梯度也有类似的运算法则;等等.

例 3　求函数 $f(x, y) = x^2 + y^2 \sin(xy)$ 的梯度.

解　因为 $\dfrac{\partial f}{\partial x} = 2x + y^3 \cos(xy), \dfrac{\partial f}{\partial y} = 2y\sin(xy) + xy^2 \cos(xy)$,所以

$$\mathbf{grad}\, f = [2x + y^3 \cos(xy)]\mathbf{i} + [2y\sin(xy) + xy^2 \cos(xy)]\mathbf{j}.$$

例 4　设函数 $f(x, y) = x^2 - xy + y^2$,求:

(1) $f(x, y)$ 在点 $(1, 1)$ 处增加最快的方向及沿此方向的方向导数;

(2) $f(x, y)$ 在点 $(1, 1)$ 处减少最快的方向及沿此方向的方向导数;

(3) $f(x, y)$ 在点 $(1, 1)$ 处变化率为零的方向.

解　因为 $\mathbf{grad}\, f(x, y) = \nabla f(x, y) = (2x - y)\mathbf{i} + (2y - x)\mathbf{j}$,所以 $\mathbf{grad}\, f(1, 1) = (1, 1)$. 取

$$n = \frac{\mathbf{grad}\, f(1, 1)}{|\mathbf{grad}\, f(1, 1)|} = \left(\frac{1}{\sqrt{2}}, \frac{1}{\sqrt{2}}\right).$$

(1) $f(x, y)$ 在点 $(1, 1)$ 处沿方向 $n = \left(\dfrac{1}{\sqrt{2}}, \dfrac{1}{\sqrt{2}}\right)$ 增加最快,且沿 n 的方向导数为

$$\frac{\partial f}{\partial n}\bigg|_{(1, 1)} = |\mathbf{grad}\, f(1, 1)| = \sqrt{2}.$$

（2）$f(x,y)$ 在点 $(1,1)$ 处沿方向 $-\boldsymbol{n}=\left(-\dfrac{1}{\sqrt{2}},-\dfrac{1}{\sqrt{2}}\right)$ 减少最快,且沿 $-\boldsymbol{n}$ 的方向导数为

$$\left.\frac{\partial f}{\partial(-\boldsymbol{n})}\right|_{(1,1)}=-\,|\operatorname{grad}f(1,1)|=-\sqrt{2}.$$

（3）$f(x,y)$ 在点 $(1,1)$ 处沿垂直于 $\boldsymbol{n}$ 的方向变化率为零,该方向是

$$\boldsymbol{n}_1=\left(-\frac{1}{\sqrt{2}},\frac{1}{\sqrt{2}}\right)\quad\text{或}\quad\boldsymbol{n}_2=\left(\frac{1}{\sqrt{2}},-\frac{1}{\sqrt{2}}\right).$$

例 5 求函数 $f(x,y,z)=\ln(x^2+y^2+z^2)$ 在点 $(1,0,1)$ 处变化最快的方向,并求沿该方向的变化率.

解 由 $\operatorname{grad}f(x,y,z)=\left(\dfrac{2x}{x^2+y^2+z^2},\dfrac{2y}{x^2+y^2+z^2},\dfrac{2z}{x^2+y^2+z^2}\right)$ 得

$$\operatorname{grad}f(1,0,1)=(1,0,1).$$

所以,$f(x,y,z)$ 在点 $(1,0,1)$ 处沿方向 $(1,0,1)$ 增加最大,沿方向 $(-1,0,-1)$ 减少最快,沿这两个方向的变化率分别是

$$|\operatorname{grad}f(1,0,1)|=\sqrt{1^2+0^2+1^2}=\sqrt{2}\quad\text{和}\quad-|\operatorname{grad}f(1,0,1)|=-\sqrt{2}.$$

下面简单介绍数量场与向量场的概念.

设 $G\subset\mathbf{R}^3$ 是一个区域.若 G 中的每一点 $M(x,y,z)$ 都有一个确定的数值 $f(x,y,z)$ 与它对应,则称函数 $f(x,y,z)$ 为 G 上的一个**数量场**;若 G 中每一点 $M(x,y,z)$ 都有一个确定的向量 $\boldsymbol{F}(x,y,z)=P(x,y,z)\boldsymbol{i}+Q(x,y,z)\boldsymbol{j}+R(x,y,z)\boldsymbol{k}$ 与它对应,则称向量值函数 $\boldsymbol{F}(x,y,z)$ 为 G 上的一个**向量场**. 例如,某区域上每一点的温度确定了一个数量场,称为温度场;而流体在某区域上每一点的速度就确定了一个向量场,称为速度场;等等.

若向量场 $\boldsymbol{F}(x,y,z)$ 是某个数量函数 $f(x,y,z)$ 的梯度,则称 $f(x,y,z)$ 是向量场 $\boldsymbol{F}(x,y,z)$ 的一个**势函数**,并称向量场 $\boldsymbol{F}(x,y,z)$ 为**势场**. 例如梯度场 $\operatorname{grad}f(x,y,z)=(f_x,f_y,f_z)$ 就是势场,f 是 $\operatorname{grad}f$ 的势函数.但并非任意一个向量场都是势场.

*三、向量值函数

作为一元函数的推广,下面简单介绍向量值函数的概念及性质.

定义 3 设 D 是 $\mathbf{R}^n$ 中的一个非空集,称映射

$$\boldsymbol{f}\colon D\to\mathbf{R}^m,$$
$$\boldsymbol{x}=(x_1,x_2,\cdots,x_n)\mapsto\boldsymbol{y}=(y_1,y_2,\cdots,y_m)$$

为 n 元 m 维**向量值函数**,简称**向量值函数**(或**多元函数组**),并记做 $\boldsymbol{y}=\boldsymbol{f}(\boldsymbol{x})$,其中 D 称为 $\boldsymbol{f}$ 的**定义域**,$\boldsymbol{f}(D)=\{\boldsymbol{y}\in\mathbf{R}^m\mid\boldsymbol{y}=\boldsymbol{f}(\boldsymbol{x}),\boldsymbol{x}\in D\}$ 称为 $\boldsymbol{f}$ 的值域.

显然,$\boldsymbol{y}$ 的每一个坐标分量 $y_i(i=1,2,\cdots,m)$ 都是 $\boldsymbol{x}=(x_1,x_2,\cdots,x_n)$ 的函数,即 $y_i=$

$f_i(\boldsymbol{x}) = f_i(x_1, x_2, \cdots, x_n)$，它是一个 n 元函数. 因此映射 $\boldsymbol{f}$ 可以表示为坐标形式

$$\begin{cases} y_1 = f_1(x_1, x_2 \cdots, x_n), \\ y_2 = f_2(x_1, x_2, \cdots, x_n), \\ \cdots\cdots\cdots\cdots \\ y_m = f_m(x_1, x_2, \cdots, x_n), \end{cases} \quad \boldsymbol{x} = (x_1, x_2, \cdots, x_n) \in D,$$

即 $\boldsymbol{f} = (f_1, f_2, \cdots, f_m)$.

例如，空间曲线的参数方程

$$\begin{cases} x = \varphi(t), \\ y = \psi(t), \quad t \in [\alpha, \beta] \\ z = \omega(t), \end{cases}$$

就是一个一元三维向量值函数 $\boldsymbol{f}(t) = (\varphi(t), \psi(t), \omega(t))$. 又如，空间曲面 Σ 的参数方程

$$\begin{cases} x = x(u, v), \\ y = y(u, v), \quad (u, v) \in D \\ z = z(u, v), \end{cases}$$

就是二元三维向量值函数 $\boldsymbol{f}(u, v) = (x(u, v), y(u, v), z(u, v))$.

定义 4　设 n 元 m 维向量值函数 $\boldsymbol{y} = \boldsymbol{f}(\boldsymbol{x})$ 的定义域为 D，$\boldsymbol{x}_0 = (x_1^0, x_2^0, \cdots, x_n^0)$ 是 D 的聚点，$\boldsymbol{a} = (a_1, a_2, \cdots, a_m)$ 是 m 维向量. 若对任意的 $\varepsilon > 0$，存在 $\delta > 0$，使得当 $\boldsymbol{x} = (x_1, x_2, \cdots, x_n)$ $\in D \bigcap \mathring{U}(\boldsymbol{x}_0, \delta)$ 时，成立 $|\boldsymbol{f}(\boldsymbol{x}) - \boldsymbol{a}| < \varepsilon$，则称向量 $\boldsymbol{a}$ 为当 $\boldsymbol{x} \to \boldsymbol{x}_0$ 时 $\boldsymbol{f}$ 的极限，并称当 $\boldsymbol{x}$ 趋于 $\boldsymbol{x}_0$ 时 $\boldsymbol{f}$ 收敛，记为 $\lim\limits_{\boldsymbol{x} \to \boldsymbol{x}_0} \boldsymbol{f}(\boldsymbol{x}) = \boldsymbol{a}$.

上述定义中，记号 $|\boldsymbol{f}(\boldsymbol{x}) - \boldsymbol{a}|$ 表示 m 维向量 $\boldsymbol{f}(\boldsymbol{x})$ 与 $\boldsymbol{a}$ 的距离，因此 $|\boldsymbol{f}(\boldsymbol{x}) - \boldsymbol{a}| < \varepsilon$ 也可以写成 $\boldsymbol{f}(\boldsymbol{x}) \in U(\boldsymbol{a}, \varepsilon)$.

定义 5　设向量值函数 $\boldsymbol{y} = \boldsymbol{f}(\boldsymbol{x})$ 的定义域为 D，$\boldsymbol{x}_0$ 是 D 的聚点，且 $\boldsymbol{x}_0 \in D$. 若极限

$$\lim_{\boldsymbol{x} \to \boldsymbol{x}_0} \boldsymbol{f}(\boldsymbol{x}) = \boldsymbol{f}(\boldsymbol{x}_0),$$

则称向量值函数 $\boldsymbol{f}$ 在点 $\boldsymbol{x}_0$ 连续.

定义 6　若 $\boldsymbol{y} = \boldsymbol{f}(\boldsymbol{x})$ 的每一个坐标分量函数 $y_i = f_i(x_1, x_2, \cdots, x_n)$ $(i = 1, 2, \cdots, m)$ 都在点 $\boldsymbol{x}_0 = (x_1^0, x_2^0, \cdots, x_n^0)$ 可偏导，则称向量值函数 $\boldsymbol{f}$ 在点 $\boldsymbol{x}_0$ **可导**，并称矩阵

$$\begin{pmatrix} \dfrac{\partial f_1}{\partial x_1}(\boldsymbol{x}_0) & \dfrac{\partial f_1}{\partial x_2}(\boldsymbol{x}_0) & \cdots & \dfrac{\partial f_1}{\partial x_n}(\boldsymbol{x}_0) \\ \dfrac{\partial f_2}{\partial x_1}(\boldsymbol{x}_0) & \dfrac{\partial f_2}{\partial x_2}(\boldsymbol{x}_0) & \cdots & \dfrac{\partial f_2}{\partial x_n}(\boldsymbol{x}_0) \\ \vdots & \vdots & & \vdots \\ \dfrac{\partial f_m}{\partial x_1}(\boldsymbol{x}_0) & \dfrac{\partial f_m}{\partial x_2}(\boldsymbol{x}_0) & \cdots & \dfrac{\partial f_m}{\partial x_n}(\boldsymbol{x}_0) \end{pmatrix}$$

为 f 在点 x_0 的**导数**（或**雅可比矩阵**），记做 $f'(x_0)$（或 $J_f(x_0)$）.

例如，三元函数 $u=f(x,y,z)$ 是三元一维向量值函数，它在点 (x_0,y_0,z_0) 的导数是

$$f'(x_0,y_0,z_0)=(f_x(x_0,y_0,z_0),f_y(x_0,y_0,z_0),f_z(x_0,y_0,z_0)).$$

又如，空间曲线的参数方程

$$\begin{cases} x=\varphi(t), \\ y=\psi(t), \quad t\in[\alpha,\beta] \\ z=\omega(t), \end{cases}$$

是一元三维向量值函数 $f(t)=(\varphi(t),\psi(t),\omega(t))$ $(t\in[\alpha,\beta])$，它的导数

$$f'(t)=\begin{pmatrix} \varphi'(t) \\ \psi'(t) \\ \omega'(t) \end{pmatrix}$$

就是该曲线在点 $(\varphi(t),\psi(t),\omega(t))$ 的切向量.

此外，关于函数的可微性也可以推广到向量值函数上. 可以证明下述定理.

定理 2 n 元 m 维向量值函数 f 在点 $x_0=(x_1,x_2,\cdots,x_n)$ 连续、可导和可微等价于它的每一个坐标分量函数 $y_i=f_i(x_1,x_2,\cdots,x_n)(i=1,2,\cdots,m)$ 在点 x_0 连续、可导和可微.

例 6 求向量值函数 $f(t)=(a\cos t,b\sin t,ct)$ 在点 $t=\pi/4$ 的导数.

解 $f'(t)=\begin{pmatrix} (a\cos t)' \\ (b\sin t)' \\ (ct)' \end{pmatrix}=\begin{pmatrix} -a\sin t \\ b\cos t \\ c \end{pmatrix}$，$f'\left(\dfrac{\pi}{4}\right)=\begin{pmatrix} -\sqrt{2}a/2 \\ \sqrt{2}b/2 \\ c \end{pmatrix}.$

例 7 求向量值函数 $f(x,y,z)=(x^3+ze^y,y^3+z\ln x)$ 在点 $(1,1,1)$ 的导数.

解 这里 $f(x,y,z)=(f_1,f_2)$，其中 $f_1(x,y,z)=x^3+ze^y$，$f_2(x,y,z)=y^3+z\ln x$，于是

$$f'(x,y,z)=\begin{pmatrix} \dfrac{\partial f_1}{\partial x} & \dfrac{\partial f_1}{\partial y} & \dfrac{\partial f_1}{\partial z} \\ \dfrac{\partial f_2}{\partial x} & \dfrac{\partial f_2}{\partial y} & \dfrac{\partial f_2}{\partial z} \end{pmatrix}=\begin{pmatrix} 3x^2 & ze^y & e^y \\ \dfrac{z}{x} & 3y^2 & \ln x \end{pmatrix}, \quad f'(1,1,1)=\begin{pmatrix} 3 & e & e \\ 1 & 3 & 0 \end{pmatrix}.$$

习　题　9.7

1. 求函数 $z=x^2+y^2$ 在点 $(1,2)$ 处沿从点 $(1,2)$ 到点 $(2,2+\sqrt{3})$ 的方向的方向导数.

2. 求函数 $u=xyz$ 在点 $(5,1,2)$ 处沿从点 $(5,1,2)$ 到点 $(9,4,14)$ 的方向的方向导数.

3. 求函数 $f(x,y,z)=1+\dfrac{x^2}{6}+\dfrac{y^2}{12}+\dfrac{z^2}{18}$ 在点 $(1,2,3)$ 处沿方向 $l=(1,1,1)$ 的方向导数.

4. 求函数 $z=\ln(x+y)$ 在抛物线 $y^2=4x$ 上点 $(1,2)$ 处，沿抛物线在该点处偏向 x 轴正方向的切线方向的方向导数.

5. 求函数 $z=1-\left(\dfrac{x^2}{a^2}+\dfrac{y^2}{b^2}\right)$ 在点 $\left(\dfrac{a}{\sqrt{2}},\dfrac{b}{\sqrt{2}}\right)$ 处沿曲线 $\dfrac{x^2}{a^2}+\dfrac{y^2}{b^2}=1$ 在这点的内法线方向的

高等数学(下册)

方向导数.

6. 求函数 $u=x^2+y^2+z^2$ 在曲线 $x=t,y=t^2,z=t^3$ 上点$(1,1,1)$处沿曲线在该点的切线正方向(对应于 t 增大的方向)的方向导数.

7. 设椭球面 $2x^2+3y^2+z^2=6$ 在点$(1,1,1)$处指向外侧的法向量为 $\boldsymbol{n}$,求函数 $u=\dfrac{\sqrt{6x^2+8y^2}}{z}$ 在点$(1,1,1)$处沿 $\boldsymbol{n}$ 的方向导数.

8. 求函数 $u=x+y+z$ 在球面 $x^2+y^2+z^2=1$ 上点(x_0,y_0,z_0)处沿球面在该点的外法线方向的方向导数.

9. 求下列函数的梯度:

(1) $z=1-\left(\dfrac{x^2}{a^2}+\dfrac{y^2}{b^2}\right)$;

(2) $u=x^2+2y^2+3z^2+3xy+4yz+6x-2y-5z$,在点$(1,1,1)$.

§9.8　多元函数的极值

一、极值及最大值、最小值

在实际问题中,一般有多个因素相互影响,因此有必要讨论多元函数的最大值、最小值问题. 类似于一元函数,多元函数的最值与极值有密切的联系.下面以二元函数为例,引进多元函数的极值概念.

定义　设函数 $z=f(x,y)$ 的定义域为 $D,P_0(x_0,y_0)$ 是 D 的一个内点.若存在 P_0 的某个邻域 $U(P_0)\subset D$,使得对去心邻域 $\mathring{U}(P_0)$ 内的每一点 $P(x,y)$,都有
$$f(x,y)<f(x_0,y_0) \quad (\text{或} f(x,y)>f(x_0,y_0)),$$
则称函数 $f(x,y)$ 在点(x_0,y_0)取得**极大值**(或**极小值**)$f(x_0,y_0)$,并称点(x_0,y_0)为函数 $f(x,y)$ 的**极大值点**(或**极小值点**). 极大值与极小值统称为**极值**.

例如,函数 $z=x^2+y^2$ 在点$(0,0)$取得极小值 0;函数 $z=-\sqrt{x^2+y^2}$ 在点$(0,0)$取得极大值 0;但点$(0,0)$不是函数 $z=xy$ 的极值点,因为在点$(0,0)$处的函数值为 0,而在点$(0,0)$的任一邻域内总有使函数值为正的点,也有使函数值为负的点.

如果一个二元函数 $z=f(x,y)$ 在点(x_0,y_0)处取得极值,那么固定 $y=y_0$,一元函数 $z=f(x,y_0)$ 在点 $x=x_0$ 处必取得相同的极值;同理固定 $x=x_0,z=f(x_0,y)$ 在点 $y=y_0$ 处也取得相同的极值.由一元函数极值的必要条件,我们可以得到二元函数取得极值的必要条件.下面的定理 1 是一元函数费马引理在多元函数情形的推广.

定理 1(极值的必要条件)　设点(x_0,y_0)是函数 $z=f(x,y)$ 的极值点,且 $f(x,y)$ 在点(x_0,y_0)具有偏导数,则有

$$f_x(x_0, y_0) = 0, \quad f_y(x_0, y_0) = 0.$$

证 先证明 $f_x(x_0, y_0) = 0$. 考虑一元函数 $\varphi(x) = f(x, y_0)$. 由假设可知 x_0 是 $\varphi(x)$ 的极值点. 由于 $f(x, y)$ 在点 (x_0, y_0) 的偏导数存在, 因此 $\varphi(x)$ 在点 x_0 可导, 由费马引理即得 $f_x(x_0, y_0) = \varphi'(x_0) = 0$. 类似可证 $f_y(x_0, y_0) = 0$.

仿照一元函数, 使得 $f_x(x, y) = 0$ 且 $f_y(x, y) = 0$ 同时成立的点 (x_0, y_0) 称为函数 $z = f(x, y)$ 的**驻点**. 由定理 1 可知, 具有偏导数的函数的极值点必定是**驻点**. 但函数的驻点未必是极值点. 例如, 显然点 $(0, 0)$ 是函数 $z = xy$ 的驻点, 但它不是极值点. 此外, 偏导数不存在的点也可能是函数的极值点. 例如, 函数 $z = -\sqrt{x^2 + y^2}$ 在点 $(0, 0)$ 处偏导数不存在, 但它是极大值点. 因此, 函数的可能极值点除了驻点外, 还包括偏导数不存在的点.

下面的定理给出判定驻点是否是极值点的一个充分条件.

定理 2（极值的充分条件） 设函数 $z = f(x, y)$ 在点 (x_0, y_0) 的某个邻域内具有二阶连续偏导数, 又 (x_0, y_0) 是 $f(x, y)$ 的驻点(即 $f_x(x_0, y_0) = 0, f_y(x_0, y_0) = 0$), 记 $A = f_{xx}(x_0, y_0)$, $B = f_{xy}(x_0, y_0), C = f_{yy}(x_0, y_0), H = \begin{vmatrix} A & B \\ B & C \end{vmatrix} = AC - B^2$.

(1) 当 $H > 0$ 时, 若 $A < 0$, 则 $f(x_0, y_0)$ 为极大值; 若 $A > 0$, 则 $f(x_0, y_0)$ 为极小值;

(2) 当 $H < 0$ 时, $f(x_0, y_0)$ 不是极值;

(3) 当 $H = 0$ 时, $f(x_0, y_0)$ 可能是极值, 也可能不是极值, 需另作讨论.

定理的证明从略.

例 1 求函数 $f(x, y) = x^3 - y^3 + 3x^2 + 3y^2 - 9x$ 的极值.

解 第一步, 求可能极值点(这里只有驻点):

解方程组 $\begin{cases} f_x(x, y) = 3x^2 + 6x - 9 = 0, \\ f_y(x, y) = -3y^2 + 6y = 0, \end{cases}$ 求得驻点 $(1, 0), (1, 2), (-3, 0), (-3, 2)$.

第二步, 求二阶偏导数:
$$f_{xx} = 6x + 6, \quad f_{xy} = 0, \quad f_{yy} = -6y + 6.$$

第三步, 利用充分条件判定是否取得极值. 这里有四个驻点, 列表判定如下:

可能极值点	A	B	C	$H = AC - B^2$	是否是极值
$(1, 0)$	12	0	6	72	$f(1, 0) = -5$ 是极小值
$(1, 2)$	12	0	-6	-72	$f(1, 2)$ 不是极值
$(-3, 0)$	-12	0	6	-72	$f(-3, 0)$ 不是极值
$(-3, 2)$	-12	0	-6	72	$f(-3, 2) = 31$ 是极大值

例 2 讨论函数 $f(x, y) = x^4 + y^4$ 的极值.

解 解方程组 $\begin{cases} f_x = 4x^3 = 0, \\ f_y = 4y^3 = 0, \end{cases}$ 求得唯一驻点 $(0, 0)$.

再求二阶导数：$f_{xx}=12x^2$，$f_{xy}=0$，$f_{yy}=12y^2$.

在点$(0,0)$处，$H=AC-B^2=0$. 定理2的判别法失效，但显然 $f(0,0)=0$ 是极小值.

例3 讨论函数 $f(x,y)=x^2-2xy^2+y^4-y^5$ 的极值.

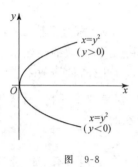

图 9-8

解 解方程组 $\begin{cases} f_x=2x-2y^2=0, \\ f_y=-4xy+4y^3-5y^4=0, \end{cases}$ 求得唯一驻点$(0,0)$.

再求二阶偏导数：$f_{xx}=2$，$f_{xy}=-4y$，$f_{yy}=-4x+12y^2-20y^3$.

在$(0,0)$点处，$H=AC-B^2=0$，这时无法用定理2判定. 易知，在曲线 $x=y^2$ ($y>0$)上，有 $f(x,y)<0$；在曲线 $x=y^2$ ($y<0$)上，有 $f(x,y)>0$. 因此 $f(0,0)=0$ 不是极值(见图9-8).

上述极值的概念及相应的判别法都可以推广到一般的 n 元函数上. 当 $n\geq 3$ 时，极值的必要条件类似于定理1，但极值的充分条件即定理2的推广涉及代数学中矩阵的概念及二次型的正定性，这里就不赘述了.

下面讨论多元函数的最大值和最小值问题. 仍以二元函数为例. 若函数 $z=f(x,y)$ 在有界闭区域 D 上连续，那么 $f(x,y)$ 在 D 上必取得最大值和最小值. 当最大值(或最小值)在 D 的内部取得时，最大值(或最小值)也是函数的极大值(或极小值). 因此当假定函数 $z=f(x,y)$ 在 D 上连续，且在 D 内可偏导，又只有有限个驻点时，只需将函数 $f(x,y)$ 在 D 内所有驻点的函数值同在 D 的边界上的最大值和最小值进行比较，其中最大的就是最大值，最小的就是最小值. 在实际问题中，往往根据问题的性质就能判定函数的最大值(或最小值)就在区域内部取到，这时只需比较函数在驻点的函数值就能得到最大值或最小值. 特别地，只有唯一驻点时，那么极大值(或极小值)就是函数在 D 上的最大值(或最小值).

例4 求函数 $z=f(x,y)=x^2-y^2+2$ 在椭圆域 $D=\left\{(x,y)\,\middle|\,x^2+\dfrac{y^2}{4}\leq 1\right\}$ 上的最大值和最小值.

解 第一步，解方程 $\begin{cases} f_x=2x=0, \\ f_y=-2y=0, \end{cases}$ 求得驻点$(0,0)$.

第二步，求函数在 D 的边界上的最大值和最小值：在椭圆 $x^2+\dfrac{y^2}{4}=1$ 上，

$$z=x^2-y^2+2=x^2-(4-4x^2)+2=5x^2-2\ (-1\leq x\leq 1),$$

其最大值为 $z|_{x=\pm 1}=3$，最小值为 $z|_{x=0}=-2$.

第三步，将函数在 D 的边界上的最值与 $f(0,0)=2$ 比较，得 $f(x,y)$ 在 D 上的最大值为 $f(\pm 1,0)=3$，最小值为 $f(0,\pm 2)=-2$.

例5 设有一宽24cm的长方形铁板，把它两边折起来，做成一个横截面为等腰梯形的水槽(见图9-9(a),(b)). 问：采用怎样的折法，才能使梯形的截面积最大？

解 设折起来的边长为 x (单位：cm)，折角为 α (见图9-9(b))，那么水槽的横截面的面

积为

$$S(x,\alpha)=\frac{1}{2}\big[(24-2x)+(24-2x)+2x\cos\alpha\big]x\sin\alpha$$

$$=24x\sin\alpha-2x^2\sin\alpha+x^2\sin\alpha\cos\alpha.$$

依题意,$S(x,\alpha)$的定义域为

$$D=\{(x,\alpha)\,|\,0\leqslant x\leqslant12,0\leqslant\alpha\leqslant\pi/2\}.$$

下面求 $S(x,\alpha)$ 在 D 内部的驻点. 令

$$\begin{cases}S_x=24\sin\alpha-4x\sin\alpha+2x\sin\alpha\cos\alpha\\[1mm]\quad=2\sin\alpha(12-2x+x\cos\alpha)=0,\\[2mm]S_\alpha=24x\cos\alpha-2x^2\cos\alpha+x^2(\cos^2\alpha-\sin^2\alpha)\\[1mm]\quad=24x\cos\alpha-2x^2\cos\alpha+x^2(2\cos^2\alpha-1)=0.\end{cases}$$

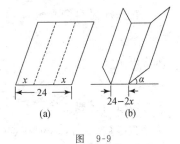

图　9-9

由于这时 $x\neq0,12,\alpha\neq0,\pi/2$,上面方程组可化为

$$\begin{cases}12-2x+x\cos\alpha=0,\\[1mm]24\cos\alpha-2x\cos\alpha+x(2\cos^2\alpha-1)=0.\end{cases}$$

解此方程组得 $x=8,\alpha=\pi/3$,即 $S(x,\alpha)$ 在 D 内的驻点为 $(8,\pi/3)$.

依题意,截面积的最大值一定存在,且不在边界达到,又 D 内只有一个驻点 $(8,\pi/3)$,因此它必为最大值点. 故水槽截面积的最大值为 $S(8,\pi/3)=48\sqrt{3}\ \text{cm}^2$.

二、条件极值的拉格朗日乘数法

前面讨论函数的极值和最值问题时,只对函数的定义域作限制,而不附加其他条件,通常称之为**无条件极值问题**. 但在实际问题中,往往需要考虑对函数的自变量附加一定条件(也称为约束条件)的极值问题,即所谓**条件极值问题**,其相应的极值称为**条件极值**.

求解条件极值问题,通常有两种方法. 第一种方法是化为无条件极值问题求解. 例如,对于"求体积为 a^3 的无盖长方体容器的长、宽、高,使其表面积为最小"的问题,设长方体的长、宽、高分别为 x,y,z,那么表面积 $S=xy+2xz+2yz$,而变量 x,y,z 还必须满足附加条件 $xyz=a^3$,即 $z=\dfrac{a^3}{xy}$. 要解这个条件极值问题,可以把 $z=\dfrac{a^3}{xy}$ 代入 S 的表达式,即可化为求

$$S=xy+(x+y)\frac{2a^3}{xy}=xy+2a^3\left(\frac{1}{x}+\frac{1}{y}\right)\quad(x>0,y>0)$$

的无条件极值问题. 但在一般情况下,当附加条件比较复杂时,往往很难甚至不可能化为无条件极值问题来求解.

下面介绍一种直接求解条件极值问题的方法——拉格朗日乘数法.

88

首先探讨目标函数

$$z = f(x, y) \tag{1}$$

在约束条件

$$\varphi(x, y) = 0 \tag{2}$$

下取极值的必要条件.

若函数 $z = f(x, y)$ 在点 (x_0, y_0) 取得满足条件(2)的极值, 那么有

$$\varphi(x_0, y_0) = 0. \tag{3}$$

若还假定在点 (x_0, y_0) 的某个邻域内 $f(x, y)$ 和 $\varphi(x, y)$ 都具有一阶连续偏导数且 $\varphi_y(x_0, y_0) \neq 0$, 那么由隐函数存在定理, 方程(2)唯一确定一个具有连续导数的隐函数 $y = \psi(x)$. 将它代入(1)式, 得到含一个变量 x 的函数

$$z = f(x, \psi(x)).$$

因此二元函数 $z = f(x, y)$ 在点 (x_0, y_0) 取得条件极值就相当于一元函数 $z = f(x, \psi(x))$ 在点 $x = x_0$ 取得极值. 由一元函数极值的必要条件知

$$\frac{\mathrm{d}z}{\mathrm{d}x}\bigg|_{x=x_0} = f_x(x_0, y_0) + f_y(x_0, y_0)\frac{\mathrm{d}y}{\mathrm{d}x}\bigg|_{x=x_0} = 0. \tag{4}$$

而由方程(2), 利用隐函数求导公式得

$$\frac{\mathrm{d}y}{\mathrm{d}x}\bigg|_{x=x_0} = -\frac{\varphi_x(x_0, y_0)}{\varphi_y(x_0, y_0)}.$$

将上式代入(4)式得

$$f_x(x_0, y_0) - f_y(x_0, y_0)\frac{\varphi_x(x_0, y_0)}{\varphi_y(x_0, y_0)} = 0. \tag{5}$$

因此(3), (5)两式就是函数 $z = f(x, y)$ 在约束条件 $\varphi(x, y) = 0$ 下在点 (x_0, y_0) 取得条件极值的必要条件. 令

$$\frac{f_y(x_0, y_0)}{\varphi_y(x_0, y_0)} = -\lambda,$$

那么上述必要条件就成为

$$\begin{cases} f_x(x_0, y_0) + \lambda\varphi_x(x_0, y_0) = 0, \\ f_y(x_0, y_0) + \lambda\varphi_y(x_0, y_0) = 0, \\ \varphi(x_0, y_0) = 0. \end{cases} \tag{6}$$

因此, 若引进辅助函数

$$L(x, y, \lambda) = f(x, y) + \lambda\varphi(x, y),$$

则(6)式的前两式就是

$$L_x(x_0, y_0) = 0, \quad L_y(x_0, y_0) = 0.$$

函数 $L(x, y, \lambda)$ 称为**拉格朗日函数**,参数 λ 称为**拉格朗日乘数**.

综上所述,我们得到如下求条件极值的方法:

拉格朗日乘数法 要求目标函数 $z = f(x, y)$ 在约束条件 $\varphi(x, y) = 0$ 下的可能极值点,只要作拉格朗日函数

$$L(x, y, \lambda) = f(x, y) + \lambda \varphi(x, y),$$

其中 λ 为参数,解方程组

$$\begin{cases} L_x \equiv f_x(x, y) + \lambda \varphi_x(x, y) = 0, \\ L_y \equiv f_y(x, y) + \lambda \varphi_y(x, y) = 0, \\ \varphi(x, y) = 0, \end{cases} \tag{7}$$

则它的所有解 x, y, λ 所对应的点 (x, y) 就是可能的极值点.

至于如何判定所得点是否为极值点,这里不作一般性讨论. 对于实际问题,通常可依据问题本身的性质来判定.

这方法可以推广到自变量多于两个,而约束条件多于一个的情形. 例如,要求目标函数 $u = f(x, y, z, t)$ 在约束条件

$$\begin{cases} \varphi(x, y, z, t) = 0, \\ \psi(x, y, z, t) = 0 \end{cases}$$

下的极值,相应可构造拉格朗日函数

$$L(x, y, z, t, \lambda, \mu) = f(x, y, z, t) + \lambda \varphi(x, y, z, t) + \mu \psi(x, y, z, t),$$

其中 λ, μ 为参数,则解方程组

$$\begin{cases} L_x \equiv f_x(x, y, z, t) + \lambda \varphi_x(x, y, z, t) + \mu \psi_x(x, y, z, t), \\ L_y \equiv f_y(x, y, z, t) + \lambda \varphi_y(x, y, z, t) + \mu \psi_y(x, y, z, t), \\ L_z \equiv f_z(x, y, z, t) + \lambda \varphi_z(x, y, z, t) + \mu \psi_z(x, y, z, t), \\ L_t \equiv f_t(x, y, z, t) + \lambda \varphi_t(x, y, z, t) + \mu \psi_t(x, y, z, t), \\ \varphi(x, y, z, t) = 0, \\ \psi(x, y, z, t) = 0 \end{cases}$$

便可得到可能的极值点 (x, y, z, t).

例 6 求原点到直线 $\begin{cases} x + y + z = 1, \\ x + 2y + 3z = 6 \end{cases}$ 的距离.

解 依题意就是求目标函数 $u = f(x, y, z) = \sqrt{x^2 + y^2 + z^2}$ 在约束条件 $x + y + z = 1$ 和

$x+2y+3z=6$ 下的最小值. 为计算方便, 目标函数可取为

$$F(x,y,z)=x^2+y^2+z^2.$$

作拉格朗日函数

$$L(x,y,z,\lambda,\mu)=x^2+y^2+z^2+\lambda(x+y+z-1)+\mu(x+2y+3z-6).$$

下面解方程组

$$\begin{cases} L_x=2x+\lambda+\mu=0, \\ L_y=2y+\lambda+2\mu=0, \\ L_z=2z+\lambda+3\mu=0, \\ x+y+z-1=0, \\ x+2y+3z-6=0. \end{cases}$$

将方程组中的第一、第二和第三个方程相加, 再利用第四个方程得

$$3\lambda+6\mu=-2;$$

将第一、第二个方程的两倍和第三个方程的三倍相加, 再利用第五个方程得

$$6\lambda+14\mu=-12.$$

从得到的两式解得 $\lambda=\dfrac{22}{3}, \mu=-4$. 代入方程组可得唯一的可能极值点 $\left(-\dfrac{5}{3}, \dfrac{1}{3}, \dfrac{7}{3}\right)$.

由于点到直线的距离存在, 是个定数, 等价的上述问题的最小值必定存在, 因此所求得的唯一可能极值点 $\left(-\dfrac{5}{3}, \dfrac{1}{3}, \dfrac{7}{3}\right)$ 必定是最小值点. 所以所求的距离为

$$\sqrt{F\left(-\dfrac{5}{3}, \dfrac{1}{3}, \dfrac{7}{3}\right)}=\sqrt{\dfrac{25}{3}}=\dfrac{5\sqrt{3}}{3}.$$

例 7　设要造一个容积为 a^3 的无盖长方体水箱, 问：这个水箱的长、宽、高为多少时, 用料最省?

解　这一问题正如先前指出的, 它可以化为无条件极值求解, 这里用拉格朗日乘数法求解.

设水箱的长为 x, 宽为 y, 高为 z. 问题提法：在水箱容积 $xyz=a^3$ 的约束条件下, 求水箱表面积

$$S(x,y,z)=xy+2xz+2yz \quad (x,y,z>0)$$

的最小值.

作拉格朗日函数

$$L(x,y,z,\lambda)=xy+2xz+2yz+\lambda(xyz-a^3).$$

解方程组

$$\begin{cases} L_x = y + 2z + \lambda yz = 0, \\ L_y = x + 2z + \lambda xz = 0, \\ L_z = 2x + 2y + \lambda xy = 0, \\ xyz - a^3 = 0 \end{cases}$$

得唯一解:

$$x = \sqrt[3]{2}a, \quad y = \sqrt[3]{2}a, \quad z = \frac{\sqrt[3]{2}}{2}a.$$

由于问题的最小值必定存在,因此 $\left(\sqrt[3]{2}a, \sqrt[3]{2}a, \frac{\sqrt[3]{2}}{2}a\right)$ 就是最小值点. 也就是说,当水箱的底为边长是 $\sqrt[3]{2}a$ 的正方形,高为 $\frac{\sqrt[3]{2}}{2}a$ 时,用料最省.

习 题 9.8

1. 求下列函数的极值:

(1) $f(x,y) = 4(x-y) - x^2 - y^2$;   (2) $f(x,y) = x^4 + y^4 - x^2 - 2xy - y^2$;

(3) $f(x,y) = e^{2x}(x + 2y + y^2)$;   (4) $f(x,y) = xy + \frac{a^3}{x} + \frac{b^3}{y}$ $(a, b > 0)$.

2. 求下列函数的条件极值(或最值):

(1) 求函数 $z = xy$ 在附加条件 $x + y = 1$ 下的极值;

(2) $f(x,y,z) = x - 2y + 2z$ 在约束条件 $x^2 + y^2 + z^2 = 1$ 下的极值;

(3) $f(x,y,z) = x^2 + y^2 + z^2$ 在约束条件 $z = x^2 + y^2$ 和 $x + y + z = 4$ 下的最值.

3. 已知曲线 $C: \begin{cases} x^2 + y^2 - 2z^2 = 0, \\ x + y + 3z = 5, \end{cases}$ 求曲线 C 上距离 Oxy 面最远的点和最近的点.

4. 从斜边之长为 l 的一切直角三角形中,求有最大周长的直角三角形.

5. 将周长为 $2p$ 的矩形绕它的一边旋转而构成一个圆柱体,问:矩形的边长各为多少时,才可使圆柱体的体积最大?

6. 抛物面 $z = x^2 + y^2$ 被平面 $x + y + z = 1$ 截得一椭圆,求这椭圆上的点到原点的距离的最大值与最小值.

7. 求函数 $f(x,y) = x^2 + 2y^2 - x^2 y^2$ 在 $D = \{(x,y) \mid x^2 + y^2 \leqslant 4, y \geqslant 0\}$ 上的最大值与最小值.

§9.9　综合例题

例1　设函数 $u=f(z)$，方程 $z=\varphi(z)+\int_y^x g(t)\mathrm{d}t$ 确定 z 是 x,y 的函数，其中 $f(z)$，$\varphi(z)$ 可微，又 $g(t),\varphi'(z)$ 连续，且 $\varphi'(z)\neq 1$. 证明：

$$g(y)\frac{\partial u}{\partial x}+g(x)\frac{\partial u}{\partial y}=0.$$

证　$\dfrac{\partial u}{\partial x}=f'(z)\dfrac{\partial z}{\partial x},\dfrac{\partial u}{\partial y}=f'(z)\dfrac{\partial z}{\partial y}.$ 又由题设有

$$\begin{cases}\dfrac{\partial z}{\partial x}=\varphi'(z)\dfrac{\partial z}{\partial x}+g(x),\\[2mm]\dfrac{\partial z}{\partial y}=\varphi'(z)\dfrac{\partial z}{\partial y}-g(y),\end{cases}\quad\text{解得}\quad\begin{cases}\dfrac{\partial z}{\partial x}=\dfrac{g(x)}{1-\varphi'(z)},\\[2mm]\dfrac{\partial z}{\partial y}=\dfrac{-g(y)}{1-\varphi'(z)}.\end{cases}$$

于是有

$$g(y)\frac{\partial u}{\partial x}+g(x)\frac{\partial u}{\partial y}=f'(z)\left[g(y)\frac{\partial z}{\partial x}+g(x)\frac{\partial z}{\partial y}\right]=0.$$

例2　证明函数

$$f(x,y)=\begin{cases}xy\sin\dfrac{1}{\sqrt{x^2+y^2}},&(x,y)\neq(0,0),\\[2mm]0,&(x,y)=(0,0)\end{cases}$$

在点 $(0,0)$ 连续，且可微，但偏导数不连续.

证　因为

$$\left|xy\sin\frac{1}{\sqrt{x^2+y^2}}\right|\leqslant|xy|\leqslant\frac{x^2+y^2}{2},$$

所以 $\lim\limits_{(x,y)\to(0,0)}f(x,y)=0=f(0,0)$，即 $f(x,y)$ 在 $(0,0)$ 点连续.

现在证可微性. 因为 $f(x,0)\equiv 0,f(0,y)\equiv 0$，所以 $f_x(0,0)=0,f_y(0,0)=0$. 记 $\rho=\sqrt{\Delta x^2+\Delta y^2}$，则

$$0\leqslant\lim_{\rho\to 0}\left|\frac{\Delta f-f_x(0,0)\Delta x-f_y(0,0)\Delta y}{\rho}\right|=\lim_{\rho\to 0}\left|\frac{\Delta x\Delta y}{\rho}\sin\frac{1}{\rho}\right|\leqslant\lim_{\rho\to 0}\frac{\rho}{2}=0.$$

所以 $\Delta f-f_x(0,0)\Delta x-f_y(0,0)\Delta y=o(\rho)$，即 $f(x,y)$ 在点 $(0,0)$ 可微.

下面讨论 $f(x,y)$ 的偏导数在点 $(0,0)$ 的连续性. 当 $(x,y)\neq(0,0)$ 时，有

$$f_x(x,y)=y\sin\frac{1}{\sqrt{x^2+y^2}}-\frac{x^2y}{\sqrt{(x^2+y^2)^3}}\cos\frac{1}{\sqrt{x^2+y^2}}.$$

当点(x,y)沿射线$y=x(x>0)$趋于$(0,0)$时,考虑极限

$$\lim_{\substack{x\to 0^+ \\ y=x}} f_x(x,y) = \lim_{x\to 0^+}\left(x\sin\frac{1}{\sqrt{2}x} - \frac{x^3}{2\sqrt{2}x^3}\cos\frac{1}{\sqrt{2}x}\right).$$

此极限显然不存在,所以$f_x(x,y)$在点$(0,0)$不连续.同理$f_y(x,y)$在点$(0,0)$也不连续.

例3 设函数$z=f(x,y)$在点$(1,1)$可微,且$f(1,1)=1,f_x(1,1)=2,f_y(1,1)=3$,若函数$\varphi(x)=f[x,f(x,x)]$,求$\dfrac{\mathrm{d}}{\mathrm{d}x}\varphi^3(x)\Big|_{x=1}$.

解 由题设有$\varphi(1)=f[1,f(1,1)]=f(1,1)=1$.

$$\begin{aligned}
\frac{\mathrm{d}}{\mathrm{d}x}\varphi^3(x)\Big|_{x=1} &= \left[3\varphi^2(x)\frac{\mathrm{d}\varphi}{\mathrm{d}x}\right]_{x=1} \\
&= 3\varphi^2(1)\{f_1'[x,f(x,x)] + f_2'[x,f(x,x)]\cdot[f_1'(x,x)+f_2'(x,x)\cdot 1]\}_{x=1} \\
&= 3\cdot 1[2+3\cdot(2+5)] = 51.
\end{aligned}$$

例4 设$u=f(x,y,z)$具有连续的一阶偏导数,又函数$y=y(x)$和$z=z(x)$分别由下列两个方程确定:$\mathrm{e}^{xy}-xy=2$和$\mathrm{e}^x=\displaystyle\int_0^{x-z}\frac{\sin t}{t}\mathrm{d}t$.求$\dfrac{\mathrm{d}u}{\mathrm{d}x}$.

解 将两个确定隐函数的方程两边对x求导数,得

$$\mathrm{e}^{xy}(y+xy')-(y+xy')=0 \quad \text{和} \quad \mathrm{e}^x = \frac{\sin(x-z)}{x-z}(1-z').$$

解方程得$y'=-\dfrac{y}{x}$和$z'=1-\dfrac{\mathrm{e}^x(x-z)}{\sin(x-z)}$.所以

$$\frac{\mathrm{d}u}{\mathrm{d}x} = f_1' - \frac{y}{x}f_2' + \left[1-\frac{\mathrm{e}^x(x-z)}{\sin(x-z)}\right]f_3'.$$

例5 设$u=f(x,y,z),\varphi(x^2,\mathrm{e}^y,z)=0,y=\sin x$,其中函数$f,\varphi$具有连续的偏导数,且$\dfrac{\partial\varphi}{\partial z}\neq 0$,求$\dfrac{\mathrm{d}u}{\mathrm{d}x}$.

解 将给出的三个方程两边对x求导数,得

$$\begin{cases}
\dfrac{\mathrm{d}u}{\mathrm{d}x} = f_1' + f_2'\dfrac{\mathrm{d}y}{\mathrm{d}x} + f_3'\dfrac{\mathrm{d}z}{\mathrm{d}x}, \\[2mm]
2x\varphi_1' + \mathrm{e}^y\varphi_2'\dfrac{\mathrm{d}y}{\mathrm{d}x} + \varphi_3'\dfrac{\mathrm{d}z}{\mathrm{d}x} = 0, \\[2mm]
\dfrac{\mathrm{d}y}{\mathrm{d}x} = \cos x,
\end{cases}$$

解方程组得

$$\frac{\mathrm{d}u}{\mathrm{d}x} = f'_1 + f'_2\cos x - \frac{f'_3}{\varphi'_3}(2x\varphi'_1 + \mathrm{e}^y\varphi'_2\cos x).$$

例 6　求曲面 $x^2+y^2+z^2=4$ 的过直线 $L:\begin{cases}4x+2y+3z=6,\\2x+y=0\end{cases}$ 的切平面.

解　设切点为 $P(x_0,y_0,z_0)$，那么曲面在该点 P 的一个法向量 $\boldsymbol{n}_1=(2x_0,2y_0,2z_0)$. 又设过直线 L 的平面束为

$$4x+2y+3z-6+\lambda(2x+y)=0,\quad 即\quad (4+2\lambda)x+(2+\lambda)y+3z-6=0.$$

记 $\boldsymbol{n}_2=(4+2\lambda,2+\lambda,3)$. 依题意得方程组

$$\begin{cases}\dfrac{4+2\lambda}{2x_0}=\dfrac{2+\lambda}{2y_0}=\dfrac{3}{2z_0}=t, & (\boldsymbol{n}_1\ /\!/\ \boldsymbol{n}_2)\\[2mm] (4+2\lambda)x_0+(2+\lambda)y_0+3z_0-6=0, & (P\in 平面)\\[2mm] x_0^2+y_0^2+z_0^2=4. & (P\in 曲面)\end{cases}$$

解方程组得 $t=\dfrac{3}{4}$，$z_0=2$. 再由最后一个方程推知 $x_0=0$，$y_0=0$，故 $\lambda=-2$. 所以切点是 $P(0,0,2)$，切平面方程为 $z=2$.

例 7　求由方程 $2x^2+2y^2+z^2+8yz-z+8=0$ 所确定的隐函数 $z=z(x,y)$ 的极值.

解　由

$$\begin{cases}\dfrac{\partial z}{\partial x}=\dfrac{4x}{1-2z-8y}=0,\\[3mm] \dfrac{\partial z}{\partial y}=\dfrac{4(y+2z)}{1-2z-8y}=0\end{cases}$$

解得 $x=0$ 与 $y+2z=0$，再代入原方程得.

$$7z^2+z-8=0.$$

解此方程得 $z=1$ 和 $z=-\dfrac{8}{7}$. 因此隐函数 $z=z(x,y)$ 的驻点为 $(0,-2)$ 和 $\left(0,\dfrac{16}{7}\right)$.

由 $\dfrac{\partial^2 z}{\partial x^2}=\dfrac{4}{1-2z-8y}$，$\dfrac{\partial^2 z}{\partial x\partial y}=0$，$\dfrac{\partial^2 z}{\partial y^2}=\dfrac{4}{1-2z-8y}$ 可知，在驻点 $(0,-2)$ 和 $\left(0,\dfrac{16}{7}\right)$ 有 $H=AC-B^2>0$，故它们为极值点.

在 $(0,-2)$ 处，$z=1$，因此 $A=\dfrac{4}{15}>0$，所以 $(0,-2)$ 为极小值点，极小值为 $z=1$；在点 $\left(0,\dfrac{16}{7}\right)$ 处，$z=-\dfrac{8}{7}$，因此 $A=-\dfrac{4}{15}<0$，所以 $\left(0,\dfrac{16}{7}\right)$ 为极大值点，极大值为 $z=-\dfrac{8}{7}$.

注 1　原方程可改写成 $2x^2+2(y+2z)^2=(z-1)(7z+8)$. 由左边$\geqslant 0$ 可以推出右边

$(z-1)(7z+8) \geqslant 0$，因此有 $z \leqslant -\dfrac{8}{7}$ 或 $z \geqslant 1$.

注2 在三维空间中，方程的图形是双叶双曲面，由两个不相连接的部分组成，其中之一开口向上，最低点对应最小值 $z=1$；另一开口向下，最高点对应最大值 $z=-\dfrac{8}{7}$.

例8 设常数 $\alpha>0$，$\beta>0$，$\gamma>0$，求函数 $f(x,y,z)=x^{\alpha}y^{\beta}z^{\gamma}$ $(x>0,y>0,z>0)$ 在约束条件 $x+y+z=1$ 下的最大值.

解 为计算简单，作辅助函数
$$g(x,y,z)=\ln f(x,y,z)=\alpha\ln x+\beta\ln y+\gamma\ln z.$$
因为函数 $\ln u$ 单调增加，所以只要考虑函数 g 的极值就可以求得 f 的极值.

作拉格朗日函数
$$L(x,y,z,\lambda)=\alpha\ln x+\beta\ln y+\gamma\ln z+\lambda(x+y+z-1).$$
由极值的必要条件得

$$
\begin{cases}
L_x=\dfrac{\alpha}{x}+\lambda=0,\\[2mm]
L_y=\dfrac{\beta}{y}+\lambda=0,\\[2mm]
L_z=\dfrac{\gamma}{z}+\lambda=0,\\[2mm]
x+y+z=1.
\end{cases}
$$

由前三个方程得 $x=-\dfrac{\alpha}{\lambda}$，$y=-\dfrac{\beta}{\lambda}$，$z=-\dfrac{\gamma}{\lambda}$，再代入最后一个方程得 $\lambda=-(\alpha+\beta+\gamma)$，所以得

$$x=\frac{\alpha}{\alpha+\beta+\gamma},\quad y=\frac{\beta}{\alpha+\beta+\gamma},\quad z=\frac{\gamma}{\alpha+\beta+\gamma}.$$

于是点 $\left(\dfrac{\alpha}{\alpha+\beta+\gamma},\dfrac{\beta}{\alpha+\beta+\gamma},\dfrac{\gamma}{\alpha+\beta+\gamma}\right)$ 是函数 g 的唯一可能极值点. 由于问题的最大值存在，所以它就是 $f(x,y,z)$ 在约束条件下的最大值点，最大值

$$f_{\max}=\left(\frac{\alpha}{\alpha+\beta+\gamma}\right)^{\alpha}\left(\frac{\beta}{\alpha+\beta+\gamma}\right)^{\beta}\left(\frac{\gamma}{\alpha+\beta+\gamma}\right)^{\gamma}.$$

注 特别地，当 $\alpha=\beta=\gamma=1$ 时，$f_{\max}=\left(\dfrac{1}{3}\right)^{3}$，即当 $x+y+z=1$，且 $x>0,y>0,z>0$ 时有

$$xyz \leqslant \left(\frac{1}{3}\right)^3.$$

对于任意三个正数 a,b,c,只要令

$$x = \frac{a}{a+b+c}, \quad y = \frac{b}{a+b+c}, \quad z = \frac{c}{a+b+c},$$

就得到

$$\frac{abc}{(a+b+c)^3} \leqslant \left(\frac{1}{3}\right)^3, \quad 即 \quad \sqrt[3]{abc} \leqslant \frac{a+b+c}{3}.$$

这就是平均值不等式.

*例 9　求向量值函数 $\boldsymbol{f}(u,v)=(u\cos v, u\sin v, v)$ 在点 $(1,\pi)$ 的导数.

解　这里 $\boldsymbol{f}(u,v)=(f_1,f_2,f_3)$,其中 $f_1=u\cos v, f_2=u\sin v, f_3=v$,于是

$$\boldsymbol{f}'(u,v)=\begin{pmatrix} \dfrac{\partial f_1}{\partial u} & \dfrac{\partial f_1}{\partial v} \\[2mm] \dfrac{\partial f_2}{\partial u} & \dfrac{\partial f_2}{\partial v} \\[2mm] \dfrac{\partial f_3}{\partial u} & \dfrac{\partial f_3}{\partial v} \end{pmatrix} = \begin{pmatrix} \cos v & -u\sin v \\[1mm] \sin v & u\cos v \\[1mm] 0 & 1 \end{pmatrix}, \quad \boldsymbol{f}'(1,\pi)=\begin{pmatrix} -1 & 0 \\ 0 & -1 \\ 0 & 1 \end{pmatrix}.$$

第十章

重积分

在一元函数的积分学中我们知道,定积分是某种特殊形式的和式的极限.这种和式的极限推广到定义在区域、曲线及曲面上的多元函数的情形,便得到重积分、曲线积分及曲面积分的概念.本章主要介绍重积分(包括二重积分和三重积分)的概念、计算方法以及它们的一些应用.

§10.1 重积分的概念与性质

一、重积分的概念

首先讨论两个实际例子,然后从中抽象出二重积分、三重积分的概念,并讨论它们的性质.

1. 计算曲顶柱体的体积

设有曲面 S:$z = f(x,y)$,其中 f 是平面有界闭区域 D 上的非负连续函数.以平面区域 D 为底,曲面 S 为顶,准线是 D 的边界、母线平行于 z 轴的柱面为侧面的立体,称为**曲顶柱体**(见图 10-1(a)).现在我们来讨论如何计算曲顶柱体的体积.

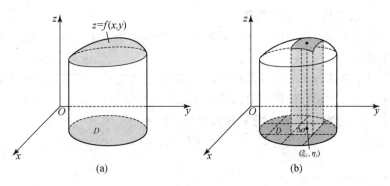

图 10-1

特殊地,若曲面 S 为水平面,则曲顶柱体成为平顶柱体,其体积等于底面积与高的乘积.对于一般的曲顶柱体,当点 (x,y) 在区域 D 上变动时,高度 $f(x,y)$ 是变化的,因此不能直接用初等方法(底面积×高)计算其体积.联想定积分计算曲边梯形面积的思路和方法,我们不难类似讨论曲顶柱体体积的计算问题.

(1) 分割.把平面区域 D 任意分割成 n 个小闭区域

$$\Delta\sigma_1, \Delta\sigma_2, \cdots, \Delta\sigma_n,$$

并仍以 $\Delta\sigma_i(i=1,2,\cdots,n)$ 表示第 i 个小区域的面积.以每个小区域的边界为准线作母线平行于 z 轴的柱面(见图 10-1(b)),即曲顶柱体被分成了 n 个小曲顶柱体,记第 i 个曲顶柱体的体积为 ΔV_i,则所求体积为

$$V = \sum_{i=1}^{n} \Delta V_i.$$

(2) 近似.当这些小闭区域的直径①很小时,由于 $f(x,y)$ 连续,对同一个小闭区域来说,$f(x,y)$ 变化很小,这时每个小曲顶柱体都可近似看成小平顶柱体.任取点 $P(\xi_i,\eta_i)\in\Delta\sigma_i$,第 i 个曲顶柱体的体积近似于以 $f(\xi_i,\eta_i)$ 为高,$\Delta\sigma_i$ 为底的小平顶柱体的体积,即

$$\Delta V_i \approx f(\xi_i,\eta_i)\Delta\sigma_i, \quad i=1,2,\cdots,n.$$

(3) 求和.曲顶柱体的体积近似于所有小平顶柱体的体积之和:

$$V = \sum_{i=1}^{n} \Delta V_i \approx \sum_{i=1}^{n} f(\xi_i,\eta_i)\Delta\sigma_i.$$

(4) 取极限.记 $\lambda=\max\{\lambda_1,\lambda_2,\cdots,\lambda_n\}$ 为这 n 个小区域直径中的最大值.为得到 V 的精确值,必须将分割无限加密(此时小曲顶柱体的个数 n 随之增加)使所有的这些小区域越来越小,并让每个小区域的直径都趋于零.当 $\lambda\to 0$ 时,从直观上可以看出,该和式的极限趋近于曲顶柱体的体积 V,即

$$V = \lim_{\lambda\to 0} \sum_{i=1}^{n} f(\xi_i,\eta_i)\Delta\sigma_i.$$

2. 求非均匀物体的质量

设物体所占的空间有界闭区域为 V,物体的密度 $\rho(x,y,z)$ 在区域 V 上连续,求此物体的质量 m.

由于物体各点的密度不相同,不能直接用密度乘体积的公式来计算物体的质量,但我们可用上述求曲顶柱体体积的思路和方法解决此问题.

(1) 分割.将空间区域 V 任意分割成 n 个小闭区域

$$\Delta V_1, \Delta V_2, \cdots, \Delta V_n,$$

---

① 称 $\lambda_i = \max\limits_{P_1,P_2\in\Omega} |P_1P_2|$ 为区域 Ω 的直径,其中 $|P_1P_2|$ 为线段 P_1P_2 的长.

同时以 ΔV_i 表示第 i 个小区域的体积,记第 i 小区域上的物体质量为 $\Delta m_i (i=1,2,\cdots,n)$,则所求的物体的质量 m 为

$$m = \sum_{i=1}^{n} \Delta m_i.$$

(2) 近似. 由于这些小区域的直径都很小,且 $\rho(x,y,z)$ 在 V 上连续,对每个小区域来说,$\rho(x,y,z)$ 变化很小,这时每个小区域的物体都可近似看成是密度均匀的物体. 任取点 $P(\xi_i,\eta_i,\zeta_i) \in \Delta V_i$,则位于第 i 个区域上的物体的质量为

$$\Delta m_i \approx \rho(\xi_i,\eta_i,\zeta_i) \Delta V_i, \quad i=1,2,\cdots,n.$$

(3) 求和. 物体的总质量近似为所有小块密度均匀的物体的质量之和:

$$m = \sum_{i=1}^{n} \Delta m_i \approx \sum_{i=1}^{n} \rho(\xi_i,\eta_i,\zeta_i) \Delta V_i.$$

(4) 取极限. 记 λ_i 为小区域 ΔV_i 的直径,$\lambda = \max\{\lambda_1,\lambda_2,\cdots,\lambda_n\}$ 为这 n 个小区域直径中的最大值. 为得到 m 的精确值,只需让 $\lambda \to 0$. 从直观上可以看出,上述和式的极限将趋近于该物体的质量 m,即

$$m = \lim_{\lambda \to 0} \sum_{i=1}^{n} \rho(\xi_i,\eta_i,\zeta_i) \Delta V_i.$$

尽管上面两个问题的实际意义不同,但解决问题的思路和方法是一样的,所求的量最后都归结为具有同一结构的和式的极限. 因此,我们有必要撇开这类极限问题的实际背景,给出一个更广泛、更抽象的数学概念——重积分.

定义 设 Ω 表示平面或空间的有界闭区域,多元函数 f 是 Ω 上的有界函数. 将 Ω 任意分成 n 个小闭区域 $\Delta\Omega_1,\Delta\Omega_2,\cdots,\Delta\Omega_n$,同时以 $\Delta\Omega_i$ 作为第 i 个区域的度量(面积或体积). 在 $\Delta\Omega_i$ 上任取一点 $P_i(i=1,2,\cdots,n)$,作和式 $\sum_{i=1}^{n} f(P_i)\Delta\Omega_i$. 若当所有小区域直径中的最大者 $\lambda \to 0$ 时,和式的极限 $\lim\limits_{\lambda \to 0} \sum_{i=1}^{n} f(P_i)\Delta\Omega_i$ 存在,则称 f 在区域 Ω 上**可积**,其极限值称为函数 f 在区域 Ω 上的**重积分**.

若 Ω 表示平面区域 D,f 为二元函数 $f(x,y)$,其极限值称为**二重积分**,记做

$$\iint\limits_{D} f(x,y)\mathrm{d}\sigma = \lim_{\lambda \to 0} \sum_{i=1}^{n} f(\xi_i,\eta_i)\Delta\sigma_i,$$

其中称 $f(x,y)$ 为**被积函数**,$f(x,y)\mathrm{d}\sigma$ 为**被积表达式**,$\mathrm{d}\sigma$ 为**面积微元**,x,y 为积分变量,D 为**积分区域**.

若 Ω 表示空间区域 V,f 为三元函数 $f(x,y,z)$,其极限值称为**三重积分**,记做

$$\iiint\limits_{V} f(x,y,z)\mathrm{d}V = \lim_{\lambda \to 0} \sum_{i=1}^{n} f(\xi_i,\eta_i,\zeta_i)\Delta V_i,$$

其中称 $f(x,y,z)$ 为**被积函数**,$f(x,y,z)\mathrm{d}V$ 为**被积表达式**,$\mathrm{d}V$ 为**体积微元**,x,y,z 为积分变

量,V 为积分区域.

由重积分的定义可知,曲顶柱体的体积可表示为二重积分 $V = \iint\limits_D f(x,y)\mathrm{d}\sigma$,空间物体的

质量可表示为三重积分 $m = \iiint\limits_V \rho(x,y,z)\mathrm{d}V$.

我们自然要问:什么样的函数 f 才是可积的呢?换句话说,函数 f 满足什么条件,它的
二重积分或三重积分才存在?这里我们不加证明地指出,当函数 f 在所讨论的有界闭区域
D(或 V)上连续,或在 D(或 V)上只有有限个不连续点,或只在有限条曲线上不连续时,函数
f 必是可积的,即二重积分 $\iint\limits_D f(x,y)\mathrm{d}\sigma\left(\text{或三重积分} \iiint\limits_V f(x,y,z)\mathrm{d}V\right)$ 必存在. 在以后讨论中,
没有特殊情况,我们总假定函数 f 在所讨论的有界闭区域 D(或 V)上是连续的,而不在每次
加以说明.

二重积分 $\iint\limits_D f(x,y)\mathrm{d}\sigma$ 具有明显的几何意义:如果 $f(x,y) \geqslant 0$,则二重积分表示以区域
D 为底,$z = f(x,y)$ 为顶的曲顶柱体的体积;如果 $f(x,y) \leqslant 0$,则二重积分为负值,其绝对
值为 平面区域 D 之下的曲顶柱体的体积(所构成的曲顶柱体在平面区域 D 的下方);如果
$f(x,y)$ 在 D 上可正可负,则二重积分表示平面区域 D 上对应曲顶柱体体积的代数和(规定
在区域 D 上方的体积为正,在区域 D 下方的体积为负).

例 1 设一球冠所在的球的半径为 R,球冠的高为 h,底圆半径为 a. 试用二重积分将球
冠的体积 V 表示出来.

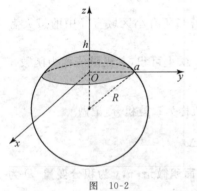

图 10-2

解 如图 10-2,设球心在 z 轴上,球面方程为
$$x^2 + y^2 + [z - (h-R)]^2 = R^2,$$
则球冠可看做是球体被 Oxy 面所截的上部分立体,其顶部就
是二元函数 $z = h - R + \sqrt{R^2 - x^2 - y^2}$ 所表示的上半球面的一
部分,底部 D 是圆域 $x^2 + y^2 \leqslant a^2$. 由二重积分的几何意义,得
$$V = \iint\limits_D (h - R + \sqrt{R^2 - x^2 - y^2})\mathrm{d}\sigma.$$

例 2 利用二重积分的几何意义,计算二重积分
$$\iint\limits_D c\sqrt{1 - \frac{x^2}{a^2} - \frac{y^2}{b^2}}\mathrm{d}\sigma, \quad \text{其中} \quad D: \frac{x^2}{a^2} + \frac{y^2}{b^2} \leqslant 1.$$

解 被积函数 $z = c\sqrt{1 - \frac{x^2}{a^2} - \frac{y^2}{b^2}}$ 表示以原点为中心,a, b, c 为其三个半轴的上半椭球

面,它与 Oxy 面的交线是 $\frac{x^2}{a^2} + \frac{y^2}{b^2} = 1$,此交线所围成的平面区域为 D. 根据二重积分的几何

意知,该二重积分表示上半椭球体的体积,而椭球的体积为 $\dfrac{4}{3}\pi abc$,由此可得

$$\iint\limits_{D} c\sqrt{1-\dfrac{x^2}{a^2}-\dfrac{y^2}{b^2}}\,\mathrm{d}\sigma = \dfrac{1}{2}\cdot\dfrac{4}{3}\pi abc = \dfrac{2}{3}\pi abc.$$

二、重积分的性质

重积分与定积分有类似的性质.下面以二重积分为例列出常用的性质(假设涉及的二重积分存在),证明过程与定积分类似.至于三重积分,也有相类似的性质,这里不再一一赘述.

性质 1(线性性质) 设 α,β 为常数,则

$$\iint\limits_{D}[\alpha f(x,y)+\beta g(x,y)]\mathrm{d}\sigma = \alpha\iint\limits_{D}f(x,y)\mathrm{d}\sigma + \beta\iint\limits_{D}g(x,y)\mathrm{d}\sigma.$$

性质 2(对区域的可加性) 若有界闭区域 D 可分为两个部分区域,即 $D=D_1\bigcup D_2$,且 D_1 与 D_2 无公共内点,则

$$\iint\limits_{D}f(x,y)\mathrm{d}\sigma = \iint\limits_{D_1}f(x,y)\mathrm{d}\sigma + \iint\limits_{D_2}f(x,y)\mathrm{d}\sigma.$$

性质 3 若在有界闭区域 D 上,$f(x,y)\equiv 1$,则

$$\iint\limits_{D}f(x,y)\mathrm{d}\sigma = \iint\limits_{D}\mathrm{d}\sigma = \sigma \quad (\sigma\text{ 为区域 }D\text{ 的面积}).$$

性质 4 若在有界闭区域 D 上,$f(x,y)\geqslant\varphi(x,y)$,则有不等式

$$\iint\limits_{D}f(x,y)\mathrm{d}\sigma \geqslant \iint\limits_{D}\varphi(x,y)\mathrm{d}\sigma.$$

特别地,若 $f(x,y)\geqslant 0$,则 $\iint\limits_{D}f(x,y)\mathrm{d}\sigma\geqslant 0$.

又因为 $-|f(x,y)|\leqslant f(x,y)\leqslant|f(x,y)|$,故有

$$\left|\iint\limits_{D}f(x,y)\mathrm{d}\sigma\right| \leqslant \iint\limits_{D}|f(x,y)|\mathrm{d}\sigma.$$

性质 5(估值不等式) 设 M 与 m 分别是 $f(x,y)$ 在有界闭区域 D 上最大值和最小值,σ 是区域 D 的面积,则

$$m\sigma \leqslant \iint\limits_{D}f(x,y)\mathrm{d}\sigma \leqslant M\sigma.$$

此性质可用来估计重积分的值所在的范围.

性质 6(二重积分的中值定理) 设函数 $f(x,y)$ 在有界闭区域 D 上连续,则在 D 上至少存在一点 (ξ,η),使得

$$\iint\limits_{D}f(x,y)\mathrm{d}\sigma = f(\xi,\eta)\sigma.$$

证 由于 $f(x,y)$ 在有界闭区域 D 上连续,故 $f(x,y)$ 在 D 上取得其最大值 M 和最小值 m. 由性质 5 得

$$m\sigma \leqslant \iint\limits_{D} f(x,y)\mathrm{d}\sigma \leqslant M\sigma.$$

显然 $\sigma \neq 0$,因此有

$$m \leqslant \frac{1}{\sigma}\iint\limits_{D} f(x,y)\mathrm{d}\sigma \leqslant M.$$

再由二元连续函数的介值性质知道,至少存在一点 $(\xi,\eta) \in D$,使得

$$\frac{1}{\sigma}\iint\limits_{D} f(x,y)\mathrm{d}\sigma = f(\xi,\eta).$$

上式两端各乘以 σ,就得所需证明的公式.

性质 7（二重积分的对称性）

(1) 如果积分区域 D 关于 y 轴对称,$D_1 = \{(x,y) \mid (x,y) \in D, x \geqslant 0\}$,则

$$\iint\limits_{D} f(x,y)\mathrm{d}\sigma = \begin{cases} 0, & f(-x,y) = -f(x,y), \\ 2\iint\limits_{D_1} f(x,y)\mathrm{d}\sigma, & f(-x,y) = f(x,y); \end{cases}$$

(2) 如果积分区域 D 关于 x 轴对称,$D_1 = \{(x,y) \mid (x,y) \in D, y \geqslant 0\}$,则

$$\iint\limits_{D} f(x,y)\mathrm{d}\sigma = \begin{cases} 0, & f(x,-y) = -f(x,y), \\ 2\iint\limits_{D_1} f(x,y)\mathrm{d}\sigma, & f(x,-y) = f(x,y); \end{cases}$$

(3) 如果积分区域 D 关于坐标原点 O 对称,D_1 为 D 中关于原点对称的一半,则

$$\iint\limits_{D} f(x,y)\mathrm{d}\sigma = \begin{cases} 0, & f(-x,-y) = -f(x,y), \\ 2\iint\limits_{D_1} f(x,y)\mathrm{d}\sigma, & f(-x,-y) = f(x,y). \end{cases}$$

注 将积分区域关于轴的对称性换成关于坐标面的对称性,即得三重积分相应的对称性.

例 3 利用重积分的性质,比较重积分的大小:

$$\iiint\limits_{V} \mathrm{e}^{-(x^2+y^2+z^2)}\mathrm{d}V \quad \text{和} \quad \iiint\limits_{V} \mathrm{e}^{-(x^3+y^3+z^3)}\mathrm{d}V,$$

其中 V：$-1 \leqslant x \leqslant 1, -1 \leqslant y \leqslant 1, -1 \leqslant z \leqslant 1$.

解 对任意 $(x,y,z) \in V$,有 $x^3 \leqslant x^2, y^3 \leqslant y^2, z^3 \leqslant z^2$,所以 $\mathrm{e}^{-(x^3+y^3+z^3)} \geqslant \mathrm{e}^{-(x^2+y^2+z^2)}$. 由性质 4 即得

$$\iiint\limits_{V} \mathrm{e}^{-(x^2+y^2+z^2)}\mathrm{d}V \leqslant \iiint\limits_{V} \mathrm{e}^{-(x^3+y^3+z^3)}\mathrm{d}V.$$

例 4 利用二重积分性质,估计重积分 $I = \iint\limits_D (x^2 + 4y^2 + 9)\mathrm{d}\sigma$ 的值,其中 D 是区域:$x^2 + y^2 \leqslant 4$.

解 **方法 1** 首先求 $f(x,y) = x^2 + 4y^2 + 9$ 在 D 上的最小值 m 和最大值 M. 由于 $\dfrac{\partial f}{\partial x} = 2x, \dfrac{\partial f}{\partial y} = 8y$,令 $\dfrac{\partial f}{\partial x} = 0, \dfrac{\partial f}{\partial y} = 0$ 得唯一驻点 $(0,0)$. 计算得 $f(0,0) = 9$. D 的边界为 $x^2 + y^2 = 4$,此时

$$f(x,y) = x^2 + 4y^2 + 9 = 4 - y^2 + 4y^2 + 9 = 13 + 3y^2.$$

因为 $0 \leqslant y^2 \leqslant 4$,所以在 D 的边界上有 $13 \leqslant f(x,y) \leqslant 25$. 因此

$$M = \max\{9,13,25\} = 25, \quad m = \min\{9,13,25\} = 9,$$

$$9\sigma \leqslant \iint\limits_D (x^2 + y^2 + 9)\mathrm{d}\sigma \leqslant 25\sigma.$$

又 $\sigma = 4\pi$,故 $36\pi \leqslant I \leqslant 100\pi$.

方法 2 由二重积分的中值定理,在 D 上至少存在一点 $(\xi,\eta) \in D$,使得

$$I = \iint\limits_D (x^2 + 4y^2 + 9)\mathrm{d}\sigma = (\xi^2 + 4\eta^2 + 9)\sigma,$$

其中 $\sigma = 4\pi$,且 $\xi^2 + \eta^2 \leqslant 4$（因 D: $x^2 + y^2 \leqslant 4$）. 由于

$$9 \leqslant \xi^2 + 4\eta^2 + 9 \leqslant 4(\xi^2 + \eta^2) + 9,$$

从而 $$9 \leqslant \xi^2 + 4\eta^2 + 9 \leqslant 16 + 9 = 25,$$

故 $$36\pi \leqslant I \leqslant 100\pi.$$

例 5 计算二重积分 $\iint\limits_D x\ln(y + \sqrt{1+y^2})\mathrm{d}\sigma$,$D$ 由 $y = 4 - x^2$,$y = -3x$,$x = 1$ 所围成.

解 如图 10-3 所示,作辅助线 $y = 3x$,则积分区域分为 D_1 和 D_2,其中 D_1 关于 y 轴对称,D_2 关于 x 轴对称. 因被积函数分别是关于 x 和 y 的奇函数,故由性质 7 有

$$\iint\limits_D x\ln(y + \sqrt{1+y^2})\mathrm{d}\sigma$$

$$= \iint\limits_{D_1} x\ln(y + \sqrt{1+y^2})\mathrm{d}\sigma + \iint\limits_{D_2} x\ln(y + \sqrt{1+y^2})\mathrm{d}\sigma$$

$$= 0 + 0 = 0.$$

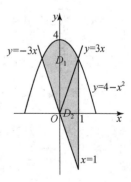

图 10-3

例 6 设区域 Ω: $x^2 + y^2 + z^2 \leqslant a^2$, $z > 0$, Ω_1 为 Ω 在第一卦限的部分,$f(u)$ 是 $(-\infty, +\infty)$ 上连续、非负的偶函数,则有( ).

(A) $\iiint\limits_{\Omega} xf(x)\mathrm{d}V = 4\iiint\limits_{\Omega_1} xf(x)\mathrm{d}V$　　　　(B) $\iiint\limits_{\Omega} f(x+z)\mathrm{d}V = 4\iiint\limits_{\Omega_1} f(x+z)\mathrm{d}V$

(C) $\iiint\limits_{\Omega} f(x+y)\mathrm{d}V = 4\iiint\limits_{\Omega_1} f(x+y)\mathrm{d}V$　　　　(D) $\iiint\limits_{\Omega} f(xyz)\mathrm{d}V = 4\iiint\limits_{\Omega_1} f(xyz)\mathrm{d}V$

解　应选(D).因积分区域 Ω 关于 Ozx,Oyz 两坐标面都对称,且(D)中的被积函数关于 x,y 均为偶函数,故由重积分的对称性知(D)正确;而(A)的被积函数是关于 x 的奇函数,所以左端积分为 0,右端积分大于 0;(B)和(C)的被积函数关于 x,y,z 均为非奇非偶函数,故都不正确.

习　题　10.1

1. 试用重积分表示下列空间区域的体积:

(1) 由三个坐标面及平面 $x+y+z=1$ 所围成的闭区域;

(2) 由曲线 $y=\sqrt{2z}$,$x=0$ 绕 z 轴旋转一周而成的旋转面与平面 $z=4$ 所围成的立体.

2. 判断二重积分 $\iint\limits_{D}\ln(x^2+y^2)\mathrm{d}\sigma$ 的正负号,其中 D 是由 x 轴及直线 $x=\dfrac{1}{2}$,$x+y=1$ 所围成的区域.

3. 利用重积分的几何意义及其性质,计算下列重积分:

(1) $\iint\limits_{D}\left[\sin(xy^2)+\sin(yx^2)\right]\mathrm{d}\sigma$,其中 $D=\{(x,y)\,|\,|x|\leqslant1,|y|\leqslant1\}$;

(2) $\iint\limits_{D}xyf(x^2+y^2)\mathrm{d}\sigma$,其中 D 是由曲线 $y=x^3$ 与直线 $y=1$,$x=-1$ 围成的区域;

(3) $\iint\limits_{D}\sqrt{2x-x^2-y^2}\,\mathrm{d}\sigma$,其中 D: $x^2+y^2\leqslant2x$;

(4) $\iiint\limits_{\Omega}\mathrm{d}V$,其中 Ω: $\sqrt{x^2+y^2}\leqslant z\leqslant h$;

(5) $\iiint\limits_{\Omega}\left[x^3\mathrm{e}^z\ln(1+x^2)+y\mathrm{e}^{y^2}+2\right]\mathrm{d}V$,其中 Ω: $x^2+y^2\leqslant1$,$|z|\leqslant1$;

(6) $\iiint\limits_{\Omega}\dfrac{z\ln(x^2+y^2+z^2+1)}{x^2+y^2+z^2+1}\mathrm{d}V$,其中 Ω: $x^2+y^2+z^2\leqslant1$.

4. 估计下列重积分的值所在的范围:

(1) $\iint\limits_{|x|+|y|\leqslant10}\dfrac{1}{100+\cos^2x+\cos^2y}\mathrm{d}\sigma$;

(2) $\iiint\limits_{V}(1+x+y)^z\mathrm{d}V$,其中 V: $x^2+y^2+z^2\leqslant1$,$x\geqslant0$,$y\geqslant0$,$z\geqslant0$.

5. 比较下列重积分的大小：

(1) $\iint\limits_{D}\sin^2(x+y)\mathrm{d}\sigma$ 与 $\iint\limits_{D}(x+y)^2\mathrm{d}\sigma$，其中 D 是平面上的任一有界闭区域；

(2) $\iiint\limits_{V}(x+y+z)^2\mathrm{d}V$ 和 $\iiint\limits_{V}(x+y+z)^3\mathrm{d}V$，其中 V 是由平面 $x+y+z=1$ 与三个坐标面所围的区域.

§10.2 二重积分的计算

一、直角坐标系下二重积分的计算

设函数 $f(x,y)$ 在有界闭区域 D 上可积,在直角坐标系下用平行于坐标轴的直线网来分割 D,那么除了包含边界点的一些小闭区域外,其余的小闭区域都是矩形闭区域(见图 10-4).设小矩形闭区域 $\Delta\sigma_i$ 的边长为 Δx_i 和 Δy_i,则 $\Delta\sigma_i=\Delta x_i\Delta y_i$.因此在直角坐标系中,有时也把面积微元 $\mathrm{d}\sigma$ 记做 $\mathrm{d}x\mathrm{d}y$,而把二重积分记做

$$\iint\limits_{D}f(x,y)\mathrm{d}x\mathrm{d}y,$$

其中 $\mathrm{d}x\mathrm{d}y$ 叫做直角坐标系中的面积微元.

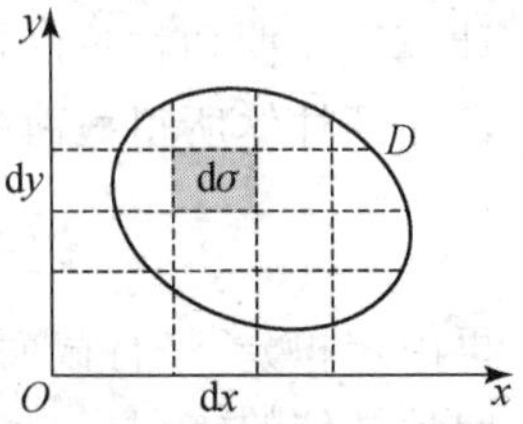

为计算二重积分,考虑积分区域 D 的两种基本图形.

X 型区域　如果区域 D 可以用不等式表示为
$$D: y_1(x)\leqslant y\leqslant y_2(x),a\leqslant x\leqslant b \tag{1}$$
(见图 10-5(a),(b)),其中 $y_1(x),y_2(x)$ 在区间 $[a,b]$ 上连续,则称 D 为 X 型区域.

图 10-4

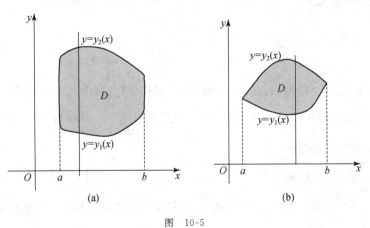

(a)　　　　　　　　(b)

图 10-5

Y 型区域　如果区域 D 可以用不等式表示为

$$D: x_1(y) \leqslant x \leqslant x_2(y), c \leqslant y \leqslant d \tag{2}$$

(见图 10-6(a),(b)),其中 $x_1(y), x_2(y)$ 在区间 $[c,d]$ 上连续,则称 D 为 Y 型区域.

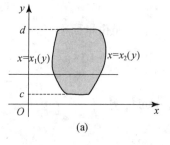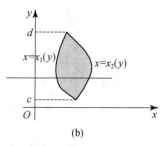

图　10-6

首先假定 $f(x,y) \geqslant 0$,且积分区域 D 是形如(1)式的 X 型区域.由二重积分几何意义知,$\iint\limits_D f(x,y)\mathrm{d}\sigma$ 的值等于以 D 为底,$z = f(x,y)$ 为顶的曲顶柱体的体积.我们借助定积分来计算这个曲顶柱体的体积.如图 10-7 所示,过区间 $[a,b]$ 上任一点 x 且平行 Oyz 面的平面截该曲顶柱体所得截面的面积为

$$S(x) = \int_{y_1(x)}^{y_2(x)} f(x,y)\mathrm{d}y,$$

再由定积分"平行截面面积为已知的立体的体积"的求法,得到曲顶柱体的体积

$$V = \int_a^b S(x)\mathrm{d}x = \int_a^b \left[\int_{y_1(x)}^{y_2(x)} f(x,y)\mathrm{d}y\right]\mathrm{d}x$$

$$\xlongequal{\text{记为}} \int_a^b \mathrm{d}x \int_{y_1(x)}^{y_2(x)} f(x,y)\mathrm{d}y.$$

图　10-7

于是

$$\iint\limits_D f(x,y)\mathrm{d}\sigma = \int_a^b \mathrm{d}x \int_{y_1(x)}^{y_2(x)} f(x,y)\mathrm{d}y, \tag{3}$$

即二重积分化成先对 y 积分、再对 x 积分的两次定积分(也称为**二次积分**或**累次积分**).

当积分区域是形如(2)式的 Y 型区域时,二重积分 $\iint\limits_D f(x,y)\mathrm{d}\sigma$ 也类似地可化成先对 x 积分、再对 y 积分的二次积分:

$$\iint\limits_D f(x,y)\mathrm{d}\sigma = \int_c^d \left[\int_{y_1(x)}^{y_2(x)} f(x,y)\mathrm{d}x\right]\mathrm{d}y \xlongequal{\text{记为}} \int_c^d \mathrm{d}y \int_{x_1(y)}^{x_2(y)} f(x,y)\mathrm{d}x. \tag{4}$$

在上面讨论中事先假定了 $f(x,y) \geqslant 0$,但实际上公式(3),(4)的成立并不受此限制.这是因为,可以令

$$f_1(x,y) = \frac{f(x,y) + |f(x,y)|}{2}, \quad f_2(x,y) = \frac{|f(x,y)| - f(x,y)}{2},$$

则 $f_1(x,y) \geqslant 0, f_2(x,y) \geqslant 0$ 均非负,且 $f(x,y) = f_1(x,y) - f_2(x,y)$. 由重积分的性质 1 有

$$\iint\limits_D f(x,y)\mathrm{d}x\mathrm{d}y = \iint\limits_D f_1(x,y)\mathrm{d}x\mathrm{d}y - \iint\limits_D f_2(x,y)\mathrm{d}x\mathrm{d}y.$$

因此上面讨论的二次积分方法对一般函数仍然有效.

注 1 以上两种积分区域 D 都满足条件:过 D 的内部且平行于 x 轴 (或 y 轴)的直线与 D 的边界曲线相交不多于两点.如果 D 不满足此条件,可将 D 分成若干部分,使其每一部分都符合这个条件(见图 10-8),再利用二重积分性质 2 计算所求的二重积分.

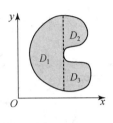

图 10-8

注 2 在用公式(3)或(4)计算二重积分时,往往需要借助区域 D 的直观图,写出积分区域 D 的不等式组表示,从而确定累次积分的上、下限.这是计算二重积分的关键.具体的方法是:以 X 型区域为例,将积分区域 D 向 x 轴投影,得到投影区间 $a \leqslant x \leqslant b$,任取 $x \in (a,b)$,画一条平行于 y 轴的直线(见图 10-5)自下而上穿过积分区域 D,交边界曲线于两点,穿入点和穿出点的纵坐标 $y_1(x)$ 和 $y_2(x)$ 就构成区域 D 任意点处 y 坐标的下限和上限,这样积分区域 D 就表示成

$$D = \{(x,y) \mid y_1(x) \leqslant y \leqslant y_2(x), a \leqslant x \leqslant b\},$$

于是二重积分就化为了累次积分

$$\iint\limits_D f(x,y)\mathrm{d}x\mathrm{d}y = \int_a^b \mathrm{d}x \int_{y_1(x)}^{y_2(x)} f(x,y)\mathrm{d}y.$$

Y 型区域的表示方法类似.累次积分的上、下限一定要满足"下限$\leqslant$上限",即每次积分或是"从左向右积",或是"从下向上积".这是由积分元素的非负性决定的.

注 3 不论用哪种积分次序,所得的二重积分值都相同,因为它们都等于同一个二重积分.

例 1 计算二重积分 $I = \iint\limits_D xy\mathrm{d}x\mathrm{d}y$,其中 D 是由曲线 $x = y^2$ 及 $x^2 = 6 - 5y$ 所围成的闭区域.

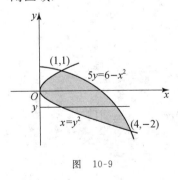

图 10-9

解 首先画出积分区域 D 的图形(见图 10-9),观察被积函数 $f(x,y) = xy$ 及积分区域 D.从 D 的形状看,应先对 x 积分;从 $f(x,y)$ 看,先对哪个变量积分都一样.因此选择先对 x 积分.

将 D 向 y 轴投影,得 $-2 \leqslant y \leqslant 1$.任取 $y \in (-2,1)$,过 y 作平行于 x 轴的直线自左而右穿过 D,穿入点及穿出点的横坐标构成区间 $y^2 \leqslant x \leqslant \sqrt{6-5y}$,于是积分区域 D 的不等式组表示为

$$D: y^2 \leqslant x \leqslant \sqrt{6-5y}, -2 \leqslant y \leqslant 1.$$

所以,由公式(4)有

$$I = \int_{-2}^{1} dy \int_{y^2}^{\sqrt{6-5y}} xy\,dx = \frac{1}{2}\int_{-2}^{1} y(6-5y-y^4)\,dy$$

$$= \frac{1}{2}\left(3y^2 - \frac{5}{3}y^3 - \frac{1}{6}y^6\right)\Big|_{-2}^{1} = -\frac{27}{4}.$$

本例若选择先对 y 积分,须将 D 分成 D_1,D_2 两部分(见图 10-10),其中

$$D_1: -\sqrt{x} \leqslant y \leqslant \sqrt{x},\ 0 \leqslant x \leqslant 1;\quad D_2: -\sqrt{x} \leqslant y \leqslant \frac{1}{5}(6-x^2),\ 1 \leqslant x \leqslant 4.$$

由公式(3)得

$$I = \int_{0}^{1} dx \int_{-\sqrt{x}}^{\sqrt{x}} xy\,dy + \int_{1}^{4} dx \int_{-\sqrt{x}}^{\frac{1}{5}(6-x^2)} xy\,dy.$$

显然计算它比先对 x 积分麻烦.

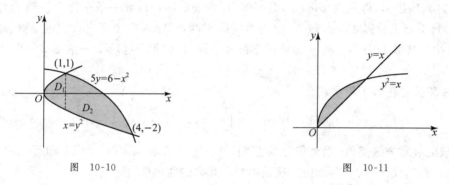

图 10-10　　　　　　　　　　图 10-11

例2　计算二重积分 $\displaystyle\iint_D \frac{y\sin x}{x}d\sigma$,其中 D 是由抛物线 $y^2 = x$ 与直线 $y = x$ 围成的闭区域.

解　求得抛物线与直线的交点为 $(0,0),(1,1)$. 画出积分区域 D,如图 10-11 所示,它可表示为

$$D: x \leqslant y \leqslant \sqrt{x},\ 0 \leqslant x \leqslant 1.$$

由公式(3)得

$$\iint_D \frac{y\sin x}{x}d\sigma = \int_{0}^{1} dx \int_{x}^{\sqrt{x}} \frac{y\sin x}{x}dy = \int_{0}^{1} \frac{\sin x}{x} \cdot \frac{y^2}{2}\Big|_{x}^{\sqrt{x}}dx$$

$$= \frac{1}{2}\int_{0}^{1}(1-x)\sin x\,dx = \frac{1}{2}\left[-(1-x)\cos x - \sin x\right]\Big|_{0}^{1}$$

$$= \frac{1}{2}(1 - \sin 1).$$

如果利用公式(4),则有

$$\iint\limits_{D} \frac{y\sin x}{x}\mathrm{d}\sigma = \int_0^1 \mathrm{d}y \int_{y^2}^y \frac{y\sin x}{x}\mathrm{d}x.$$

由于 $\frac{\sin x}{x}$ 的原函数不是初等函数,所以这时的积分无法计算.

以上两例说明,在二重积分的计算中,积分次序的选取是十分重要的.选取积分次序时要考虑两个因素:被积函数和积分区域.其原则是:

(1) 使所选定次序的累次积分能计算出来.若遇无法计算时,就要考虑交换积分次序.

(2) 使积分区域尽量不分块或少分块,计算尽量简单.

例 3 计算二重积分 $\iint\limits_{D} \frac{x}{y}\mathrm{d}x\mathrm{d}y$,其中 D 为由曲线 $xy = 2$ 与直线 $y = 2x$,$2y - x = 0$ 所围成的闭区域在第一象限部分.

解 画出积分区域 D 的图形(见图 10-12).从积分区域 D 的形状看,先对哪个变量积分都必须将 D 分成两部分.从被积函数 $f(x,y) = \frac{x}{y}$ 看,若先对 y 积分,积分运算较麻烦,因而选择先对 x 积分.将 D 分成 D_1,D_2 两部分,其中

$$D_1: \frac{y}{2} \leqslant x \leqslant 2y,\ 0 \leqslant y \leqslant 1;$$

$$D_2: \frac{y}{2} \leqslant x \leqslant \frac{2}{y},\ 1 \leqslant y \leqslant 2.$$

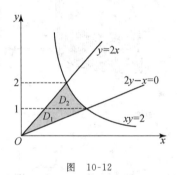

图 10-12

于是

$$\iint\limits_{D} \frac{x}{y}\mathrm{d}x\mathrm{d}y = \int_0^1 \mathrm{d}y \int_{y/2}^{2y} \frac{x}{y}\mathrm{d}x + \int_1^2 \mathrm{d}y \int_{y/2}^{2/y} \frac{x}{y}\mathrm{d}x = \int_0^1 \frac{1}{2y}\cdot x^2 \Big|_{y/2}^{2y}\mathrm{d}y + \int_1^2 \frac{1}{2y}\cdot x^2 \Big|_{y/2}^{2/y}\mathrm{d}y$$

$$= \int_0^1 \frac{15}{8}y\mathrm{d}y + \int_1^2 \Big(\frac{2}{y^3} - \frac{y}{8}\Big)\mathrm{d}y = \frac{15}{16}y^2 \Big|_0^1 + \Big(-\frac{1}{y^2} - \frac{y^2}{16}\Big)\Big|_1^2 = \frac{3}{2}.$$

例 4 求二次积分 $\int_0^1 x^2 \mathrm{d}x \int_x^1 \mathrm{e}^{-y^2} \mathrm{d}y$.

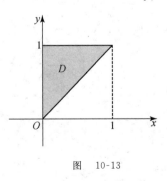

图 10-13

解 由于 $\int \mathrm{e}^{-y^2}\mathrm{d}y$ 不能表示成初等函数,所以必须改变积分次序.由题设的二次积分知积分区域(见图 10-13)为

$$D: x \leqslant y \leqslant 1,\ 0 \leqslant x \leqslant 1.$$

改积分次序为先对 x 积分、再对 y 积分,则

$$D: 0 \leqslant x \leqslant y,\ 0 \leqslant y \leqslant 1.$$

故

$$\int_0^1 x^2 \mathrm{d}x \int_x^1 \mathrm{e}^{-y^2}\mathrm{d}y = \iint\limits_{D} x^2 \mathrm{e}^{-y^2}\mathrm{d}\sigma = \int_0^1 \mathrm{e}^{-y^2}\mathrm{d}y \int_0^y x^2 \mathrm{d}x = \frac{1}{3}\int_0^1 y^3 \mathrm{e}^{-y^2}\mathrm{d}y$$

$$= \frac{1}{6} \int_0^1 y^2 \mathrm{e}^{-y^2} \mathrm{d}y^2 \xrightarrow{\text{令 } y^2 = t} \frac{1}{6} \int_0^1 t \mathrm{e}^{-t} \mathrm{d}t = -\frac{1}{6} \int_0^1 t \mathrm{d}\mathrm{e}^{-t}$$

$$= -\frac{1}{6}(t+1)\mathrm{e}^{-t} \Big|_0^1 = \frac{1}{6} - \frac{1}{3\mathrm{e}}.$$

由此例可以得到改变二次积分的积分次序的步骤是:

(1) 由所给二次积分写出 D 的不等式表示,还原为积分区域 D,最好画出 D 的图形;

(2) 将 D 按照选定的次序重新表示为不等式形式,写出新积分次序下的二次积分.

例 5 求两底面半径都等于 R 的直交圆柱面所围成的立体的体积.

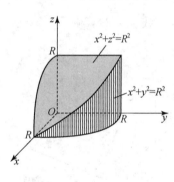

图 10-14

解 把立体体积表示为二重积分要确定两个因素:一是确定积分区域;二是确定被积函数.积分区域 D 是立体在 Oxy 面上的投影,它是包围立体的各边界曲面的交线在 Oxy 面上的投影曲线所围成的区域.设两个直交圆柱面的方程分别为

$$x^2 + y^2 = R^2, \quad x^2 + z^2 = R^2.$$

因为所讨论的立体关于坐标平面对称,所以其体积是它在第一卦限部分(见图 10-14)体积的 8 倍.由二重积分的几何意义,所求的立体在第一卦限部分可以看成是底为 $D = \{(x,y) \mid 0 \leqslant y \leqslant \sqrt{R^2-x^2}, 0 \leqslant x \leqslant R\}$,顶为 $z = \sqrt{R^2-x^2}$ 的曲顶柱体,故其体积为

$$V_1 = \iint\limits_{D} \sqrt{R^2-x^2} \mathrm{d}x\mathrm{d}y = \int_0^R \mathrm{d}x \int_0^{\sqrt{R^2-x^2}} \sqrt{R^2-x^2} \mathrm{d}y = \int_0^R (R^2-x^2)\mathrm{d}x = \frac{2}{3}R^3.$$

于是,所求立体的体积为

$$V = 8V_1 = \frac{16}{3}R^3.$$

例 6 设函数 $f(x,y)$ 在 D 上连续,且 $f(x,y) = xy + \iint\limits_{D} f(u,v)\mathrm{d}u\mathrm{d}v$,其中 D 是由曲线 $y = x^2$ 与直线 $y = 0, x = 1$ 所围成的闭区域,求 $f(x,y)$.

解 因为 $\iint\limits_{D} f(u,v)\mathrm{d}u\mathrm{d}v$ 为一个常数,故令 $\iint\limits_{D} f(u,v)\mathrm{d}u\mathrm{d}v = C$,则 $f(x,y) = xy + C$. 在 D 上,对等式两端求二重积分得

$$\iint\limits_{D} f(x,y)\mathrm{d}x\mathrm{d}y = \iint\limits_{D} xy\mathrm{d}x\mathrm{d}y + C\iint\limits_{D} \mathrm{d}x\mathrm{d}y.$$

而积分区域 D 如图 10-15 所示,即

$$D: 0 \leqslant y < x^2, \quad 0 \leqslant x \leqslant 1,$$

于是

$$\iint\limits_{D} xy\,dx\,dy = \int_0^1 dx \int_0^{x^2} xy\,dy = \int_0^1 x \cdot \frac{y^2}{2}\Big|_0^{x^2}\,dx = \frac{1}{12},$$

$$\iint\limits_{D} dx\,dy = \int_0^1 dx \int_0^{x^2} dy = \int_0^1 x^2\,dx = \frac{1}{3}x^3\Big|_0^1 = \frac{1}{3},$$

因此有

$$C = \frac{1}{12} + C\,\frac{1}{3}, \quad 即 \quad C = \frac{1}{8}.$$

故 $f(x,y) = xy + \frac{1}{8}$.

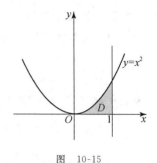

图 10-15

二、极坐标系下二重积分的计算

引入极坐标变换：

$$x = r\cos\theta, \ y = r\sin\theta, \quad r \geqslant 0,\ 0 \leqslant \theta \leqslant 2\pi.$$

这时极坐标系的极点、极轴分别与直角坐标系的原点、x 轴正半轴重合. 在极坐标下，方程 $r = r_0(r_0 > 0$ 为常数) 表示圆，方程 $\theta = \theta_0$ 表示射线.

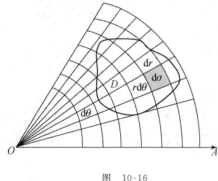

图 10-16

用以极点为圆心的同心圆和射线组成的网无限分割积分区域 D. 由微元法，面积微元 $d\sigma$ 可近似地视为小矩形的面积，其中小矩形的一边长为 dr，另一边长按圆弧长计算为 $r\,d\theta$，因而 $d\sigma = r\,dr\,d\theta$ 表示了极坐标下的面积微元（见图 10-16). 又由于被积函数 $f(x,y) = f(r\cos\theta, r\sin\theta)$，从而有

$$\iint\limits_{D} f(x,y)\,d\sigma = \iint\limits_{D} f(r\cos\theta, r\sin\theta)\,r\,dr\,d\theta.$$

这里我们把点 (r,θ) 看做在同一平面上的点 (x,y) 的极坐标表示，所以上式右端的积分区域仍然记做 D.

上式表明，要把二重积分中的变量从直角坐标变换为极坐标，只要把被积函数中的 x,y 分别换成 $r\cos\theta, r\sin\theta$，并把直角坐标系中的面积微元 $dx\,dy$ 换成极坐标中的面积微元 $r\,dr\,d\theta$ 即可.

与直角坐标类似，要用极坐标计算二重积分，其关键仍是用极坐标的相应不等式把积分区域 D 表示出来. 其方法是：自极点 O 出发，画一条射线穿过积分区域 D，交边界于两点，记穿入点与穿出点的极径分别为 $r_1(\theta), r_2(\theta)$. 若积分区域 D 夹在射线 $\theta = \alpha$ 和 $\theta = \beta$ 之间，于是积分区域 D 就可表示为

$$D = \{(r,\theta) | r_1(\theta) \leqslant r \leqslant r_2(\theta),\ \alpha \leqslant \theta \leqslant \beta\}.$$

在极坐标下把二重积分化为二次积分时，通常是先对 r 积分、再对 θ 积分. 下面对三种情

形的积分区域给出极坐标下二重积分的计算公式.

（1）极点在积分区域 D 的外部，如图 10-17 所示. 这时 D 可以用不等式

$$r_1(\theta) \leqslant r \leqslant r_2(\theta), \quad \alpha \leqslant \theta \leqslant \beta$$

来表示，则极坐标系中的二重积分可化为如下的二次积分：

$$\iint\limits_{D} f(r\cos\theta, r\sin\theta) r \mathrm{d}r\mathrm{d}\theta = \int_{\alpha}^{\beta} \mathrm{d}\theta \int_{r_1(\theta)}^{r_2(\theta)} f(r\cos\theta, r\sin\theta) r \mathrm{d}r. \quad (5)$$

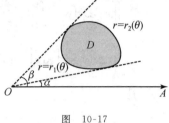

图　10-17

（2）极点在积分区域 D 的边界上，如图 10-18 所示. 这时 D 可用不等式

$$0 \leqslant r \leqslant r(\theta), \quad \alpha \leqslant \theta \leqslant \beta$$

来表示，则极坐标系中的二重积分可化为如下的二次积分：

$$\iint\limits_{D} f(r\cos\theta, r\sin\theta) r \mathrm{d}r\mathrm{d}\theta = \int_{\alpha}^{\beta} \mathrm{d}\theta \int_{0}^{r(\theta)} f(r\cos\theta, r\sin\theta) r \mathrm{d}r. \quad (6)$$

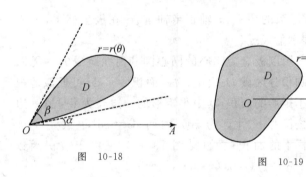

图　10-18

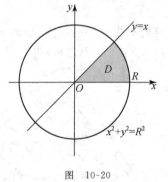

图　10-19

图　10-20

（3）极点在积分区域 D 的内部，如图 10-19 所示. 这时积分区域 D 由曲线 $r = r(\theta)$ 围成，D 可表示为

$$0 \leqslant r \leqslant r(\theta), \quad 0 \leqslant \theta \leqslant 2\pi,$$

则极坐标系中的二重积分可化为如下的二次积分：

$$\iint\limits_{D} f(r\cos\theta, r\sin\theta) r \mathrm{d}r\mathrm{d}\theta = \int_{0}^{2\pi} \mathrm{d}\theta \int_{0}^{r(\theta)} f(r\cos\theta, r\sin\theta) r \mathrm{d}r.$$

若积分区域 D 的边界由圆弧、射线构成，被积函数 $f(x,y)$ 也易用极坐标表示，则可考虑用极坐标来计算二重积分.

例 7　计算二重积分 $\iint\limits_{D} \sqrt{R^2 - x^2 - y^2} \mathrm{d}x\mathrm{d}y$，其中 $D: x^2 + y^2 \leqslant R^2, 0 \leqslant y \leqslant x, x \geqslant 0$.

解　积分区域 D 如图 10-20 所示. 圆 $x^2 + y^2 = R^2$ 的极坐标方程为 $r = R$ $(0 \leqslant \theta \leqslant 2\pi)$，则 D 可表示为

$$0 \leqslant r \leqslant R, \quad 0 \leqslant \theta \leqslant \pi/4.$$

由公式(6)得

$$\iint\limits_{D}\sqrt{R^2-x^2-y^2}\mathrm{d}x\mathrm{d}y=\iint\limits_{D}\sqrt{R^2-r^2}\,r\mathrm{d}r\mathrm{d}\theta=\int_0^{\pi/4}\mathrm{d}\theta\int_0^R r\sqrt{R^2-r^2}\,\mathrm{d}r$$

$$=-\frac{\pi}{8}\cdot\frac{2}{3}\sqrt{(R^2-r^2)^3}\Big|_0^R=\frac{\pi}{12}R^3.$$

例8　计算二重积分 $\iint\limits_{D}(x^2+y^2)\mathrm{d}\sigma$，其中 $D:\sqrt{2x-x^2}\leqslant y\leqslant\sqrt{4-x^2}$.

解　积分区域 D 如图 10-21 所示. 当 θ 在 $(0,\pi/2)$ 内固定时,以原点为起点作射线,这射线与两个半圆相交,并从 $r=2\cos\theta$ 穿进 D,从 $r=2$ 穿出 D. 原点虽在 D 的边界上,但 θ 在 $(0,\pi/2)$ 中的射线并不从点 O 进入 D. 所以区域 D 的极坐标表示是: $0\leqslant\theta\leqslant\pi/2,2\cos\theta\leqslant r\leqslant2$,而不是: $0\leqslant\theta\leqslant\pi/2,0\leqslant r\leqslant2$. 因此我们不能因为极点 O 在积分域的边界上,就误认为式中对 r 积分的积分下限是 0.

由公式(5)得

$$\int_0^{\pi/2}\mathrm{d}\theta\int_{2\cos\theta}^2 r^3\mathrm{d}r=4\int_0^{\pi/2}(1-\cos^4\theta)\mathrm{d}\theta=\frac{5}{4}\pi.$$

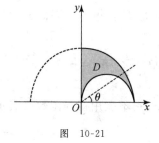

图　10-21

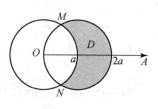

图　10-22

例9　求位于圆 $x^2+y^2=a^2$ 以外、圆 $x^2+y^2=2ax$ $(a>0)$ 以内的平面图形 D 的面积.

解　圆 $x^2+y^2=a^2$ 和 $x^2+y^2=2ax$ 的极坐标方程分别为 $r=a$ 及 $r=2a\cos\theta$. 联立方程组求两圆交点:

$$\begin{cases}r=a,\\r=2a\cos\theta\end{cases}\Longrightarrow\cos\theta=\frac{1}{2},\theta=\frac{\pi}{3},$$

得两圆交点 $M(a,\pi/3),N(a,-\pi/3)$,于是平面区域 D 为

$$D=\{(r,\theta)\mid-\pi/3\leqslant\theta\leqslant\pi/3,a\leqslant r\leqslant2a\cos\theta\}$$

(见图 10-22),故由公式(5)得所求面积为

$$S=\iint\limits_{D}\mathrm{d}\sigma=\iint\limits_{D}r\mathrm{d}r\mathrm{d}\theta=\int_{-\pi/3}^{\pi/3}\mathrm{d}\theta\int_a^{2a\cos\theta}r\,\mathrm{d}r$$

$$=\frac{a^2}{2}\int_{-\pi/3}^{\pi/3}(2\cos2\theta+1)\mathrm{d}\theta=a^2\left(\frac{\sqrt{3}}{2}+\frac{\pi}{3}\right).$$

例 10 设函数 $f(u)$ 可微，且 $f(0)=0$，求极限 $\lim\limits_{t\to 0}\dfrac{1}{\pi t^3}\iint\limits_{x^2+y^2\leqslant t^2}f(\sqrt{x^2+y^2})\mathrm{d}x\mathrm{d}y\ (t>0)$.

解 $\quad\lim\limits_{t\to 0}\dfrac{1}{\pi t^3}\iint\limits_{x^2+y^2\leqslant t^2}f(\sqrt{x^2+y^2})\mathrm{d}x\mathrm{d}y = \lim\limits_{t\to 0}\dfrac{1}{\pi t^3}\int_0^{2\pi}\mathrm{d}\theta\int_0^t f(r)r\mathrm{d}r$

$$= \lim_{t\to 0}\frac{2\pi}{\pi t^3}\int_0^t f(r)r\mathrm{d}r = \lim_{t\to 0}\frac{2\int_0^t f(r)r\mathrm{d}r}{t^3} = \lim_{t\to 0}\frac{2f(t)t}{3t^2}$$

$$= \frac{2}{3}\lim_{t\to 0}\frac{f(t)}{t} = \frac{2}{3}\lim_{t\to 0}\frac{f(t)-f(0)}{t-0} = \frac{2}{3}f'(0).$$

例 11 计算二重积分 $I = \iint\limits_{D}\mathrm{e}^{-x^2-y^2}\mathrm{d}x\mathrm{d}y$，其中 D 为圆域：$x^2+y^2\leqslant a^2$.

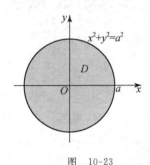

图 10-23

解 积分区域 D 如图 10-23 所示. 因为积分区域关于 x 轴和 y 轴都对称，且被积函数对 x，y 都是偶函数，所以由重积分的对称性有

$$I = 4\iint\limits_{D_1}\mathrm{e}^{-x^2-y^2}\mathrm{d}x\mathrm{d}y,$$

其中 D_1：$0\leqslant r\leqslant a$，$0\leqslant\theta\leqslant\pi/2$，它是 D 在第一象限部分. 利用极坐标计算公式，得

$$I = 4\iint\limits_{D_1}\mathrm{e}^{-r^2}r\mathrm{d}r\mathrm{d}\theta = 4\int_0^{\pi/2}\mathrm{d}\theta\int_0^a\mathrm{e}^{-r^2}r\mathrm{d}r = \pi(1-\mathrm{e}^{-a^2}).$$

此例如果采用直角坐标来计算，则会遇到积分 $\int\mathrm{e}^{-x^2}\mathrm{d}x$，它不能用初等函数来表示，因而无法计算. 由此可见利用极坐标计算二重积分的优越性.

另外，由上述例题可以看到，当二重积分的被积函数形如 $f(x^2+y^2)$，积分区域为圆域、圆环域或扇形域时，利用极坐标计算往往比较简单.

利用例 11 的结果可求出著名的概率积分 $I = \int_0^{+\infty}\mathrm{e}^{-x^2}\mathrm{d}x$. 如图 10-24 所示，设

$$D_1 = \{(x,y)\,|\,x^2+y^2\leqslant R^2, x\geqslant 0, y\geqslant 0\},$$
$$S = \{(x,y)\,|\,0\leqslant x\leqslant R, 0\leqslant y\leqslant R\},$$
$$D_2 = \{(x,y)\,|\,x^2+y^2\leqslant 2R^2, x\geqslant 0, y\geqslant 0\},$$

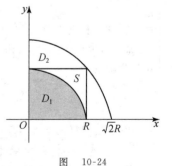

图 10-24

显然 $D_1\subset S\subset D_2$，而被积函数满足 $\mathrm{e}^{-x^2-y^2}>0$，从而以下不等式成立：

$$\iint\limits_{D_1}\mathrm{e}^{-x^2-y^2}\mathrm{d}x\mathrm{d}y < \iint\limits_{S}\mathrm{e}^{-x^2-y^2}\mathrm{d}x\mathrm{d}y < \iint\limits_{D_2}\mathrm{e}^{-x^2-y^2}\mathrm{d}x\mathrm{d}y.$$

再利用例 11 的结果有

$$\iint\limits_{D_1} e^{-x^2-y^2} \, \mathrm{d}x\mathrm{d}y = \frac{\pi}{4}(1-e^{-R^2}), \quad \iint\limits_{D_2} e^{-x^2-y^2} \, \mathrm{d}x\mathrm{d}y = \frac{\pi}{4}(1-e^{-2R^2}),$$

$$\iint\limits_{S} e^{-x^2-y^2} \, \mathrm{d}x\mathrm{d}y = \int_0^R \mathrm{d}x \int_0^R e^{-x^2-y^2} \, \mathrm{d}y = \int_0^R e^{-x^2} \, \mathrm{d}x \int_0^R e^{-y^2} \, \mathrm{d}y = \left(\int_0^R e^{-x^2} \, \mathrm{d}x\right) \cdot \left(\int_0^R e^{-y^2} \, \mathrm{d}y\right)$$

$$= \left(\int_0^R e^{-x^2} \, \mathrm{d}x\right) \cdot \left(\int_0^R e^{-x^2} \, \mathrm{d}x\right) = \left(\int_0^R e^{-x^2} \, \mathrm{d}x\right)^2,$$

于是不等式可改写成下述形式：

$$\frac{\pi}{4}(1-e^{-R^2}) < \left(\int_0^R e^{-x^2} \, \mathrm{d}x\right)^2 < \frac{\pi}{4}(1-e^{-2R^2}).$$

当 $R \to +\infty$ 时，上式两端趋于同一极限 $\frac{\pi}{4}$，因此由夹逼准则有

$$\left(\int_0^{+\infty} e^{-x^2} \, \mathrm{d}x\right)^2 = \lim_{R \to +\infty}\left(\int_0^R e^{-x^2} \, \mathrm{d}x\right)^2 = \lim_{R \to +\infty} \iint\limits_{D} e^{-x^2-y^2} \, \mathrm{d}x\mathrm{d}y = \frac{\pi}{4},$$

从而得

$$\int_0^{+\infty} e^{-x^2} \, \mathrm{d}x = \frac{\sqrt{\pi}}{2}.$$

习 题 10.2

1. 改变下列累次积分的次序：

(1) $\int_1^2 \mathrm{d}x \int_{\sqrt{x}}^2 f(x,y) \, \mathrm{d}y$;   (2) $\int_0^2 \mathrm{d}x \int_0^{x^2/2} f(x,y) \, \mathrm{d}y + \int_2^{2\sqrt{2}} \mathrm{d}x \int_0^{\sqrt{8-x^2}} f(x,y) \, \mathrm{d}y$.

2. 计算二重积分 $I = \int_0^1 \mathrm{d}x \int_0^{\sqrt{x}} e^{-y^2/2} \, \mathrm{d}y$.

3. 计算二重积分 $\iint\limits_{D} \dfrac{x^2}{y^2} \, \mathrm{d}x\mathrm{d}y$，其中 D 是由曲线 $y = \dfrac{1}{x}$ 与直线 $x = 2, y = x$ 所围成的闭区域.

4. 计算二重积分 $\iint\limits_{D} 2xy \, \mathrm{d}\sigma$，其中 D 是由抛物线 $y^2 = x$ 与直线 $y = x-2$ 所围成的闭区域.

5. 计算二重积分 $\iint\limits_{D} |y-x^2| \, \mathrm{d}x\mathrm{d}y$，其中 D：$-1 \leqslant x \leqslant 1, 0 \leqslant y \leqslant 2$.

6. 计算二重积分 $\iint\limits_{D} e^{x^2} \, \mathrm{d}x\mathrm{d}y$，其中 D 是由曲线 $y = x^3$ 与直线 $y = x$ 所围成的闭区域.

7. 利用对称性计算二重积分 $\iint\limits_{D} (|x|+|y|) \, \mathrm{d}x\mathrm{d}y$，其中 D：$|x|+|y| \leqslant 1$.

8. 设有界闭区域 $D = \{(x,y) \mid x^2+y^2 \leqslant y, x \geqslant 0\}$，$f(x,y)$ 为 D 上的连续函数，且

$$f(x,y) = \sqrt{1-x^2-y^2} - \frac{8}{\pi}\iint\limits_{D} f(u,v)\mathrm{d}u\mathrm{d}v, 求\ f(x,y).$$

9. 用极坐标计算下列二重积分:

(1) $\iint\limits_{D} \sin\sqrt{x^2+y^2}\,\mathrm{d}x\mathrm{d}y$,其中 $D = \{(x,y)|\pi^2 \leqslant x^2+y^2 \leqslant 4\pi^2\}$;

(2) $\iint\limits_{D} (x+y)\mathrm{d}x\mathrm{d}y$,其中 $D = \{(x,y)|x^2+y^2 \leqslant x+y\}$;

(3) $\iint\limits_{D} |xy|\,\mathrm{d}x\mathrm{d}y$,其中 D 为圆域:$x^2+y^2 \leqslant a^2$;

(4) $\iint\limits_{D} \arctan\frac{y}{x}\mathrm{d}x\mathrm{d}y$,其中 D:$1 \leqslant x^2+y^2 \leqslant 4, y \geqslant 0, y \leqslant x$.

10. 设平面薄片所占的闭区域 D 由螺线 $r = 2\theta\ (0 \leqslant \theta \leqslant \pi/2)$ 与直线 $\theta = \pi/2$ 所围成,它的面密度 $\rho(x,y) = x^2+y^2$,求这薄片的质量.

11. 设某立体所占的空间闭区域为 Ω:$z \geqslant x^2+y^2, x^2+y^2+z^2 \leqslant 2z$,求该立体的体积.

12. 求由心形线 $\rho = a(1+\cos\theta)$ 和圆 $\rho = a$ 所围区域不含极点的那部分的面积.

13. 证明:$\int_a^b \mathrm{d}x \int_a^x (x-y)^{n-2} f(y)\mathrm{d}y = \frac{1}{n-1}\int_a^b (b-y)^{n-1} f(y)\mathrm{d}y$,其中 n 为大于 1 的正整数.

§10.3 三重积分的计算

一、利用直角坐标计算三重积分

在直角坐标系下,用分别平行于三个坐标面的三组平面无限分割空间积分区域 Ω,体积微元是小长方体的体积,即

$$\mathrm{d}V = \mathrm{d}x\mathrm{d}y\mathrm{d}z,$$

于是三重积分可记做

$$\iiint\limits_{\Omega} f(x,y,z)\mathrm{d}V = \iiint\limits_{\Omega} f(x,y,z)\mathrm{d}x\mathrm{d}y\mathrm{d}z.$$

与二重积分一样,三重积分最终也要化为累次积分.下面用两种方法分别讨论直角坐标系下三重积分的计算问题.

1. 投影法

假设平行于 z 轴且穿过积分区域 Ω 内部的任意直线与 Ω 的边界曲面的交点不多于两点.将积分区域 Ω 投影到 Oxy 面上,得投影区域 D_{xy}.以 D_{xy} 的边界线为准线作母线平行于 z 轴的柱面.Ω 与此柱面的交线把 Ω 的边界面分为上边界面 S_2:$z = z_2(x,y)$ 和下边界面 S_1:

$z=z_1(x,y)$,其中 $z_i(x,y)(i=1,2)$ 均是 D_{xy} 上的连续函数,且 $z_1(x,y)\leqslant z_2(x,y)$(见图 10-25).

过 D_{xy} 内任一点 (x,y) 自下而上作平行于 z 轴的直线,这直线通过曲面 S_1 穿入 Ω 内,再通过曲面 S_2 穿出 Ω 外,穿入点与穿出点的竖坐标分别为 $z_1(x,y),z_2(x,y)$.在这种情况下,积分区域 Ω 可表示为

$$\Omega = \{(x,y,z)\,|\,z_1(x,y)\leqslant z\leqslant z_2(x,y),(x,y)\in D_{xy}\}.$$

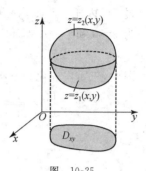

图 10-25

先将 x,y 看做定值,作 $f(x,y,z)$ 在区间 $[z_1(x,y),z_2(x,y)]$ 上的积分,其积分结果是 x,y 的函数,记为 $F(x,y)$,即

$$F(x,y) = \int_{z_1(x,y)}^{z_2(x,y)} f(x,y,z)\mathrm{d}z.$$

若把 $f(x,y,z)$ 看成是 Ω 内由点 $(x,y,z_1(x,y))$ 到点 $(x,y,z_2(x,y))$ 的直线上的线密度,则 $F(x,y)$ 就是该线段的质量,因而 $F(x,y)$ 在 D_{xy} 上的二重积分就表示 Ω 的总质量,即

$$\iiint\limits_{\Omega} f(x,y,z)\mathrm{d}x\mathrm{d}y\mathrm{d}z = \iint\limits_{D_{xy}} F(x,y)\mathrm{d}x\mathrm{d}y = \iint\limits_{D_{xy}} \left[\int_{z_1(x,y)}^{z_2(x,y)} f(x,y,z)\mathrm{d}z\right]\mathrm{d}x\mathrm{d}y$$

$$\xlongequal{\text{记为}} \iint\limits_{D_{xy}} \mathrm{d}x\mathrm{d}y \int_{z_1(x,y)}^{z_2(x,y)} f(x,y,z)\mathrm{d}z.$$

若 $D_{xy}=\{(x,y)\,|\,y_1(x)\leqslant y\leqslant y_2(x),a\leqslant x\leqslant b\}$,再把这个二重积分化为二次积分,于是得到三重积分的计算公式

$$\iiint\limits_{\Omega} f(x,y,z)\mathrm{d}x\mathrm{d}y\mathrm{d}z = \int_a^b \mathrm{d}x \int_{y_1(x)}^{y_2(x)} \mathrm{d}y \int_{z_1(x,y)}^{z_2(x,y)} f(x,y,z)\mathrm{d}z, \tag{1}$$

其计算过程为

$$\iiint\limits_{\Omega} f(x,y,z)\mathrm{d}x\mathrm{d}y\mathrm{d}z = \int_a^b \left\{\int_{y_1(x)}^{y_2(x)} \left[\int_{z_1(x,y)}^{z_2(x,y)} f(x,y,z)\mathrm{d}z\right]\mathrm{d}y\right\}\mathrm{d}x.$$

公式(1)把三重积分化为先对 z、再对 y、最后对 x 的三次定积分(也称为**三次积分**或**累次积分**).这里要注意的是每次定积分的积分限都要满足"下限≤上限".这种计算三重积分的方法称为**投影法**(或称"**先一后二**"**法**).

类似地,如果平行于 x 轴或 y 轴且穿过区域 Ω 内部的直线与 Ω 的边界曲面的交点不多于两点,也可把积分区域 Ω 投影到 Ozx 面或 Oyz 面上,并得到与(1)式相类似的计算公式.如果平行于坐标轴且穿过区域 Ω 内部的直线与 Ω 的边界曲面的交点多于两点,可像处理二重积分那样,把 Ω 分成符合条件的若干部分,这时 Ω 上的三重积分化为各部分闭区域上的三重积分的和.

例 1　计算三重积分 $\iiint\limits_{\Omega} \dfrac{1}{x^2+y^2}\mathrm{d}x\mathrm{d}y\mathrm{d}z$,其中 Ω 为由平面 $x=1,x=2,y=x,z=0$, $z=y$ 所围成的闭区域.

解 画出区域 Ω 的简图如图 10-26 所示，区域 Ω 在 Oxy 面上的投影区域为

$$D_{xy} = \{(x,y) | 0 \leqslant y \leqslant x, 1 \leqslant x \leqslant 2\}.$$

过 D_{xy} 内任一点 (x,y) 自下而上作平行于 z 轴的直线穿过 Ω，穿入点与穿出点的竖坐标分别为 $z=0$ 和 $z=y$，从而积分区域 Ω 可表示为

$$\Omega = \{(x,y,z) | 0 \leqslant z \leqslant y, (x,y) \in D_{xy}\}.$$

因此，三重积分化为三次积分得

$$\iiint\limits_{\Omega} \frac{1}{x^2 + y^2} \mathrm{d}x\mathrm{d}y\mathrm{d}z = \int_1^2 \mathrm{d}x \int_0^x \mathrm{d}y \int_0^y \frac{1}{x^2 + y^2} \mathrm{d}z = \int_1^2 \mathrm{d}x \int_0^x \frac{y}{x^2 + y^2} \mathrm{d}y$$

$$= \int_1^2 \frac{1}{2}\ln 2 \mathrm{d}x = \frac{1}{2}\ln 2.$$

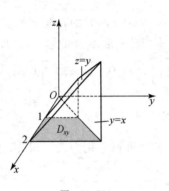

图 10-26

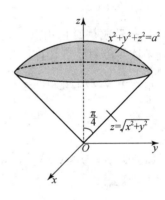

图 10-27

例 2 计算三重积分 $\iiint\limits_{\Omega} z \mathrm{d}x\mathrm{d}y\mathrm{d}z$，其中 Ω 是由锥面 $z = \sqrt{x^2 + y^2}$ 与球面 $x^2 + y^2 + z^2 = a^2 (a > 0)$ 所围成的闭区域.

解 由积分区域 Ω 的图形（见 10-27）可得，锥面与球面的交线在 Oxy 面上的投影为 $x^2 + y^2 = a^2/2$，所以 Ω 在 Oxy 面上的投影区域为 $D_{xy}: x^2 + y^2 \leqslant a^2/2$，从而积分区域 Ω 可表示为

$$\Omega = \{(x,y,z) | \sqrt{x^2 + y^2} \leqslant z \leqslant \sqrt{a^2 - x^2 - y^2}, (x,y) \in D_{xy}\}.$$

因此，三重积分化为三次积分得

$$\iiint\limits_{\Omega} z \mathrm{d}x\mathrm{d}y\mathrm{d}z = \iint\limits_{D_{xy}} \mathrm{d}x\mathrm{d}y \int_{\sqrt{x^2 + y^2}}^{\sqrt{a^2 - x^2 - y^2}} z \mathrm{d}z = \frac{1}{2} \iint\limits_{D_{xy}} (a^2 - 2x^2 - 2y^2) \mathrm{d}x\mathrm{d}y$$

$$= \frac{1}{2} \int_0^{2\pi} \mathrm{d}\theta \int_0^{a/\sqrt{2}} (a^2 - 2r^2) r \mathrm{d}r = \pi \int_0^{a/\sqrt{2}} (a^2 - 2r^2) r \mathrm{d}r = \frac{\pi}{8} a^4.$$

2. 截面法

把积分区域 Ω 向 z 轴投影，得到投影区间 $[c,d]$. 任取 $z \in (c,d)$，用过点 $(0,0,z)$ 且平行

于 Oxy 面的平面去截 Ω,得截面 D_z,如图 10-28 所示,因而积分区域 Ω 可表示为
$$\Omega = \{(x,y,z) \mid (x,y) \in D_z,\ c \leqslant z \leqslant d\}.$$

先在 D_z 上计算二重积分 $\iint\limits_{D_z} f(x,y,z)\mathrm{d}x\mathrm{d}y$,其结果为 z 的函数 $F(z)$(可看做截面 D_z 的质

量),再在 $[c,d]$ 上对 z 积分,即 $\displaystyle\int_c^d F(z)\mathrm{d}z$(可看做 Ω 的总质量),由此得到三重积分的计算公

式

$$\iiint\limits_{\Omega} f(x,y,z)\mathrm{d}x\mathrm{d}y\mathrm{d}z = \int_c^d F(z)\mathrm{d}z = \int_c^d \left(\iint\limits_{D_z} f(x,y,z)\mathrm{d}x\mathrm{d}y\right)\mathrm{d}z$$

$$\xlongequal{\text{记为}} \int_c^d \mathrm{d}z \iint\limits_{D_z} f(x,y,z)\mathrm{d}x\mathrm{d}y. \tag{2}$$

通常称这种计算三重积分的方法为**截面法**(或称"**先二后一**"法).

不难看出,当截面 D_z 比较规则,面积易求时,则采用截面法计算三重积分较为简单.

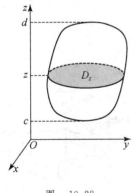

图 10-28

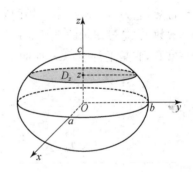

图 10-29

例 3 计算三重积分 $\iiint\limits_{\Omega} z^2 \mathrm{d}x\mathrm{d}y\mathrm{d}z$,其中 Ω 是由椭球面 $\dfrac{x^2}{a^2} + \dfrac{y^2}{b^2} + \dfrac{z^2}{c^2} = 1\ (a,b,c > 0)$ 所

围成的闭区域.

解 将积分区域 Ω 向 z 轴投影,得投影区间 $[-c,c]$. 任取 $z \in (-c,c)$,用过点 $(0,0,z)$
且平行于 Oxy 面的平面去截 Ω,得截面 D_z,如图 10-29 所示,因而积分区域 Ω 可表为
$$\Omega = \left\{(x,y,z) \mid \frac{x^2}{a^2} + \frac{y^2}{b^2} \leqslant 1 - \frac{z^2}{c^2},\ -c \leqslant z \leqslant c\right\}.$$

由公式(2)有

$$\iiint\limits_{\Omega} z^2 \mathrm{d}x\mathrm{d}y\mathrm{d}z = \int_{-c}^c \mathrm{d}z \iint\limits_{D_z} z^2 \mathrm{d}x\mathrm{d}y = \int_{-c}^c z^2 \mathrm{d}z \iint\limits_{D_z} \mathrm{d}x\mathrm{d}y = \int_{-c}^c z^2 \pi ab \left(1 - \frac{z^2}{c^2}\right)\mathrm{d}z$$

$$= \pi ab \left(\frac{z^3}{3} - \frac{z^5}{5c^2} \right) \Big|_{-c}^{c} = \frac{4}{15}\pi abc^3,$$

其中 $\iint\limits_{D_z} \mathrm{d}x\mathrm{d}y = \pi ab\left(1 - \frac{z^2}{c^2}\right)$ 为 D_z 所表示的椭圆的面积.

二、利用柱面坐标计算三重积分

设 $M(x,y,z)$ 为空间内一点, M 在 Oxy 面上的投影为 $P(x,y,0)$,点 P 的平面极坐标为 (r,θ),则点 M 可由三个数 r,θ,z 确定. 我们称 (r,θ,z) 为点 M 的**柱面坐标**(见图 10-30). 它与直角坐标之间的关系为

$$\begin{cases} x = r\cos\theta, \\ y = r\sin\theta, \\ z = z, \end{cases}$$

其中 $0\leqslant r<+\infty,0\leqslant\theta\leqslant 2\pi,-\infty<z<+\infty$.

在柱面坐标系中,三组坐标面(见图 10-30)为:

$r=$ 常数,它是以 z 轴为中心轴的圆柱面;

$\theta=$ 常数,它是过 z 轴的半平面;

$z=$ 常数,它是平行于 Oxy 面的平面.

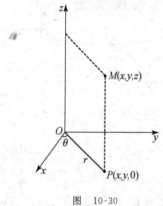

图 10-30

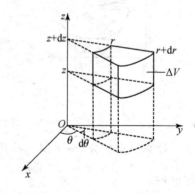

图 10-31

在柱面坐标系中,以三组坐标面无限分割积分区域 Ω,得小柱体如图 10-31 所示,其高为 $\mathrm{d}z$,底面积为近似 $r\mathrm{d}r\mathrm{d}\theta$,故体积微元为 $\mathrm{d}V=r\mathrm{d}r\mathrm{d}\theta\mathrm{d}z$. 于是三重积分化为

$$\iiint\limits_{\Omega} f(x,y,z)\mathrm{d}x\mathrm{d}y\mathrm{d}z = \iiint\limits_{\Omega} f(r\cos\theta,r\sin\theta,z)r\mathrm{d}r\mathrm{d}\theta\mathrm{d}z$$

$$= \int_{\alpha}^{\beta}\mathrm{d}\theta\int_{r_1(\theta)}^{r_2(\theta)} r\mathrm{d}r\int_{z_1(r,\theta)}^{z_2(r,\theta)} f(r\cos\theta,r\sin\theta,z)\mathrm{d}z, \tag{3}$$

其中空间区域 $\Omega : \alpha \leqslant \theta \leqslant \beta, r_1(\theta) \leqslant r \leqslant r_2(\theta)$, $z_1(r,\theta) \leqslant z \leqslant z_2(r,\theta)$.

对于例 2,利用柱面坐标,积分区域 Ω 可表为

$$\Omega = \left\{ (x,y,z) \Big| x^2 + y^2 \leqslant \frac{a^2}{2}, \sqrt{x^2+y^2} \leqslant z \leqslant \sqrt{a^2-x^2-y^2} \right\}$$

$$= \left\{ (r,\theta,z) \Big| 0 \leqslant r \leqslant \frac{a}{\sqrt{2}}, 0 \leqslant \theta \leqslant 2\pi, r \leqslant z \leqslant \sqrt{a^2-r^2} \right\},$$

于是三重积分可按下式计算:

$$\iiint\limits_{\Omega} z\,\mathrm{d}x\mathrm{d}y\mathrm{d}z = \int_0^{2\pi} \mathrm{d}\theta \int_0^{a/\sqrt{2}} r\mathrm{d}r \int_r^{\sqrt{a^2-r^2}} z\,\mathrm{d}z = \pi \int_0^{a/\sqrt{2}} r(a^2-2r^2)\mathrm{d}r = \frac{1}{8}\pi a^4.$$

例 4 计算三重积分 $\iiint\limits_{\Omega} xyz\,\mathrm{d}x\mathrm{d}y\mathrm{d}z$,其中 Ω 是由曲面 $z = 2(x^2+y^2)$ 与平面 $z = 4$ 所围成的闭区域.

解 积分区域 Ω 如图 10-32 所示,Ω 在 Oxy 面上的投影区域为

$$D_{xy} = \{ (x,y) | x^2 + y^2 \leqslant 2 \}$$

$$= \{ (r,\theta) | 0 \leqslant r \leqslant \sqrt{2}, 0 \leqslant \theta \leqslant 2\pi \}.$$

利用柱面坐标,积分区域 Ω 可表为

$$\Omega = \{ (x,y,z) | x^2+y^2 \leqslant 2, 2(x^2+y^2) \leqslant z \leqslant 4 \}$$

$$= \{ (r,\theta,z) | 0 \leqslant r \leqslant \sqrt{2}, 0 \leqslant \theta \leqslant 2\pi, 2r^2 \leqslant z \leqslant 4 \},$$

从而由公式(3)可得

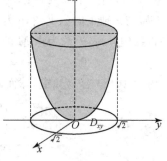

图 10-32

$$\iiint\limits_{\Omega} xyz\,\mathrm{d}x\mathrm{d}y\mathrm{d}z = \int_0^{2\pi} \mathrm{d}\theta \int_0^{\sqrt{2}} r\mathrm{d}r \int_{2r^2}^4 r^2(\cos\theta\sin\theta)z\,\mathrm{d}z$$

$$= \int_0^{2\pi} \sin\theta\cos\theta\mathrm{d}\theta \int_0^{\sqrt{2}} r^3(8-2r^4)\mathrm{d}r$$

$$= 4 \int_0^{2\pi} \sin\theta\cos\theta\mathrm{d}\theta = 0.$$

事实上,由于积分区域 Ω 关于 Oyz 面对称,且被积函数是关于 x 的奇函数,由三重积分的对称性,则该积分必为 0.

例 5 计算三重积分 $I = \iiint\limits_{\Omega} (x^2+y^2+z)\mathrm{d}V$,其中 Ω 是由曲线 $\begin{cases} y^2 = 2z, \\ x = 0 \end{cases}$ 绕 z 轴旋转一周而成的旋转面与平面 $z = 4$ 所围成的立体.

解 由题意知,积分区域 Ω 是由曲面 $(x^2+y^2) = 2z$ 与平面 $z = 4$ 所围成的立体(图类似于图 10-32),于是 $\Omega = \{ (r,\theta,z) | 0 \leqslant r \leqslant \sqrt{8}, 0 \leqslant \theta \leqslant 2\pi, r^2/2 \leqslant z \leqslant 4 \}$.利用柱面坐标,得

$$I = \iiint\limits_{\Omega}(x^2+y^2+z)\mathrm{d}V = \int_0^{2\pi}\mathrm{d}\theta\int_0^{\sqrt{8}}r\mathrm{d}r\int_{r^2/2}^4(r^2+z)\mathrm{d}z$$

$$= 2\pi\int_0^{\sqrt{8}}r\left(r^2z+\frac{1}{2}z^2\right)\Big|_{r^2/2}^4\mathrm{d}r = 2\pi\int_0^{\sqrt{8}}\left(8r+4r^3-\frac{5}{8}r^5\right)\mathrm{d}r$$

$$= 2\pi\left(4r^2+r^4-\frac{5}{48}r^6\right)\Big|_0^{\sqrt{8}} = \frac{256}{3}\pi.$$

一般地，当 Ω 的边界曲面为柱面、锥面及旋转抛物面时，特别是被积函数为 $f(x^2+y^2)$ 的形式时，可考虑采用柱面坐标来计算三重积分.

三、利用球面坐标计算三重积分

设 $M(x,y,z)$ 为空间内任意一点，它在 Oxy 面的投影点为 P，则点 M 可用三个参数 r,φ,θ 来确定，其中 r 表示矢径 $\overrightarrow{OM}$ 的长度，φ 为 $\overrightarrow{OM}$ 与 z 轴正向的夹角，θ 为 $\overrightarrow{OP}$ 与 x 轴正向的夹角(见图 10-33). 我们将数组 (r,φ,θ) 称为点 M 的**球面坐标**，其三个坐标的取值范围是：

$$0 \leqslant r < +\infty,\quad 0 \leqslant \varphi \leqslant \pi,\quad 0 \leqslant \theta \leqslant 2\pi.$$

由图 10-33 容易知道，球面坐标与直角坐标之间的变换关系为

$$\begin{cases} x = |OP|\cos\theta = r\sin\varphi\cos\theta, \\ y = |OP|\sin\theta = r\sin\varphi\sin\theta, \\ z = r\cos\varphi. \end{cases}$$

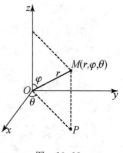

图　10-33

在球面坐标系中，三组坐标面为：

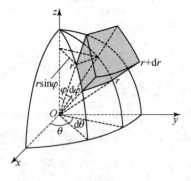

图　10-34

$r=$ 常数，它是以原点为中心，r 为半径的球面；

$\theta=$ 常数，它是与 Ozx 面的夹角为 θ 的半平面；

$\varphi=$ 常数，它是顶点在原点、半顶角为 φ、以 z 轴为中心轴的圆锥面.

用三组坐标面把积分区域 Ω 分成许多小闭区域，考虑由 r,φ,θ 各取得微小增量 $\mathrm{d}r,\mathrm{d}\varphi,\mathrm{d}\theta$ 所成的六面体的体积 (见图 10-34). 不计高阶无穷小，可把这个小六面体看做长方体，其经线方向的长为 $r\mathrm{d}\varphi$，纬线方向宽为 $r\sin\varphi\mathrm{d}\theta$，向径方向高为 $\mathrm{d}r$，于是得到球面坐标系下的体积微元为

$$\mathrm{d}V = r^2\sin\varphi\mathrm{d}r\mathrm{d}\varphi\mathrm{d}\theta.$$

因此，三重积分可化为

$$\iiint\limits_{\Omega}f(x,y,z)\mathrm{d}V = \iiint\limits_{\Omega}f(r\sin\varphi\cos\theta,r\sin\varphi\sin\theta,r\cos\varphi)r^2\sin\varphi\mathrm{d}r\mathrm{d}\varphi\mathrm{d}\theta. \tag{4}$$

利用球面坐标计算三重积分，其方法仍是将三重积分转化为累次积分，因此需要将积分

区域 Ω 用球面坐标表示出来,并由此确定累次积分的上、下限. 如何用球面坐标来确定积分区域 Ω 呢? 设对 Ω 的任意点 $P(r,\varphi,\theta)$,自原点 O 出发,过点 $P(r,\varphi,\theta)$ 画一条穿过积分区域 Ω 的射线,该射线与 Ω 的边界曲面的交点不多于两个. 若穿入点和穿出点的向径坐标为 $r_1(\varphi,\theta)$,$r_2(\varphi,\theta)$,此时即有 $r_1(\varphi,\theta)\leqslant r\leqslant r_2(\varphi,\theta)$,这就是 r 坐标变化的上、下限. 由于空间积分区域 Ω 总是夹在两个半平面 $\theta=\alpha$ 和 $\theta=\beta$ 之间,因此 θ 的变化范围是 $\alpha\leqslant\theta\leqslant\beta$. 又当 r,θ 给定时,Ω 与球面 r、半平面 θ 两坐标面的交线夹在某两锥面之间,即 φ 有上、下限 $\varphi_2(\theta)$ 与 $\varphi_1(\theta)$,它通常是 θ 的函数,亦即有 $\varphi_1(\theta)\leqslant\varphi\leqslant\varphi_2(\theta)$. 于是积分区域 Ω 用球面坐标就可表示为

$$\Omega=\{(r,\varphi,\theta)\,|\,r_1(\varphi,\theta)\leqslant r\leqslant r_2(\varphi,\theta),\varphi_1(\theta)\leqslant\varphi\leqslant\varphi_2(\theta),\alpha\leqslant\theta\leqslant\beta\}.$$

这时,三重积分可化为如下的累次积分:

$$\iiint\limits_{\Omega}f(x,y,z)\mathrm{d}V=\int_{\alpha}^{\beta}\mathrm{d}\theta\int_{\varphi_1(\theta)}^{\varphi_2(\theta)}\mathrm{d}\varphi\int_{r_1(\varphi,\theta)}^{r_2(\varphi,\theta)}f(r\sin\varphi\cos\theta,r\sin\varphi\sin\theta,r\cos\varphi)r^2\sin\varphi\,\mathrm{d}r\mathrm{d}\varphi\mathrm{d}\theta. \quad (5)$$

用球面坐标化三重积分为累次积分通常的顺序是先对 r 积分、再对 φ 积分、最后对 θ 积分.

如果积分区域 Ω 的边界曲面是一个包含原点的封闭曲面,其曲面的球面坐标方程为 $r=r(\varphi,\theta)$,则三重积分可化为

$$\iiint\limits_{\Omega}f(x,y,z)\mathrm{d}V=\iiint\limits_{\Omega}f(r\sin\varphi\cos\theta,r\sin\varphi\sin\theta,r\cos\varphi)r^2\sin\varphi\,\mathrm{d}r\mathrm{d}\varphi\mathrm{d}\theta$$

$$=\int_0^{2\pi}\mathrm{d}\theta\int_0^{\pi}\mathrm{d}\varphi\int_0^{r(\varphi,\theta)}f(r\sin\varphi\cos\theta,r\sin\varphi\sin\theta,r\cos\varphi)r^2\sin\varphi\,\mathrm{d}r. \quad (6)$$

特别地,积分区域 Ω 为球形域 $r\leqslant a$ 时,则有

$$\iiint\limits_{\Omega}f(x,y,z)\mathrm{d}x\mathrm{d}y\mathrm{d}z=\int_0^{2\pi}\mathrm{d}\theta\int_0^{\pi}\mathrm{d}\varphi\int_0^{a}f(r\sin\varphi\cos\theta,r\sin\varphi\sin\theta,r\cos\varphi)r^2\sin\varphi\,\mathrm{d}r.$$

当被积函数 $f(x,y,z)\equiv1$ 时,得球体的体积为

$$V=\int_0^{2\pi}\mathrm{d}\theta\int_0^{\pi}\sin\varphi\,\mathrm{d}\varphi\int_0^{a}r^2\mathrm{d}r=\frac{4}{3}\pi a^3.$$

这就是我们熟悉的球体体积公式.

例 6 求由圆锥体 $z\geqslant\sqrt{x^2+y^2}\cot\beta$ 和球体 $x^2+y^2+(z-a)^2\leqslant a^2$ 所围成的立体 Ω 的体积,其中 $\beta\in(0,\pi/2)$,$a>0$ 为常数.

解 Ω 是半径为 a 的球面与半顶角为 β 的圆锥面所围成的立体,如图 10-35 所示. 由三重积分的几何意义得

$$V=\iiint\limits_{\Omega}\mathrm{d}V.$$

球面方程 $x^2+y^2+(z-a)^2\leqslant a^2$ 在球面坐标下表示为 $r=2a\cos\varphi$,圆锥面 $z=\sqrt{x^2+y^2}\cot\beta$ 在球面坐标下表示为 $\varphi=\beta$,于是积分区域 Ω 在球面坐标下可表示为

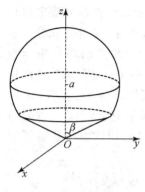

图 10-35

$$\Omega = \{(r,\varphi,\theta) \mid 0 \leqslant r \leqslant 2a\cos\varphi,\, 0 \leqslant \varphi \leqslant \beta,\, 0 \leqslant \theta \leqslant 2\pi\}.$$

因此所求的体积为

$$V = \iiint\limits_{\Omega} dV = \int_0^{2\pi} d\theta \int_0^\beta d\varphi \int_0^{2a\cos\varphi} r^2 \sin\varphi dr$$

$$= \int_0^{2\pi} d\theta \int_0^\beta \sin\varphi \left(\frac{1}{3}r^3\right)\Big|_0^{2a\cos\varphi} d\varphi = 2\pi \cdot \frac{8}{3}a^3 \int_0^\beta \cos^3\varphi \sin\varphi d\varphi$$

$$= \frac{16}{3}\pi a^3 \left(-\frac{1}{4}\cos^4\varphi\right)\Big|_0^\beta = \frac{4}{3}\pi a^3(1 - \cos^4\beta).$$

例 7 计算三重积分 $\iiint\limits_{\Omega}(x+z)dV$，其中 Ω 是由锥面 $z = \sqrt{x^2+y^2}$ 与球面 $z = \sqrt{1-x^2-y^2}$ 所围成的闭区域.

解 积分区域 Ω 如图 10-27 所示 $(a=1)$，它可表示为

$$\Omega = \{(r,\varphi,\theta) \mid 0 \leqslant r \leqslant 1,\, 0 \leqslant \varphi \leqslant \pi/4,\, 0 \leqslant \theta \leqslant 2\pi\},$$

因此有

$$\iiint\limits_{\Omega}(x+z)dV = \int_0^{2\pi} d\theta \int_0^{\pi/4} d\varphi \int_0^1 (r\sin\varphi\cos\theta + r\cos\varphi)r^2\sin\varphi dr$$

$$= \int_0^{2\pi} d\theta \int_0^{\pi/4} (\sin^2\varphi\cos\theta + \sin\varphi\cos\varphi)\left(\frac{1}{4}r^4\right)\Big|_0^1 d\varphi$$

$$= \frac{1}{4}\int_0^{2\pi} d\theta \int_0^{\pi/4} (\sin^2\varphi\cos\theta + \sin\varphi\cos\varphi)d\varphi$$

$$= \frac{1}{4}\int_0^{2\pi} \cos\theta d\theta \int_0^{\pi/4} \sin^2\varphi d\varphi + \frac{1}{4}\int_0^{2\pi} d\theta \int_0^{\pi/4} \sin\varphi\cos\varphi d\varphi$$

$$= \frac{1}{4} \cdot 2\pi \cdot \left(\frac{1}{2}\sin^2\varphi\right)\Big|_0^{\pi/4} = \frac{1}{8}\pi.$$

例 8 计算三重积分 $\iiint\limits_{\Omega} z dV$，其中 Ω 是由不等式 $x^2+y^2+(z-a)^2 \leqslant a^2$, $x^2+y^2 \leqslant z^2$ 所确定的闭区域.

解 积分区域 Ω 如图 10-35 所示 $(\beta=\pi/4)$，利用球面坐标，Ω 可表示为

$$\Omega = \{(r,\varphi,\theta) \mid 0 \leqslant r \leqslant 2a\cos\varphi,\, 0 \leqslant \varphi \leqslant \pi/4,\, 0 \leqslant \theta \leqslant 2\pi\},$$

因此有

$$\iiint\limits_{\Omega} z dV = \int_0^{2\pi} d\theta \int_0^{\pi/4} d\varphi \int_0^{2a\cos\varphi} r\cos\varphi \cdot r^2\sin\varphi dr$$

$$= \int_0^{2\pi} d\theta \int_0^{\pi/4} \cos\varphi\sin\varphi \left(\frac{1}{4}r^4\right)\Big|_0^{2a\cos\varphi} d\varphi = 4a^4 \int_0^{2\pi} d\theta \int_0^{\pi/4} \cos^5\varphi\sin\varphi d\varphi$$

$$= 4a^4 \cdot 2\pi \cdot \left(-\frac{1}{6}\cos^6\varphi\right)\Big|_0^{\pi/4} = \frac{4}{3}a^4\pi\left(1 - \frac{1}{8}\right) = \frac{7}{6}a^4\pi.$$

注1　当用球面坐标计算三重积分时,首先要将积分区域的边界曲面的表达式转化成球面坐标的形式,进而再确定 r,φ,θ 的变化范围.

注2　当积分区域为球体(或两同心球所围立体)被圆锥面所截得的球锥(或锥截两同心球所围成的区域),而被积函数可表示为 $f(x^2+y^2+z^2)$ 的形式时,一般可采用球面坐标计算三重积分.

注3　计算三重积分,一般应先判断能否适合用球面坐标,不适合用球面坐标时,再考虑能否用柱面坐标,最后考虑用直角坐标.

例9　计算三重积分 $\iiint\limits_{\Omega}(x^2+my^2+nz^2)\mathrm{d}V$,其中 Ω 是球体 $x^2+y^2+z^2\leqslant a^2$(m,n 是常数).

解　由于积分区域 Ω 关于 x,y,z 具有轮换对称性,故

$$\iiint\limits_{\Omega}x^2\mathrm{d}V=\iiint\limits_{\Omega}y^2\mathrm{d}V=\iiint\limits_{\Omega}z^2\mathrm{d}V.$$

因此

$$\iiint\limits_{\Omega}x^2\mathrm{d}V=\frac{1}{3}\iiint\limits_{\Omega}(x^2+y^2+z^2)\mathrm{d}V=\frac{1}{3}\int_0^{2\pi}\mathrm{d}\theta\int_0^{\pi}\mathrm{d}\varphi\int_0^a r^2\cdot r^2\sin\varphi\mathrm{d}r$$

$$=\frac{1}{3}\int_0^{2\pi}\mathrm{d}\theta\int_0^{\pi}\sin\varphi\left(\frac{1}{5}r^5\right)\Big|_0^a\mathrm{d}\varphi=\frac{1}{3}\cdot 2\pi\cdot\frac{1}{5}a^5\int_0^{\pi}\sin\varphi\mathrm{d}\varphi$$

$$=\frac{2}{15}\pi a^5(1-\cos\pi)=\frac{4}{15}\pi a^5.$$

同理

$$\iiint\limits_{\Omega}my^2\mathrm{d}V=\frac{4}{15}m\pi a^5,\quad\iiint\limits_{\Omega}nz^2\mathrm{d}V=\frac{4}{15}n\pi a^5.$$

所以

$$\iiint\limits_{\Omega}(x^2+my^2+nz^2)\mathrm{d}V=\frac{4}{15}\pi a^5(1+m+n).$$

注　当积分区域 Ω 是由曲面 $F(x,y,z)=0$ 所围成的闭区域时,若该曲面方程具有 $F(x,y,z)=F(y,z,x)=F(z,x,y)=0$ 的性质,我们称积分区域 Ω 关于 x,y,z 具有**轮换对称性**.当 Ω 具有轮换对称性时,Ω 就可以分别表示为

$$\Omega=\{(x,y,z)\,|\,F(x,y,z)\leqslant 0\}=\{(x,y,z)\,|\,F(y,z,x)\leqslant 0\}=\{(x,y,z)\,|\,F(z,x,y)\leqslant 0\}.$$

由于重积分与积分变量用什么字母表示无关,所以如下的公式成立:

$$\iiint\limits_{F(x,y,z)\leqslant 0}f(x,y,z)\mathrm{d}V=\iiint\limits_{F(y,z,x)\leqslant 0}f(y,z,x)\mathrm{d}V=\iiint\limits_{F(z,x,y)\leqslant 0}f(z,x,y)\mathrm{d}V.$$

例10　计算三重积分 $\iiint\limits_{\Omega}(x+y+z)^2\mathrm{d}V$,其中 Ω 是由曲面 $(x^2+y^2+z^2)^2=a^3z\ (a>0)$

所围成的闭区域.

解　Ω 的边界曲面方程为 $z=\dfrac{1}{a^3}(x^2+y^2+z^2)^2$,因此 Ω 位于 Oxy 面之上,且关于 Oyz 面,Ozx 面对称,并与 Oxy 面相切.在球坐标系下,Ω 可表示为

$$\Omega: 0\leqslant r\leqslant a\sqrt[3]{\cos\varphi},\ 0\leqslant\varphi\leqslant\pi/2,\ 0\leqslant\theta\leqslant 2\pi.$$

被积函数 $(x+y+z)^2=(x^2+y^2+z^2+2xy+2xz+2yz)$,而 $2xy,2xz,2yz$ 分别关于 x 或 y 是奇函数,于是由对称性有

$$\iiint\limits_{\Omega}(x+y+z)^2\mathrm{d}V=\iiint\limits_{\Omega}(x^2+y^2+z^2+2xy+2xz+2yz)\mathrm{d}V$$

$$=\iiint\limits_{\Omega}(x^2+y^2+z^2)\mathrm{d}V=\iiint\limits_{\Omega}r^4\sin\varphi\mathrm{d}r\mathrm{d}\varphi\mathrm{d}\theta$$

$$=\int_0^{2\pi}\mathrm{d}\theta\int_0^{\pi/2}\sin\varphi\mathrm{d}\varphi\int_0^{a\sqrt[3]{\cos\varphi}}r^4\mathrm{d}r=2\pi\int_0^{\pi/2}\frac{a^5}{5}\cos^{\frac{5}{3}}\varphi\sin\varphi\mathrm{d}\varphi=\frac{3}{20}\pi a^5.$$

本例若不用对称性将 $\iiint\limits_{\Omega}(x+y+z)^2\mathrm{d}V$ 化简为 $\iiint\limits_{\Omega}(x^2+y^2+z^2)\mathrm{d}V$,而利用由直角坐标到球面坐标的变换将是非常复杂的.

习　题　10.3

1. 计算下列三重积分:

(1) $\iiint\limits_{\Omega}y\cos(x+z)\mathrm{d}x\mathrm{d}y\mathrm{d}z$,其中 Ω 是由曲面 $y=\sqrt{x}$ 与平面 $y=0,z=0,x+z=\pi/2$ 所围成的闭区域;

(2) $\iiint\limits_{\Omega}z\mathrm{d}x\mathrm{d}y\mathrm{d}z$,其中 Ω 是由曲面 $z=x^2+y^2$ 与平面 $z=1,z=2$ 所围成的闭区域;

(3) $\iiint\limits_{\Omega}(x^2+y^2)\mathrm{d}x\mathrm{d}y\mathrm{d}z$,其中 Ω 是由曲面 $4z^2=25(x^2+y^2)$ 与平面 $z=5$ 所围成的闭区域;

(4) $\iiint\limits_{\Omega}x^3yz\mathrm{d}x\mathrm{d}y\mathrm{d}z$,其中 Ω 是由曲面 $x^2+y^2+z^2=1$ 与平面 $x=0,y=0,z=0$ 所围成的位于第一卦限的闭区域;

(5) $\iiint\limits_{\Omega}xy^2z^3\mathrm{d}x\mathrm{d}y\mathrm{d}z$,其中 Ω 是由曲面 $z=xy$ 与平面 $y=x,z=0,x=1$ 所围成的闭区域;

(6) $\iiint\limits_{\Omega}(x+y+z)\mathrm{d}x\mathrm{d}y\mathrm{d}z$,其中 $\Omega: x^2+y^2+z^2\leqslant a^2$.

2. 用柱面坐标计算下列三重积分:

(1) $\iiint\limits_{\Omega}y\mathrm{d}x\mathrm{d}y\mathrm{d}z$,其中 $\Omega=\{(x,y,z)\,|\,1\leqslant z^2+y^2\leqslant 4,0\leqslant x\leqslant z+2\}$;

(2) $\iiint\limits_{\Omega} z\,\mathrm{d}x\mathrm{d}y\mathrm{d}z$,其中 Ω 是由曲面 $z = x^2 + y^2, x^2 + y^2 + z^2 = 2$ 所围成的闭区域;

(3) $\iiint\limits_{\Omega} z\sqrt{x^2 + y^2}\,\mathrm{d}x\mathrm{d}y\mathrm{d}z$,其中 Ω 是由柱面 $x^2 + y^2 = 2x$ 及平面 $z = 0, z = a, y = 0\,(a > 0)$ 所围成的半圆柱体;

(4) $\iiint\limits_{\Omega} (x^2 + y^2)\,\mathrm{d}V$,其中 Ω 是由 Oyz 面上曲线 $y = \sqrt{2z}$ 绕 z 轴旋转所得曲面与平面 $z = 2, z = 8$ 所围成的闭区域.

3. 用球面坐标计算下列三重积分:

(1) $\iiint\limits_{\Omega} z\,\mathrm{d}x\mathrm{d}y\mathrm{d}z$,其中 Ω: $x^2 + y^2 + z^2 \leqslant 2z, z \geqslant \sqrt{x^2 + y^2}$;

(2) $\iiint\limits_{\Omega} \left(\sqrt{x^2 + y^2 + z^2}\right)^5 \mathrm{d}x\mathrm{d}y\mathrm{d}z$,其中 Ω 是由 $x^2 + y^2 + z^2 = 2z$ 所围成的闭区域;

(3) $\iiint\limits_{\Omega} x\,\mathrm{e}^{(x^2+y^2+z^2)^2}\,\mathrm{d}x\mathrm{d}y\mathrm{d}z$,其中 Ω 是第一卦限中球面 $x^2 + y^2 + z^2 = 1$ 与球面 $x^2 + y^2 + z^2 = 4$ 之间的部分.

4. 求下列立体 Ω 的体积:

(1) Ω 是由球面 $x^2 + y^2 + z^2 = r^2, x^2 + y^2 + z^2 = 2rz$ 所围的立体;

(2) Ω 是由抛物面 $z = x^2 + y^2$ 和 $z = 18 - x^2 - y^2$ 所围成的立体;

(3) Ω 是由坐标面与平面 $x = 2, y = 3, x + y + z = 4$ 所围成的立体.

5. 设有球心在原点、半径为 R 的球体,在其上任意一点的体密度与这点到球心的距离成正比,求该球体的质量.

6. 设球体 $x^2 + y^2 + z^2 \leqslant 4z$ 被曲面 $z = 4 - x^2 - y^2$ 分成两部分,求这两部分体积的比值.

§10.4 重积分的换元法

在定积分的计算中,我们有换元公式

$$\int_a^b f(x)\,\mathrm{d}x = \int_\alpha^\beta f[\varphi(t)]\,|\varphi'(t)|\,\mathrm{d}t, \quad \text{其中} \quad \alpha \leqslant \beta.$$

记 $X = [a,b], T = [\alpha,\beta]$,上述换元公式又可写成 $\int_X f(x)\,\mathrm{d}x = \int_T f[\varphi(t)]\,|\varphi'(t)|\,\mathrm{d}t$. 因此以变换的观点来看,换元公式相当于是一种坐标变换,它将坐标 x 下的积分变换到坐标 t 下的积分,即通过变量代换 $x = \varphi(t)$,把原来的积分区间 X 变成了新的积分区间 T,被积函数 $f(x)$ 替换成 $f[\varphi(t)]$,积分微元 $\mathrm{d}x$(也称**长度微元**)代换成积分微元 $|\varphi'(t)|\,\mathrm{d}t$,其中非负的变换因子 $|\varphi'(t)|$ 可看成是两长度微元的比例系数.

类比于定积分,二重积分是否也有类似的换元公式呢? 也就是说,对满足一定条件的变换 $x=x(u,v),y=y(u,v)$,通过此变换,是否可以同时把二重积分中的积分区域 D 替换成 D',被积函数 $f(x,y)$ 替换成 $f[x(u,v),y(u,v)]$,Oxy 面上的面积微元 $d\sigma$ 代换成 Ouv 面上的面积微元 $|J|dudv$(其中 $|J|$ 是两面积微元的比例系数)? 即是否有换元公式

$$\iint\limits_{D}f(x,y)\mathrm{d}x\mathrm{d}y = \iint\limits_{D'}f[x(u,v),y(u,v)]\,|J|\,\mathrm{d}u\mathrm{d}v$$

成立? 数学上可以证明,这里的类比和猜想是正确的,因此我们有下面的定理.

定理 1 设函数 $f(x,y)$ 在有界闭区域 D 上可积,变换 T: $x=x(u,v),y=y(u,v)$ 将 Ouv 面由分段光滑闭曲线①所围成的闭区域 D' 一对一地映成 Oxy 面上的闭区域 D,函数 $x(u,v),y(u,v)$ 在 D' 内分别具有连续偏导数且它们的雅可比行列式满足

$$J(u,v) = \frac{\partial(x,y)}{\partial(u,v)} = \begin{vmatrix} \dfrac{\partial x}{\partial u} & \dfrac{\partial x}{\partial v} \\ \dfrac{\partial y}{\partial u} & \dfrac{\partial y}{\partial v} \end{vmatrix} \neq 0, \quad (u,v)\in D',$$

则

$$\iint\limits_{D}f(x,y)\mathrm{d}x\mathrm{d}y = \iint\limits_{D'}f[x(u,v),y(u,v)]|J(u,v)|\mathrm{d}u\mathrm{d}v. \tag{1}$$

定理 1 的证明从略. 公式(1)称为**二重积分的换元公式**.

例 1 计算二重积分 $\iint\limits_{D}\mathrm{e}^{\frac{x-y}{x+y}}\mathrm{d}x\mathrm{d}y$,其中 D 是由直线 $x=0,y=0,x+y=1$ 所围成的闭区域.

解 为了简化被积函数,令 $u=x-y,v=x+y$. 为此,作变换

$$T: x = \frac{1}{2}(u+v),\ y = \frac{1}{2}(v-u),$$

则它的雅可比行列式为

$$J(u,v) = \begin{vmatrix} 1/2 & 1/2 \\ -1/2 & 1/2 \end{vmatrix} = \frac{1}{2} > 0.$$

区域 D 如图 10-36(a)所示. 在变换 T 的作用下,区域 D 的原像 D' 如下图 10-36(b)所示. 所以

$$\iint\limits_{D}\mathrm{e}^{\frac{x-y}{x+y}}\mathrm{d}x\mathrm{d}y = \iint\limits_{D'}\mathrm{e}^{\frac{u}{v}} \cdot \frac{1}{2}\mathrm{d}u\mathrm{d}v = \frac{1}{2}\int_{0}^{1}\mathrm{d}v\int_{-v}^{v}\mathrm{e}^{\frac{u}{v}}\,\mathrm{d}u$$

$$= \frac{1}{2}\int_{0}^{1}v(\mathrm{e}-\mathrm{e}^{-1})\mathrm{d}v = \frac{\mathrm{e}-\mathrm{e}^{-1}}{4}.$$

---

① 分段光滑曲线是指曲线可分成有限段光滑曲线.

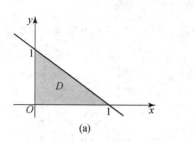
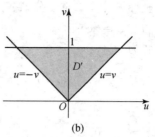

(a)   (b)

图 10-36

例 2 求由抛物线 $y^2=mx,y^2=nx$ 和直线 $y=\alpha x,y=\beta x$ 所围区域 D 的面积 $\mu(D)(0<m<n,0<\alpha<\beta)$.

解 D 的面积 $\mu(D)=\iint\limits_{D}\mathrm{d}x\mathrm{d}y$.

为了简化积分区域,作变换 $u=\dfrac{y^2}{x},v=\dfrac{y}{x}$,则 $m\leqslant u\leqslant n,\alpha\leqslant v\leqslant\beta$,反解出

$$x=\frac{u}{v^2},\quad y=\frac{u}{v}.$$

它使得 Oxy 面上的区域 D(见图 10-37(a))与 Ouv 面上的矩形区域 $D'=[m,n]\times[\alpha,\beta]$(见图 10-37(b))对应. 由于

$$J(u,v)=\begin{vmatrix} \dfrac{1}{v^2} & -\dfrac{2u}{v^3} \\ \dfrac{1}{v} & -\dfrac{u}{v^2} \end{vmatrix}=\frac{u}{v^4}>0,\quad (u,v)\in D',$$

所以

$$\mu(D)=\iint\limits_{D}\mathrm{d}\sigma=\iint\limits_{D'}\frac{u}{v^4}\mathrm{d}u\mathrm{d}v=\int_{\alpha}^{\beta}\frac{\mathrm{d}v}{v^4}\cdot\int_{m}^{n}u\mathrm{d}u$$

$$=\frac{(n^2-m^2)(\beta^3-\alpha^3)}{6\alpha^3\beta^3}.$$

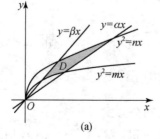
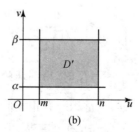

(a)   (b)

图 10-37

前面曾用极坐标来计算二重积分,它等价于采用变换
$$T: x = r\cos\theta,\ y = r\sin\theta,\quad 0 \leqslant r < +\infty, 0 \leqslant \theta \leqslant 2\pi,$$
此时雅可比行列式为
$$J(r,\theta) = \begin{vmatrix} \cos\theta & -r\sin\theta \\ \sin\theta & r\cos\theta \end{vmatrix} = r.$$
由定理 1 可得
$$\iint\limits_{D} f(x,y)\mathrm{d}x\mathrm{d}y = \iint\limits_{D'} f(r\cos\theta, r\sin\theta)r\mathrm{d}r\mathrm{d}\theta,$$
这正是前面极坐标系下二重积分的计算公式.

例 3 求椭球体 $\dfrac{x^2}{a^2} + \dfrac{y^2}{b^2} + \dfrac{z^2}{c^2} \leqslant 1$ 的体积.

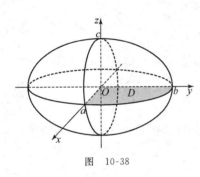

图 10-38

解 由对称性,椭球体的体积 V 是第一卦限部分体积的 8 倍,这一部分是以 $z = c\sqrt{1 - \dfrac{x^2}{a^2} - \dfrac{y^2}{b^2}}$ 为顶,$D = \left\{ (x,y) \left| 0 \leqslant y \leqslant b\sqrt{1 - \dfrac{x^2}{a^2}},\ 0 \leqslant x \leqslant a \right. \right\}$ 为底的曲顶柱体(见图 10-38),所以
$$V = 8\iint\limits_{D} c\sqrt{1 - \frac{x^2}{a^2} - \frac{y^2}{b^2}}\,\mathrm{d}x\mathrm{d}y.$$

作变换 $T: \begin{cases} x = ar\cos\theta, \\ y = br\sin\theta \end{cases}$ (称此变换为**广义极坐标变换**),并计算得雅可比行列式为
$$J(r,\theta) = \begin{vmatrix} a\cos\theta & -ar\sin\theta \\ b\sin\theta & br\cos\theta \end{vmatrix} = abr.$$
在变换 T 下,积分区域 D 应替换为 D':$0 \leqslant r \leqslant 1, 0 \leqslant \theta \leqslant \pi/2$. 由二重积分的换元公式(1),被积函数替换为
$$f(ar\cos\theta,\ br\sin\theta) = c\sqrt{1 - r^2},$$
因此
$$V = 8\int_0^{\pi/2} \mathrm{d}\theta \int_0^1 c\sqrt{1 - r^2}\,abr\mathrm{d}r = 8abc\int_0^{\pi/2} \mathrm{d}\theta \int_0^1 r\sqrt{1 - r^2}\,\mathrm{d}r = \frac{4\pi}{3}abc.$$

特别地,当 $a = b = c = R$ 时,得到球的体积为 $\dfrac{4\pi}{3}R^3$.

与二重积分一样,三重积分有相类似的换元积分公式.

定理 2 设函数 $f(x,y,z)$ 在有界闭区域 Ω 上可积,变换 $T: x = x(u,v,w), y = y(u,v,w),$

$z = z(u,v,w)$ 将 $Ouvw$ 空间中由分片光滑闭曲面①所围成的闭区域 Ω' 一对一地映成 $Oxyz$ 空间上的有界闭区域 Ω，函数 $x(u,v,w)$，$y(u,v,w)$，$z(u,v,w)$ 在 Ω' 内分别具有连续偏导数且它们的雅可比行列式满足

$$J(u,v,w) = \frac{\partial(x,y,z)}{\partial(u,v,w)} = \begin{vmatrix} \dfrac{\partial x}{\partial u} & \dfrac{\partial x}{\partial v} & \dfrac{\partial x}{\partial w} \\[2mm] \dfrac{\partial y}{\partial u} & \dfrac{\partial y}{\partial v} & \dfrac{\partial y}{\partial w} \\[2mm] \dfrac{\partial z}{\partial u} & \dfrac{\partial z}{\partial v} & \dfrac{\partial z}{\partial w} \end{vmatrix} \neq 0, \quad (u,v,w) \in \Omega',$$

则

$$\iiint\limits_{\Omega} f(x,y,z)\,\mathrm{d}x\mathrm{d}y\mathrm{d}z = \iiint\limits_{\Omega'} f\big[x(u,v,w),y(u,v,w),z(u,v,w)\big]\,|J(u,v,w)|\,\mathrm{d}u\mathrm{d}v\mathrm{d}w. \quad (2)$$

定理的证明从略. 公式(2)称为**三重积分的换元公式**.

前面讨论过的球面坐标与直角坐标的关系式

$$x = r\sin\varphi\cos\theta, \quad y = r\sin\varphi\sin\theta, \quad z = r\cos\varphi,$$

就是一种变换. 此变换的雅可比行列式为

$$J(r,\varphi,\theta) = \frac{\partial(x,y,z)}{\partial(r,\varphi,\theta)} = \begin{vmatrix} \sin\varphi\cos\theta & r\cos\varphi\cos\theta & -r\sin\varphi\sin\theta \\ \sin\varphi\sin\theta & r\cos\varphi\sin\theta & r\sin\varphi\cos\theta \\ \cos\varphi & -r\sin\varphi & 0 \end{vmatrix} = r^2\sin\varphi,$$

因而在这一变换下. 体积微元为

$$\mathrm{d}V = |J(r,\varphi,\theta)|\mathrm{d}r\mathrm{d}\varphi\mathrm{d}\theta = \left|\frac{\partial(x,y,z)}{\partial(r,\varphi,\theta)}\right|\mathrm{d}r\mathrm{d}\varphi\mathrm{d}\theta.$$

当积分区域为椭球体时，常用**广义球面坐标变换**

$$x = ar\sin\varphi\cos\theta, \quad y = br\sin\varphi\sin\theta, \quad z = cr\cos\varphi,$$

其对应的雅可比行列式为

$$\frac{\partial(x,y,z)}{\partial(r,\varphi,\theta)} = abcr^2\sin\varphi,$$

体积微元为

$$\mathrm{d}V = abcr^2\sin\varphi\mathrm{d}r\mathrm{d}\varphi\mathrm{d}\theta.$$

例 4 计算三重积分 $\iiint\limits_{\Omega}\left(\dfrac{x^2}{a^2} + \dfrac{y^2}{b^2}\right)\mathrm{d}V$，其中 $\Omega: \dfrac{x^2}{a^2} + \dfrac{y^2}{b^2} + \dfrac{z^2}{c^2} \leqslant 1$，$y \geqslant 0$，它是由右半椭球面所围成的闭区域.

---

① 若空间曲面 $\Sigma: F(x,y,z) = 0$ 满足 F_x,F_y,F_z 连续且不同时为零，则称 Σ 为光滑曲面. 而分片光滑曲面是指曲面可分成有限块光滑曲面.

解 在广义球面坐标下,积分区域 Ω 可以表示为
$$\Omega' = \{(r,\varphi,\theta) \mid 0 \leqslant r \leqslant 1, 0 \leqslant \varphi \leqslant \pi, 0 \leqslant \theta \leqslant \pi\},$$
所以

$$\iiint\limits_{\Omega} \left(\frac{x^2}{a^2} + \frac{y^2}{b^2}\right) \mathrm{d}V = \iiint\limits_{\Omega'} r^2 \sin^2\varphi \cdot abcr^2 \sin\varphi \mathrm{d}r \mathrm{d}\varphi \mathrm{d}\theta$$

$$= abc \int_0^\pi \mathrm{d}\theta \int_0^\pi \mathrm{d}\varphi \int_0^1 r^4 \sin^3\varphi \mathrm{d}r = abc \int_0^\pi \mathrm{d}\theta \int_0^\pi \sin^3\varphi \left(\frac{1}{5} r^5\right)\Big|_0^1 \mathrm{d}\varphi$$

$$= -\frac{\pi}{5} abc \left(\cos\varphi - \frac{1}{3}\cos^3\varphi\right)\Big|_0^\pi = \frac{4}{15}\pi abc.$$

一般地说,所作的变换要根据积分区域和被积函数的特点分析设出.引入变换后,不仅要变换被积函数,更重要的是通过变换积分区域的边界曲线(曲面)方程来变换积分元素和积分区域.

<h2 style="text-align:center">习 题 10.4</h2>

1. 试作适当的变换,计算下列重积分:

(1) $\iint\limits_{D} (x+y)\sin(x-y)\mathrm{d}x\mathrm{d}y$,其中 $D = \{(x,y) \mid 0 \leqslant x+y \leqslant \pi, 0 \leqslant x-y \leqslant \pi\}$;

(2) $\iint\limits_{D} \mathrm{e}^{\frac{y}{x+y}} \mathrm{d}x\mathrm{d}y$,其中 $D = \{(x,y) \mid x+y \leqslant 1, x \geqslant 0, y \geqslant 0\}$;

(3) $\iiint\limits_{\Omega} (x+y+z)\mathrm{d}V$,其中 Ω:$(x-a)^2 + (y-b)^2 + (z-c)^2 \leqslant R^2$;

(4) $\iint\limits_{D} \left(\frac{x^2}{a^2} + \frac{y^2}{b^2}\right)\mathrm{d}x\mathrm{d}y$,其中 D:$\frac{x^2}{a^2} + \frac{y^2}{b^2} \leqslant 1$;

(5) $\iiint\limits_{\Omega} y^2 \mathrm{d}V$,其中 Ω:$0 \leqslant z \leqslant \sqrt{1 - \frac{x^2}{a^2} - \frac{y^2}{b^2}}$.

2. 试作适当的变换,把下列二重积分化为二次积分:

(1) $\iint\limits_{D} f(\sqrt{x^2 + y^2})\mathrm{d}x\mathrm{d}y$,其中 D 为圆域:$x^2 + y^2 \leqslant 1$;

(2) $\iint\limits_{D} f(x+y)\mathrm{d}x\mathrm{d}y$,其中 $D = \{(x,y) \mid |x| + |y| \leqslant 1\}$;

(3) $\iint\limits_{D} f\left(\frac{y}{x}\right)\mathrm{d}x\mathrm{d}y$,其中 $D = \{(x,y) \mid x \leqslant y \leqslant 4x, 1 \leqslant xy \leqslant 2\}$.

3. 试通过作适当的变换求由四条直线 $x+y=a, x+y=b, y=\alpha x, y=\beta x$ ($b>a>0, \beta>\alpha$) 所围的图形的面积.

$$§10.5 \quad 重积分的应用$$

在前面几节中,我们应用重积分计算了平面图形的面积、空间物体的体积和质量.本节将进一步讨论重积分在几何和物理上的应用,即有关曲面面积、物体的质心、转动惯量及物体对质点的引力的计算.

一、曲面面积

设曲面 Σ 的方程为 $z=f(x,y)$,曲面 Σ 在 Oxy 面上的投影区域为 D,$f(x,y)$ 在 D 上有连续的偏导数.现在我们来计算曲面 Σ 的面积.

把区域 D 任意分成 n 个小区域,考虑其中任一小区域 $\Delta\sigma$.以 $\Delta\sigma$ 的边界为准线作母线平行于 z 轴的柱面.这柱面把曲面 Σ 截出相应的一块 ΔS;在 $\Delta\sigma$ 上任取一点 $P(x,y,0)$,则曲面 Σ 上对应点 $M(x,y,z)$ 的切平面被此柱面截出一小块 ΔA(这里 $\Delta\sigma,\Delta S,\Delta A$ 同时表示相应的面积).ΔS 和 ΔA 在 Oxy 面上的投影都是 $\Delta\sigma$(见图 10-39(a)).如图 10-39(b)所示,有

$$\Delta\sigma = \Delta A\cos\gamma,$$

其中 γ 是曲面 Σ 在点 (x,y,z) 处的外法向量 $\boldsymbol{n}$ 与 z 轴正方向所成的夹角.因为可取 $\boldsymbol{n}=\{-f_x,-f_y,1\}$,而 z 轴正方向的单位向量为 $\{0,0,1\}$,所以

$$\cos\gamma = \frac{1}{\sqrt{1+f_x^2(x,y)+f_y^2(x,y)}},$$

从而

$$\Delta A = \frac{\Delta\sigma}{\cos\gamma} = \sqrt{1+f_x^2(x,y)+f_y^2(x,y)}\,\Delta\sigma.$$

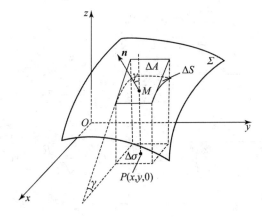

图　10-39

在 $\Delta\sigma$ 的直径 d 充分小时，$\Delta A \approx \Delta S$，于是曲面 S 的面积微元为

$$\mathrm{d}S = \sqrt{1 + f_x^2(x,y) + f_y^2(x,y)}\,\mathrm{d}\sigma.$$

此形式与弧微分形式类似. 将这些面积微元累加起来，就得到曲面 Σ 的面积

$$S = \iint_D \mathrm{d}S = \iint_D \sqrt{1 + f_x^2(x,y) + f_y^2(x,y)}\,\mathrm{d}x\mathrm{d}y$$

或

$$S = \iint_D \sqrt{1 + \left(\frac{\partial z}{\partial x}\right)^2 + \left(\frac{\partial z}{\partial y}\right)^2}\,\mathrm{d}x\mathrm{d}y. \tag{1}$$

同理，如果曲面 Σ 由方程 $y = y(z,x)$ 确定，它在 Ozx 面上的投影区域为 D，则曲面 Σ 的面积为

$$S = \iint_D \sqrt{1 + \left(\frac{\partial y}{\partial z}\right)^2 + \left(\frac{\partial y}{\partial x}\right)^2}\,\mathrm{d}z\mathrm{d}x.$$

如果曲面 Σ 由方程 $x = x(y,z)$ 确定，它在 Oyz 面上的投影区域为 D，则曲面 Σ 的面积为

$$S = \iint_D \sqrt{1 + \left(\frac{\partial x}{\partial y}\right)^2 + \left(\frac{\partial x}{\partial z}\right)^2}\,\mathrm{d}y\mathrm{d}z.$$

例 1　求球面 $x^2 + y^2 + z^2 = R^2$ 包含在圆柱面 $x^2 + y^2 = Rx$ ($R > 0$)内部的面积.

解　由对称性知，只需计算在第一卦限部分的面积 S_1，则所求面积为 $S = 4S_1$.

第一卦限部分在 Oxy 面的投影为半圆 D(见图 10-40)，利用极坐标可表示为

$$D: 0 \leqslant r \leqslant R\cos\theta, \quad 0 \leqslant \theta \leqslant \pi/2.$$

又因为这时球面方程为 $z = \sqrt{R^2 - x^2 - y^2}$，从而

$$\frac{\partial z}{\partial x} = -\frac{x}{z}, \quad \frac{\partial z}{\partial y} = -\frac{y}{z},$$

$$\sqrt{1 + \left(\frac{\partial z}{\partial x}\right)^2 + \left(\frac{\partial z}{\partial y}\right)^2} = \frac{R}{\sqrt{R^2 - x^2 - y^2}},$$

所以

$$S_1 = \iint_D \sqrt{1 + \left(\frac{\partial z}{\partial x}\right)^2 + \left(\frac{\partial z}{\partial y}\right)^2}\,\mathrm{d}x\mathrm{d}y = \int_0^{\pi/2}\mathrm{d}\theta\int_0^{R\cos\theta}\frac{R}{\sqrt{R^2 - r^2}}r\mathrm{d}r = R^2\left(\frac{\pi}{2} - 1\right).$$

于是 $S = 4R^2\left(\frac{\pi}{2} - 1\right).$

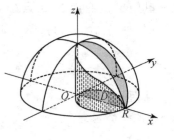

图　10-40

二、质心

先讨论平面薄片的质心,再推广到空间物体.

设 Oxy 面上有 n 个质点,分别位于点 $(x_1,y_1),(x_2,y_2),\cdots,(x_n,y_n)$ 处,质量分别为 m_1, $m_2,\cdots,m_n$. 由静力学知道,该质点系的质心坐标 $(\overline{x},\overline{y})$ 的分量为

$$\overline{x} = \frac{M_y}{M} = \frac{\sum\limits_{i=1}^{n} m_i x_i}{\sum\limits_{i=1}^{n} m_i}, \quad \overline{y} = \frac{M_x}{M} = \frac{\sum\limits_{i=1}^{n} m_i y_i}{\sum\limits_{i=1}^{n} m_i},$$

其中 $M = \sum\limits_{i=1}^{n} m_i$ 为质点系的总质量, $M_y = \sum\limits_{i=1}^{n} m_i x_i$ 为质点系对 y 轴的静力矩, $M_x = \sum\limits_{i=1}^{n} m_i y_i$ 为质点系对 x 轴的静力矩.

设有一平面薄片,占有 Oxy 面上的有界闭区域 D,它的面密度 $\mu(x,y)$ 在 D 上连续. 我们讨论该薄片的质心坐标. 任取 D 上的小区域 $\Delta\sigma$ 及 $\Delta\sigma$ 上的一点 (x,y), $\Delta\sigma$ 的面积为 $\mathrm{d}\sigma$. 当 $\Delta\sigma$ 的直径充分小时,可近似地认为其上的面密度均是 $\mu(x,y)$,于是得到薄片的质量微元 $\mu(x,y)\mathrm{d}\sigma$,从而薄片对 x 轴和 y 轴的静力矩微元分别为

$$\mathrm{d}M_x = y\mu(x,y)\mathrm{d}\sigma, \quad \mathrm{d}M_y = x\mu(x,y)\mathrm{d}\sigma.$$

所以整个物体对 x 轴和 y 轴的静力矩分别为

$$M_x = \iint\limits_{D} y\mu(x,y)\mathrm{d}\sigma, \quad M_y = \iint\limits_{D} x\mu(x,y)\mathrm{d}\sigma.$$

而薄片的质量为

$$M = \iint\limits_{D} \mu(x,y)\mathrm{d}\sigma,$$

因此,薄片质心的坐标 $(\overline{x},\overline{y})$ 的分量为

$$\overline{x} = \frac{M_y}{M} = \frac{\iint\limits_{D} x\mu(x,y)\mathrm{d}\sigma}{\iint\limits_{D} \mu(x,y)\mathrm{d}\sigma}, \quad \overline{y} = \frac{M_x}{M} = \frac{\iint\limits_{D} y\mu(x,y)\mathrm{d}\sigma}{\iint\limits_{D} \mu(x,y)\mathrm{d}\sigma}. \tag{2}$$

类似地,如果物体占有空间有界闭区域 Ω,它的体密度 $\rho(x,y,z)$ 在 Ω 上连续,则物体的质心坐标是 $(\overline{x},\overline{y},\overline{z})$,其中

$$\overline{x} = \frac{1}{M}\iiint\limits_{\Omega} x\rho(x,y,z)\mathrm{d}V, \quad \overline{y} = \frac{1}{M}\iiint\limits_{\Omega} y\rho(x,y,z)\mathrm{d}V,$$

$$\overline{z} = \frac{1}{M}\iiint\limits_{\Omega} z\rho(x,y,z)\mathrm{d}V, \tag{3}$$

这里 $M = \iiint\limits_{\Omega} \rho(x,y,z)\mathrm{d}V$ 为物体的质量.

例 2 求位于两圆周 $\rho = 2\sin\theta$ 和 $\rho = 4\sin\theta$ 之间的均匀薄片(面密度 μ 为常数)的质心.

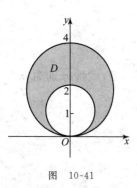

图　10-41

解　薄片的形状如图 10-41 所示,所占的 Oxy 面上的区域记为 D.设所求质心为 $(\bar{x},\bar{y})$.由于薄片关于 y 轴对称,故其质心一定在 y 上,即 $\bar{x}=0$.由公式(2)有

$$\bar{y}=\frac{M_x}{M}=\frac{\iint\limits_D y\mu(x,y)\mathrm{d}\sigma}{\iint\limits_D \mu(x,y)\mathrm{d}\sigma}=\frac{\iint\limits_D y\mathrm{d}\sigma}{\iint\limits_D \mathrm{d}\sigma}=\frac{1}{S}\iint\limits_D y\mathrm{d}\sigma,$$

其中 $S=\iint\limits_D \mathrm{d}\sigma$ 为薄片的面积.这里易得

$$S=(\pi\cdot 2^2-\pi\cdot 1^2)=3\pi.$$

由于

$$\iint\limits_D y\mathrm{d}\sigma=\iint\limits_D \rho^2\sin\theta\mathrm{d}\rho\mathrm{d}\theta=\int_0^\pi \sin\theta\mathrm{d}\theta\int_{2\sin\theta}^{4\sin\theta}\rho^2\mathrm{d}\rho=\frac{56}{3}\int_0^\pi \sin^4\theta\mathrm{d}\theta=7\pi,$$

从而 $\bar{y}=7/3$.因此,薄片的质心坐标为 $(0,7/3)$.

例 3　求均匀半球体的质心.

解　取半球体的对称轴为 z 轴,原点取在球心上,并设球的半径为 a,则半球体所占空间区域为

$$\Omega=\{(x,y,z)|x^2+y^2+z^2\leqslant a^2,z\geqslant 0\}.$$

设所求质心为 $(\bar{x},\bar{y},\bar{z})$,由对称性知 $\bar{x}=\bar{y}=0$,再由公式(3)有

$$\bar{z}=\frac{1}{M}\iiint\limits_\Omega z\rho(x,y,z)\mathrm{d}V=\frac{1}{V}\iiint\limits_\Omega z\mathrm{d}V,$$

其中 $V=\dfrac{2}{3}\pi a^3$ 为半球体的体积.利用球面坐标计算得

$$\iiint\limits_\Omega z\mathrm{d}V=\iiint\limits_\Omega r\cos\varphi\cdot r^2\sin\varphi\mathrm{d}r\mathrm{d}\theta\mathrm{d}\varphi=\int_0^{2\pi}\mathrm{d}\theta\int_0^{\pi/2}\sin\varphi\cos\varphi\mathrm{d}\varphi\int_0^a r^3\mathrm{d}r=\frac{\pi}{4}a^4.$$

因此 $\bar{z}=\dfrac{3}{8}a$.故质心为 $\left(0,0,\dfrac{3}{8}a\right)$.

三、转动惯量

由静力学理论知道,质量为 m 的质点对距离为 r 的轴的转动惯量为 $I=mr^2$.

设一平面薄片所占的区域是 Oxy 面上的有界闭区域 D,它的面密度 $\mu(x,y)$ 是 D 上的连续函数.下面考虑此薄片对 x 轴和 y 轴的转动惯量.任取 D 上的小区域 $\Delta\sigma$,其面积为 $\mathrm{d}\sigma$,类似于质心的讨论,可得薄片对 x 轴和 y 轴的转动惯量微元分别为

$$\mathrm{d}I_x=y^2\mu(x,y)\mathrm{d}\sigma,\quad \mathrm{d}I_y=x^2\mu(x,y)\mathrm{d}\sigma,$$

从而整个薄片对 x 轴和 y 轴的转动惯量分别为

$$I_x = \iint\limits_D y^2 \mu(x,y) \mathrm{d}\sigma, \quad I_y = \iint\limits_D x^2 \mu(x,y) \mathrm{d}\sigma.$$

进一步可得到薄片对过原点且垂直于 Oxy 面的轴的转动惯量为

$$I_o = \iint\limits_D (x^2 + y^2) \mu(x,y) \mathrm{d}\sigma. \tag{4}$$

类似地,如果物体占有空间有界闭区域 Ω,它的体密度 $\rho(x,y,z)$ 是 Ω 上的连续函数,则物体对 x,y,z 轴的转动惯量分别为

$$I_x = \iiint\limits_\Omega (y^2 + z^2) \rho(x,y,z) \mathrm{d}V,$$

$$I_x = \iiint\limits_\Omega (x^2 + z^2) \rho(x,y,z) \mathrm{d}V,$$

$$I_z = \iiint\limits_\Omega (x^2 + y^2) \rho(x,y,z) \mathrm{d}V.$$

例4 求半径为 a 的均匀半圆薄片对于其直径边的转动惯量.

解 取坐标系如图 10-42 所示,则薄片所占区域为

$$D = \{(x,y) \mid x^2 + y^2 \leqslant a^2, y \geqslant 0\}.$$

(设面密度为常数 μ),于是该薄片对 x 轴的转动惯量为

$$\begin{aligned}
I_x &= \iint\limits_D y^2 \mu \mathrm{d}\sigma = \mu \iint\limits_D y^2 \mathrm{d}\sigma \\
&= \mu \int_0^\pi \mathrm{d}\theta \int_0^a \rho^2 \sin^2\theta \cdot \rho \mathrm{d}\rho \\
&= \mu \cdot \frac{1}{4} a^4 \int_0^\pi \sin^2\theta \mathrm{d}\theta \\
&= \frac{1}{4} \mu a^4 \cdot \frac{\pi}{2} = \frac{1}{8} \mu \pi a^4.
\end{aligned}$$

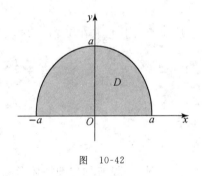

图 10-42

例5 求密度为 ρ 的均匀球体对于过球心的一条轴 l 的转动惯量.

解 取球心为原点,z 轴与 l 轴重合,又设球的半径为 a,则球体所占空间区域为

$$\Omega = \{(x,y,z) \mid x^2 + y^2 + z^2 \leqslant a^2\}.$$

于是所求转动惯量为球体对 z 轴的转动惯量,即

$$\begin{aligned}
I_z &= \iiint\limits_\Omega (x^2 + y^2) \rho \mathrm{d}V = \rho \iiint\limits_\Omega (x^2 + y^2) \mathrm{d}V \\
&= \rho \iiint\limits_\Omega r^2 \sin^2\varphi \cdot r^2 \sin\varphi \mathrm{d}r \mathrm{d}\varphi \mathrm{d}\theta \\
&= \rho \int_0^{2\pi} \mathrm{d}\theta \int_0^\pi \sin^3\varphi \mathrm{d}\varphi \int_0^a r^4 \mathrm{d}r = \frac{8}{15} \pi a^5 \rho.
\end{aligned}$$

四、引力

设空间物体所占的有界闭区域为 Ω,它的面密度 $\rho(x,y,z)$ 在 Ω 上连续,又设区域 Ω 外有一质量为 m 的质点 $A(a,b,c)$.下面讨论如何来计算该物体对质点 A 的引力 $\boldsymbol{F}$.

任取 Ω 上的小区域 ΔV,其体积为 dV.在 ΔV 内任取一点 $M(x,y,z)$,当 ΔV 的直径充分小时,可近似认为 ΔV 上的密度均是 $\rho(x,y,z)$,于是物体 Ω 的质量微元为 $\rho(x,y,z)dV$.再由万有引力定律知,该物体对质点 A 的引力微元为

$$d\boldsymbol{F} = \frac{km\rho(x,y,z)dV}{r^2}\boldsymbol{e}_r, \tag{5}$$

其中 k 为引力系数,$\boldsymbol{e}_r$ 为向量 $\boldsymbol{r} = \overrightarrow{AM} = (x-a,y-b,z-c)$ 的单位向量,且 $r = |\boldsymbol{r}|$.因为 $d\boldsymbol{F}$ 为一向量,不能直接对它积分,只能对其在三个坐标轴方向的分量 dF_x,dF_y,dF_z 分别进行积分.由 $\boldsymbol{e}_r = \left(\dfrac{x-a}{r}, \dfrac{y-b}{r}, \dfrac{z-c}{r}\right)$ 可得

$$dF_x = \frac{km\rho(x,y,z)(x-a)}{r^3}dV, \quad dF_y = \frac{km\rho(x,y,z)(y-b)}{r^3}dV,$$

$$dF_z = \frac{km\rho(x,y,z)(z-c)}{r^3}dV,$$

从而所求引力 $\boldsymbol{F}$ 在 x 轴、y 轴、z 轴方向的分量分别为

$$F_x = km\iiint\limits_{\Omega} \frac{\rho(x,y,z)(x-a)}{r^3}dV,$$

$$F_y = km\iiint\limits_{\Omega} \frac{\rho(x,y,z)(y-b)}{r^3}dV, \tag{6}$$

$$F_z = km\iiint\limits_{\Omega} \frac{\rho(x,y,z)(z-c)}{r^3}dV.$$

例 6 设有均匀圆柱体形物体,所占的空间区域为 Ω:$x^2+y^2 \leqslant a^2, 0 \leqslant z \leqslant h$,其体密度为常数 μ,求该物体对位于点 $A(0,0,b)(b>h)$ 处的单位质量的质点的引力.

解 在圆柱体 Ω 内任取一点 $M(x,y,z)$,则

$$\boldsymbol{r} = \overrightarrow{AM} = (x,y,z-b), \quad r = |\boldsymbol{r}| = \sqrt{x^2+y^2+(z-b)^2}.$$

由公式(5),圆柱体对单位质量的质点的引力微元为 $d\boldsymbol{F} = \dfrac{k\mu dV}{r^2}\boldsymbol{e}_r$,于是得到 $d\boldsymbol{F}$ 在 x 轴、y 轴、z 轴方向的三个分量分别为

$$dF_x = \frac{k\mu x}{[x^2+y^2+(z-b)^2]^{3/2}}dV, \quad dF_y = \frac{k\mu y}{[x^2+y^2+(z-b)^2]^{3/2}}dV,$$

$$dF_z = \frac{k\mu(z-b)}{[x^2+y^2+(z-b)^2]^{3/2}}dV.$$

由公式(6),注意到 Ω:$x^2+y^2 \leqslant a^2, 0 \leqslant z \leqslant h$ 关于 Ozx 面及 Ozy 面对称,结合被积函数的奇

偶性,可得所求引力 $\boldsymbol{F}$ 在 x 轴和 y 轴方向的分量分别为

$$F_x = \iiint\limits_\Omega \frac{k\mu x}{[x^2 + y^2 + (z-b)^2]^{3/2}} \mathrm{d}V = 0, \quad F_y = \iiint\limits_\Omega \frac{k\mu y}{[x^2 + y^2 + (z-b)^2]^{3/2}} \mathrm{d}V = 0,$$

而在 z 轴方向的分量为

$$F_z = \iiint\limits_\Omega \frac{k\mu(z-b)}{[x^2 + y^2 + (z-b)^2]^{3/2}} \mathrm{d}V = k\mu \int_0^{2\pi} \mathrm{d}\theta \int_0^a r\mathrm{d}r \int_0^h \frac{(z-b)}{[r^2 + (z-b)^2]^{3/2}} \mathrm{d}z$$

$$= 2\pi k\mu [\sqrt{a^2 + b^2} - \sqrt{a^2 + (b-h)^2} - h].$$

习　题　10.5

1. 求下列曲面的面积:

(1) 平面 $\dfrac{x}{1} + \dfrac{y}{2} + \dfrac{z}{3} = 1$ 被三个坐标面所截部分;

(2) 曲面 $az = xy$ 包含在圆柱面 $x^2 + y^2 = a^2(a>0)$ 内的部分;

(3) 球面 $x^2 + y^2 + z^2 = 3(z \geqslant 0)$ 与抛物面 $x^2 + y^2 = 2z$ 所围区域的边界曲面;

(4) 锥面 $z = \sqrt{x^2 + y^2}$ 被柱面 $z^2 = 2x$ 所截部分;

(5) 半径相等且对称轴垂直相交的两个直圆柱体的公共部分的表面积.

2. 设密度均匀的平面薄片所占的平面区域如下,分别求薄片的质心:

(1) 半椭圆 $\dfrac{x^2}{a^2} + \dfrac{y^2}{b^2} \leqslant 1, y \geqslant 0$;

(2) 由 $r = a(1 + \cos\varphi)(0 \leqslant \varphi \leqslant \pi, a>0)$ 所围成的闭区域;

(3) 由 $ay = x^2, x + y = 2a(a>0)$ 所围成的闭区域.

3. 设密度均匀的物体所占的空间区域如下,分别求物体的质心:

(1) 由抛物面 $z = x^2 + y^2$ 和平面 $z = 1$ 所围成的闭区域;

(2) 由坐标面和平面 $x + 2y - z = 1$ 所围成的四面体;

(3) 半球壳 $a^2 \leqslant x^2 + y^2 + z^2 \leqslant b^2, z \geqslant 0$.

4. 对下列均匀密度物体所占的平面或空间区域,求物体关于给定轴的转动惯量:

(1) 由曲线 $y = x^2$ 与直线 $y = 1$ 所围成的闭区域,直线 $y = -1$;

(2) $\dfrac{x^2}{a^2} + \dfrac{y^2}{b^2} \leqslant 1, y$ 轴;

(3) 由曲线 $y^2 = x^3$ 与直线 $y = x$ 所围成的闭区域,x 轴和 y 轴;

(4) 由双纽线 $\rho^2 = a^2 \cos 2\theta$ 所围成的闭区域,x 轴;

(5) 圆筒 $a^2 \leqslant x^2 + y^2 \leqslant b^2(-h \leqslant z \leqslant h), x$ 轴和 z 轴.

5. 设一均匀物体的密度为 μ,它所占有的闭区域 Ω 由曲面 $z = x^2 + y^2$ 和平面 $|x| = a$,

$|y|=a$ $(a>0)$,$z=0$ 所围成,求该物体的体积、质心及关于 z 轴的转动惯量.

6. 设半圆环形薄片所占平面区域为 D:$a^2\leqslant x^2+y^2\leqslant b^2$($y\leqslant 0$),其在点 (x,y) 处的密度为 $\rho(x,y)=y$,求该薄片对原点处质量为 m 的质点的引力.

§10.6　综 合 例 题

一、重积分的计算

例 1　计算二重积分 $\iint\limits_{D}y^2\mathrm{d}x\mathrm{d}y$,其中 D 是由 x 轴和摆线 $\begin{cases}x=a(t-\sin t),\\y=a(1-\cos t)\end{cases}$($0\leqslant t\leqslant 2\pi$,$a>0$) 的第一拱所围成的闭区域.

解　积分区域为 D:$0\leqslant y\leqslant y(x)$,$0\leqslant x\leqslant 2\pi a$(见图 10-43),其中 $y(x)$ 由摆线方程确定. 于是

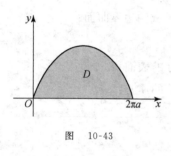

图　10-43

$$\iint\limits_{D}y^2\mathrm{d}x\mathrm{d}y=\int_0^{2\pi a}\mathrm{d}x\int_0^{y(x)}y^2\mathrm{d}y=\frac{1}{3}\int_0^{2\pi a}y^3(x)\mathrm{d}x$$

$$\xrightarrow{\diamondsuit\,x=a(t-\sin t)}\frac{1}{3}\int_0^{2\pi}a^3(1-\cos t)^3a(1-\cos t)\mathrm{d}t$$

$$=\frac{16a^4}{3}\int_0^{2\pi}\sin^8\frac{t}{2}\mathrm{d}t\xrightarrow{\diamondsuit\,t/2=u}\frac{16a^4}{3}\int_0^{\pi}\sin^8 u\cdot2\mathrm{d}u$$

$$=\frac{32a^4}{3}\cdot2\int_0^{\pi/2}\sin^8 u\mathrm{d}u$$

$$=\frac{64a^4}{3}\cdot\frac{7}{8}\cdot\frac{5}{6}\cdot\frac{3}{4}\cdot\frac{1}{2}\cdot\frac{\pi}{2}=\frac{35}{12}\pi a^4.$$

以后还可以用格林公式来计算本例的二重积分.

例 2　计算二重积分 $\iint\limits_{D}(x^2-2x+3y+2)\mathrm{d}x\mathrm{d}y$,其中 D:$x^2+y^2\leqslant a^2$($a>0$).

解　因为积分区域 D 关于 x 轴和 y 轴对称,故由二重积分的对称性有

$$\iint\limits_{D}(-2x+3y)\mathrm{d}x\mathrm{d}y=0.$$

再由积分区域 D 关于直线 $y=x$ 对称,有 $\iint\limits_{D}x^2\mathrm{d}x\mathrm{d}y=\iint\limits_{D}y^2\mathrm{d}x\mathrm{d}y$,因此

$$\iint\limits_{D}x^2\mathrm{d}x\mathrm{d}y=\frac{1}{2}\iint\limits_{D}(x^2+y^2)\mathrm{d}x\mathrm{d}y=\frac{1}{2}\int_0^{2\pi}\mathrm{d}\theta\int_0^{a}r^3\mathrm{d}r=\frac{\pi a^4}{4}.$$

于是

$$\iint\limits_{D}(x^2-2x+3y+2)\mathrm{d}x\mathrm{d}y=\iint\limits_{D}x^2\mathrm{d}x\mathrm{d}y+2\pi a^2=\frac{\pi a^4}{4}+2\pi a^2.$$

注 若积分区域 D 关于直线 $y=x$ 对称,则有 $\iint\limits_{D}f(x,y)\mathrm{d}x\mathrm{d}y = \iint\limits_{D}f(y,x)\mathrm{d}x\mathrm{d}y$;

若在 D 上恒成立 $f(y,x)=f(x,y)$,则有 $\iint\limits_{D}f(x,y)\mathrm{d}x\mathrm{d}y = 2\iint\limits_{D_1}f(y,x)\mathrm{d}x\mathrm{d}y$,其中

$$D_1 = \{(x,y)|(x,y)\in D, y\leqslant x\};$$

若在 D 上恒成立 $f(y,x)=-f(x,y)$,则有 $\iint\limits_{D}f(x,y)\mathrm{d}x\mathrm{d}y = 0$.

例 3 设函数 $f(x)$ 连续,$F(t) = \iiint\limits_{\Omega}[z^2 + f(x^2 + y^2)]\mathrm{d}V$,其中

$$\Omega = \{(x,y,z)|x^2+y^2\leqslant t^2, 0\leqslant z\leqslant H\},$$

试求 $\dfrac{\mathrm{d}F}{\mathrm{d}t}$ 和 $\lim\limits_{t\to 0}\dfrac{F(t)}{t^2}$.

解 Ω 在 Oxy 面上投影 D 为圆域 $x^2+y^2\leqslant t^2$,于是

$$F(t) = \iiint\limits_{\Omega}[z^2 + f(x^2 + y^2)]\mathrm{d}V = \iint\limits_{D}\mathrm{d}x\mathrm{d}y\int_0^H[z^2 + f(x^2+y^2)]\mathrm{d}z$$

$$= \int_0^{2\pi}\mathrm{d}\theta\int_0^{|t|}\left[\frac{1}{3}H^3 + f(\rho^2)H\right]\rho\mathrm{d}\rho = \frac{\pi}{3}H^3 t^2 + 2\pi H\int_0^{|t|}f(\rho^2)\rho\mathrm{d}\rho.$$

当 $t>0$ 时,有 $\qquad\qquad \dfrac{\mathrm{d}F}{\mathrm{d}t} = \dfrac{2}{3}\pi H^3 t + 2\pi H t f(t^2)$;

当 $t<0$ 时,有 $\qquad\qquad \dfrac{\mathrm{d}F}{\mathrm{d}t} = \dfrac{2}{3}\pi H^3 t + 2\pi H t f(t^2)$.

当 $t=0$ 时,有 $F'(0) = \lim\limits_{t\to 0}\dfrac{\mathrm{d}F}{\mathrm{d}t} = 0$,所以

$$\frac{\mathrm{d}F}{\mathrm{d}t} = \frac{2}{3}\pi H^3 t + 2\pi H t f(t^2), \quad t\in\mathbf{R}.$$

从而

$$\lim_{t\to 0}\frac{F(t)}{t^2} = \lim_{t\to 0}\frac{\dfrac{2}{3}\pi H^3 t + 2\pi H t f(t^2)}{2t} = \frac{\pi}{3}H^3 + \lim_{t\to 0}\pi H f(t^2)$$

$$= \frac{\pi}{3}H^3 + \pi H f(0).$$

二、重积分的证明

例 4 设函数 $f(x)$ 在区间 $[a,b]$ 上连续,且 $f(x)>0$,试证明:

$$\int_a^b f(x)\mathrm{d}x\int_a^b \frac{1}{f(x)}\mathrm{d}x > (b-a)^2.$$

证 设平面区域 $D=\{(x,y)|a\leqslant x\leqslant b, a\leqslant y\leqslant b\}$,$D$ 关于直线 $y=x$ 对称,所以

$$\int_a^b f(x)\mathrm{d}x \int_a^b \frac{1}{f(x)}\mathrm{d}x = \int_a^b f(x)\mathrm{d}x \int_a^b \frac{1}{f(y)}\mathrm{d}y$$

$$= \iint\limits_D \frac{f(x)}{f(y)}\mathrm{d}x\mathrm{d}y = \iint\limits_D \frac{f(y)}{f(x)}\mathrm{d}x\mathrm{d}y$$

$$= \frac{1}{2}\iint\limits_D \left[\frac{f(x)}{f(y)} + \frac{f(y)}{f(x)}\right]\mathrm{d}x\mathrm{d}y = \frac{1}{2}\iint\limits_D \frac{f^2(x) + f^2(y)}{f(x)f(y)}\mathrm{d}x\mathrm{d}y$$

$$\geqslant \frac{1}{2}\iint\limits_D \frac{2f(x)f(y)}{f(x)f(y)}\mathrm{d}x\mathrm{d}y = \iint\limits_D \mathrm{d}x\mathrm{d}y = (b-a)^2.$$

例 5　设 $f(x)$ 为连续函数，证明：$\int_a^b \mathrm{d}x \int_a^x f(y)\mathrm{d}y = \int_a^b f(y)(b-y)\mathrm{d}y.$

证　左端 $= \int_a^b \mathrm{d}x \int_a^x f(y)\mathrm{d}y = \iint\limits_D f(y)\mathrm{d}x\mathrm{d}y$，其中 D：$\begin{cases} a \leqslant y \leqslant x, \\ a \leqslant x \leqslant b. \end{cases}$ 因 D 可表示为 D：$\begin{cases} y \leqslant x \leqslant b, \\ a \leqslant y \leqslant b, \end{cases}$ 故交换积分顺序得

$$左端 = \int_a^b \mathrm{d}x \int_a^x f(y)\mathrm{d}y = \iint\limits_D f(y)\mathrm{d}x\mathrm{d}y = \int_a^b \mathrm{d}y \int_y^b f(y)\mathrm{d}x$$

$$= \int_a^b f(y)(b-y)\mathrm{d}y = 右端.$$

注　本例还可这样证明：

令 $F(t) = \int_a^t \mathrm{d}x \int_a^x f(y)\mathrm{d}y - \int_a^t f(x)(t-x)\mathrm{d}x$，证明 $F'(t) = 0 \Rightarrow F(t) = 0.$

例 6　设 $f(x,y)$ 为连续函数，且 $f(x,y) = f(y,x)$，证明：

$$\int_0^1 \mathrm{d}x \int_0^x f(x,y)\mathrm{d}y = \int_0^1 \mathrm{d}x \int_0^x f(1-x,1-y)\mathrm{d}y.$$

证　令 $x = 1-u, y = 1-v$，则 $0 \leqslant v \leqslant 1, 0 \leqslant u \leqslant v$，且雅可比行列式 $|J| = 1$. 于是

$$\int_0^1 \mathrm{d}x \int_0^x f(1-x,1-y)\mathrm{d}y = \int_0^1 \mathrm{d}v \int_0^v f(u,v)\mathrm{d}u$$

$$= \int_0^1 \mathrm{d}v \int_0^v f(v,u)\mathrm{d}u = \int_0^1 \mathrm{d}x \int_0^x f(x,y)\mathrm{d}y.$$

三、重积分的应用

例 7　求曲面 $z = 1 + x^2 + y^2$ 在点 $M_0(1,-1,3)$ 处的切平面与曲面 $z = x^2 + y^2$ 所围立体的体积 V.

解　不难想象，该立体的下底曲面是曲面 $z = x^2 + y^2$ 的一块，上顶面是切平面的一块. 首先确定立体在 Oxy 面上投影区域 D.

在点 M_0 处，切平面的法向量是 $\boldsymbol{n} = (z_x, z_y, -1)\big|_{M_0} = (2,-2,-1)$，于是切平面方程为

$$2(x-1)-2(y+1)-(z-3)=0, \quad 即 \quad z=2x-2y-1,$$

从而切平面与曲面 $z=x^2+y^2$ 的交线是

$$\begin{cases} z=x^2+y^2, \\ z=2x-2y-1. \end{cases}$$

消去 z,可得它在 Oxy 面上的投影 $(x-1)^2+(y+1)^2=1$. 该曲线所围成的平面区域就是 D.
注意到在 D 上,$2x-2y-1 \geqslant x^2+y^2$,所以

$$V=\iint\limits_{D}[2x-2y-1-(x^2+y^2)]\mathrm{d}x\mathrm{d}y=\iint\limits_{D}[1-(x-1)^2-(y+1)^2]\mathrm{d}x\mathrm{d}y$$

$$=\int_0^{2\pi}\mathrm{d}\theta\int_0^1(1-r^2)r\mathrm{d}r=\frac{\pi}{2}.$$

上式计算中作了极坐标变换:$x-1=r\cos\theta,\ y+1=r\sin\theta$.

例 8 设半径为 R 的球面 Σ 的球心在定球面 $x^2+y^2+z^2=a^2(a>0)$ 上,问:当 R 取何值时,Σ 在定球面内部的那部分 Σ_1 的面积最大?

解 可设 Σ 的方程为 $x^2+y^2+(z-a)^2=R^2$,从而两球面的交线是

$$\begin{cases} x^2+y^2=\dfrac{R^2}{4a^2}(4a^2-R^2), \\ z=\dfrac{2a^2-R^2}{2a}, \end{cases}$$

于是 Σ_1 的方程为 $z=a-\sqrt{R^2-x^2-y^2}$,它在 Oxy 面上的投影为 $D:x^2+y^2\leqslant\dfrac{R^2}{4a^2}(4a^2-R^2)$. 故 Σ_1 的面积为

$$S(R)=\iint\limits_{D}\sqrt{1+z_x^2+z_y^2}\mathrm{d}x\mathrm{d}y=\iint\limits_{D}\frac{R}{\sqrt{R^2-x^2-y^2}}\mathrm{d}x\mathrm{d}y$$

$$=\int_0^{2\pi}\mathrm{d}\theta\int_0^{\frac{R}{2a}\sqrt{4a^2-R^2}}\frac{R}{\sqrt{R^2-r^2}}r\mathrm{d}r=2\pi R^2-\frac{\pi R^3}{a}.$$

由 $S'(R)=4\pi R-\dfrac{3\pi}{a}R^2=0$ 得驻点 $R_1=0$(舍去),$R_2=\dfrac{4}{3}a$. 因为

$$S''(R)=4\pi-\frac{6\pi}{a}R, \quad S''(R_2)=-4\pi<0,$$

所以,当 $R=\dfrac{4}{3}a$ 时,Σ_1 的面积最大.

例 9 设有一半径为 R 的球体,P_0 是此球的表面上的一个定点,球体上任一点的密度与该点到 P_0 距离的平方成正比(比例常数 $k>0$),求球体的质心位置.

解 设所考虑的球体为 Ω,以 Ω 的球心为原点 O,射线 OP_0 为 x 轴正向建立直角坐标系,则点 P_0 的坐标为 $(R,0,0)$,球面方程为 $x^2+y^2+z^2=R^2$.

设 Ω 的质心位置为 $(\bar{x},\bar{y},\bar{z})$, 由对称性得 $\bar{y}=0,\bar{z}=0$, 而

$$\bar{x}=\frac{\iiint\limits_{\Omega}x\cdot k[(x-R)^2+y^2+z^2]\mathrm{d}V}{\iiint\limits_{\Omega}k[(x-R)^2+y^2+z^2]\mathrm{d}V}.$$

由于

$$\iiint\limits_{\Omega}[(x-R)^2+y^2+z^2]\mathrm{d}V=\iiint\limits_{\Omega}(x^2+y^2+z^2)\mathrm{d}V+\iiint\limits_{\Omega}R^2\mathrm{d}V$$

$$=8\int_0^{\pi/2}\mathrm{d}\theta\int_0^{\pi/2}\mathrm{d}\varphi\int_0^R r^2\cdot r^2\sin\varphi\mathrm{d}r+\frac{4}{3}\pi R^5=\frac{32}{15}\pi R^5,$$

$$\iiint\limits_{\Omega}x[(x-R)^2+y^2+z^2]\mathrm{d}V=-2R\iiint\limits_{\Omega}x^2\mathrm{d}V$$

$$=-\frac{2}{3}R\iiint\limits_{\Omega}(x^2+y^2+z^2)\mathrm{d}V=-\frac{8}{15}\pi R^6,$$

所以 $\bar{x}=-\dfrac{R}{4}$. 因此球体 Ω 的质心位置为 $\left(-\dfrac{R}{4},0,0\right)$.

第十一章 曲线积分与曲面积分

第十章我们已经把积分概念从积分范围的角度由数轴上的一个区间推广到平面或空间内的一个区域. 在应用领域,有时常常会遇到计算密度不均匀的曲线或曲面的质量、变力对质点所做的功、通过某曲面的流体的流量等. 为解决这些问题,需要对积分概念作进一步的推广,引进曲线积分和曲面积分的概念,给出计算方法,并讨论曲线积分与积分路径无关的有关问题. 此外,本章还将介绍格林公式、高斯公式和斯托克斯公式. 这些公式揭示了存在于各类积分之间的内在联系,并在物理中有广泛的应用.

§11.1 第一类曲线积分

一、第一类曲线积分的概念与性质

引例(曲线形构件的质量) 设有一条物质曲线 $L = \overset{\frown}{AB}$,其线密度 $\rho(x,y)$ 在 L 上连续,求其质量 m.

把曲线 $\overset{\frown}{AB}$ 任意分成 n 段小弧(见图 11-1),分点记为 $M_0 = A, M_1, M_2, \cdots, M_{i-1}, M_i, \cdots, M_n = B$,每个小弧段 $\overset{\frown}{M_{i-1}M_i}$ $(i = 1, 2, \cdots, n)$ 的长度记为 Δs_i. 由于每段小弧都可以分割得足够短,因此其上的线密度可以近似为常数. 设 $Q(\xi_i, \eta_i)$ 为 $\overset{\frown}{M_{i-1}M_i}$ 上的任一点,其线密度为 $\rho_i = \rho(\xi_i, \eta_i)$,则小弧段 $\overset{\frown}{M_{i-1}M_i}$ 的质量 Δm_i 可近似地表示为

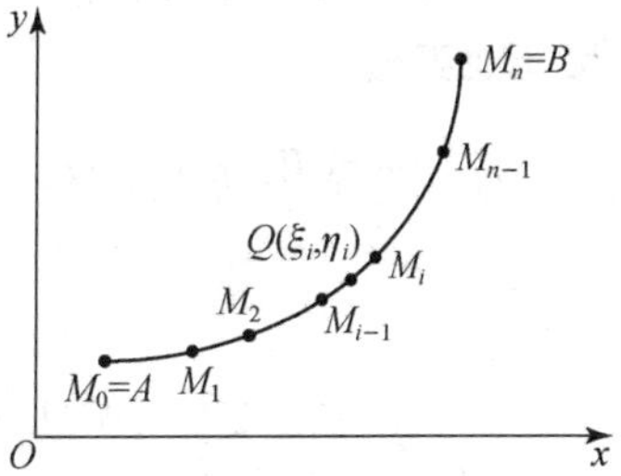

$$\Delta m_i \approx \rho(\xi_i, \eta_i) \Delta s_i.$$

于是整条物质曲线 $L = \overset{\frown}{AB}$ 的质量

$$m = \sum_{i=1}^{n} \Delta m_i \approx \sum_{i=1}^{n} \rho(\xi_i, \eta_i) \Delta s_i.$$

图 11-1

显然,分点愈多,各弧段的长度愈小时,和式 $\sum\limits_{i=1}^{n}\rho(\xi_i,\eta_i)\Delta s_i$ 的值愈接近物质曲线 $L=\overparen{AB}$ 的质量 m. 因此当所有的 Δs_i 都趋于零时,上面和式的极限值就是所求的质量 m. 记 $\lambda=\max\{\Delta s_1,\Delta s_2,\cdots,\Delta s_n\}$,则

$$m=\lim_{\lambda\to 0}\sum_{i=1}^{n}\rho(\xi_i,\eta_i)\Delta s_i.$$

我们把上面和式的极限值称为函数 $\rho(x,y)$ 在曲线 $L=\overparen{AB}$ 上对弧长的曲线积分,也称为**第一类曲线积分**.

求物质曲线的质量是第一类曲线积分的物理背景,抛去其物理意义,便可抽象出第一类曲线积分的数学概念.

定义 设 $L=\overparen{AB}$ 为分段光滑的平面曲线,$f(x,y)$ 是定义在 L 上的有界函数. 把 L 任意分成 n 段小弧 $\overparen{M_{i-1}M_i}$($i=1,2,\cdots,n$,$M_0=A$ 为曲线起点,$M_n=B$ 为曲线终点),其长度记为 Δs_i. 在每段小弧 $\overparen{M_{i-1}M_i}$ 上任取一点 $Q(\xi_i,\eta_i)$($i=1,2,\cdots,n$),作和式 $\sum\limits_{i=1}^{n}f(\xi_i,\eta_i)\Delta s_i$. 记 $\lambda=\max\{\Delta s_1,\Delta s_2,\cdots,\Delta s_n\}$. 若当 $\lambda\to 0$ 时,极限

$$\lim_{\lambda\to 0}\sum_{i=1}^{n}f(\xi_i,\eta_i)\Delta s_i$$

存在,则称此极限值为函数 $f(x,y)$ 在曲线 L 上对弧长的曲线积分,也称为**第一类曲线积分**,记做 $\int_{L}f(x,y)\mathrm{d}s$ 或 $\int_{\overparen{AB}}f(x,y)\mathrm{d}s$,即

$$\int_{L}f(x,y)\mathrm{d}s=\int_{\overparen{AB}}f(x,y)\mathrm{d}s=\lim_{\lambda\to 0}\sum_{i=1}^{n}f(\xi_i,\eta_i)\Delta s_i,$$

其中曲线 L 称为**积分曲线**,$f(x,y)$ 称为**被积函数**,$f(x,y)\mathrm{d}s$ 称为**被积表达式**,$\mathrm{d}s$ 称为**弧长微元**或**弧微分**.

应用曲线积分的记号,引例中的曲线形构件的质量可记为 $m=\int_{L}\rho(x,y)\mathrm{d}s$.

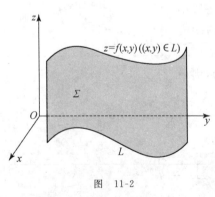

图 11-2

自然我们会问:函数 $f(x,y)$ 满足什么条件,第一类曲线积分才存在? 这里我们不加证明地指出,只要函数 $f(x,y)$ 在所定义的分段光滑曲线 L 上连续,则 $f(x,y)$ 在 L 上的第一类曲线积分必存在. 在以后讨论中,我们总假定函数 f 在曲线 L 上是连续的,而不再每次加以说明.

第一类曲线积分具有明显的几何意义:以曲线 L 为准线,高为 $f(x,y)$ 的柱面 Σ(见图 11-2)的面积可用第一类曲线积分表示,即

$$\int_L f(x,y)\mathrm{d}s = S_{柱面\Sigma的面积}.$$

注1　当被积函数 $f(x,y)\equiv 1$ 时，有

$$\int_L f(x,y)\mathrm{d}s = 积分曲线\ L\ 的长度.$$

注2　由第一类曲线积分的定义可知，当积分曲线 $L=\widehat{AB}$ 的方向改变时积分值不变，即

$$\int_{\widehat{AB}} f(x,y)\mathrm{d}s = \int_{\widehat{BA}} f(x,y)\mathrm{d}s.$$

注3　若 L 为闭曲线，则 $f(x,y)$ 在 L 上对弧长的曲线积分记为 $\oint_L f(x,y)\mathrm{d}s.$

若积分曲线 Γ 是空间曲线，类似地，我们可定义 $f(x,y,z)$ 在空间曲线 Γ 上的第一类曲线积分

$$\int_\Gamma f(x,y,z)\mathrm{d}s = \lim_{\lambda\to 0}\sum_{i=1}^n f(\xi_i,\eta_i,\zeta_i)\Delta s_i.$$

第一类曲线积分具有以下基本性质（假设所涉及的曲线积分存在）：

性质1（线性性）　$\int_L [\alpha f(x,y)+\beta g(x,y)]\mathrm{d}s = \alpha\int_L f(x,y)\mathrm{d}s + \beta\int_L g(x,y)\mathrm{d}s$ （α,β 为常数）.

性质2　若在曲线 L 上满足 $f(x,y)\leqslant g(x,y)$，则

$$\int_L f(x,y)\mathrm{d}s \leqslant \int_L g(x,y)\mathrm{d}s.$$

性质3（可加性）　若分段光滑曲线 L 可分为 k 条除端点外无重合点的曲线 $L_1,L_2,\cdots,L_k$（记为 $L=L_1+L_2+\cdots+L_k$），则

$$\int_L f(x,y)\mathrm{d}s = \int_{L_1} f(x,y)\mathrm{d}s + \int_{L_2} f(x,y)\mathrm{d}s + \cdots + \int_{L_k} f(x,y)\mathrm{d}s.$$

当积分曲线 L 具有对称性，且被积函数具有奇偶性时，第一类曲线积分与重积分有相类似的对称性质.

性质4　（1）若曲线 $L=L_1+L_2$，且 L_1 与 L_2 关于 x 轴对称，则

$$\int_L f(x,y)\mathrm{d}s = \begin{cases} 0, & f(x,-y)=-f(x,y), \\ 2\int_{L_1} f(x,y)\mathrm{d}s, & f(x,-y)=f(x,y); \end{cases}$$

（2）若曲线 $L=L_1+L_2$，且 L_1 与 L_2 关于 y 轴对称，则

$$\int_L f(x,y)\mathrm{d}s = \begin{cases} 0, & f(-x,y)=-f(x,y), \\ 2\int_{L_1} f(x,y)\mathrm{d}s, & f(-x,y)=f(x,y). \end{cases}$$

对于空间曲线 Γ 上的第一类曲线积分也有相类似的结论，这里不再赘述.

二、第一类曲线积分的计算

设平面曲线 L 由参数方程给出：$x = \varphi(t), y = \psi(t), \alpha \leqslant t \leqslant \beta$，其中 $\varphi(t), \psi(t)$ 在 $[\alpha, \beta]$ 上具有连续导数. 由第三章的弧微分公式，曲线的弧微分为

$$\mathrm{d}s = \sqrt{[\varphi'(t)]^2 + [\psi'(t)]^2}\,\mathrm{d}t,$$

再由第一类曲线积分的定义，可推导出计算公式

$$\int_L f(x, y)\mathrm{d}s = \int_\alpha^\beta f[\varphi(t), \psi(t)]\sqrt{[\varphi'(t)]^2 + [\psi'(t)]^2}\,\mathrm{d}t.$$

(1) 若曲线 L 的方程为 $y = \varphi(x)(x \in [a, b])$，取 x 为参数，则

$$\int_L f(x, y)\mathrm{d}s = \int_a^b f[x, \varphi(x)]\sqrt{1 + [\varphi'(x)]^2}\,\mathrm{d}x;$$

(2) 若曲线 L 的方程为 $x = \psi(y)(y \in [c, d])$，取 y 为参数，则

$$\int_L f(x, y)\mathrm{d}s = \int_c^d f[\psi(y), y]\sqrt{1 + [\psi'(y)]^2}\,\mathrm{d}y;$$

(3) 若曲线 L 的方程为极坐标形式 $\rho = \rho(\theta)(\theta \in [\alpha, \beta])$，取 θ 为参数，则

$$\int_L f(x, y)\mathrm{d}s = \int_\alpha^\beta f(\rho\cos\theta, \rho\sin\theta)\sqrt{\rho^2(\theta) + [\rho'(\theta)]^2}\,\mathrm{d}\theta.$$

类似地，若空间曲线 Γ 的方程为 $x = \varphi(t), y = \psi(t), z = \omega(t)(t \in [\alpha, \beta])$，则有

$$\int_L f(x, y, z)\mathrm{d}s = \int_\alpha^\beta f[\varphi(t), \psi(t), \omega(t)]\sqrt{[\varphi'(t)]^2 + [\psi'(t)]^2 + [\omega'(t)]^2}\,\mathrm{d}t.$$

注意，在上述的计算公式中，积分的上、下限一定要满足：下限 $\leqslant$ 上限. 这是因为，在这里的 L（或 Γ）是无向曲线弧段，Δs 表示小弧段的长度，因而永远为正，只有下限 $\leqslant$ 上限，才能保证 $\mathrm{d}s$ 的非负性.

例 1 设 L 为上半圆周 $x^2 + y^2 = a^2 (0 \leqslant y \leqslant a)$，计算曲线积分 $\int_L (x^2 + y^2)\mathrm{d}s$.

解 **方法 1** 设 L 的参数方程为 $\begin{cases} x = a\cos t, \\ y = a\sin t \end{cases} (0 \leqslant t \leqslant \pi)$.

(1) 计算弧微分：$\mathrm{d}s = \sqrt{(-a\sin t)^2 + (a\cos t)^2}\,\mathrm{d}t = a\mathrm{d}t$；

(2) 变换被积函数：$x^2 + y^2 = (a\cos t)^2 + (a\sin t)^2 = a^2$；

(3) 确定积分上、下限，代入计算公式：

$$\int_L (x^2 + y^2)\mathrm{d}s = \int_0^\pi a^2\sqrt{(-a\sin t)^2 + (a\cos t)^2}\,\mathrm{d}t = a^3\int_0^\pi \mathrm{d}t = a^3\pi.$$

方法 2 取 x 为参数，设 L 的参数方程为 $\begin{cases} x = x, \\ y = \sqrt{a^2 - x^2} \end{cases} (-a \leqslant x \leqslant a)$，同理可得

$$\int_L (x^2 + y^2)\mathrm{d}s = \int_{-a}^a a^2\sqrt{1 + \left(\frac{-x}{\sqrt{a^2 - x^2}}\right)^2}\,\mathrm{d}x = 2a^3\int_0^a \frac{\mathrm{d}x}{\sqrt{a^2 - x^2}} = a^3\pi.$$

此例中列出了应用第一类曲线积分计算公式的三个基本步骤：选择曲线 L 的参数方程，计算弧微分 ds；变换被积函数；确定积分的上、下限，计算定积分。值得特别指出的是，由于被积函数中的变量 x,y 是积分曲线 L 上的点的坐标，因此它们满足 L 的曲线方程，从而可以用曲线方程来简化被积函数。这一点与重积分有很大的差别。例如：

$$\iint\limits_{x^2+y^2\leqslant a^2} (x^2+y^2)d\sigma \neq a^2 \iint\limits_{x^2+y^2\leqslant a^2} d\sigma, \quad \text{但} \quad \int_{x^2+y^2=a^2} (x^2+y^2)ds = a^2 \int_L ds.$$

例 2 计算曲线积分 $I = \oint_L [(x+\sqrt{y})\sqrt{x^2+y^2}+x^2+y^2]ds$，其中 L 是圆周

$$x^2+(y-1)^2 = 1.$$

解 由于圆周 L 关于 y 轴对称，而被积函数中的 $x\sqrt{x^2+y^2}$ 关于 x 为奇函数，所以 $\oint_L (x\sqrt{x^2+y^2})ds = 0$，从而

$$I = \oint_L (\sqrt{y}\cdot\sqrt{x^2+y^2}+x^2+y^2)ds = \oint_L (\sqrt{y}\cdot\sqrt{2y}+2y)ds = (2+\sqrt{2})\oint_L yds.$$

因为 L 的参数方程为 $\begin{cases} x=\cos t, \\ y=1+\sin t \end{cases}$ $(0\leqslant t\leqslant 2\pi)$，所以 $ds=dt$. 于是

$$I = (2+\sqrt{2})\oint_L yds = (2+\sqrt{2})\int_0^{2\pi} (1+\sin t)dt = 2\pi(2+\sqrt{2}).$$

例 3 计算曲线积分 $\int_\Gamma xyz\,ds$，其中 Γ 为折线 $OABC$：$O(0,0,0),A(0,2,0),B(3,2,0),$ $C(3,2,4)$.

解 如图 11-3 所示，由曲线积分的性质有

$$\int_\Gamma xyz\,ds = \int_{\overline{OA}} xyz\,ds + \int_{\overline{AB}} xyz\,ds + \int_{\overline{BC}} xyz\,ds.$$

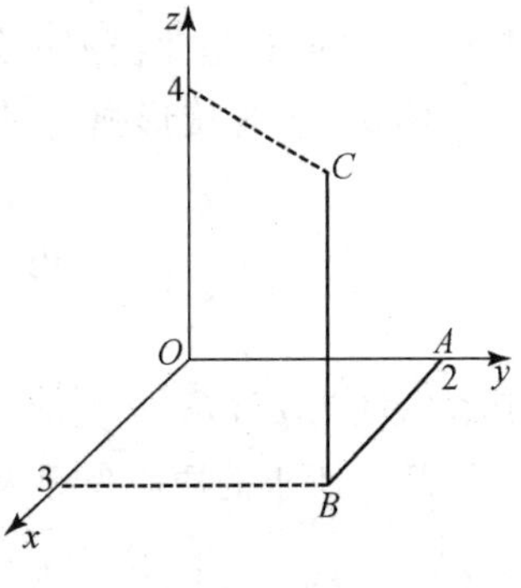

$\overline{OA}$ 过点 $O(0,0,0)$，平行于 y 轴，它的参数方程为 $x=0$, $y=t,z=0$ $(0\leqslant t\leqslant 2)$，故 $\int_{\overline{OA}} xyz\,ds = 0$；

$\overline{AB}$ 过点 $A(0,2,0)$，平行于 x 轴，它的参数方程为 $x=t$, $y=2,z=0$ $(0\leqslant t\leqslant 3)$，故 $\int_{\overline{AB}} xyz\,ds = 0$；

$\overline{BC}$ 过点 $C(3,2,4)$，平行于 z 轴，它的参数方程为 $x=3$, $y=2,z=t$ $(0\leqslant t\leqslant 4)$，故

$$\int_{\overline{BC}} xyz\,ds = \int_0^4 3\cdot 2t\sqrt{0^2+0^2+1^2}\,dt = 48.$$

于是

图 11-3

$$\int_{\Gamma} xyz\,\mathrm{d}s = \int_{\overline{OA}} xyz\,\mathrm{d}s + \int_{\overline{AB}} xyz\,\mathrm{d}s + \int_{\overline{BC}} xyz\,\mathrm{d}s$$
$$= 0 + 0 + 48 = 48.$$

例 4　计算曲线积分 $\int_{L} (xy + yz + zx)\,\mathrm{d}s$，其中 L 是球面 $x^2 + y^2 + z^2 = a^2$ 与平面 $x + y + z = 0$ 的交线.

解　
$$\int_{L}(xy+yz+zx)\,\mathrm{d}s = \frac{1}{2}\int_{L} 2(xy+yz+zx)\,\mathrm{d}s$$
$$= \frac{1}{2}\int_{L}\left[(x+y+z)^2 - (x^2+y^2+z^2)\right]\mathrm{d}s$$
$$= \frac{-1}{2}\int_{L}(x^2+y^2+z^2)\,\mathrm{d}s = \frac{-a^2}{2}\int_{L}\mathrm{d}s = -\pi a^3.$$

从上面几个例子知道,计算第一类曲线积分的关键是要将积分曲线用恰当的参数方程表示出来. 若有对称性可利用,则对计算还将起到事半功倍的效果.

第一类曲线积分可以用来计算某些物理量,如曲线的质心、转动惯量等,相应的公式与重积分类似,只是积分区域不同.例如,平面物质曲线 L 的质心坐标公式为

$$\overline{x} = \frac{\displaystyle\int_{L} x\rho(x,y)\,\mathrm{d}s}{\displaystyle\int_{L}\rho(x,y)\,\mathrm{d}s}, \quad \overline{y} = \frac{\displaystyle\int_{L} y\rho(x,y)\,\mathrm{d}s}{\displaystyle\int_{L}\rho(x,y)\,\mathrm{d}s},$$

其中 $\rho(x,y)$ 是曲线 L 的线密度;空间物质曲线 Γ 对 z 轴的转动惯量公式是

$$I_z = \int_{\Gamma}(x^2 + y^2)\rho(x,y,z)\,\mathrm{d}s,$$

其中 $\rho(x,y,z)$ 是曲线 Γ 的线密度.

例 5　设螺旋形弹簧一圈的方程为

$$L: \begin{cases} x = a\cos t, \\ y = a\sin t, \quad (0 \leqslant t \leqslant 2\pi; a,b > 0), \\ z = bt \end{cases}$$

其线密度为 $\rho(x,y,z) = x^2 + y^2 + z^2$,求它的质心及对 z 轴的转动惯量.

解　所求的质心坐标为

$$\overline{x} = \frac{\displaystyle\int_{L} x\rho(x,y,z)\,\mathrm{d}s}{\displaystyle\int_{L}\rho(x,y,z)\,\mathrm{d}s}, \quad \overline{y} = \frac{\displaystyle\int_{L} y\rho(x,y,z)\,\mathrm{d}s}{\displaystyle\int_{L}\rho(x,y,z)\,\mathrm{d}s}, \quad \overline{z} = \frac{\displaystyle\int_{L} z\rho(x,y,z)\,\mathrm{d}s}{\displaystyle\int_{L}\rho(x,y,z)\,\mathrm{d}s}.$$

由于

$$\int_{L}\rho(x,y,z)\,\mathrm{d}s = \int_{L}(x^2 + y^2 + z^2)\,\mathrm{d}s$$

$$= \int_0^{2\pi} (a^2 + b^2 t^2) \sqrt{a^2 + b^2} \, dt$$

$$= \frac{2\pi \sqrt{a^2 + b^2}}{3} (3a^2 + 4\pi^2 b^2),$$

$$\int_L x\rho(x,y,z) ds = \int_L x(x^2 + y^2 + z^2) ds$$

$$= \int_0^{2\pi} a\cos t(a^2 + b^2 t^2) \sqrt{a^2 + b^2} \, dt$$

$$= 4\pi ab^2 \sqrt{a^2 + b^2},$$

同理

$$\int_L y\rho(x,y,z) ds = -4\pi^2 ab^2 \sqrt{a^2 + b^2},$$

$$\int_L z\rho(x,y,z) ds = 2\pi^2 b \sqrt{a^2 + b^2} (a^2 + 2\pi^2 b^2),$$

故该螺旋形弹簧一圈的质心坐标为

$$\overline{x} = \frac{6ab^2}{3a^2 + 4\pi^2 b^2}, \quad \overline{y} = \frac{-6\pi ab^2}{3a^2 + 4\pi^2 b^2}, \quad \overline{z} = \frac{3\pi b(a^2 + 2\pi^2 b^2)}{3a^2 + 4\pi^2 b^2}.$$

它对 z 轴的转动惯量为

$$I_z = \int_L (x^2 + y^2)\rho(x,y,z) ds = \int_0^{2\pi} a^2(a^2 + b^2 t^2) \sqrt{a^2 + b^2} \, dt$$

$$= 2\pi a^2 \sqrt{a^2 + b^2} \left(a^2 + \frac{4\pi^2 b^2}{3} \right).$$

习　题　11.1

1. 设 $\overline{OM}$ 是从 $O(0,0)$ 到点 $M(1,1)$ 的直线段，则与曲线积分 $I = \int_{\overline{OM}} e^{\sqrt{x^2+y^2}} ds$ 不相等的定积分是（　　）.

(A) $\int_0^1 e^{\sqrt{2}x} \sqrt{2} dx$ 　　　　　　　　(B) $\int_0^1 e^{\sqrt{2}y} \sqrt{2} dy$

(C) $\int_0^{\sqrt{2}} e^t dt$ 　　　　　　　　　　(D) $\int_0^1 e^r \sqrt{2} dr$

2. 设 L 是上半椭圆周 $x^2 + 4y^2 = 1$ $(y \geqslant 0)$，L_1 是四分之一椭圆周 $x^2 + 4y^2 = 1$ $(x \geqslant 0, y \geqslant 0)$，则（　　）.

(A) $\int_L (x+y) ds = 2\int_{L_1} (x+y) ds$ 　　　　(B) $\int_L xy \, ds = 2\int_{L_1} xy \, ds$

(C) $\int_L x^2 ds = 2\int_{L_1} y^2 ds$ 　　　　　　(D) $\int_L (x+y)^2 ds = 2\int_{L_1} (x^2 + y^2) ds$

3. 设 L 是上半圆周 $x^2+y^2=2x$,计算曲线积分$\int_L x\,\mathrm{d}s$.

4. 计算曲线积分$\oint_L \mathrm{e}^{\sqrt{x^2+y^2}}\,\mathrm{d}s$,其中 L 为圆周 $x^2+y^2=a^2$,直线 $y=x$ 及 x 轴在第一象限内所围成的扇形的整个边界.

5. 计算曲线积分$\int_\Gamma x^2 yz\,\mathrm{d}s$,其中 Γ 为折线 $ABCD$,这里 A,B,C,D 依次为点$(0,0,0)$,$(0,0,2)$,$(1,0,2)$,$(1,3,2)$.

6. 求空间曲线 Γ 的弧长,其中 Γ 的方程为
$$\begin{cases} x=\mathrm{e}^{-t}\cos t, \\ y=\mathrm{e}^{-t}\sin t, & (0\leqslant t<+\infty). \\ z=\mathrm{e}^{-t} \end{cases}$$

7. 求质量分布均匀,半径为 R 的半圆形金属丝的质心.

8. 计算半径为 R,中心角为 2α 的圆弧 L 对于它的对称轴的转动惯量 I(设线密度为 $\rho=1$).

9. 设椭圆柱面 $\dfrac{x^2}{5}+\dfrac{y^2}{9}=1$ 被平面 $z=0$ 和 $z=y$ 所截,求截得的 $z\geqslant0$ 部分的侧面积.

§11.2 第二类曲线积分

第二类曲线积分的物理背景是变力沿曲线做功.

一、第二类曲线积分的概念与性质

引例 假设一质点受力 $\boldsymbol{F}(x,y)=P(x,y)\boldsymbol{i}+Q(x,y)\boldsymbol{j}$ 的作用沿 Oxy 面内的一条光滑曲线 $L=\overset{\frown}{AB}$ 从起点 A 运动到终点 B,其中函数 $P(x,y),Q(x,y)$ 在 L 上连续,求变力 $\boldsymbol{F}(x,y)$ 所做的功 W.

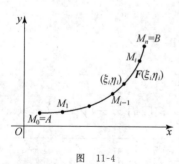

图 11-4

我们知道,在常力 $\boldsymbol{F}$ 的作用下,质点沿直线从点 A 移动到点 B 所做的功是 $W=\boldsymbol{F}\cdot\overrightarrow{AB}$.而现在求的是变力沿曲线所做的功,当然不能直接按常力做功的公式来计算.但我们可采用建立定积分的思想方法,通过"分割—近似—求和—取极限"的步骤来处理这个问题.

如图 11-4 所示,对有向曲线 L 作分割:用分点 $M_0=A$,$M_1,\cdots,M_{i-1},M_i,\cdots,M_n=B$ 将 L 分成 n 个小弧段 $\overset{\frown}{M_{i-1}M_i}$($i=1,2,\cdots,n$).由于 $\overset{\frown}{M_{i-1}M_i}$ 光滑且弧段很短,其上的变力可近似看成不变的,因此可用在点 (ξ_i,η_i) 处的力 $\boldsymbol{F}(\xi_i,\eta_i)=P(\xi_i,\eta_i)\boldsymbol{i}+Q(\xi_i,\eta_i)\boldsymbol{j}$ 来近似代替

$\widehat{M_{i-1}M_i}$ 上其他各点的力,其中 (ξ_i,η_i) 是弧段 $\widehat{M_{i-1}M_i}$ 上的任一点. 同时可用有向线段 $\overrightarrow{M_{i-1}M_i}$ 近似代替有向小弧段 $\widehat{M_{i-1}M_i}$,而 $\overrightarrow{M_{i-1}M_i}$ 在 x 轴上的投影为 $\Delta x_i = x_i - x_{i-1}$,在 y 轴上投影为 $\Delta y_i = y_i - y_{i-1}$,即 $\overrightarrow{M_{i-1}M_i}$ 可表示为

$$\overrightarrow{M_{i-1}M_i} = (x_i - x_{i-1})\boldsymbol{i} + (y_i - y_{i-1})\boldsymbol{j} = \Delta x_i \boldsymbol{i} + \Delta y_i \boldsymbol{j}.$$

这样变力 $\boldsymbol{F}(x,y)$ 沿有向小弧段 $\widehat{M_{i-1}M_i}$ 所做的功为

$$\Delta W_i \approx \boldsymbol{F}(\xi_i,\eta_i) \cdot \overrightarrow{M_{i-1}M_i} = P(\xi_i,\eta_i)\Delta x_i + Q(\xi_i,\eta_i)\Delta y_i,$$

于是

$$W = \sum_{i=1}^{n} \Delta W_i \approx \sum_{i=1}^{n} [P(\xi_i,\eta_i)\Delta x_i + Q(\xi_i,\eta_i)\Delta y_i].$$

当分点无限增多且各弧段的长度 Δs_i 都趋于 0 时,上述的极限值就自然地被认为是变力 $\boldsymbol{F}(x,y)$ 沿曲线弧 L 从起点 A 到终点 B 所做的功 W. 也就是说,若记 $\lambda = \max\{\Delta s_1,\Delta s_2,\cdots,\Delta s_n\}$,则

$$W = \lim_{\lambda \to 0} \sum_{i=1}^{n} [P(\xi_i,\eta_i)\Delta x_i + Q(\xi_i,\eta_i)\Delta y_i].$$

由此引入第二类曲线积分的定义.

定义 设 L 是 Oxy 面上从点 A 到点 B 的有向分段光滑曲线,$P(x,y),Q(x,y)$ 是定义在 L 上的有界函数. 把 $L = \widehat{AB}$ 分成 n 个小弧段 $\widehat{M_{i-1}M_i}$ $(i=1,2,\cdots,n)$,第 i 个弧段 $\widehat{M_{i-1}M_i}$ 在 x 轴上投影记做 Δx_i,在 y 轴上投影记做 Δy_i,用 Δs_i 表示弧段 $\widehat{M_{i-1}M_i}$ 的长度. 在 $\widehat{M_{i-1}M_i}$ 上任取一点 (ξ_i,η_i) $(i=1,2,\cdots,n)$,作和式

$$\sum_{i=1}^{n} [P(\xi_i,\eta_i)\Delta x_i + Q(\xi_i,\eta_i)\Delta y_i].$$

记 $\lambda = \max\{\Delta s_1,\Delta s_2,\cdots,\Delta s_n\}$. 当 $\lambda \to 0$ 时,若和式 $\sum_{i=1}^{n} P(\xi_i,\eta_i)\Delta x_i$ 和 $\sum_{i=1}^{n} Q(\xi_i,\eta_i)\Delta y_i$ 的极限都存在,则分别称此两极限值为函数 $P(x,y)$ 沿曲线 L 由点 A 到点 B **对坐标 x 的曲线积分**和函数 $Q(x,y)$ 沿曲线 L 由点 A 到点 B **对坐标 y 的曲线积分**,记做 $\int_L P(x,y)\mathrm{d}x$ 和 $\int_L Q(x,y)\mathrm{d}y$,即

$$\int_L P(x,y)\mathrm{d}x = \lim_{\lambda \to 0} \sum_{i=1}^{n} P(\xi_i,\eta_i)\Delta x_i, \quad \int_L Q(x,y)\mathrm{d}y = \lim_{\lambda \to 0} \sum_{i=1}^{n} Q(\xi_i,\eta_i)\Delta y_i,$$

其中 $P(x,y),Q(x,y)$ 称为**被积函数**,L 称为**积分曲线**.

对坐标的曲线积分也称为**第二类曲线积分**. 在许多应用场合需要求两个对坐标的曲线积分 $\int_L P(x,y)\mathrm{d}x, \int_L Q(x,y)\mathrm{d}y$ 之和,为书写简便,常常把它合写成

$$\int_L P(x,y)\mathrm{d}x + \int_L Q(x,y)\mathrm{d}y = \int_L P(x,y)\mathrm{d}x + Q(x,y)\mathrm{d}y = \int_L \boldsymbol{F} \cdot \mathrm{d}\boldsymbol{s},$$

其中 $\boldsymbol{F} = P(x,y)\boldsymbol{i} + Q(x,y)\boldsymbol{j}$,$\mathrm{d}\boldsymbol{s} = \mathrm{d}x\boldsymbol{i} + \mathrm{d}y\boldsymbol{j}$.

可以证明：当函数 $P(x,y),Q(x,y)$ 都在分段光滑曲线 L 上连续时，沿 L 的第二曲线积分必存在．今后我们总假定 $P(x,y),Q(x,y)$ 在 L 上连续．

注 当 L 为封闭曲线时，第二类曲线积分 $\int_L P(x,y)\mathrm{d}x + Q(x,y)\mathrm{d}y$ 常常记为 $\oint_L P(x,y)\mathrm{d}x + Q(x,y)\mathrm{d}y$．另外，为了简便，有时把曲线积分 $\int_{L_1} P\mathrm{d}x + Q\mathrm{d}y + \int_{L_2} P\mathrm{d}x + Q\mathrm{d}y$ 写成 $\left(\int_{L_1} + \int_{L_2}\right)P\,\mathrm{d}x + Q\,\mathrm{d}y$ 的形式．

根据这个定义，前面引例中变力所做的功可表示成：

$$W = \int_L P(x,y)\mathrm{d}x + Q(x,y)\mathrm{d}y = \int_L \boldsymbol{F} \cdot \mathrm{d}\boldsymbol{s}.$$

以上所述的第二类曲线积分的概念可推广到积分曲线为空间有向曲线弧 Γ 的情形，即 $\int_\Gamma P(x,y,z)\mathrm{d}x + Q(x,y,z)\mathrm{d}y + R(x,y,z)\mathrm{d}z$ 表示空间有向曲线弧 Γ 上的第二类曲线积分．

从第二类曲线积分的定义中可知，它具有类似于第一类曲线积分的性质，例如线性性和可加性，但第一类曲线积分与积分曲线的方向无关，而第二类曲线积分与积分曲线的方向有关，两者之间存在着重要的差异．具体性质如下（假定所涉及的曲线积分存在）：

性质 1（线性性） $\int_L \alpha P\mathrm{d}x + \beta Q\mathrm{d}y = \alpha\int_L P\mathrm{d}x + \beta\int_L Q\mathrm{d}y$，其中 α,β 为常数；

$$\int_L (P_1 + P_2)\mathrm{d}x + (Q_1 + Q_2)\mathrm{d}y = \int_L P_1\mathrm{d}x + Q_1\mathrm{d}y + \int_L P_2\mathrm{d}x + Q_2\mathrm{d}y.$$

性质 2（可加性） 若分段光滑的曲线 L 可分成 k 条除端点外无重合点的有向曲线弧 L_i $(i=1,2,\cdots,k)$，则

$$\int_L P(x,y)\mathrm{d}x + Q(x,y)\mathrm{d}y = \sum_{i=1}^k \int_{L_i} P(x,y)\mathrm{d}x + Q(x,y)\mathrm{d}y.$$

性质 3 记 $-L$ 是有向曲线 L 的反向曲线，则

$$\int_{-L} P(x,y)\mathrm{d}x + Q(x,y)\mathrm{d}y = -\int_L P(x,y)\mathrm{d}x + Q(x,y)\mathrm{d}y.$$

此性质说明当积分曲线方向改变时，积分值变号．这是因为当方向由 A 到 B 改为由 B 到 A 时，每一个小曲线段的方向都改变，从而每一个小曲线段的投影 $\Delta x_i,\Delta y_i$ 也随之改变符号，因而积分值变号．因此，关于第二类曲线积分，我们必须注意积分曲线的方向．

二、第二类曲线积分的计算

同第一类曲线积分的计算一样，第二类曲线积分的计算，关键仍是将积分曲线 L 的方程转化为参数方程，最终转化为定积分来计算．

若积分曲线 $L = \overset{\frown}{AB}$ 的参数方程为

$$\begin{cases} x = \varphi(t), \\ y = \psi(t), \end{cases} \quad \text{其中 } t = \alpha \text{ 对应点 } A, \ t = \beta \text{ 对应点 } B,$$

$\varphi'(t), \psi'(t)$ 在以 α, β 为端点的闭区间上连续且不全为零($\varphi'^2(t) + \psi'^2(t) \neq 0$),则

$$\int_L P(x,y)dx + Q(x,y)dy = \int_\alpha^\beta \{P[\varphi(t), \psi(t)]\varphi'(t) + Q[\varphi(t), \psi(t)]\psi'(t)\}dt.$$

应该注意的是:上式右端定积分的下限与 L 的起点 A 的参数坐标对应,上限与 L 的终点 B 的参数坐标对应,而与 α, β 的大小无关.这与第一类曲线积分的计算有着本质的差异.

(1) 若曲线 L 的方程为 $y = \varphi(x)$,x 在 a, b 之间,且 $x = a$ 和 $x = b$ 分别对应 L 的起点和终点,此时 L 的参数方程可表为 $\begin{cases} x = x, \\ y = \varphi(x) \end{cases}$(其中 x 为参数),则有

$$\int_L P(x,y)dx + Q(x,y)dy = \int_a^b \{P[x, \varphi(x)] + Q[x, \varphi(x)]\varphi'(x)\}dx;$$

(2) 若曲线 L 的方程为 $x = \psi(y)$,y 在 c, d 之间,且 $y = c$ 和 $y = d$ 分别对应着 L 的起点和终点,则有

$$\int_L P(x,y)dx + Q(x,y)dy = \int_c^d \{P[\psi(y), y]\psi'(y) + Q[\psi(y), y]\}dy.$$

类似地,设空间有向曲线 Γ 的方程为 $x = \varphi(t), y = \psi(t), z = \omega(t)$,且 $t = \alpha, t = \beta$ 分别对应于 Γ 的起点和终点,则有

$$\int_\Gamma P(x,y,z)dx + Q(x,y,z)dy + R(x,y,z)dz$$

$$= \int_\alpha^\beta \{P[\varphi(t), \psi(t), \omega(t)]\varphi'(t) + Q[\varphi(t), \psi(t), \omega(t)]\psi'(t) + R[\varphi(t), \psi(t), \omega(t)]\omega'(t)\}dt.$$

若平面曲线 L(或空间曲线 Γ)的方程为一般式(或极坐标方程)时,则都要设法先化为参数方程,再用上面的公式来计算.

例 1 计算曲线积分 $\int_L xy\,dx$,其中 L 为抛物线 $y^2 = x$ 上从点 $A(1, -1)$ 到点 $B(4, -2)$ 的一段.

解 方法 1 由题设知,L 的方程为 $x = y^2$,y 从 -1 到 -2,故

$$\int_L xy\,dx = \int_{-1}^{-2} y^2 \cdot y \cdot 2y\,dy = 2\int_{-1}^{-2} y^4\,dy = \frac{2}{5}y^5 \Big|_{-1}^{-2} = -\frac{62}{5}.$$

方法 2 L 的方程可写为 $y = -\sqrt{x}$,x 从 1 到 4,故

$$\int_L xy\,dx = \int_1^4 x \cdot (-\sqrt{x})dx = -\int_1^4 x^{3/2}dx = -\frac{2}{5}x^{5/2} \Big|_1^4 = -\frac{62}{5}.$$

例 2 求曲线积分

$$\oint_\Gamma (z-y)dx + (x-z)dy + (x-y)dz,$$

其中 Γ：$\begin{cases} x^2 + y^2 = 1, \\ x - y + z = 2, \end{cases}$ 从 z 轴正向看为顺时针方向.

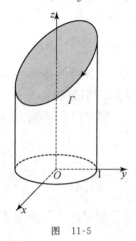

图 11-5

解　如图 11-5 所示,曲线 Γ 为柱面 $x^2 + y^2 = 1$ 与平面 $x - y + z = 2$ 的交线. 取 Γ 的参数方程为

$$x = \cos t, \quad y = \sin t, \quad z = 2 - \cos t + \sin t,$$

起点对应参数 $t = 2\pi$,终点对应参数 $t = 0$,则

$$\int_{\Gamma} (z - y)\mathrm{d}x + (x - z)\mathrm{d}y + (x - y)\mathrm{d}z$$

$$= \int_{2\pi}^{0} \big[(2 - \cos t)(-\sin t) + (-2 + 2\cos t - \sin t)\cos t$$

$$+ (\cos t - \sin t)(\cos t + \sin t) \big] \mathrm{d}t$$

$$= \int_{0}^{2\pi} (1 - 4\cos^2 t)\mathrm{d}t = -2\pi.$$

例 3　计算曲线积分 $\displaystyle\int_{\Gamma} \frac{x}{r^3}\mathrm{d}x + \frac{y}{r^3}\mathrm{d}y + \frac{z}{r^3}\mathrm{d}z$,其中 $r = \sqrt{x^2 + y^2 + z^2}$,$\Gamma$ 是连接点 $A(2,0,1)$ 到点 $B(1,1,1)$ 的有向直线段 $\overline{AB}$.

解　由空间解析几何知,直线 $\overline{AB}$ 的方程为 $\dfrac{x-1}{1} = \dfrac{y-1}{-1} = \dfrac{z-1}{0}$,从而参数方程为

$$\begin{cases} x = t + 1, \\ y = -t + 1, \quad \text{其中起点 } A: t = 1, \text{终点 } B: t = 0, \\ z = 1, \end{cases}$$

所以

$$\int_{\Gamma} \frac{x}{r^3}\mathrm{d}x + \frac{y}{r^3}\mathrm{d}y + \frac{z}{r^3}\mathrm{d}z = \int_{1}^{0} \frac{(1 + t) + (1 - t) \cdot (-1)}{(2t^2 + 3)^{3/2}}\mathrm{d}t$$

$$= \int_{1}^{0} \frac{2t}{(2t^2 + 3)^{3/2}}\mathrm{d}t = \frac{1}{\sqrt{5}} - \frac{1}{\sqrt{3}}.$$

下一节将进一步说明,此积分与路径无关,亦即从起点 A 出发到终点 B,只要曲线积分的起点和终点相同,不管沿什么路径积分,其积分值总是不变的.

例 4　求在力 $\boldsymbol{F} = y\boldsymbol{i} - x\boldsymbol{j} + (x + y + z)\boldsymbol{k}$ 的作用下,质点沿下列各路径移动时力 $\boldsymbol{F}$ 所做的功:

(1) 质点由点 $A(a,0,0)$ 沿螺旋线 L_1 移到点 $B(a,0,2\pi b)$,其中

$$L_1: x = a\cos t, \ y = a\sin t, \ z = bt \quad (0 \leqslant t \leqslant 2\pi);$$

(2) 质点由点 $A(a,0,0)$ 沿直线 L_2 移到点 $B(a,0,2\pi b)$,其中

$$L_2: x = a, \ y = 0, \ z = t \quad (0 \leqslant t \leqslant 2\pi b).$$

解　在力 $\boldsymbol{F}$ 的作用下,质点沿曲线 L 从它的起点移到终点时力 $\boldsymbol{F}$ 所做的功为

$$W = \int_L \mathbf{F} \cdot \mathrm{d}s = \int_L y\mathrm{d}x - x\mathrm{d}y + (x+y+z)\mathrm{d}z.$$

（1）$W = \int_0^{2\pi} [a\sin t(-a\sin t) - a\cos t \cdot a\cos t + (a\cos t + a\sin t + bt)b]\mathrm{d}t$

$$= \int_0^{2\pi} [-a^2 + ab(\sin t + \cos t) + b^2 t]\mathrm{d}t = 2\pi(\pi b^2 - a^2).$$

（2）$W = \int_0^{2\pi b} [0 \cdot 0 - a \cdot 0 + (a+0+t)]\mathrm{d}t = \int_0^{2\pi b} (a+t)\mathrm{d}t = 2\pi b(a+\pi b).$

此例说明：在同一力场中，虽然质点的位移都是从点 A 到点 B，但由于所沿路径不同，力所做的功也不同．此即说明，曲线积分的值不仅与起点和终点有关，而且还与所沿的积分路径有关．

三、两类曲线积分的关系

至此为止，我们已学过两种曲线积分：$\int_L f(x,y)\mathrm{d}s$ 和 $\int_L P(x,y)\mathrm{d}x + Q(x,y)\mathrm{d}y$．两者都是转化为定积分来计算．那么两者之间有何联系呢？这两种曲线积分来源于不同的物理原型，有着不同的特性，但在一定的条件下，我们可建立它们之间的联系．

设有向积分曲线 L 的方向是由起点 A 到终点 B，L 的方向确定了 L 上任一点处的切向量的方向，即切向量的指向与曲线 L 的方向一致．

若 L 的参数方程为 $x=\varphi(t), y=\psi(t), t\in[t_0, t_1]$（不妨设起点 A 对应 t_0，终点 B 对应 t_1，且 $t_0 < t_1$），则曲线 L 上任一点 (x,y) 处的切向量为 $(\varphi'(t), \psi'(t))$，切向量的方向余弦为

$$(\cos\alpha, \cos\beta) = \left(\frac{\varphi'(t)}{\sqrt{\varphi'^2(t) + \psi'^2(t)}}, \frac{\psi'(t)}{\sqrt{\varphi'^2(t) + \psi'^2(t)}} \right),$$

其中 α, β 分别为 L 的切向量与 x 轴正向、y 轴正向之间的夹角，注意它们是点 (x,y) 的函数．由于 $\mathrm{d}s = \sqrt{\varphi'^2(t) + \psi'^2(t)}\mathrm{d}t$，因此

$$\frac{\mathrm{d}x}{\mathrm{d}s} = \cos\alpha, \quad \frac{\mathrm{d}y}{\mathrm{d}s} = \cos\beta.$$

于是

$$\int_L P(x,y)\mathrm{d}x + Q(x,y)\mathrm{d}y = \int_{t_0}^{t_1} \{P[\varphi(t),\psi(t)]\varphi'(t) + Q[\varphi(t),\psi(t)]\psi'(t)\}\mathrm{d}t$$

$$= \int_L [P(x,y)\cos\alpha + Q(x,y)\cos\beta]\mathrm{d}s,$$

类似地，可以证明空间曲线 Γ 的两类曲线积分之间也有如下的联系：

$$\int_\Gamma P(x,y,z)\mathrm{d}x + Q(x,y,z)\mathrm{d}y + R(x,y,z)\mathrm{d}z$$

$$= \int_\Gamma [P(x,y,z)\cos\alpha + Q(x,y,z)\cos\beta + R(x,y,z)\cos\gamma]\mathrm{d}s,$$

其中 $\cos\alpha,\cos\beta,\cos\gamma$ 是 Γ 上点 (x,y,z) 处的切向量的方向余弦.

例 5 把第二类曲线积分 $\int_L P(x,y)\mathrm{d}x + Q(x,y)\mathrm{d}y$ 化成第一类曲线积分,其中 L 为从点 $(0,0)$ 沿上半圆周 $x^2 + y^2 = 2x$ 到点 $(1,1)$ 的有向曲线.

解 L 的参数方程为 $\begin{cases} x=x, \\ y=\sqrt{2x-x^2}, \end{cases}$ x 从 0 到 1. 曲线 L 上点 (x,y) 处的切向量为

$$\boldsymbol{v} = (x',y') = \left(1, \frac{1-x}{\sqrt{2x-x^2}}\right),$$

其方向余弦为 $\cos\alpha = \sqrt{2x-x^2}$, $\cos\beta = 1-x$. 于是

$$\int_L P(x,y)\mathrm{d}x + Q(x,y)\mathrm{d}y = \int_L [P(x,y)\cos\alpha + Q(x,y)\cos\beta]\mathrm{d}s$$

$$= \int_L [\sqrt{2x-x^2}P(x,y) + (1-x)Q(x,y)]\mathrm{d}s.$$

在计算曲线积分或推理论证中,必要时可借助于两类曲线积分的联系将两类积分互相转换.

习 题 11.2

1. 计算曲线积分 $\int_L (x^2-2xy)\mathrm{d}x + (y-2x)\mathrm{d}y$,其中 L 是抛物线 $y=x^2$ 上从点 $(-1,1)$ 到点 $(1,1)$ 的一段弧.

2. 计算曲线积分 $\int_L xy\mathrm{d}x$,其中 L 是圆周 $(x-a)^2 + y^2 = a^2(a>0)$ 与 x 轴所围成的区域在第一象限部分的边界,取逆时针方向.

3. 计算曲线积分 $\int_L \dfrac{\mathrm{d}x - \mathrm{d}y}{x+y}$,其中 L 是闭曲线 $|x| + |y| = 1$,取逆时针方向.

4. 设一个质点在 $M(x,y)$ 处受到力 $\boldsymbol{F}$ 的作用,$\boldsymbol{F}$ 的大小与 M 到原点 O 的距离成正比,$\boldsymbol{F}$ 的方向恒指向原点. 此质点由点 $A(a,0)$ 沿椭圆 $\dfrac{x^2}{a^2} + \dfrac{y^2}{b^2} = 1$ 按逆时针方向移动到点 $B(0,b)$,求力 $\boldsymbol{F}$ 所做的功 W.

5. 计算曲线积分 $\int_\Gamma x^3\mathrm{d}x + 3zy^2\mathrm{d}y - x^2y\mathrm{d}z$,其中 Γ 是从点 $A(3,2,1)$ 到点 $B(0,0,0)$ 的有向直线段 $\overline{AB}$.

6. 把第二类曲线积分 $\int_L P(x,y)\mathrm{d}x + Q(x,y)\mathrm{d}y$ 化为第一类曲线积分,其中 L 是曲线 $y=\sqrt{x}$ 上从点 $(0,0)$ 到点 $(1,1)$ 的一段弧.

§11.3　格林公式 曲线积分与路径无关的条件

一元微积分学中最基本的公式——牛顿-莱布尼茨公式

$$\int_a^b F'(x)\mathrm{d}x = F(b) - F(a)$$

表明：函数 $F'(x)$ 在闭区间 $[a,b]$ 上的定积分可通过原函数 $F(x)$ 在这个区间的两个端点处的值来表示. 在平面闭区域 D 上的二重积分是否也可以通过沿区域 D 的边界曲线 L 的曲线积分来表示呢? 这其实是本节我们将要介绍的格林公式.

一、格林公式

在讨论格林公式之前,先介绍平面单连通区域的概念.

设 D 为平面区域,如果 D 内任一闭曲线所围的部分区域都属于 D,则称 D 为**单连通区域**;否则称为**复连通区域**. 例如,图 11-6 中的 D_1 是单连通区域,而 D_2 和 D_3 是复连通区域. 通俗地讲,单连通区域是不含"洞"(包括"点洞")与"裂缝"的区域.

图　11-6

设 L 是平面区域 D 的边界曲线,规定 L 的**正向**为：当观察者沿着边界曲线 L 朝正向行走时, 区域 D 的内部总在他的左边. 如图 11-7 所示,区域 D_1 的边界 L_1 的正向是逆时针方向,区域 D_2 的边界由 L_2 与 l 组成,其中 L_2 的正向是逆时针方向,l 的正向是顺时针方向.

图　11-7

定理 1　设闭区域 D 由分段光滑的闭曲线 L 围成,函数 $P(x,y),Q(x,y)$ 在 D 上具有连续偏导数,则

$$\oint_L P\,\mathrm{d}x + Q\,\mathrm{d}y = \iint_D \left(\frac{\partial Q}{\partial x} - \frac{\partial P}{\partial y}\right)\mathrm{d}x\mathrm{d}y, \tag{1}$$

这里 L 是区域 D 的边界曲线,并取正方向.

公式(1)称为**格林**[①]**公式**.

证 按区域 D 的形状分三种情况来证明.

(1) 若区域 D 既是 X 型又是 Y 型区域,如图 11-8 所示,则区域 D 既可表示为:$\varphi_1(x) \leqslant y \leqslant \varphi_2(x), a \leqslant x \leqslant b$,又可表示为:$\psi_1(y) \leqslant x \leqslant \psi_2(y), \alpha \leqslant y \leqslant \beta$. 于是

$$\iint\limits_{D} \frac{\partial Q}{\partial x} \mathrm{d}x\mathrm{d}y = \int_{\alpha}^{\beta} \mathrm{d}y \int_{\psi_1(y)}^{\psi_2(y)} \frac{\partial Q}{\partial x} \mathrm{d}x = \int_{\alpha}^{\beta} \{Q[\psi_2(y), y] - Q[\psi_1(y), y]\} \mathrm{d}y.$$

又

$$
\begin{aligned}
\oint_{L} Q\mathrm{d}y &= \int_{\overset{\frown}{CBE}} Q\mathrm{d}y + \int_{\overset{\frown}{EAC}} Q\mathrm{d}y \\
&= \int_{\alpha}^{\beta} Q[\psi_2(y), y]\mathrm{d}y + \int_{\beta}^{\alpha} Q[\psi_1(y), y]\mathrm{d}y \\
&= \int_{\alpha}^{\beta} \{Q[\psi_2(y), y] - Q[\psi_1(y), y]\} \mathrm{d}y,
\end{aligned}
$$

因此有

$$\oint_{L} Q(x, y)\mathrm{d}y = \iint\limits_{D} \frac{\partial Q}{\partial x} \mathrm{d}x\mathrm{d}y.$$

同理可证

$$\iint\limits_{D} \left(-\frac{\partial P}{\partial y}\right) \mathrm{d}x\mathrm{d}y = \oint_{L} P\mathrm{d}x.$$

上述两式相加即得

$$\oint_{L} P\mathrm{d}x + Q\mathrm{d}y = \iint\limits_{D} \left(\frac{\partial Q}{\partial x} - \frac{\partial P}{\partial y}\right) \mathrm{d}x\mathrm{d}y.$$

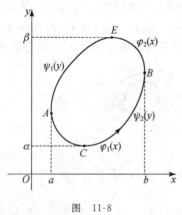

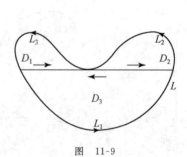

图 11-8   图 11-9

(2) 若区域 D 由一条分段光滑的闭曲线围成,用几条光滑辅助曲线将它分成有限个既

① 格林(Green,1793—1841),英国数学家.

是 X 型又是 Y 型子区域,然后逐块应用(1)得到它的格林公式,并相加即可. 如图 11-9 所示的情况,此时应注意在两块区域的公共边界上,由于辅助曲线相反两个方向的两个曲线积分绝对值相等而符号相反,相加时正好抵消,则有

$$\iint\limits_{D}\left(\frac{\partial Q}{\partial x}-\frac{\partial P}{\partial y}\right)\mathrm{d}x\mathrm{d}y=\iint\limits_{D_1}\left(\frac{\partial Q}{\partial x}-\frac{\partial P}{\partial y}\right)\mathrm{d}x\mathrm{d}y+\iint\limits_{D_2}\left(\frac{\partial Q}{\partial x}-\frac{\partial P}{\partial y}\right)\mathrm{d}x\mathrm{d}y+\iint\limits_{D_3}\left(\frac{\partial Q}{\partial x}-\frac{\partial P}{\partial y}\right)\mathrm{d}x\mathrm{d}y$$

$$=\oint_{L_1}P\mathrm{d}x+Q\mathrm{d}y+\oint_{L_2}P\mathrm{d}x+Q\mathrm{d}y+\oint_{L_3}P\mathrm{d}x+Q\mathrm{d}y=\oint_{L}P\mathrm{d}x+Q\mathrm{d}y.$$

(3) 若区域 D 为由若干条闭曲线所围成的多连通区域,可添加若干条直线把区域 D 转化为(2)的情况来处理. 如图 11-10 所示的情况,添加直线 AB,EC,则有

$$\iint\limits_{D}\left(\frac{\partial Q}{\partial x}-\frac{\partial P}{\partial y}\right)\mathrm{d}x\mathrm{d}y=\left(\int_{\overline{AB}}+\int_{L_2}+\int_{\overline{BA}}+\int_{\widehat{AFC}}+\int_{\overline{CE}}+\int_{L_3}+\int_{\overline{EC}}+\int_{\widehat{CGA}}\right)(P\mathrm{d}x+Q\mathrm{d}y)$$

$$=\left(\int_{L_2}+\int_{L_3}+\int_{L_1}\right)(P\mathrm{d}x+Q\mathrm{d}y)=\int_{L}P\mathrm{d}x+Q\mathrm{d}y.$$

格林公式的便于记忆的形式如下:

$$\iint\limits_{D}\begin{vmatrix}\dfrac{\partial}{\partial x}&\dfrac{\partial}{\partial y}\\P&Q\end{vmatrix}\mathrm{d}x\mathrm{d}y=\int_{L}P\mathrm{d}x+Q\mathrm{d}y.$$

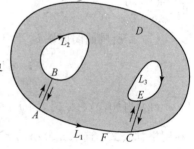

图 11-10

格林公式揭示了二重积分与沿二重积分的积分区域的边界线的第二类曲线积分之间的联系,因此其应用十分广泛.

当取 $Q=x$,$P=-y$ 时,有 $\dfrac{\partial Q}{\partial x}-\dfrac{\partial P}{\partial y}=1-(-1)=2.$ 代入公式(1),得

$$\oint_{L}(-y)\mathrm{d}x+x\mathrm{d}y=2\iint\limits_{D}\mathrm{d}x\mathrm{d}y=2S \quad (\text{其中 }S\text{ 为 }D\text{ 的面积}),$$

于是

$$S=\frac{1}{2}\oint_{L}x\mathrm{d}y-y\mathrm{d}x. \tag{2}$$

例 1 计算曲线积分 $\displaystyle\int_{\widehat{AB}}x\mathrm{d}y$,其中曲线 $\widehat{AB}$ 是圆周 $x^2+y^2=r^2$ 在第一象限部分,取从点 $A(r,0)$ 到点 $B(0,r)$ 的方向.

解 为了能应用格林公式,引入辅助线 $\overline{OA}$ 和 $\overline{BO}$,使得 $L=\overline{OA}+\widehat{AB}+\overline{BO}$ 构成一条封闭曲线,其所围成的区域为 $D=\{(x,y)\,|\,x^2+y^2\leqslant r^2,x,y\geqslant 0\}$.

由于 $P=0,Q=x,\dfrac{\partial Q}{\partial x}-\dfrac{\partial P}{\partial y}=1$,由格林公式有

$$\int_{\overline{OA}}x\mathrm{d}y+\int_{\widehat{AB}}x\mathrm{d}y+\int_{\overline{BO}}x\mathrm{d}y=\oint_{L}x\mathrm{d}y=\iint\limits_{D}\left(\frac{\partial Q}{\partial x}-\frac{\partial P}{\partial y}\right)\mathrm{d}x\mathrm{d}y=\iint\limits_{D}\mathrm{d}x\mathrm{d}y=\frac{1}{4}\pi r^2.$$

而 $\int_{\overline{OA}} x\mathrm{d}y = 0$，$\int_{\overline{BO}} x\mathrm{d}y = 0$，所以 $\int_{\widehat{AB}} x\mathrm{d}y = \dfrac{1}{4}\pi r^2$.

例 2 计算由抛物线 $(x+y)^2 = ax \ (a>0)$ 与 x 轴所围成的闭区域的面积.

解 设抛物线 $(x+y)^2 = ax$ 与 x 轴所围成区域的边界为 L. 如图 11-11 所示，由面积计算公式(2)知所求的面积为

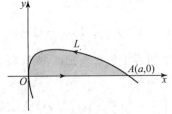

$$S = \frac{1}{2}\oint_L x\mathrm{d}y - y\mathrm{d}x = \frac{1}{2}\int_{\widehat{AO}} x\mathrm{d}y - y\mathrm{d}x + \frac{1}{2}\int_{\overline{OA}} x\mathrm{d}y - y\mathrm{d}x$$

$$= \frac{1}{2}\int_a^0 \left[x\left(\frac{a}{2\sqrt{ax}} - 1\right) - (\sqrt{ax} - x)\right]\mathrm{d}x = \frac{1}{6}a^2.$$

图 11-11

例 3 计算曲线积分 $I = \oint_L \dfrac{x\mathrm{d}y - y\mathrm{d}x}{x^2 + y^2}$，其中 L 为分段光滑且不经过原点的有向闭曲线，L 的方向为逆时针方向.

解 记 $P = -\dfrac{y}{x^2+y^2}$，$Q = \dfrac{x}{x^2+y^2}$. 不难验证当 $x^2+y^2 \neq 0$ 时，$\dfrac{\partial Q}{\partial x} = \dfrac{\partial P}{\partial y} = \dfrac{y^2-x^2}{(x^2+y^2)^2}$.

(1) L 所围的闭区域 D 不含原点，从而 P, Q 在 D 上连续，故由格林公式得

$$I = \iint_D \left(\frac{\partial Q}{\partial x} - \frac{\partial P}{\partial y}\right)\mathrm{d}x\mathrm{d}y = \iint_D 0\mathrm{d}x\mathrm{d}y = 0.$$

(2) 当 $(0,0) \in D$ 时，因 $P = -\dfrac{y}{x^2+y^2}$，$Q = \dfrac{x}{x^2+y^2}$ 在原点 $(0,0)$ 处不连续，故不能直接利用格林公式. 选取充分小的 $r>0$，在 D 内部作圆周 l: $x^2+y^2 = r^2$. 记 L 与 l 之间的区域为 D_1，其边界曲线为 $L_1 = L + (-l)$（见图 11-12）. 这时 D_1 内不含原点，P, Q 在 D_1 上连续，应用格林公式，并注意到 $\dfrac{\partial Q}{\partial x} - \dfrac{\partial P}{\partial y} = 0$，得

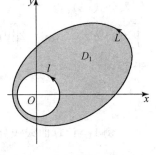

$$\oint_{L_1} \frac{x\mathrm{d}y - y\mathrm{d}x}{x^2+y^2} = \oint_L \frac{x\mathrm{d}y - y\mathrm{d}x}{x^2+y^2} - \oint_l \frac{x\mathrm{d}y - y\mathrm{d}x}{x^2+y^2}$$

$$= \iint_{D_1} 0\mathrm{d}x\mathrm{d}y = 0,$$

图 11-12

即 $I = \oint_L \dfrac{x\mathrm{d}y - y\mathrm{d}x}{x^2+y^2} = \oint_l \dfrac{x\mathrm{d}y - y\mathrm{d}x}{x^2+y^2}$.

而 l 的参数方程为 $x = r\cos t$，$y = r\sin t \ (0 \leqslant t \leqslant 2\pi)$，于是

$$I = \int_0^{2\pi} \frac{r^2\cos^2 t + r^2\sin^2 t}{r^2}\mathrm{d}t = \int_0^{2\pi} \mathrm{d}t = 2\pi.$$

二、曲线积分与路径无关的条件

从上一节的讨论我们看到,第二类曲线积分当积分路径起点、终点固定时,它的数值一般与积分路径有关,如上节例 4. 然而,存在着另一种特殊情况,即积分值与积分路径无关,只与起点和终点有关,亦即对任意两条以点 A 为起点,点 B 为终点的曲线 L_1 和 L_2,都有

$$\int_{L_1} P\mathrm{d}x + Q\mathrm{d}y = \int_{L_2} P\mathrm{d}x + Q\mathrm{d}y.$$

那么在什么条件下,第二类的曲线积分才与积分路径无关呢?

定理 2 设 D 是单连通的开区域,函数 $P(x,y),Q(x,y)$ 在 D 内具有连续偏导数,则下述命题是等价的:

(1) $\dfrac{\partial Q}{\partial x} = \dfrac{\partial P}{\partial y}$ 在 D 内恒成立;

(2) $\oint_L P\mathrm{d}x + Q\mathrm{d}y = 0$ 对 D 内任意分段光滑的闭曲线 L 成立;

(3) $\int_L P\mathrm{d}x + Q\mathrm{d}y$ 在 D 内与积分路径无关;

(4) 存在可微函数 $u = u(x,y)$,使得 $\mathrm{d}u = P\mathrm{d}x + Q\mathrm{d}y$ 在 D 内恒成立.

证 先证(1)$\Rightarrow$(2). 已知 $\dfrac{\partial Q}{\partial x} = \dfrac{\partial P}{\partial y}$ 在 D 内恒成立. 对 D 内的任意闭曲线 L,记其所包围的闭区域为 D_1,则由格林公式有

$$\oint_L P\mathrm{d}x + Q\mathrm{d}y = \iint_{D_1}\left(\frac{\partial Q}{\partial x} - \frac{\partial P}{\partial y}\right)\mathrm{d}x\mathrm{d}y = \iint_{D_1} 0\mathrm{d}x\mathrm{d}y = 0.$$

接着证(2) $\Rightarrow$(3). 已知对 D 内任一条封闭曲线 L,有 $\oint_L P\mathrm{d}x + Q\mathrm{d}y = 0$. 对 D 内任意两点 A 和 B,设 $L_1 = \overset{\frown}{ARB}$ 和 $L_2 = \overset{\frown}{ASB}$ 是 D 内从点 A 到点 B 的任意两条曲线(见图 11-13),则 $L^* = L_1 + (-L_2)$ 是 D 内一条封闭曲线,从而有

$$0 = \oint_{L^*} P\mathrm{d}x + Q\mathrm{d}y = \int_{L_1} P\mathrm{d}x + Q\mathrm{d}y + \int_{-L_2} P\mathrm{d}x + Q\mathrm{d}y.$$

于是

$$\int_{L_1} P\mathrm{d}x + Q\mathrm{d}y = -\int_{-L_2} P\mathrm{d}x + Q\mathrm{d}y = \int_{L_2} P\mathrm{d}x + Q\mathrm{d}y,$$

即曲线积分 $\int_L P\mathrm{d}x + Q\mathrm{d}y$ 与路径无关.

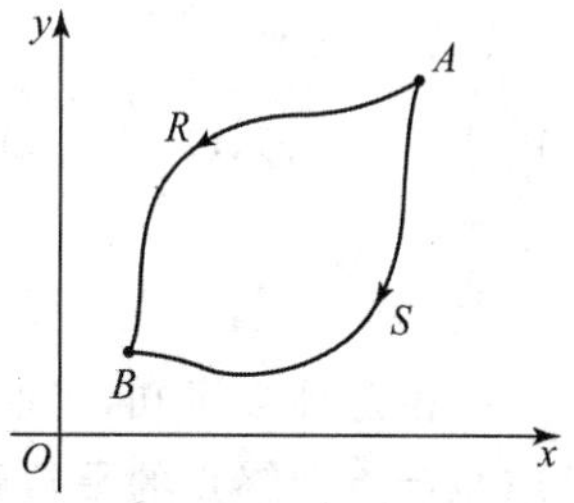

图 11-13

再证(3)$\Rightarrow$(4). 已知积分曲线的起点为 $A(x_0, y_0)$,终点为 $B(x,y)$ 的曲线积分在区域 D 内与路径无关,故可记此积分为

$$\int_{(x_0,y_0)}^{(x,y)} P(x,y)\mathrm{d}x + Q(x,y)\mathrm{d}y.$$

当 $A(x_0, y_0)$ 固定时,积分值仅取决于动点 $B(x,y)$,因此上式积分是 x,y 的二元函数,记为

$u(x,y)$,即

$$u(x,y) = \int_{(x_0,y_0)}^{(x,y)} P(x,y)\mathrm{d}x + Q(x,y)\mathrm{d}y.$$

下面证明 $u(x,y)$ 在 D 内可微,且 $\mathrm{d}u = P(x,y)\mathrm{d}x + Q(x,y)\mathrm{d}y$.

如图 11-14 所示,取 Δx 充分小,使得 $C(x+\Delta x,y) \in D$. 由于曲线积分与路径无关,故函数 $u(x,y)$ 关于 x 的增量

$$\Delta u = u(x+\Delta x,y) - u(x,y) = \int_{(x_0,y_0)}^{(x+\Delta x,y)} P(x,y)\mathrm{d}x + Q(x,y)\mathrm{d}y - \int_{x_0,y_0}^{(x,y)} P(x,y)\mathrm{d}x + Q(x,y)\mathrm{d}y$$

$$= \int_{\overparen{AB}} P(x,y)\mathrm{d}x + Q(x,y)\mathrm{d}y + \int_{\overline{BC}} P(x,y)\mathrm{d}x + Q(x,y)\mathrm{d}y - \int_{\overparen{AB}} P(x,y)\mathrm{d}x + Q(x,y)\mathrm{d}y$$

$$= \int_{\overline{BC}} P(x,y)\mathrm{d}x + Q(x,y)\mathrm{d}y.$$

而直线段 $\overline{BC}$ 平行于 x 轴,由积分中值定理可得

$$\Delta u = u(x+\Delta x,y) - u(x,y)$$

$$= \int_{\overline{BC}} P(x,y)\mathrm{d}x + Q(x,y)\mathrm{d}y$$

$$= \int_{x}^{x+\Delta x} P(x,y)\mathrm{d}x = P(x+\theta\Delta x,y)\Delta x,$$

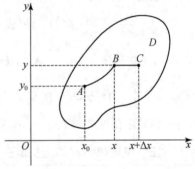

图 11-14

其中 $0 < \theta < 1$. 由 $P(x,y)$ 在 D 上的连续性有

$$\frac{\partial u}{\partial x} = \lim_{\Delta x \to 0} \frac{\Delta u}{\Delta x} = \lim_{\Delta x \to 0} P(x+\theta\Delta x,y) = P(x,y).$$

同理可证 $\dfrac{\partial u}{\partial y} = Q(x,y)$. 因此 $\mathrm{d}u = P(x,y)\mathrm{d}x + Q(x,y)\mathrm{d}y$.

最后证 $(4) \Rightarrow (1)$. 已知存在一个函数 $u = u(x,y)$,使得 $\mathrm{d}u = P(x,y)\mathrm{d}x + Q(x,y)\mathrm{d}y$,从而

$$\frac{\partial u}{\partial x} = P(x,y),\quad \frac{\partial u}{\partial y} = Q(x,y),\quad 于是\quad \frac{\partial^2 u}{\partial x \partial y} = \frac{\partial P}{\partial y},\quad \frac{\partial^2 u}{\partial y \partial x} = \frac{\partial Q}{\partial x}.$$

由于 $P(x,y),Q(x,y)$ 具有连续偏导数,所以混合偏导数 $\dfrac{\partial^2 u}{\partial x \partial y},\dfrac{\partial^2 u}{\partial y \partial x}$ 连续,故

$$\frac{\partial^2 u}{\partial x \partial y} = \frac{\partial^2 u}{\partial y \partial x},\quad 即\quad \frac{\partial Q}{\partial x} = \frac{\partial P}{\partial y}.$$

由定理 2 可知,当曲线积分与路径无关时,计算曲线积分的路径可以任意选择. 一般选取从起点到终点的平行于 x 轴和 y 轴的两条折线作为积分路径,这样计算较为简便.

例 4　求曲线积分 $\displaystyle\int_{L} (1+x\mathrm{e}^{2y})\mathrm{d}x + (x^2\mathrm{e}^{2y} - y)\mathrm{d}y$,其中 L 是 $(x-2)^2 + y^2 = 4$ 的上半圆周,起点为 $O(0,0)$,终点为 $A(4,0)$.

解　这里 $P(x,y) = 1+x\mathrm{e}^{2y}$,$Q(x,y) = x^2\mathrm{e}^{2y} - y$. 由于 $\dfrac{\partial P}{\partial y} = 2x\mathrm{e}^{2y} = \dfrac{\partial Q}{\partial x}$,根据定理 2,该

曲线积分与路径无关,因此可取沿 x 轴上从点 $O(0,0)$ 到点 $A(4,0)$ 的直线段 $\overline{OA}$ 积分. 在 $\overline{OA}$ 上,$y=0,0 \leqslant x \leqslant 4$,于是

$$\int_L (1 + x\mathrm{e}^{2y})\mathrm{d}x + (x^2\mathrm{e}^{2y} - y)\mathrm{d}y = \int_0^4 (1+x)\mathrm{d}x = 12.$$

由定理 2 知,若在区域上 D 上满足 $\dfrac{\partial Q}{\partial x} = \dfrac{\partial P}{\partial y}$,则存在函数 $u(x,y)$,其全微分为 $\mathrm{d}u = P\mathrm{d}x + Q\mathrm{d}y$. 通常我们把函数 $u(x,y)$ 称为 $P\mathrm{d}x + Q\mathrm{d}y$ 的一个**原函数**. 显然 $P\mathrm{d}x + Q\mathrm{d}y$ 的全体原函数为 $u(x,y) + C$(C 为任意常数). 由定理 2 的证明可知

$$u(x,y) = \int_{(x_0,y_0)}^{(x,y)} P(x,y)\mathrm{d}x + Q(x,y)\mathrm{d}y.$$

如图 11-15 所示,选取沿坐标轴的折线为积分路径,则得

$$u(x,y) = \int_{x_0}^x P(x,y_0)\mathrm{d}x + \int_{y_0}^y Q(x,y)\mathrm{d}y.$$

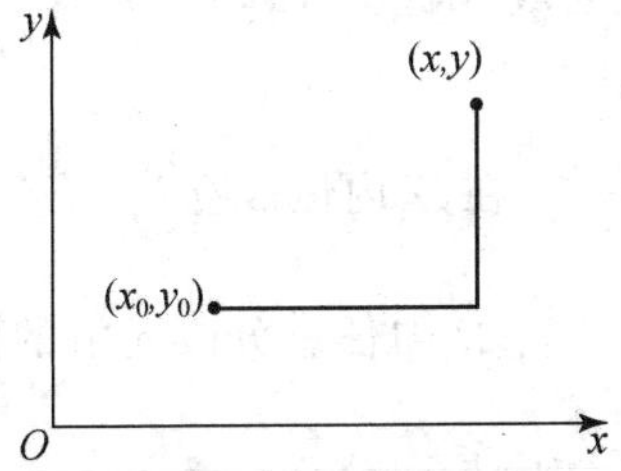

图 11-15

另外,再设 $A(x_1,y_1), B(x_2,y_2) \in D, L$ 是从点 A 到点 B 的任意一条路径,再任取一条 D 内从 (x_0,y_0) 到点 A 的曲线 l,则

$$u(x_1,y_1) = \int_{(x_0,y_0)}^{(x_1,y_1)} P\mathrm{d}x + Q\mathrm{d}y = \int_l P\mathrm{d}x + Q\mathrm{d}y,$$

$$u(x_2,y_2) = \int_{(x_0,y_0)}^{(x_2,y_2)} P\mathrm{d}x + Q\mathrm{d}y = \int_{l+L} P\mathrm{d}x + Q\mathrm{d}y.$$

两式相减得

$$\int_L P\mathrm{d}x + Q\mathrm{d}y = u(x_2,y_2) - u(x_1,y_1) = u(x,y)\Big|_{(x_1,y_1)}^{(x_2,y_2)}.$$

这又得到一种当曲线积分与路径无关时,计算曲线积分的方法. 从形式上看,此式可看做微积分基本公式的推广.

例 5 求 $(2x + \sin y)\mathrm{d}x + x\cos y\mathrm{d}y$ 的原函数,并求曲线积分

$$\int_{(0,0)}^{(1,1)} (2x + \sin y)\mathrm{d}x + x\cos y\mathrm{d}y.$$

解 令 $P = 2x + \sin y, Q = x\cos y$,则 $\dfrac{\partial P}{\partial y} = \cos y, \dfrac{\partial Q}{\partial x} = \cos y$. 这些函数在整个 Oxy 面上

都连续,且有 $\dfrac{\partial Q}{\partial x}=\dfrac{\partial P}{\partial y}$. 由定理 2 知,$(2x+\sin y)\mathrm{d}x+x\cos y\mathrm{d}y$ 为某个函数的全微分,且

$$u(x,y)=\int_{(0,0)}^{(x,y)}(2x+\sin y)\mathrm{d}x+(x\cos y)\mathrm{d}y$$

$$=\int_0^x 2x\mathrm{d}x+\int_0^y x\cos y\mathrm{d}y=x^2+x\sin y.$$

是它的一个原函数,从而所求的原函数为 $x^2+x\sin y+C$(C 为任意常数). 于是

$$\int_{(0,0)}^{(1,1)}(2x+\sin y)\mathrm{d}x+(x\cos y)\mathrm{d}y=u(1,1)-u(0,0)=1+\sin 1.$$

我们也可以通过凑全微分法求出 $(2x+\sin y)\mathrm{d}x+x\cos y\mathrm{d}y$ 的一个原函数:

$$(2x+\sin y)\mathrm{d}x+(x\cos y)\mathrm{d}y=2x\mathrm{d}x+(\sin y\mathrm{d}x+x\cos y\mathrm{d}y)$$

$$=\mathrm{d}(x^2)+\mathrm{d}(x\sin y)=\mathrm{d}(x^2+x\sin y).$$

对于空间曲线 Γ 的第二类曲线积分 $\int_{\Gamma}P\mathrm{d}x+Q\mathrm{d}y+R\mathrm{d}z$,我们也有类似于定理 2 的结论.

定理 3 设 Ω 是单连通的开区域,函数 $P(x,y,z),Q(x,y,z),R(x,y,z)$ 在 Ω 内具有连续偏导数,则下述命题是等价的:

(1) $\dfrac{\partial P}{\partial y}=\dfrac{\partial Q}{\partial x},\dfrac{\partial Q}{\partial z}=\dfrac{\partial R}{\partial y},\dfrac{\partial R}{\partial x}=\dfrac{\partial P}{\partial z}$ 在 Ω 内恒成立;

(2) $\oint_{\Gamma}P\mathrm{d}x+Q\mathrm{d}y+R\mathrm{d}z=0$ 对 Ω 内任意分段光滑的闭曲线 Γ 成立;

(3) $\int_{\Gamma}P\mathrm{d}x+Q\mathrm{d}y+R\mathrm{d}z$ 在 Ω 内与积分路径无关;

(4) 存在可微函数 $u=u(x,y,z)$,使得 $\mathrm{d}u=P\mathrm{d}x+Q\mathrm{d}y+R\mathrm{d}z$ 在 Ω 内恒成立.

可以验证上节例 3 的曲线积分满足定理 3 中的(1),从而曲线积分与路径无关.

例 6 验证空间曲线积分 $\int_{(x_1,y_1,z_1)}^{(x_2,y_2,z_2)}\dfrac{x\mathrm{d}x+y\mathrm{d}y+z\mathrm{d}z}{\sqrt{x^2+y^2+z^2}}$ 与路径无关,其中 (x_1,y_1,z_1),

(x_2,y_2,z_2) 在球面 $x^2+y^2+z^2=a^2$ 上,并计算其值.

解 任取包含 $(x_1,y_1,z_1),(x_2,y_2,z_2)$ 这两点的部分球面在内的空间区域作为 Ω,并且使原点不属于此 Ω. 由于在 Ω 内恒有

$$\frac{x\mathrm{d}x+y\mathrm{d}y+z\mathrm{d}z}{\sqrt{x^2+y^2+z^2}}=\mathrm{d}(\sqrt{x^2+y^2+z^2}),$$

从而满足定理 3 中的(4),故曲线积分 $\int_{\Gamma}\dfrac{x\mathrm{d}x+y\mathrm{d}y+z\mathrm{d}z}{\sqrt{x^2+y^2+z^2}}$ 在 Ω 内与路径无关. 于是曲线积分

$\int_{(x_1,y_1,z_1)}^{(x_2,y_2,z_2)}\dfrac{x\mathrm{d}x+y\mathrm{d}y+z\mathrm{d}z}{\sqrt{x^2+y^2+z^2}}$ 在 Ω 内与路径无关,其积分值为

$$\int_{(x_1,y_1,z_1)}^{(x_2,y_2,z_2)}\frac{x\mathrm{d}x+y\mathrm{d}y+z\mathrm{d}z}{\sqrt{x^2+y^2+z^2}}=\sqrt{x^2+y^2+z^2}\,\bigg|_{(x_1,y_1,z_1)}^{(x_2,y_2,z_2)}=a-a=0.$$

三、全微分方程

考虑形如下式的一阶微分方程：
$$P(x,y)\mathrm{d}x + Q(x,y)\mathrm{d}y = 0. \tag{3}$$
若它的左端恰好是某个二元函数 $u(x,y)$ 的全微分，则称此方程为**全微分方程**.

由上面的讨论可知，一阶微分方程(3)为全微分方程的充分必要条件是 $\dfrac{\partial Q}{\partial x} = \dfrac{\partial P}{\partial y}$. 当一阶微分方程(3)是全微分方程时，它就可写成
$$\mathrm{d}u(x,y) = 0,$$
其中 $u(x,y)$ 是 $P(x,y)\mathrm{d}x + Q(x,y)\mathrm{d}y$ 的一个原函数，从而得方程(3)的解为
$$u(x,y) = C \quad (C \text{ 为任意常数}).$$
因此，求解全微分方程解的关键是求出原函数 $u(x,y)$.

例 7　判断方程 $(\mathrm{e}^x\cos y + 2xy^2)\mathrm{d}x + (2x^2y - \mathrm{e}^x\sin y)\mathrm{d}y = 0$ 是否是全微分方程. 若是，求微分方程的通解.

解　因为函数 $\mathrm{e}^x\cos y + 2xy^2, 2x^2y - \mathrm{e}^x\sin y$ 在 $\mathbf{R}^2$ 上存在连续偏导数，且
$$\frac{\partial(\mathrm{e}^x\cos y + 2xy^2)}{\partial y} = 4xy - \mathrm{e}^x\sin y = \frac{\partial(2x^2y - \mathrm{e}^x\sin y)}{\partial x},$$
所以该方程是全微分方程. 为求原函数，取 $(0,0),(x,0),(x,y)$ 连成的折线作为积分曲线，所以
$$u(x,y) = \int_0^x \mathrm{e}^x\mathrm{d}x + \int_0^y (2x^2y - \mathrm{e}^x\sin y)\mathrm{d}y = x^2y^2 + \mathrm{e}^x\cos y - 1.$$
或者
$$(\mathrm{e}^x\cos y + 2xy^2)\mathrm{d}x + (2x^2y - \mathrm{e}^x\sin y)\mathrm{d}y$$
$$= \mathrm{e}^x\cos y\mathrm{d}x - \mathrm{e}^x\sin y\mathrm{d}y + 2xy^2\mathrm{d}x + 2x^2y\mathrm{d}y$$
$$= \mathrm{d}(\mathrm{e}^x\cos y) + \mathrm{d}(x^2y^2) = \mathrm{d}(\mathrm{e}^x\cos y + x^2y^2).$$
于是，所求微分方程的通解为 $\mathrm{e}^x\cos y + x^2y^2 = C$（$C$ 为任意常数）.

习　题　11.3

1. 设 L 是以 $A(-1,0), B(-3,2), C(3,0)$ 为顶点的三角形区域的边界，沿 $A \to B \to C \to A$ 方向，则 $\oint_L (3x-y)\mathrm{d}x + (x-2y)\mathrm{d}y$ 等于(　　).

(A) -8　　　　(B) 0　　　　(C) 8　　　　(D) 20

2. 利用格林公式计算下列曲线积分：

(1) $\oint_L y^2 x\mathrm{d}y - x^2 y\mathrm{d}x$，其中 L 是圆周 $x^2 + y^2 = a^2$，取顺时针方向；

(2) $\oint_L (x^2 y\cos x + 2xy\sin x - y^2 \mathrm{e}^x)\mathrm{d}x + (x^2\sin x - 2y\mathrm{e}^x)\mathrm{d}y$,其中 L 为星形线 $x^{2/3} + y^{2/3} = a^{2/3}(a > 0)$,取正向;

(3) $\int_L (12xy + \mathrm{e}^y)\mathrm{d}x - (\cos y - x\mathrm{e}^y)\mathrm{d}y$,其中 L 是从点 $(-1,1)$ 沿曲线 $y = x^2$ 到点 $(0,0)$,再沿直线 $y = 0$ 到点 $(2,0)$ 的曲线.

3. 计算曲线积分 $\int_L \left(1 - \dfrac{y^2}{x^2}\cos\dfrac{y}{x}\right)\mathrm{d}x + \left(\sin\dfrac{y}{x} + \dfrac{y}{x}\cos\dfrac{y}{x}\right)\mathrm{d}y$,其中 L 是与 y 轴不相交的从点 $(1,\pi)$ 到点 $(2,\pi)$ 的任意分段光滑曲线.

4. 计算星形线 $x = a\cos^3 t, y = a\sin^3 t\ (0 \leqslant t \leqslant 2\pi)$ 所围平面图形的面积.

5. 计算曲线积分 $\oint_L \dfrac{x\mathrm{d}y - y\mathrm{d}x}{x^2 + y^2}$,其中积分曲线 L 如下:

(1) 椭圆 $\dfrac{(x-2)^2}{2} + \dfrac{y^2}{3} = 1$,取正向;   (2) 椭圆 $\dfrac{x^2}{2} + \dfrac{y^2}{3} = 1$,取正向.

6. 已知曲线积分 $\int_L xy^2\mathrm{d}x + yf(x)\mathrm{d}y$ 与路径无关,其中 $f(x)$ 具有连续导数,且 $f(0) = 0$,求 $\int_{(0,0)}^{(1,1)} xy^2\mathrm{d}x + yf(x)\mathrm{d}y$ 的值.

7. 验证在整个 Oxy 面内 $(x+2y)\mathrm{d}x + (2x+y)\mathrm{d}y$ 存在原函数,并求出原函数.

8. 判断方程 $yx^{y-1}\mathrm{d}x + x^y\ln x\mathrm{d}y = 0$ 是否为全微分方程. 若是,求出其通解.

§11.4 第一类曲面积分

前三节我们把定积分推广到曲线积分,并作了较详细的讨论. 从本节起,我们将进一步把积分区间推广到曲面上,并研究相应积分的性质与计算方法.

一、第一类曲面积分的概念与性质

引例 设有质量非均匀分布的空间物质曲面 Σ,其面密度 $\rho(x,y,z)$ 是 Σ 上的连续函数,求该曲面的质量 m.

我们仍用以前惯用的方法. 先将 Σ 任意分割为 n 小块 $\Delta S_i(i=1,2,\cdots,n)$,$\Delta S_i$ 也表示第 i 块曲面的面积. 在 ΔS_i 上任取一点 (ξ_i,η_i,ζ_i),此处的密度为 $\rho(\xi_i,\eta_i,\zeta_i)$,第 i 小块曲面的质量 Δm_i 可近似地表示为

$$\Delta m_i \approx \rho(\xi_i,\eta_i,\zeta_i)\Delta S_i,$$

于是曲面 Σ 的总质量为

$$m = \sum_{i=1}^{n} \Delta m_i \approx \sum_{i=1}^{n} \rho(\xi_i,\eta_i,\zeta_i)\Delta S_i.$$

记 $\lambda = \max\{d_1, d_2, \cdots, d_n\}$，其中 d_i 为 ΔS_i 的直径 $(i=1,2,\cdots,n)$，则

$$m = \lim_{\lambda \to 0} \sum_{i=1}^{n} \rho(\xi_i, \eta_i, \zeta_i) \Delta S_i.$$

抽去其具体的物理背景，便得到第一类曲面积分的概念.

定义 设函数 $f(x,y,z)$ 是定义在分片光滑曲面 Σ 上的有界函数. 把 Σ 任意分成 n 小块 $\Delta S_1, \Delta S_2, \cdots, \Delta S_n$，其中 $\Delta S_i (i=1,2,\cdots,n)$ 也表示第 i 小块的面积. 在 $\Delta S_i (i=1,2,\cdots,n)$ 上任取一点 (ξ_i, η_i, ζ_i)，作和式 $\sum_{i=1}^{n} f(\xi_i, \eta_i, \zeta_i) \Delta S_i$. 若当各小块曲面的直径的最大值 $\lambda \to 0$ 时，极限

$$\lim_{\lambda \to 0} \sum_{i=1}^{n} f(\xi_i, \eta_i, \zeta_i) \Delta S_i$$

存在，则称此极限值为函数 $f(x,y,z)$ 在曲面 Σ 上的**对面积的曲面积分**，或称为**第一类曲面积分**，记做 $\iint\limits_{\Sigma} f(x,y,z) \mathrm{d}S$，即

$$\iint\limits_{\Sigma} f(x,y,z) \mathrm{d}S = \lim_{\lambda \to 0} \sum_{i=1}^{n} f(\xi_i, \eta_i, \zeta_i) \Delta S_i,$$

其中 $f(x,y,z)$ 称为**被积函数**，Σ 称为**积分曲面**，$\mathrm{d}S$ 称为**曲面面积微元**.

可以证明：若函数 $f(x,y,z)$ 在分片光滑曲面 Σ 上连续，则 $f(x,y,z)$ 在 Σ 上的第一类曲面积分必存在. 今后总假定 $f(x,y,z)$ 在曲面 Σ 上连续. 由上述定义知，引例中曲面的质量为 $m = \iint\limits_{\Sigma} \rho(x,y,z) \mathrm{d}S$. 当被积函数为 1 时，曲面积分 $\iint\limits_{\Sigma} \mathrm{d}S$ 表示曲面的面积. 若 Σ 为闭曲面，通常用符号 $\oiint\limits_{\Sigma}$ 代替 $\iint\limits_{\Sigma}$.

由定义容易知道，第一类曲面积分同样具有关于被积函数的线性性与积分曲面的可加性，即

$$\iint\limits_{\Sigma} [af(x,y,z) + bg(x,y,z)] \mathrm{d}S = a\iint\limits_{\Sigma} f(x,y,z) \mathrm{d}S + b\iint\limits_{\Sigma} g(x,y,z) \mathrm{d}S \quad (a,b \text{ 为常数}),$$

$$\iint\limits_{\Sigma_1 + \Sigma_2} f(x,y,z) \mathrm{d}S = \iint\limits_{\Sigma_1} f(x,y,z) \mathrm{d}S + \iint\limits_{\Sigma_2} f(x,y,z) \mathrm{d}S$$

(这里 $\Sigma = \Sigma_1 + \Sigma_2$ 表示曲面 Σ 可分成除边界外无重合点的两部分 Σ_1 和 Σ_2)；而且当积分曲面对称于坐标面，被积函数具有相应的奇偶性时，曲面积分还具有与三重积分相类似的对称性质. 例如，若积分曲面 Σ 关于 Oxy 面对称，则

$$\iint\limits_{\Sigma} f(x,y,z) \mathrm{d}S = \begin{cases} 0, & f(x,y,-z) = -f(x,y,z), \\ 2\iint\limits_{\Sigma_1} f(x,y,z) \mathrm{d}S, & f(x,y,-z) = f(x,y,z), \end{cases}$$

其中 Σ_1 是 Σ 在 Oxy 面上方部分$(z \geqslant 0)$.关于其他坐标面对称的情况,不再一一赘述.

二、第一类曲面积分的计算

设平行于 z 轴的直线与曲面 Σ 只交于一点,曲面 Σ 的方程为 $z = z(x,y)$,它在 Oxy 面上的投影区域为 D_{xy},$z = z(x,y)$ 在 D_{xy} 上具有连续的偏导数,且是单值函数.由上一章知,曲面面积微元为 $dS = \sqrt{1 + z_x^2(x,y) + z_y^2(x,y)}\,dxdy$,则第一类曲面积分的计算公式为

$$\iint_{\Sigma} f(x,y,z)dS = \iint_{D_{xy}} f[x,y,z(x,y)]\sqrt{1 + z_x^2(x,y) + z_y^2(x,y)}\,dxdy.$$

如果 $z = z(x,y)$ 不是单值的,则要将曲面 Σ 分成若干块曲面,使每一块曲面的函数表达式都是单值的.

应用上述公式计算第一类曲面积分可归纳为一句顺口溜"一投、二代、三计算":

"一投":将积分曲面 Σ 投向使投影面积不为零的坐标平面,如 Oxy 面,并确定 Σ 在此坐标面的投影区域为 D_{xy};

"二代":被积函数中的 x,y,z 是曲面上的坐标,可先将 Σ 的方程化为投影面上两个变量的显函数(即 $z = z(x,y)$),再代入到被积函数中,得到 $f[x,y,z(x,y)]$,并将 dS 替换成 $\sqrt{1 + z_x^2(x,y) + z_y^2(x,y)}\,dxdy$;

"三计算":在投影区域 D_{xy} 上做二重积分计算.

若曲面 Σ 的方程为 $x = x(y,z)$,它在 Oyz 面上的投影区域为 D_{yz},则第一类曲面积分的计算公式为

$$\iint_{\Sigma} f(x,y,z)dS = \iint_{D_{yz}} f[x(y,z),y,z]\sqrt{1 + x_y^2(y,z) + x_z^2(y,z)}\,dydz;$$

若曲面 Σ 的方程为 $y = y(z,x)$,它在 Ozx 面上的投影区域为 D_{zx},则第一类曲面积分的计算公式为

$$\iint_{\Sigma} f(x,y,z)dS = \iint_{D_{zx}} f[x,y(z,x),z]\sqrt{1 + y_z^2(z,x) + y_x^2(z,x)}\,dzdx.$$

例1　计算曲面积分 $\oiint_{\Sigma}(x^2 + y^2)dS$,其中 Σ 是由曲面 $z = \sqrt{x^2 + y^2}$ 与平面 $z = 1$ 所围成的闭曲面.

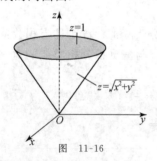

图　11-16

解　记 Σ_1 表示曲面 $z = \sqrt{x^2 + y^2}$,Σ_2 表示平面 $z = 1$,则闭曲面 $\Sigma = \Sigma_1 + \Sigma_2$(见图 11-16).它在 Oxy 面的投影区域为

$$D_{xy} = \{(x,y) \mid x^2 + y^2 \leqslant 1\}.$$

对于 Σ_1:$z = \sqrt{x^2 + y^2}$,$(x,y) \in D_{xy}$,有

$$\frac{\partial z}{\partial x} = \frac{x}{\sqrt{x^2 + y^2}}, \qquad \frac{\partial z}{\partial y} = \frac{y}{\sqrt{x^2 + y^2}},$$

$$dS = \sqrt{1 + \left(\frac{\partial z}{\partial x}\right)^2 + \left(\frac{\partial z}{\partial y}\right)^2}\,dxdy = \sqrt{2}\,dxdy;$$

对于 Σ_2：$z=1$，$(x,y) \in D_{xy}$，有

$$\frac{\partial z}{\partial x} = \frac{\partial z}{\partial y} = 0,$$

$$dS = \sqrt{1 + \left(\frac{\partial z}{\partial x}\right)^2 + \left(\frac{\partial z}{\partial y}\right)^2}\,dxdy = dxdy.$$

故

$$I = \oiint\limits_{\Sigma} (x^2 + y^2)\,dS = \iint\limits_{\Sigma_1} (x^2 + y^2)\,dS + \iint\limits_{\Sigma_2} (x^2 + y^2)\,dS$$

$$= \iint\limits_{D_{xy}} (x^2 + y^2) \sqrt{1 + z_x^2 + z_y^2}\,dxdy + \iint\limits_{D_{xy}} (x^2 + y^2)\sqrt{1 + 0^2 + 0^2}\,dxdy$$

$$= \sqrt{2}\iint\limits_{D_{xy}} (x^2 + y^2)\,dxdy + \iint\limits_{D_{xy}} (x^2 + y^2)\,dxdy$$

$$= (\sqrt{2} + 1)\int_0^{2\pi} d\theta \int_0^1 r^3\,dr = \frac{\pi}{2}(\sqrt{2} + 1).$$

例 2　计算曲面积分 $\iint\limits_{\Sigma} (xy + yz + zx)\,dS$，其中 Σ 是圆锥面 $z = \sqrt{x^2 + y^2}$ 被圆柱面 $x^2 + y^2 = 2x$ 所截下的一块曲面.

解　由于 Σ 关于 Ozx 面对称，而 $(x+z)y$ 是 y 的奇函数，故 $\iint\limits_{\Sigma} (x+z)y\,dS = 0$，从而

$$原式 = \iint\limits_{\Sigma} (x+z)y\,dS + \iint\limits_{\Sigma} zx\,dS = 0 + \iint\limits_{\Sigma} zx\,dS.$$

Σ 在 Oxy 面上的投影区域为 $D_{xy} = \{(x,y) \mid x^2 + y^2 \leqslant 2x\}$ 且关于 x 轴对称，于是

$$原式 = \iint\limits_{D_{xy}} x \sqrt{x^2 + y^2} \cdot \sqrt{1 + \left(\frac{\partial z}{\partial x}\right)^2 + \left(\frac{\partial z}{\partial y}\right)^2}\,dxdy$$

$$= \iint\limits_{D_{xy}} x \sqrt{x^2 + y^2} \cdot \sqrt{1 + \frac{x^2 + y^2}{x^2 + y^2}}\,dxdy$$

$$= \sqrt{2}\iint\limits_{D_{xy}} x \sqrt{x^2 + y^2}\,dxdy = \sqrt{2} \cdot 2\iint\limits_{D} x \sqrt{x^2 + y^2}\,dxdy$$

$$= 2\sqrt{2}\int_0^{\pi/2} d\theta \int_0^{2\cos\theta} r\cos\theta \cdot r \cdot r\,dr$$

$$= 2\sqrt{2}\int_0^{\pi/2} 4\cos^5\theta\,d\theta = \frac{64}{15}\sqrt{2},$$

其中 D 为 D_{xy} 在第一象限部分.

例 3 求质量均匀分布的半球面 Σ 的质心坐标及对于 z 轴的转动惯量.

解 设半球面 Σ 的半径为 a,方程为 $x^2+y^2+z^2=a^2$,$z\geqslant 0$,并设面密度 $\rho=1$. 又设 Σ 的质心坐标为 $(\overline{x},\overline{y},\overline{z})$,则根据对称性可知 $\overline{x}=\overline{y}=0$,且由类似于平面薄片质心的讨论得

$$\overline{z}=\frac{M_{xy}}{S}=\frac{\iint\limits_{\Sigma}z\mathrm{d}S}{\iint\limits_{\Sigma}\mathrm{d}S},$$

其中 M_{xy} 是曲面 Σ 到 Oxy 面的静力矩,S 是曲面 Σ 的面积. 而

$$\iint\limits_{\Sigma}z\mathrm{d}S=\iint\limits_{x^2+y^2\leqslant a^2}\sqrt{a^2-x^2-y^2}\frac{a}{\sqrt{a^2-x^2-y^2}}\mathrm{d}x\mathrm{d}y=\pi a^3,\quad \iint\limits_{\Sigma}\mathrm{d}S=2\pi a^2,$$

所以 $\overline{z}=\dfrac{M_{xy}}{S}=\dfrac{a}{2}$. 故 Σ 的质心坐标为 $\left(0,0,\dfrac{a}{2}\right)$.

由类似于平面薄片对于坐标轴的转动恒量的讨论知,所求的转动惯量为

$$I_z=\iint\limits_{\Sigma}(x^2+y^2)\mathrm{d}S=\iint\limits_{x^2+y^2\leqslant a^2}(x^2+y^2)\frac{a}{\sqrt{a^2-x^2-y^2}}\mathrm{d}x\mathrm{d}y$$

$$=\int_0^{2\pi}\mathrm{d}\theta\int_0^a r^2\frac{a}{\sqrt{a^2-r^2}}r\mathrm{d}r=\frac{4}{3}\pi a^4.$$

例 4 计算曲线积分 $\iint\limits_{\Sigma}\dfrac{\mathrm{d}S}{x^2+y^2+z^2}$,其中 Σ 为圆柱面 $x^2+y^2=R^2$ 介于平面 $z=0$ 和 $z=h$ $(h>0)$ 之间的部分.

解 由于圆柱面 Σ 关于 Oyz 面对称,被积函数关于 x 是偶函数,由曲面积分的对称性有

$$\iint\limits_{\Sigma}\frac{\mathrm{d}S}{x^2+y^2+z^2}=2\iint\limits_{\Sigma_1}\frac{\mathrm{d}S}{x^2+y^2+z^2},$$

其中 Σ_1:$x=\sqrt{R^2-y^2}$,$|y|\leqslant R$,它在 Oyz 面上的投影区域为

$$D:|y|\leqslant R,0\leqslant z\leqslant h.$$

于是

$$x_y=\frac{-y}{\sqrt{R^2-y^2}},\quad x_z=0,\quad \mathrm{d}S=\sqrt{1+x_y^2+x_z^2}\mathrm{d}y\mathrm{d}z=\frac{R}{\sqrt{R^2-y^2}}\mathrm{d}y\mathrm{d}z,$$

从而

$$原式=2\iint\limits_{\Sigma_1}\frac{\mathrm{d}S}{x^2+y^2+z^2}=2\iint\limits_{D}\frac{1}{R^2+z^2}\cdot\frac{R}{\sqrt{R^2-y^2}}\mathrm{d}y\mathrm{d}z$$

$$=2\int_0^h\frac{\mathrm{d}z}{R^2+z^2}\int_{-R}^R\frac{R\mathrm{d}y}{\sqrt{R^2-y^2}}=2\pi\arctan\frac{h}{R}.$$

思考:例 4 中为什么不把积分曲面 Σ 投影到 Oxy 面上来计算?

习　题　11.4

1. 计算曲面积分 $I = \iint\limits_{\Sigma} \left(2x + \frac{4}{3}y + z\right) \mathrm{d}S$,其中 Σ 是平面 $\frac{x}{2} + \frac{y}{3} + \frac{z}{4} = 1$ 在第一卦限的部分.

2. 计算曲面积分 $\iint\limits_{\Sigma} z \mathrm{d}S$,其中 Σ 为圆锥面 $z = \sqrt{x^2 + y^2}$ 在圆柱面 $x^2 + y^2 = 2x$ 内的部分.

3. 计算曲面积分 $\iint\limits_{\Sigma} \dfrac{\mathrm{d}S}{z}$,其中 Σ 是球面 $x^2 + y^2 + z^2 = a^2$ 被平面 $z = h(0 < h < a)$ 截出的上半部分.

4. 计算曲面积分 $I = \iint\limits_{\Sigma} x \mathrm{d}S$,其中 Σ 为柱面 $x^2 + y^2 = 1$ 与平面 $z = 0, z = x + 2$ 所围空间区域的表面.

5. 求抛物面壳 $z = \frac{1}{2}(x^2 + y^2)(0 \leqslant z \leqslant 1)$ 的质量,假定此壳的面密度为 $\mu(x, y, z) = z$.

6. 求质量均匀分布的圆柱面 Σ：$x^2 + y^2 = a^2(0 \leqslant z \leqslant b)$ 关于 z 轴的转动惯量 J.

§11.5　第二类曲面积分

先引入曲面的侧的概念. 设 Σ 为光滑曲面,在 Σ 上任取一动点 P,过点 P 的法向量有两个,可以根据需要选定一个 n 为正方向. 当动点 P 在 Σ 上沿任一条曲线连续变动时,其法向量 n 也随之连续变动. 若动点 P 不越过曲面边界回到原来位置时,n 的方向仍然和原来的方向相同,则我们称这样的曲面为**双侧曲面**;否则称为**单侧曲面**. 本节我们只讨论双侧曲面.

曲面 Σ 上任一点 P 的法向量 n 有两个方向,若曲面 Σ 的方程为 $z = z(x, y)$,则规定 n 与 z 轴的正向的夹角为锐角的一侧为 Σ 的**上侧**,另一侧为**下侧**;若曲面 Σ 的方程为 $x = x(y, z)$,则规定 n 与 x 轴的正向的夹角为锐角的一侧为 Σ 的**前侧**,另一侧为**后侧**;若曲面 Σ 的方程为 $y = y(z, x)$,则规定 n 与 y 轴的正向的夹角为锐角的一侧为 Σ 的**右侧**,另一侧为**左侧**. 当曲面为封闭曲面时,则法向量朝内的一侧为**内侧**,朝外的为**外侧**. 指定了侧的曲面称为**有向曲面**.

设 Σ 为有向曲面,在 Σ 上取一小块曲面 ΔS(同时用 ΔS 表示其面积),注意 ΔS 也是有向曲面. 假定 ΔS 上任一点处的法向量与 z 轴的夹角或者都是锐角,或者都是钝角,则 ΔS 上各点的法向量与 z 轴的夹角 γ 的余弦 $\cos\gamma$ 具有相同的符号. 将 ΔS 投影到 Oxy 面上,可得一投影区域,记投影区域的面积为 $(\Delta\sigma)_{xy}$. 规定 ΔS 在 Oxy 面上的投影 $(\Delta S)_{xy}$ 为

$$(\Delta S)_{xy} = \begin{cases} (\Delta\sigma)_{xy}, & \cos\gamma > 0, \\ -(\Delta\sigma)_{xy}, & \cos\gamma < 0, \\ 0, & \cos\gamma = 0, \end{cases}$$

其中 $(\Delta\sigma)_{xy}$ 总是正的，$(\Delta S)_{xy}$ 可正可负. 事实上，有 $(\Delta S)_{xy} \approx \cos\gamma \cdot \Delta S$.

类似可定义 ΔS 在 Oyz 面及 Ozx 面上的投影 $(\Delta S)_{yz}$ 及 $(\Delta S)_{zx}$.

一、第二类曲面积分的概念与性质

引例（流体流向曲面一侧的流量）　设 Σ 为有向曲面，流体的流速为

$$v(x,y,z) = P(x,y,z)\boldsymbol{i} + Q(x,y,z)\boldsymbol{j} + R(x,y,z)\boldsymbol{k},$$

流体稳定流动（即 v 与时间 t 无关），不可压缩（即密度 $\rho(x,y,z)$ 为常量，不妨设 $\rho(x,y,z)=1$）.
计算流体通过曲面 Σ 的流量 Φ（即单位时间内通过曲面 Σ 流向指定一侧的流体的质量.

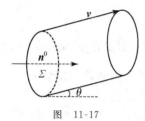

　　如果流体的流速是一个常向量 v，且 Σ 是一个面积为 S 的平面区域，其单位法向量为 $\boldsymbol{n}^0$，则所求的流量 Φ 是以平面域 Σ 为底，以 $|v|$ 为斜高的斜柱体的体积，即流量为

$$\Phi = S|v|\cos\theta = S(v \cdot \boldsymbol{n}^0),$$

其中 θ 为 v 与 $\boldsymbol{n}^0$ 的夹角. 当 θ 为锐角时，Φ 为正，即流体流向指定的一侧；当 θ 为钝角时，Φ 为负，即流体流向指定一侧的相反侧.

图 11-17

　　一般地，如果 Σ 是曲面，流速 v 是 Σ 上点 $P(x,y,z)$ 的函数，当然就不能直接应用上述公式计算流量，但我们可用"分割—近似—求和—取极限"的方法来解决流量的计算问题.

　　将 Σ 任意分割成 n 块小曲面 $\Delta S_i (i=1,2,\cdots,n)$，其面积也记做 ΔS_i，方向与 Σ 一致. 在小曲面 $\Delta S_i (i=1,2,\cdots,n)$ 上任取一点 $P_i(\xi_i,\eta_i,\zeta_i)$，该点的流速为 $v_i = v(\xi_i,\eta_i,\zeta_i)$. 在点 P_i 作曲面的单位法向量 $\boldsymbol{n}_i^0$. 当 ΔS_i 的直径足够小时，可以视 ΔS_i 为平面，其上的流速为常向量 $v_i = v(\xi_i,\eta_i,\zeta_i)$，即可以用点 P_i 的流速代替 ΔS_i 上各点处的流速. 设 v_i 与 $\boldsymbol{n}_i^0$ 的夹角为 θ_i，则流体通过 ΔS_i 的流量为

$$\Phi_i \approx |v_i|\cos\theta_i \Delta S_i = (v_i \cdot \boldsymbol{n}_i^0)\Delta S_i.$$

于是流体通过 Σ 的流量为

$$\Phi = \sum_{i=1}^{n} \Phi_i \approx \sum_{i=1}^{n} (v_i \cdot \boldsymbol{n}_i^0)\Delta S_i.$$

注意到 $\boldsymbol{n}_i^0 = (\cos\alpha_i, \cos\beta_i, \cos\gamma_i)$，$v_i = (P(\xi_i,\eta_i,\zeta_i), Q(\xi_i,\eta_i,\zeta_i), R(\xi_i,\eta_i,\zeta_i))$，所以

$$\Phi \approx \sum_{i=1}^{n} [P(\xi_i,\eta_i,\zeta_i)\cos\alpha_i + Q(\xi_i,\eta_i,\zeta_i)\cos\beta_i + R(\xi_i,\eta_i,\zeta_i)\cos\gamma_i]\Delta S_i$$

$$= \sum_{i=1}^{n} [P(\xi_i,\eta_i,\zeta_i)(\Delta S_i)_{yz} + Q(\xi_i,\eta_i,\zeta_i)(\Delta S_i)_{zx} + R(\xi_i,\eta_i,\zeta_i)(\Delta S_i)_{xy}].$$

记 λ 为所有 ΔS_i 的直径的最大值,则当 $\lambda \to 0$ 时,上式和式的极限就是所求流量 Φ 的精确值,即

$$\Phi = \lim_{\lambda \to 0} \sum_{i=1}^{n} \left[P(\xi_i, \eta_i, \zeta_i)(\Delta S_i)_{yz} + Q(\xi_i, \eta_i, \zeta_i)(\Delta S_i)_{zx} + R(\xi_i, \eta_i, \zeta_i)(\Delta S_i)_{xy} \right].$$

抽去上述过程的具体意义,便得到第二类曲面积分的概念.

定义　设 Σ 为分片光滑的有向曲面,函数 $R(x, y, z)$ 在 Σ 上有界. 将 Σ 任意分割成 n 块小曲面 $\Delta S_i (i = 1, 2, \cdots, n)$,$\Delta S_i$ 同时也表示其面积. 记 $\Delta S_i (i = 1, 2, \cdots, n)$ 在 Oxy 面的投影为 $(\Delta S_i)_{xy}$. 在 $\Delta S_i (i = 1, 2, \cdots, n)$ 上任取一点 (ξ_i, η_i, ζ_i),作和式 $\sum\limits_{i=1}^{n} R(\xi_i, \eta_i, \xi_i)(\Delta S_i)_{xy}$. 若当各小曲面 $\Delta S_i (i = 1, 2, \cdots, n)$ 的直径的最大值 $\lambda \to 0$ 时,极限

$$\lim_{\lambda \to 0} \sum_{i=1}^{n} R(\xi_i, \eta_i, \zeta_i)(\Delta S_i)_{xy}$$

存在,则称该极限值为函数 $R(x, y, z)$ 在有向曲面 Σ 上**对坐标 x, y 的曲面积分**,记做 $\iint\limits_{\Sigma} R(x, y, z) \mathrm{d}x\mathrm{d}y$,即

$$\iint\limits_{\Sigma} R(x, y, z) \mathrm{d}x\mathrm{d}y = \lim_{\lambda \to 0} \sum_{i=1}^{n} R(\xi_i, \eta_i, \zeta_i)(\Delta S_i)_{xy},$$

其中 $R(x, y, z)$ 称为被积函数,Σ 称为积分曲面.

类似地,我们可定义函数 $P(x, y, z)$ 在有向曲面 Σ 上**对坐标 y, z 的曲面积分**

$$\iint\limits_{\Sigma} P(x, y, z) \mathrm{d}y\mathrm{d}z = \lim_{\lambda \to 0} \sum_{i=1}^{n} P(\xi_i, \eta_i, \zeta_i)(\Delta S_i)_{yz},$$

函数 $Q(x, y, z)$ 在有向曲面 Σ 上**对坐标 z, x 的曲面积分**

$$\iint\limits_{\Sigma} Q(x, y, z) \mathrm{d}z\mathrm{d}x = \lim_{\lambda \to 0} \sum_{i=1}^{n} Q(\xi_i, \eta_i, \zeta_i)(\Delta S_i)_{zx}.$$

我们指出:若函数 $P(x, y, z), Q(x, y, z), R(x, y, z)$ 在有向分片光滑曲面 Σ 上连续,则对坐标的曲面积分必存在. 在今后的叙述中总假定函数 $P(x, y, z), Q(x, y, z), R(x, y, z)$ 在 Σ 上连续.

上述定义的三个对坐标的曲面积分统称为**第二类曲面积分**. 在实际问题中,常需考虑三个对坐标的曲面积分之和:$\iint\limits_{\Sigma} P \mathrm{d}y\mathrm{d}z + \iint\limits_{\Sigma} Q \mathrm{d}z\mathrm{d}x + \iint\limits_{\Sigma} R \mathrm{d}x\mathrm{d}y$,为书写简便起见,把三个积分加在一起写成

$$\iint\limits_{\Sigma} P \mathrm{d}y\mathrm{d}z + \iint\limits_{\Sigma} Q \mathrm{d}z\mathrm{d}x + \iint\limits_{\Sigma} R \mathrm{d}x\mathrm{d}y = \iint\limits_{\Sigma} P \mathrm{d}y\mathrm{d}z + Q \mathrm{d}z\mathrm{d}x + R \mathrm{d}x\mathrm{d}y.$$

由此,引例中的流量可表示为 $\Phi = \iint\limits_{\Sigma} P \mathrm{d}y\mathrm{d}z + Q \mathrm{d}z\mathrm{d}x + R \mathrm{d}x\mathrm{d}y$. 另外,类似于第二类曲线积

分,有时也使用以下简记式:

$$\iint\limits_{\Sigma_1} P\mathrm{d}y\mathrm{d}z + Q\mathrm{d}z\mathrm{d}x + R\mathrm{d}x\mathrm{d}y + \iint\limits_{\Sigma} P\mathrm{d}y\mathrm{d}z + Q\mathrm{d}z\mathrm{d}x + R\mathrm{d}x\mathrm{d}y = \left(\iint\limits_{\Sigma_1} + \iint\limits_{\Sigma_2}\right) P\mathrm{d}y\mathrm{d}z + Q\mathrm{d}z\mathrm{d}x + R\mathrm{d}x\mathrm{d}y.$$

第二类曲面积分具有方向性,这是因为积分曲面 Σ 选定的侧一旦改变,则曲面 Σ 在坐标面上的投影的符号也随之改变. 若取 Σ 为上侧曲面(记为 Σ^+),则 Σ 在 Oxy 面上的投影为正(各 $(\Delta S_i)_{xy} > 0$);若取 Σ 为下侧曲面(记为 Σ^-),则投影为负(各 $(\Delta S_i)_{xy} < 0$). 因此有

$$\iint\limits_{\Sigma^-} R(x,y,z)\mathrm{d}x\mathrm{d}y = -\iint\limits_{\Sigma^+} R(x,y,z)\mathrm{d}x\mathrm{d}y,$$

类似地,Σ 取右侧记为 Σ^+,取左侧记为 Σ^-,则

$$\iint\limits_{\Sigma^-} Q(x,y,z)\mathrm{d}z\mathrm{d}x = -\iint\limits_{\Sigma^+} Q(x,y,z)\mathrm{d}z\mathrm{d}x;$$

Σ 取前侧记为 Σ^+,取后侧记为 Σ^-,则

$$\iint\limits_{\Sigma^-} P(x,y,z)\mathrm{d}y\mathrm{d}z = -\iint\limits_{\Sigma^+} P(x,y,z)\mathrm{d}y\mathrm{d}z.$$

第二类曲面积分具有和第一类曲面积分类似的性质,这里不再一一赘述.

值得一提的是:$\iint\limits_{\Sigma} R(x,y,z)\mathrm{d}x\mathrm{d}y$ 中的 $\mathrm{d}x\mathrm{d}y$ 与二重积分 $\iint\limits_{D} f(x,y)\mathrm{d}x\mathrm{d}y$ 中的 $\mathrm{d}x\mathrm{d}y$ 是不同的,前者可正可负,是投影 $(\Delta S_i)_{xy}$ 的象征;后者恒正,是面积 $\Delta\sigma_i$ 的象征.

二、第二类曲面积分的计算

设曲面积分 $\iint\limits_{\Sigma} R(x,y,z)\mathrm{d}x\mathrm{d}y$ 的积分曲面 Σ 是由 $z = z(x,y)$ 所确定的曲面的上侧,Σ 在 Oxy 面上的投影区域为 D_{xy},$z = z(x,y)$ 在 D_{xy} 上具有连续偏导数,被积函数 $R(x,y,z)$ 在 Σ 上连续. 由定义知

$$\iint\limits_{\Sigma} R(x,y,z)\mathrm{d}x\mathrm{d}y = \lim_{\lambda \to 0} \sum_{i=1}^{n} R(\xi_i,\eta_i,\zeta_i)(\Delta S_i)_{xy},$$

又此处 Σ 取上侧,故有 $\cos\gamma > 0$,因而 $(\Delta S_i)_{xy} = (\Delta\sigma_i)_{xy}$,所以

$$\iint\limits_{\Sigma} R(x,y,z)\mathrm{d}x\mathrm{d}y = \lim_{\lambda \to 0} \sum_{i=1}^{n} R[\xi_i,\eta_i,z(\xi_i,\eta_i)](\Delta\sigma_i)_{xy} = \iint\limits_{D_{xy}} R[x,y,z(x,y)]\mathrm{d}x\mathrm{d}y.$$

若 Σ 取下侧,则有 $\cos\gamma < 0$,故有 $(\Delta S_i)_{xy} = -(\Delta\sigma_i)_{xy}$,从而

$$\iint\limits_{\Sigma} R(x,y,z)\mathrm{d}x\mathrm{d}y = -\iint\limits_{D_{xy}} R[x,y,z(x,y)]\mathrm{d}x\mathrm{d}y,$$

同理,若 Σ 的方程为 $x = x(y,z)$,在与上述类似的条件下,则有

$$\iint\limits_{\Sigma}P(x,y,z)\mathrm{d}y\mathrm{d}z = \pm\iint\limits_{D_{yz}}P[x(y,z),y,z]\mathrm{d}y\mathrm{d}z,$$

其中 D_{yz} 为 Σ 在 Oyz 面上的投影区域,且当 Σ 取前侧时,右端取"$+$";当 Σ 取后侧时,右端取"$-$".

若 Σ 为 $y=y(z,x)$,在与上述类似的条件下,则有

$$\iint\limits_{\Sigma}Q(x,y,z)\mathrm{d}z\mathrm{d}x = \pm\iint\limits_{D_{zx}}Q[x,y(z,x),z]\mathrm{d}z\mathrm{d}x,$$

其中 D_{zx} 为 Σ 在 Ozx 面上的投影区域,且当 Σ 取右侧时,右端取"$+$";当 Σ 取左侧时,右端取"$-$".

例 1   计算曲面积分 $I = \iint\limits_{\Sigma}xz\,\mathrm{d}y\mathrm{d}z + yz\,\mathrm{d}z\mathrm{d}x + z^2\,\mathrm{d}x\mathrm{d}y$,其中 Σ 为半球面 $z = \sqrt{R^2-x^2-y^2}\ (R>0)$,取上侧.

解   需分别计算三个曲面积分:

$$I_1 = \iint\limits_{\Sigma}xz\,\mathrm{d}y\mathrm{d}z,\quad I_2 = \iint\limits_{\Sigma}yz\,\mathrm{d}z\mathrm{d}x,\quad I_3 = \iint\limits_{\Sigma}z^2\,\mathrm{d}x\mathrm{d}y.$$

注意到取曲面的上侧,所以单位法向量与 z 轴正向的夹角余弦 $\cos\gamma$ 为正. 因此

$$I_3 = \iint\limits_{D}(R^2-x^2-y^2)\mathrm{d}x\mathrm{d}y = \int_0^{2\pi}\mathrm{d}\theta\int_0^R(R^2-r^2)r\mathrm{d}r = \frac{1}{2}\pi R^4,$$

其中 $D = \{(x,y)|x^2+y^2 \leqslant R^2\}$ 为 Σ 在 Oxy 面上的投影.

对于积分 $I_1 = \iint\limits_{\Sigma}xz\,\mathrm{d}y\mathrm{d}z$,由于曲面 Σ 不能统一地表示成

$$x = x(y,z),\quad (y,z)\in D_{yz}$$

的形式,所以需要将曲面分成前后两部分:

$$S_1:\ x = \sqrt{R^2-y^2-z^2}\ (z\geqslant 0),\text{取前侧};$$
$$S_2:\ x = -\sqrt{R^2-y^2-z^2}\ (z\geqslant 0),\ \text{取后侧}.$$

S_1 与 S_2 在 Oyz 面上的投影均为 $D_{yz} = \{(y,z)|y^2+z^2\leqslant R^2,z\geqslant 0\}$. 于是

$$I_1 = \iint\limits_{\Sigma_1}xz\,\mathrm{d}y\mathrm{d}z + \iint\limits_{\Sigma_2}xz\,\mathrm{d}y\mathrm{d}z = \iint\limits_{D_{yz}}z\sqrt{R^2-y^2-z^2}\,\mathrm{d}y\mathrm{d}z - \iint\limits_{D_{yz}}z(-\sqrt{R^2-y^2-z^2})\mathrm{d}y\mathrm{d}z$$

$$= 2\int_0^{\pi}\mathrm{d}\theta\int_0^R r\sin\theta\sqrt{R^2-r^2}\,r\mathrm{d}r = 4\int_0^{\pi/2}R^4\sin^2 t\cos^2 t\mathrm{d}t = \frac{1}{4}\pi R^4.$$

同理可得

$$I_2 = \iint\limits_{\Sigma}yz\,\mathrm{d}z\mathrm{d}x = \frac{1}{4}\pi R^4.$$

所以

$$I = I_1 + I_2 + I_3 = \frac{1}{4}\pi R^4 + \frac{1}{4}\pi R^4 + \frac{1}{2}\pi R^4 = \pi R^4.$$

例 2 求曲面积分 $I = \iint\limits_{\Sigma} x^2 \mathrm{d}y\mathrm{d}z + y^2 \mathrm{d}z\mathrm{d}x + z^2 \mathrm{d}x\mathrm{d}y$，其中 Σ 是由平面 $x + y + z = 1$ 与三个坐标面所围成的四面体的表面，取其外侧.

解 Σ 可分为 $\Sigma_1, \Sigma_2, \Sigma_3$ 和 Σ_4 四个面（见图 11-18），其中 Σ_1：$z = 0$ $x + y \leqslant 1, 0 \leqslant x, y \leqslant 1$，取下侧；$\Sigma_2$：$x = 0, y + z \leqslant 1, 0 \leqslant y, z \leqslant 1$，取后侧；$\Sigma_3$：$y = 0, x + z \leqslant 1, 0 \leqslant x, z \leqslant 1$，取左侧；$\Sigma_4$：$x + y + z = 1$，取上侧. 所以

$$I = \left(\iint\limits_{\Sigma_1} + \iint\limits_{\Sigma_2} + \iint\limits_{\Sigma_3} + \iint\limits_{\Sigma_4} \right) x^2 \mathrm{d}y\mathrm{d}z + y^2 \mathrm{d}z\mathrm{d}x + z^2 \mathrm{d}x\mathrm{d}y.$$

由于 Σ_1 在 Oyz 和 Ozx 两个坐标面上的投影为线段，面积为 0，所以

$$\iint\limits_{\Sigma_1} x^2 \mathrm{d}y\mathrm{d}z + y^2 \mathrm{d}z\mathrm{d}x + z^2 \mathrm{d}x\mathrm{d}y = \iint\limits_{\Sigma_1} z^2 \mathrm{d}x\mathrm{d}y = 0.$$

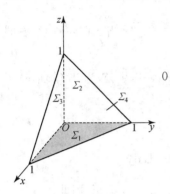

图 11-18

同理

$$\iint\limits_{\Sigma_2} x^2 \mathrm{d}y\mathrm{d}z + y^2 \mathrm{d}z\mathrm{d}x + z^2 \mathrm{d}x\mathrm{d}y = 0,$$

$$\iint\limits_{\Sigma_3} x^2 \mathrm{d}y\mathrm{d}z + y^2 \mathrm{d}z\mathrm{d}x + z^2 \mathrm{d}x\mathrm{d}y = 0.$$

下面求 Σ_4 上的曲面积分. 此时

$$I = \iint\limits_{\Sigma_4} x^2 \mathrm{d}y\mathrm{d}z + y^2 \mathrm{d}z\mathrm{d}x + z^2 \mathrm{d}x\mathrm{d}y = \iint\limits_{\Sigma_4} x^2 \mathrm{d}y\mathrm{d}z + \iint\limits_{\Sigma_4} y^2 \mathrm{d}z\mathrm{d}x + \iint\limits_{\Sigma_4} z^2 \mathrm{d}x\mathrm{d}y$$

$$= \iint\limits_{\substack{0 \leqslant z \leqslant 1-y \\ 0 \leqslant y \leqslant 1}} (1 - y - z)^2 \mathrm{d}y\mathrm{d}z + \iint\limits_{\substack{0 \leqslant z \leqslant 1-x \\ 0 \leqslant x \leqslant 1}} (1 - z - x)^2 \mathrm{d}z\mathrm{d}x + \iint\limits_{\substack{0 \leqslant y \leqslant 1-x \\ 0 \leqslant x \leqslant 1}} (1 - y - x)^2 \mathrm{d}x\mathrm{d}y$$

$$= \int_0^1 \mathrm{d}y \int_0^{1-y} (1 - y - z)^2 \mathrm{d}z + \int_0^1 \mathrm{d}z \int_0^{1-z} (1 - x - z)^2 \mathrm{d}x + \int_0^1 \mathrm{d}x \int_0^{1-x} (1 - y - x)^2 \mathrm{d}y$$

$$= \frac{1}{12} + \frac{1}{12} + \frac{1}{12} = \frac{1}{4}.$$

注 当积分曲面 Σ 在坐标平面投影的面积为零时，由第二类曲面积分的定义，对应的曲面积分必为 0. 例如，本例中 $\iint\limits_{\Sigma_1} x^2 \mathrm{d}y\mathrm{d}z = 0$. 这是因为其中的 $(\Delta S)_{yz} = \cos \frac{\pi}{2} \cdot \Delta S = 0$. 这与第一类曲面积分的计算是截然不同的.

例 3 计算曲面积分 $I = \iint\limits_{\Sigma} \dfrac{x \mathrm{d}y\mathrm{d}z + z^2 \mathrm{d}x\mathrm{d}y}{x^2 + y^2 + z^2}$，其中 Σ 是由圆柱面 $x^2 + y^2 = R^2$ 与平面 $z = R, z = -R$ $(R > 0)$ 所围成的圆柱体的表面，取外侧.

解 记

Σ_1：$z=R$，$(x,y)\in D_1=\{(x,y)\,|\,x^2+y^2\leqslant R^2\}$，取上侧；

Σ_2：$z=-R$，$(x,y)\in D_1$，取下侧；

Σ_3：$x=\sqrt{R^2-y^2}$，$(y,z)\in D_2=\{(y,z)\,|-R\leqslant y\leqslant R,-R\leqslant z\leqslant R\}$，取前侧；

Σ_4：$x=-\sqrt{R^2-y^2}$，$(y,z)\in D_2$，取后侧.

则

$$I=\iint\limits_{\Sigma}\frac{x\mathrm{d}y\mathrm{d}z+z^2\mathrm{d}x\mathrm{d}y}{x^2+y^2+z^2}=\left(\iint\limits_{\Sigma_1}+\iint\limits_{\Sigma_2}+\iint\limits_{\Sigma_3}+\iint\limits_{\Sigma_4}\right)\frac{x\mathrm{d}y\mathrm{d}z+z^2\mathrm{d}x\mathrm{d}y}{x^2+y^2+z^2}$$

$$=\iint\limits_{D_1}\frac{R^2\mathrm{d}x\mathrm{d}y}{x^2+y^2+R^2}-\iint\limits_{D_1}\frac{R^2\mathrm{d}x\mathrm{d}y}{x^2+y^2+R^2}+\iint\limits_{D_2}\frac{\sqrt{R^2-y^2}\,\mathrm{d}y\mathrm{d}z}{R^2+z^2}-\iint\limits_{D_2}\frac{-\sqrt{R^2-y^2}\,\mathrm{d}y\mathrm{d}z}{R^2+z^2}$$

$$=0+2\iint\limits_{D_2}\frac{\sqrt{R^2-y^2}\,\mathrm{d}y\mathrm{d}z}{R^2+z^2}=2\int_{-R}^{R}\sqrt{R^2-y^2}\,\mathrm{d}y\int_{-R}^{R}\frac{1}{R^2+z^2}\mathrm{d}z=\frac{1}{2}\pi^2 R,$$

其中 $\iint\limits_{\Sigma_3}\dfrac{z^2\mathrm{d}x\mathrm{d}y}{x^2+y^2+z^2}=\iint\limits_{\Sigma_4}\dfrac{z^2\mathrm{d}x\mathrm{d}y}{x^2+y^2+z^2}=0.$

三、两类曲面积分的关系

设 Σ 为有向曲面,它的方程为 $z=z(x,y)$,Σ 在 Oxy 面上的投影区域为 D_{xy},$z=z(x,y)$ 在 D_{xy} 上具有连续偏导数,函数 $R(x,y,z)$ 在 Σ 上连续.

若 Σ 取上侧,则 $\iint\limits_{\Sigma}R(x,y,z)\mathrm{d}x\mathrm{d}y=\iint\limits_{D_{xy}}R[x,y,z(x,y)]\mathrm{d}x\mathrm{d}y.$ 又当 Σ 取上侧时,Σ 上任一点 (x,y,z) 处的法线向量的方向余弦为

$$\cos\alpha=-\frac{z_x}{\sqrt{1+z_x^2+z_y^2}},\quad\cos\beta=-\frac{z_y}{\sqrt{1+z_x^2+z_y^2}},\quad\cos\gamma=\frac{1}{\sqrt{1+z_x^2+z_y^2}},$$

于是由第一类曲面积分的计算公式得

$$\iint\limits_{\Sigma}R(x,y,z)\cos\gamma\mathrm{d}S=\iint\limits_{D_{xy}}R[x,y,z(x,y)]\cos\gamma\cdot\sqrt{1+z_x^2+z_y^2}\,\mathrm{d}x\mathrm{d}y$$

$$=\iint\limits_{D_{xy}}R[x,y,z(x,y)]\mathrm{d}x\mathrm{d}y=\iint\limits_{\Sigma}R(x,y,z)\mathrm{d}x\mathrm{d}y,$$

即当 Σ 取上侧时,成立

$$\iint\limits_{\Sigma}R(x,y,z)\mathrm{d}x\mathrm{d}y=\iint\limits_{\Sigma}R(x,y,z)\cos\gamma\mathrm{d}S.$$

又若 Σ 取下侧,右端的 $\cos\gamma$ 也要改变符号,故此时上式仍然成立. 因此不管 Σ 取哪一侧,上式均成立. 同理对于 Σ 上的连续函数 $P(x,y,z)$,$Q(x,y,z)$,下列等式也成立:

$$\iint_{\Sigma} P(x,y,z)\mathrm{d}y\mathrm{d}z = \iint_{\Sigma} P(x,y,z)\cos\alpha\mathrm{d}S,$$

$$\iint_{\Sigma} Q(x,y,z)\mathrm{d}z\mathrm{d}x = \iint_{\Sigma} Q(x,y,z)\cos\beta\mathrm{d}S.$$

合起来,即得

$$\iint_{\Sigma} P\mathrm{d}y\mathrm{d}z + Q\mathrm{d}z\mathrm{d}x + R\mathrm{d}x\mathrm{d}y = \iint_{\Sigma} (P\cos\alpha + Q\cos\beta + R\cos\gamma)\mathrm{d}S.$$

这就是两类曲面积分的联系,其中 $\cos\alpha,\cos\beta,\cos\gamma$ 为 Σ 上任一点 (x,y,z) 处的指向 Σ 的侧的法向量的方向余弦,显然这里的 α,β,γ 是 x,y,z 的函数.

由上面的讨论我们还可以得到如下的重要关系式:

$$\mathrm{d}S = \frac{\mathrm{d}y\mathrm{d}z}{\cos\alpha} = \frac{\mathrm{d}z\mathrm{d}x}{\cos\beta} = \frac{\mathrm{d}x\mathrm{d}y}{\cos\gamma}.$$

利用此关系式,我们可以化组合型曲面积分为单一型曲面积分,即把往其他坐标平面投影的曲面积分计算都转化成都往 Oxy 面上投影的曲面积分计算,或把第二类曲面积分转化为第一类曲面积分来计算.

例4 计算曲面积分 $\iint_{\Sigma}(2x+z)\mathrm{d}y\mathrm{d}z + z\mathrm{d}x\mathrm{d}y$,其中 Σ 为有向曲面 $z = x^2 + y^2 (0 \leqslant z \leqslant 1)$,其法向量与 z 轴正向的夹角为锐角.

解 利用 $\mathrm{d}S = \frac{\mathrm{d}y\mathrm{d}z}{\cos\alpha} = \frac{\mathrm{d}z\mathrm{d}x}{\cos\beta} = \frac{\mathrm{d}x\mathrm{d}y}{\cos\gamma}$ 化组合型的曲面积分为单一型的曲面积分:

$$\iint_{\Sigma}(2x+z)\mathrm{d}y\mathrm{d}z + z\mathrm{d}x\mathrm{d}y = \iint_{\Sigma}\left[(2x+z)\frac{\cos\alpha}{\cos\gamma} + z\right]\mathrm{d}x\mathrm{d}y,$$

因 Σ 的法向量与 z 轴正向的夹角为锐角,取 $\boldsymbol{n} = (-2x,-2y,1)$,有 $\frac{\cos\alpha}{\cos\gamma} = -2x$,故

$$原式 = \iint_{\Sigma}\left[(2x+z)(-2x) + z\right]\mathrm{d}x\mathrm{d}y$$

$$= \iint_{x^2+y^2\leqslant 1}\left[-4x^2 - 2x(x^2+y^2) + (x^2+y^2)\right]\mathrm{d}x\mathrm{d}y.$$

因为 $\iint_{x^2+y^2\leqslant 1}\left[-2x(x^2+y^2)\right]\mathrm{d}x\mathrm{d}y = 0$,所以

$$原式 = \iint_{x^2+y^2\leqslant 1}\left[-4x^2 + (x^2+y^2)\right]\mathrm{d}x\mathrm{d}y$$

$$= \int_0^{2\pi}\mathrm{d}\theta\int_0^1(-4r^2\cos^2\theta + r^2)r\mathrm{d}r = -\frac{\pi}{2}.$$

例5 将上面的例2转化为第一类曲面积分来计算.

解　显然只需计算 $I = \iint\limits_{\Sigma_4} x^2 \mathrm{d}y\mathrm{d}z + y^2 \mathrm{d}z\mathrm{d}x + z^2 \mathrm{d}x\mathrm{d}y$,其中

$$\Sigma_4 : z = 1 - x - y,\ (x,y) \in D = \{(x,y) \mid 0 \leqslant y \leqslant 1-x, 0 \leqslant x \leqslant 1\}.$$

因 $\cos\alpha = \cos\beta = \cos\gamma = \dfrac{1}{\sqrt{3}}$,且 $\mathrm{d}S = \sqrt{3}\mathrm{d}x\mathrm{d}y$,故

$$I = \frac{1}{\sqrt{3}} \iint\limits_{\Sigma_4} (x^2 + y^2 + z^2)\mathrm{d}S = \iint\limits_D (x^2 + y^2 + z^2)\mathrm{d}x\mathrm{d}y$$

$$= \int_0^1 \mathrm{d}x \int_0^{1-x} [x^2 + y^2 + (1 - x - y)^2]\mathrm{d}y = \frac{1}{4}.$$

习　题　11.5

1. 计算下列第二类曲面积分:

(1) $\iint\limits_{\Sigma} y(x-z)\mathrm{d}y\mathrm{d}z + x^2 \mathrm{d}z\mathrm{d}x + (y^2 + xz)\mathrm{d}x\mathrm{d}y$,其中 Σ 为由 $x = 0, y = 0, z = 0, x = a, y = a, z = a\ (a > 0)$ 六个平面所围成的正立方体的外侧;

(2) $\iint\limits_{\Sigma} (x+y)\mathrm{d}y\mathrm{d}z + (y+z)\mathrm{d}z\mathrm{d}x + (z+x)\mathrm{d}x\mathrm{d}y$,其中 Σ 是以原点为中心,边长为 2 的正立方体表面的外侧;

(3) $\iint\limits_{\Sigma} xyz\mathrm{d}x\mathrm{d}y$,其中 Σ 是球面 $x^2 + y^2 + z^2 = 1$ 对应 $x \geqslant 0, y \geqslant 0$ 的部分,取外侧;

(4) $\iint\limits_{\Sigma} yz\mathrm{d}z\mathrm{d}x$,其中 Σ 为 $\dfrac{x^2}{a^2} + \dfrac{y^2}{b^2} + \dfrac{z^2}{c^2} = 1$ 的上半部分的上侧;

(5) $\iint\limits_{\Sigma} x(y-z)\mathrm{d}y\mathrm{d}z + (x-y)\mathrm{d}x\mathrm{d}y$,其中 Σ 为圆柱面 $x^2 + y^2 = 1\ (0 \leqslant z \leqslant 2)$ 的外侧;

(6) $\iint\limits_{\Sigma} xy\mathrm{d}y\mathrm{d}z + yz\mathrm{d}z\mathrm{d}x + xz\mathrm{d}x\mathrm{d}y$,其中 Σ 是由平面 $x = y = z = 0$ 和 $x + y + z = 1$ 所围成的四面体表面的外侧;

(7) $\iint\limits_{\Sigma} (y-z)\mathrm{d}y\mathrm{d}z + (z-x)\mathrm{d}z\mathrm{d}x + (x-y)\mathrm{d}x\mathrm{d}y$,其中 Σ 为锥面 $x^2 + y^2 = z^2\ (0 \leqslant z < h)$ 的外侧;

(8) $\iint\limits_{\Sigma} (x+z^2)\mathrm{d}y\mathrm{d}z - z\mathrm{d}x\mathrm{d}y$,其中 Σ 是旋转抛物面 $z = \dfrac{1}{2}(x^2 + y^2)$ 被平面 $z = 2$ 所截下部分的下侧.

2. 设某流体的流速为 $\boldsymbol{v} = (k, y, 0)$,求单位时间内从球面 $x^2 + y^2 + z^2 = 4$ 的内部流过球面的流量.

§11.6 高斯公式与散度

一、高斯公式

格林公式建立了平面闭区域上的二重积分与其边界曲线上的曲线积分之间的可转化关系. 我们自然会问: 空间闭区域上的三重积分与其边界曲面上的曲面积分之间是否有类似的关系? 本节的高斯[①]公式肯定地回答了这个问题. 高斯公式是格林公式在空间的推广.

定理（高斯公式） 设空间有界闭区域 Ω 由分片光滑闭曲面 Σ 所围成，函数 $P(x,y,z)$，$Q(x,y,z)$，$R(x,y,z)$ 在 Ω 上有连续偏导数，则有

$$\oiint_{\Sigma} P\,\mathrm{d}y\mathrm{d}z + Q\,\mathrm{d}z\mathrm{d}x + R\,\mathrm{d}x\mathrm{d}y = \iiint_{\Omega} \left(\frac{\partial P}{\partial x} + \frac{\partial Q}{\partial y} + \frac{\partial R}{\partial z} \right) \mathrm{d}V,$$

其中左端的积分曲面 Σ 取外侧.

证 先假定穿过 Ω 内部且平行于 z 轴的直线与 Σ 至多有两个交点. 如图 11-19 所示，这时 Σ 可分成三块 Σ_1，Σ_2 和 Σ_3，其中 Σ_1：$z=z_1(x,y)$ 为下曲面，取下侧；Σ_2：$z=z_2(x,y)$ 为上曲面，取上侧；Σ_3 为侧面，它是以 Ω 在 Oxy 面上投影区域 D_{xy} 的边界为准线而母线平行于 z 轴的柱面，取外侧. 由曲面积分的计算公式有

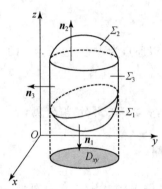

图 11-20

$$\iint_{\Sigma_2^+} R(x,y,z)\mathrm{d}x\mathrm{d}y = \iint_{D_{xy}} R[x,y,z_2(x,y)]\mathrm{d}x\mathrm{d}y,$$

$$\iint_{\Sigma_1^-} R(x,y,z)\mathrm{d}x\mathrm{d}y = -\iint_{D_{xy}} R[x,y,z(x,y)]\mathrm{d}x\mathrm{d}y.$$

因为 Σ_3 在 Oxy 面上的投影区域面积为零，所以 $\iint_{\Sigma_3^+} R(x,y,z)\mathrm{d}x\mathrm{d}y = 0$. 故得

$$\oiint_{\Sigma} R(x,y,z)\mathrm{d}x\mathrm{d}y$$

$$= \iint_{\Sigma_3^+} R(x,y,z)\mathrm{d}x\mathrm{d}y + \iint_{\Sigma_2^+} R(x,y,z)\mathrm{d}x\mathrm{d}y + \iint_{\Sigma_1^-} R(x,y,z)\mathrm{d}x\mathrm{d}y$$

$$= \iint_{D_{xy}} R[x,y,z_2(x,y)]\mathrm{d}x\mathrm{d}y - \iint_{D_{xy}} R[x,y,z_1(x,y)]\mathrm{d}x\mathrm{d}y$$

$$= \iint_{D_{xy}} \{R[x,y,z_2(x,y)] - R[x,y,z_1(x,y)]\}\mathrm{d}x\mathrm{d}y.$$

[①] 高斯(Gauss,1777—1855),德国数学家、物理学家、天文学家.

又根据三重积分的计算方法有

$$\iiint\limits_{\Omega} \frac{\partial R}{\partial z} \mathrm{d}V = \iint\limits_{D_{xy}} \left(\int_{z_1(x,y)}^{z_2(x,y)} \frac{\partial R}{\partial z} \mathrm{d}z \right) \mathrm{d}x\mathrm{d}y = \iint\limits_{D_{xy}} \{ R[x,y,z_2(x,y)] - R[x,y,z_1(x,y)] \} \mathrm{d}x\mathrm{d}y,$$

从而得

$$\oiint\limits_{\Sigma} R(x,y,z)\mathrm{d}x\mathrm{d}y = \iiint\limits_{\Omega} \frac{\partial R}{\partial z} \mathrm{d}V.$$

如果穿过 Ω 内部且平行于 x 轴的直线以及平行于 y 轴的直线与 Ω 的边界曲面 Σ 的交点也恰好是两个点,那么类似地可证

$$\oiint\limits_{\Sigma} P(x,y,z)\mathrm{d}y\mathrm{d}z = \iiint\limits_{\Omega} \frac{\partial P}{\partial x} \mathrm{d}V, \quad \oiint\limits_{\Sigma} Q(x,y,z)\mathrm{d}z\mathrm{d}x = \iiint\limits_{\Omega} \frac{\partial Q}{\partial y} \mathrm{d}V.$$

所以,当穿过 Ω 内部且平行于坐标轴的直线与 Σ 至多有两个交点时,把以上三式相加,即得高斯公式:

$$\oiint\limits_{\Sigma} P\mathrm{d}y\mathrm{d}z + Q\mathrm{d}z\mathrm{d}x + R\mathrm{d}x\mathrm{d}y = \iiint\limits_{\Omega} \left(\frac{\partial P}{\partial x} + \frac{\partial Q}{\partial y} + \frac{\partial R}{\partial z} \right) \mathrm{d}V.$$

如果穿过 Ω 内部且平行于坐标轴的直线与 Σ 的交点多于两个,那么我们可用添加辅助曲面的方法把 Ω 分成若干个满足上述条件的闭区域. 对每个区域用高斯公式,然后将各式相加. 由于沿辅助曲面相反两侧的两个曲面积分绝对值相等而符号相反,相加时正好抵消,因此对一般闭区域 Ω 高斯公式也成立.

由两类曲面积分之间的关系,高斯公式也可以表示成如下形式:

$$\iiint\limits_{\Omega} \left(\frac{\partial P}{\partial x} + \frac{\partial Q}{\partial y} + \frac{\partial R}{\partial z} \right) \mathrm{d}V = \oiint\limits_{\Sigma} (P\cos\alpha + Q\cos\beta + R\cos\gamma)\mathrm{d}S,$$

其中 $\cos\alpha, \cos\beta, \cos\gamma$ 为 Σ 上任一点 (x,y,z) 处的指向 Σ 的侧的法向量的方向余弦.

例 1 计算曲面积分 $\oiint\limits_{\Sigma} x\mathrm{d}y\mathrm{d}z + y\mathrm{d}z\mathrm{d}x + z\mathrm{d}x\mathrm{d}y$,其中 Σ 为由平面 $x=0, y=0, z=0, x=a, y=a, z=a$ $(a>0)$ 所围成的正立方体的外侧(见图 11-20).

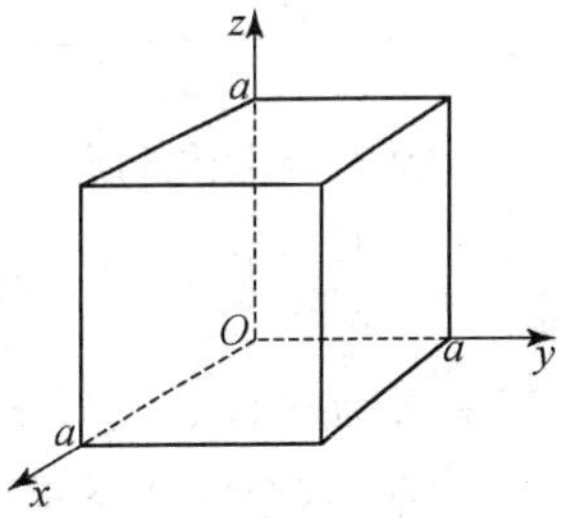

解 这里 $P=x, Q=y, R=z$,且

$$\frac{\partial P}{\partial x}=1, \quad \frac{\partial Q}{\partial y}=1, \quad \frac{\partial R}{\partial z}=1.$$

设 Σ 所围成的正立方体为 Ω,则由高斯公式得

$$\text{原式} = \iiint\limits_{\Omega} (1+1+1)\mathrm{d}V = 3\iiint\limits_{\Omega} \mathrm{d}V = 3a^3.$$

图 11-20

例 2 计算曲面积分 $I = \iint\limits_{\Sigma} (x^2\cos\alpha + y^2\cos\beta + z^2\cos\gamma)\mathrm{d}S$,其中 Σ 是椭圆锥面 $\dfrac{x^2}{a^2} + \dfrac{y^2}{a^2} = \dfrac{z^2}{b^2}$ $(a>0, b>0)$ 介于平面 $z=0$ 与 $z=b$ 之间的部分,取外侧.

解 由于 Σ 不是封闭的曲面,故不能直接利用高斯公式.所以补充一个曲面 $\Sigma_1: z = b$, $x^2 + y^2 \leqslant a^2$,取其上侧.这样,Σ 与 Σ_1 一起就构成了一个封闭的曲面.设其围成的区域为 Ω, 在 Oxy 面的投影区域为 D_{xy}.由图 11-21 可以观察到 Ω 关于 Ozx,Oyz 面对称.由两类曲面 积分之间的关系及高斯公式,得

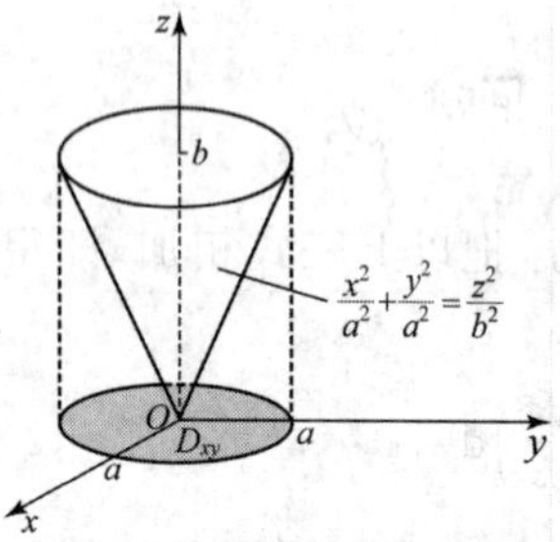

$$I = \iint_{\Sigma}(x^2\cos\alpha + y^2\cos\beta + z^2\cos\gamma)\mathrm{d}S$$

图 11-21

$$= \iint_{\Sigma}x^2\mathrm{d}y\mathrm{d}z + y^2\mathrm{d}z\mathrm{d}x + z^2\mathrm{d}x\mathrm{d}y$$

$$= \left(\oiint_{\Sigma+\Sigma_1} - \iint_{\Sigma_1}\right)x^2\mathrm{d}y\mathrm{d}z + y^2\mathrm{d}z\mathrm{d}x + z^2\mathrm{d}x\mathrm{d}y$$

$$= \iiint_{\Omega}(2x + 2y + 2z)\mathrm{d}V - \iint_{\Sigma_1}b^2\mathrm{d}x\mathrm{d}y$$

$$= 2\iiint_{\Omega}(x + y + z)\mathrm{d}V - \iint_{D_{xy}}b^2\mathrm{d}x\mathrm{d}y$$

$$= 2\iiint_{\Omega}x\mathrm{d}V + 2\iiint_{\Omega}y\mathrm{d}V + 2\iiint_{\Omega}z\mathrm{d}V - \iint_{D_{xy}}b^2\mathrm{d}x\mathrm{d}y.$$

由于 Ω 关于 Ozx 面和 Oyz 面对称,故 $\iiint_{\Omega}x\mathrm{d}V = \iiint_{\Omega}y\mathrm{d}V = 0$,从而

$$I = 2\iiint_{\Omega}z\mathrm{d}V - b^2\iint_{D_{xy}}\mathrm{d}x\mathrm{d}y = 2\int_0^b z \cdot \pi\left(\frac{a}{b}z\right)^2\mathrm{d}z - b^2a^2\pi$$

$$= \frac{1}{2}a^2b^2\pi - a^2b^2\pi = -\frac{1}{2}a^2b^2\pi.$$

例3 利用高斯公式进行如下的曲面积分的计算是否正确?

$$\oiint_{\Sigma}x^3\mathrm{d}y\mathrm{d}z + y^3\mathrm{d}z\mathrm{d}x + z^3\mathrm{d}x\mathrm{d}y = 3\iiint_{\Omega}(x^2 + y^2 + z^2)\mathrm{d}V = 3R^2\iiint_{\Omega}\mathrm{d}V = 4\pi R^5,$$

其中 Σ 为球面 $x^2 + y^2 + z^2 = R^2$ 的外侧.

答:这个解法不正确,错在三重积分的计算上.因为给出的是 Σ 上的曲面积分,在 Σ 上 x,y,z 应满足方程 $x^2 + y^2 + z^2 = R^2$,这是对的,但在用了高斯公式以后,曲面积分已转换成 了三重积分,积分域为 Ω:$x^2 + y^2 + z^2 \leqslant R^2$,即 x,y,z 在闭域 Ω 上变动,而对于 Ω 内部的点 (x,y,z),已不满足 $x^2 + y^2 + z^2 = R^2$ 了.正确的结果应是:

$$3\iiint_{\Omega}(x^2 + y^2 + z^2)\mathrm{d}V = 3\int_0^{2\pi}\mathrm{d}\theta\int_0^{\pi}\mathrm{d}\varphi\int_0^R\rho^4\sin\varphi\mathrm{d}\rho = \frac{12}{5}\pi R^5.$$

二、通量与散度

由物理学知道,如果在空间域 Ω 上的每一点都对应着某物理量的一个确定值,就称在 Ω

上确定了该物理量的一个场. 如果这个物理量是数量,则称这个场为**数量场**. 给定了一个数量场,就相当于给定一个三元函数 $u=u(x,y,z)$. 如果这个物理量是向量,则称这个场为**向量场**. 给定了一个向量场,就相当于给定一个向量函数 $A(x,y,z)=Pi+Qj+Rk$.

例如,温度场是数量场;重力场、速度场等是向量场. 如果场中的物理量不随时间变化,只是位置的函数,则称该场为**稳定场**.

在引例的流量计算中,给定了流速 $v(x,y,z)=P(x,y,z)i+Q(x,y,z)j+R(x,y,z)k$,就相当于给定了一个稳定的速度场,流体通过有向曲面 Σ 的流量为

$$\Phi=\iint_{\Sigma}P\mathrm{d}y\mathrm{d}z+Q\mathrm{d}z\mathrm{d}x+R\mathrm{d}x\mathrm{d}y=\iint_{\Sigma}(P\cos\alpha+Q\cos\beta+R\cos\gamma)\mathrm{d}S$$

$$=\iint_{\Sigma}v\cdot n^0\mathrm{d}S=\iint_{\Sigma}v_n\mathrm{d}S,$$

其中 $v_n=v\cdot n^0=P\cos\alpha+Q\cos\beta+R\cos\gamma$ 表示流速 v 在有向曲面 Σ 的法向量上的投影.

当 v 与 n^0 成锐角时,流体经此曲面流出,此时曲面积分为正;当 v 与 n^0 成钝角时,流体经此曲面流入,此时曲面积分为负. 如果 Σ 为封闭曲面,当 $\Phi>0$ 时,表明流出量大于流入量,这时称 Σ 内有"源";当 $\Phi<0$ 时,表明流入量大于流出量,这时称 Σ 内有"洞".

由高斯公式有

$$\iiint_{\Omega}\left(\frac{\partial P}{\partial x}+\frac{\partial Q}{\partial y}+\frac{\partial R}{\partial z}\right)\mathrm{d}x\mathrm{d}y\mathrm{d}z=\oiint_{\Sigma}v_n\mathrm{d}S.$$

对上式左端的三重积分应用积分中值定理知,存在 $(\xi,\eta,\zeta)\in\Omega$,使得

$$\left(\frac{\partial P}{\partial x}+\frac{\partial Q}{\partial y}+\frac{\partial R}{\partial z}\right)_{(\xi,\eta,\zeta)}=\frac{1}{V}\iiint_{\Omega}\left(\frac{\partial P}{\partial x}+\frac{\partial Q}{\partial y}+\frac{\partial R}{\partial z}\right)\mathrm{d}V=\frac{1}{V}\oiint_{\Sigma}v_n\mathrm{d}S,$$

其中 V 表示 Ω 的体积. 上式右端表示单位时间内单位体积所产生流体质量(流量)的平均值. 令 Ω 缩成一点 $M(x,y,z)$,这时 $(\xi,\eta,\zeta)\rightarrow(x,y,z)$,得

$$\left(\frac{\partial P}{\partial x}+\frac{\partial Q}{\partial y}+\frac{\partial R}{\partial z}\right)_{(x,y,z)}=\lim_{\Omega\to M}\frac{1}{V}\oiint_{\Sigma}v_n\mathrm{d}S.$$

上式右端的极限值称为流速场 v 在点 $M(x,y,z)$ 处的**散度**,记做 $\mathrm{div}v$,即

$$\mathrm{div}v=\frac{\partial P(x,y,z)}{\partial x}+\frac{\partial Q(x,y,z)}{\partial y}+\frac{\partial R(x,y,z)}{\partial z}.$$

流速场的散度表示流体在点 M 处的源头强度.

利用散度,高斯公式可写成

$$\iiint_{\Omega}\mathrm{div}v\mathrm{d}x\mathrm{d}y\mathrm{d}z=\oiint_{\Sigma}v_n\mathrm{d}S.$$

通常我们称 $\oiint_{\Sigma}v_n\mathrm{d}S$ 为向量场 v 通过有向曲面 Σ 的**通量**.

例 4　求向量场 $\boldsymbol{A}(x,y,z)=(x^2+yz)\boldsymbol{i}+(y^2+xz)\boldsymbol{j}+(z^2+xy)\boldsymbol{k}$ 在点 $(1,1,2)$ 处的散度.

解　由于

$$\mathrm{div}\boldsymbol{A}=\frac{\partial(x^2+yz)}{\partial x}+\frac{\partial(y^2+xz)}{\partial y}+\frac{\partial(z^2+xy)}{\partial z}=2x+2y+2z,$$

因此向量场 $\boldsymbol{A}$ 在点 $(1,1,2)$ 处的散度为 $\mathrm{div}\boldsymbol{A}\big|_{(1,1,2)}=2+2+4=8$.

例 5　设带电量为 q 的电荷位于原点,构成的电场强度 $\boldsymbol{E}=\dfrac{q}{r^3}\boldsymbol{r}$ 为向量场(称为电场),其中 $\boldsymbol{r}=x\boldsymbol{i}+y\boldsymbol{j}+z\boldsymbol{k}$, $r=\sqrt{x^2+y^2+z^2}$,求这个向量场的散度.

解　已知 $\boldsymbol{E}=\dfrac{q}{r^3}(x\boldsymbol{i}+y\boldsymbol{j}+z\boldsymbol{k})$,即 $P=\dfrac{qx}{r^3},Q=\dfrac{qy}{r^3},R=\dfrac{qz}{r^3}$,又知 $\dfrac{\partial r}{\partial x}=\dfrac{x}{r},\dfrac{\partial r}{\partial y}=\dfrac{y}{r},\dfrac{\partial r}{\partial z}=\dfrac{z}{r}$,于是

$$\frac{\partial P}{\partial x}=q\frac{r^2-3x^2}{r^5},\quad\frac{\partial Q}{\partial y}=q\frac{r^2-3y^2}{r^5},\quad\frac{\partial R}{\partial z}=q\frac{r^2-3z^2}{r^5}.$$

所以

$$\mathrm{div}\boldsymbol{E}=\frac{\partial P}{\partial x}+\frac{\partial Q}{\partial y}+\frac{\partial R}{\partial z}=q\frac{3r^2-3(x^2+y^2+z^2)}{r^5}=0,$$

即除了电荷所在处,散度皆为 0.

散度为 0 的向量场称为**无源场**. 例 5 表明电场为无源场.

习　题　11.6

1. 计算曲面积分 $I=\displaystyle\iint_{\Sigma}x\,\mathrm{d}y\mathrm{d}z+y\mathrm{d}z\mathrm{d}x+z\mathrm{d}x\mathrm{d}y$,其中 Σ 为旋转抛物面 $z=x^2+y^2$ 介于平面 $z=0$ 和 $z=1$ 之间的部分,取上侧.

2. 计算曲面积分 $I=\displaystyle\iint_{\Sigma}x^2\,\mathrm{d}y\mathrm{d}z+y^2\mathrm{d}z\mathrm{d}x+z^2\mathrm{d}x\mathrm{d}y$,其中 Σ 为下列曲面的外侧:

(1) $\dfrac{x^2}{a^2}+\dfrac{y^2}{b^2}+\dfrac{z^2}{c^2}=1$;　　　　(2) $(x-1)^2+(y-2)^2+(z-3)^2=4$.

3. 计算曲面积分 $I=\displaystyle\oiint_{\partial\Omega}x^2\,\mathrm{d}y\mathrm{d}z+y^2\mathrm{d}z\mathrm{d}x+z^2\mathrm{d}x\mathrm{d}y$,其中 $\partial\Omega$ 是 Ω 的边界曲面的,而外侧 $\Omega=\{(x,y,z)|0\leqslant z\leqslant\sqrt{4-x^2-y^2},x^2+y^2\leqslant1\}$.

4. 计算曲面积分 $I=\displaystyle\iint_{\Sigma}x(8y+1)\mathrm{d}y\mathrm{d}z+2(1-y^2)\mathrm{d}z\mathrm{d}x-4yz\mathrm{d}x\mathrm{d}y$,其中 Σ 是由曲线 $\begin{cases}z=\sqrt{y-1}&(1\leqslant y\leqslant3),\\x=0\end{cases}$ 绕 y 轴旋转一周而成的曲面,其法向量与 y 轴正向的夹角恒大于 $\pi/2$.

5. 设空间区域 Ω 由曲面 $z = a^2 - x^2 - y^2$ 与平面 $z = 0$ 围成,其中 a 为正常数.记 Ω 表面的外侧为 Σ,Ω 的体积为 V,证明:

$$\oiint\limits_{\Sigma} x^2 yz^2 \mathrm{d}y\mathrm{d}z - xy^2 z^2 \mathrm{d}z\mathrm{d}x + z(1 + xyz)\mathrm{d}x\mathrm{d}y = V.$$

6. 设 Σ 是球面 $x^2 + y^2 + z^2 = 2x$ 的外侧,求向量场 $\boldsymbol{F}(x,y,z) = (xz^2, yx^2, zy^2)$ 通过曲面 Σ 的通量 Φ.

7. 设向量场 $\boldsymbol{F}(x,y,z) = \dfrac{1}{(x^2 + y^2 + z^2)^{\frac{3}{2}}}(x,y,z)$,求 $\mathrm{div}\boldsymbol{F}(x,y,z)$.

8. 设函数 $f(x,y,z) = \ln(x^2 + y^2 + z^2)$,求 $\mathrm{div}[\boldsymbol{grad}f(x,y,z)]$.

*§11.7　斯托克斯公式与旋度

一、斯托克斯公式

高斯公式告诉我们,空间闭区域上的三重积分与其边界闭曲面上的曲面积分之间的关系.当空间曲面 Σ 不是封闭曲面时,沿 Σ 边界的封闭曲线的第二类曲线积分与曲面 Σ 上的第二类曲面积分之间是否也有类似于格林公式那样的结论呢?下面介绍的斯托克斯[①]公式,它深刻地揭示了这种联系.

定理（斯托克斯公式）　设 Γ 为分段光滑的空间有向闭曲线,Σ 是以 Γ 为边界的分片光滑的有向曲面,Γ 的正向与 Σ 的侧符合右手规则,函数 $P(x,y,z),Q(x,y,z)R(x,y,z)$ 在曲面 Σ(连同边界 Γ)上连续,且具有连续偏导数,则有

$$\iint\limits_{\Sigma}\left(\frac{\partial R}{\partial y} - \frac{\partial Q}{\partial z}\right)\mathrm{d}y\mathrm{d}z + \left(\frac{\partial P}{\partial z} - \frac{\partial R}{\partial x}\right)\mathrm{d}z\mathrm{d}x + \left(\frac{\partial Q}{\partial x} - \frac{\partial P}{\partial y}\right)\mathrm{d}x\mathrm{d}y$$

$$= \oint_L P\mathrm{d}x + Q\mathrm{d}y + R\mathrm{d}z.$$

这里右手规则是指:当右手除拇指外的四指依 Γ 的正向转动时,拇指的指向与 Σ 的指定侧一致.由两类积分之间的关系,为便于记忆,常把斯托克斯公式形象地写成形如行列式的形式:

$$\oint_{\Gamma} P\mathrm{d}x + Q\mathrm{d}y + R\mathrm{d}z = \iint\limits_{\Sigma}\begin{vmatrix} \mathrm{d}y\mathrm{d}z & \mathrm{d}z\mathrm{d}x & \mathrm{d}x\mathrm{d}y \\ \dfrac{\partial}{\partial x} & \dfrac{\partial}{\partial y} & \dfrac{\partial}{\partial z} \\ P & Q & R \end{vmatrix} = \iint\limits_{\Sigma}\begin{vmatrix} \cos\alpha & \cos\beta & \cos\gamma \\ \dfrac{\partial}{\partial x} & \dfrac{\partial}{\partial y} & \dfrac{\partial}{\partial z} \\ P & Q & R \end{vmatrix}\mathrm{d}S.$$

显然,当曲面 Σ 是 Oxy 面上的平面区域时,斯托克斯公式便成为格林公式.利用斯托克斯公式可把曲线积分转化为相应简单曲面上的曲面积分来计算.

---

① 斯托克斯(Stokes, 1819—1903),英国物理学家、数学家.

例 1 计算曲线积分 $I = \oint_L y^2 \, \mathrm{d}x + z^2 \, \mathrm{d}y + x^2 \, \mathrm{d}z$,其中 L 是平面 Σ:$x + y + z = a \, (a > 0)$ 与三个坐标面的交线所组成的有向封闭曲线,从 z 轴正向看去其方向是逆时针方向.

解 **方法 1** 令 $F(x, y, z) = x + y + z - a = 0$,则平面 Σ 上任一点处的方向余弦为

$$\cos\alpha = \cos\beta = \cos\gamma = \frac{1}{\sqrt{3}}.$$

如图 11-22 所示,取 Σ 的上侧,并设 Σ 在 Oxy 面上的投影为 D_{xy},则由斯托克斯公式得

$$I = \iint_\Sigma \begin{vmatrix} \cos\alpha & \cos\beta & \cos\gamma \\ \dfrac{\partial}{\partial x} & \dfrac{\partial}{\partial y} & \dfrac{\partial}{\partial z} \\ y^2 & z^2 & x^2 \end{vmatrix} \mathrm{d}S = -\frac{2}{\sqrt{3}} \iint_\Sigma (x + y + z) \mathrm{d}S$$

$$= -\frac{2}{\sqrt{3}} \iint_\Sigma a \, \mathrm{d}S = -\frac{2a}{\sqrt{3}} \iint_{D_{xy}} \sqrt{1 + z_x^2 + z_y^2} \, \mathrm{d}x\mathrm{d}y = -\frac{2a}{\sqrt{3}} \iint_{D_{xy}} \sqrt{3} \, \mathrm{d}x\mathrm{d}y$$

$$= -2a \iint_{D_{xy}} \mathrm{d}x\mathrm{d}y = -2a \cdot \frac{1}{2} a^2 = -a^3.$$

方法 2 由上图 11-22 知,Σ 不是封闭曲面,为利用高斯公式,补充三个曲面:Σ_1:$z = 0$,$x + y \leqslant a$,$0 \leqslant x, y \leqslant a$, 取下侧;$\Sigma_2$:$x = 0$,$y + z \leqslant a$,$0 \leqslant y, z \leqslant a$,取后侧;$\Sigma_3$:$y = 0$,$x + z \leqslant a$,$0 \leqslant x, z \leqslant a$,取左侧.这三个曲面与 Σ 一起构成一个封闭的曲面,其所围成的区域记为 Ω,则由斯托克斯公式和高斯公式得

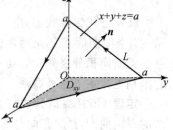

图 11-22

$$I = -2 \left(\oiint_{\Sigma + \Sigma_1 + \Sigma_2 + \Sigma_3} - \iint_{\Sigma_1} - \iint_{\Sigma_2} - \iint_{\Sigma_3} \right) z \mathrm{d}y\mathrm{d}z + x\mathrm{d}z\mathrm{d}x + y\mathrm{d}x\mathrm{d}y$$

$$= -2 \iiint_\Omega 0 \mathrm{d}V + 2 \iint_{\Sigma_1} (0 + 0 + y\mathrm{d}x\mathrm{d}y) + 2 \iint_{\Sigma_2} (z\mathrm{d}y\mathrm{d}z + 0 + 0) + 2 \iint_{\Sigma_3} (0 + x\mathrm{d}z\mathrm{d}x + 0)$$

$$= 3 \iint_{\Sigma_1} 2y\mathrm{d}x\mathrm{d}y = -3 \iint_{D_{xy}} 2y\mathrm{d}x\mathrm{d}y = -3 \int_0^a \mathrm{d}x \int_0^{a-x} 2y\mathrm{d}y = -a^3,$$

其中 $D_{xy} = \{(x, y) \mid x + y \leqslant a\}$ 是 Σ_1 在 Oxy 面上的投影.

例 2 计算曲线积分

$$I = \oint_L (y^2 - z^2) \mathrm{d}x + (z^2 - x^2) \mathrm{d}y + (x^2 - y^2) \mathrm{d}z,$$

其中 L 为球面 $x^2 + y^2 + z^2 = a^2 \, (a > 0)$ 在第一卦限部分的边界曲线,从 z 轴正向看去其方向是逆时针方向.

解 如图 11-23 所示,取 Σ:$x^2 + y^2 + z^2 = a^2$ 的上侧,并补充三个曲面:Σ_1:$z = 0$,$x^2 + y^2 \leqslant a^2$,$0 \leqslant x, y \leqslant a$, 取下侧;$\Sigma_2$:$x = 0$,$y^2 + z^2 \leqslant a^2$,$0 \leqslant y, z \leqslant a$,取后侧;$\Sigma_3$:$y = 0$,$x^2 + z^2 \leqslant a^2$,$0 \leqslant x, z \leqslant a$,取左侧.$\Sigma_1$,$\Sigma_2$,$\Sigma_3$ 与 Σ 一起构成

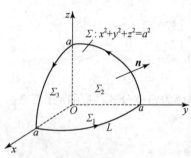

图 11-23

一个封闭曲面,记其所围成的区域为 Ω,则由斯托克斯公式和高斯公式得

$$I = \iint\limits_{\Sigma}(-2y-2z)\mathrm{d}y\mathrm{d}z + (-2z-2x)\mathrm{d}z\mathrm{d}x + (-2x-2y)\mathrm{d}x\mathrm{d}y$$

$$= \Big(\oiint\limits_{\Sigma+\Sigma_1+\Sigma_2+\Sigma_3} - \iint\limits_{\Sigma_1} - \iint\limits_{\Sigma_2} - \iint\limits_{\Sigma_3}\Big)(-2y-2z)\mathrm{d}y\mathrm{d}z + (-2z-2x)\mathrm{d}z\mathrm{d}x + (-2x-2y)\mathrm{d}x\mathrm{d}y$$

$$= \iiint\limits_{\Omega}0\mathrm{d}V + \iint\limits_{\Sigma_1}(2x+2y)\mathrm{d}x\mathrm{d}y + \iint\limits_{\Sigma_2}(2y+2z)\mathrm{d}y\mathrm{d}z + \iint\limits_{\Sigma_3}(2z+2x)\mathrm{d}z\mathrm{d}x$$

$$= 3\iint\limits_{\Sigma_1}(2x+2y)\mathrm{d}x\mathrm{d}y = -3\iint\limits_{D_{xy}}(2x+2y)\mathrm{d}x\mathrm{d}y = -6\int_0^{\pi/2}\mathrm{d}\theta\int_0^a r^2(\cos\theta+\sin\theta)\mathrm{d}r$$

$$= -4a^3,$$

其中 $D_{xy} = \{(x,y)\,|\,x^2+y^2\leqslant a, 0\leqslant x,y\leqslant a\}$ 为 Σ_1 在 Oxy 面上的投影.

二、环量与旋度

设有向量场 $\boldsymbol{A}(x,y,z) = P(x,y,z)\boldsymbol{i}+Q(x,y,z)\boldsymbol{j}+R(x,y,z)\boldsymbol{k}$,$\Gamma$ 为场中有向闭曲线,称曲线积分

$$\oint_{\Gamma}P\mathrm{d}x + Q\mathrm{d}y + R\mathrm{d}z = \oint_{\Gamma}\boldsymbol{A}\cdot\mathrm{d}\boldsymbol{r}$$

为向量场 $\boldsymbol{A}$ 沿曲线 Γ 的**环量**,其中 $\mathrm{d}\boldsymbol{r} = \mathrm{d}x\boldsymbol{i}+\mathrm{d}y\boldsymbol{j}+\mathrm{d}z\boldsymbol{k}$,并称向量

$$\Big(\frac{\partial R}{\partial y}-\frac{\partial Q}{\partial z}\Big)\boldsymbol{i} + \Big(\frac{\partial P}{\partial z}-\frac{\partial R}{\partial x}\Big)\boldsymbol{j} + \Big(\frac{\partial Q}{\partial x}-\frac{\partial P}{\partial y}\Big)\boldsymbol{k}$$

为向量场 $\boldsymbol{A}$ 的**旋度**,记做 **rot$\boldsymbol{A}$**,即

$$\mathbf{rot}\boldsymbol{A} = \Big(\frac{\partial R}{\partial y}-\frac{\partial Q}{\partial z}\Big)\boldsymbol{i} + \Big(\frac{\partial P}{\partial z}-\frac{\partial R}{\partial x}\Big)\boldsymbol{j} + \Big(\frac{\partial Q}{\partial x}-\frac{\partial P}{\partial y}\Big)\boldsymbol{k} = \begin{vmatrix} \boldsymbol{i} & \boldsymbol{j} & \boldsymbol{k} \\ \frac{\partial}{\partial x} & \frac{\partial}{\partial y} & \frac{\partial}{\partial z} \\ P & Q & R \end{vmatrix}.$$

斯托克斯公式可用旋度表成

$$\oint_{\Gamma}P\mathrm{d}x + Q\mathrm{d}y + R\mathrm{d}z = \oint_{\Gamma}\boldsymbol{A}\cdot\mathrm{d}\boldsymbol{r} = \iint\limits_{\Sigma}\mathbf{rot}\boldsymbol{A}\cdot\boldsymbol{n}^0\mathrm{d}S,$$

其中 $\boldsymbol{n}^0 = (\cos\alpha,\cos\beta,\cos\gamma)$ 是曲面 Σ 的单位法向量. 由积分中值定理知,存在点 $(\xi,\eta,\zeta)\in\Sigma$,使得

$$\frac{1}{S}\oint_{\Gamma}\boldsymbol{A}\cdot\mathrm{d}\boldsymbol{r} = \frac{1}{S}\iint\limits_{\Sigma}\mathbf{rot}\boldsymbol{A}\cdot\boldsymbol{n}^0\mathrm{d}S = (\mathbf{rot}\boldsymbol{A}\cdot\boldsymbol{n}^0)\Big|_{(\xi,\eta,\zeta)},$$

上式分母 S 表示曲面 Σ 的面积. 令 Σ 收缩到点 $M(x,y,z)$,即 $(\xi,\eta,\zeta)\to(x,y,z)$,则

$$\lim_{\Sigma\to M}\frac{1}{S}\oint_{\Gamma}\boldsymbol{A}\cdot\mathrm{d}\boldsymbol{r} = (\mathbf{rot}\boldsymbol{A}\cdot\boldsymbol{n}^0)\Big|_{(x,y,z)}.$$

上式表明,环量对面积的变化率等于旋度在曲面法向量上的投影. 由于 Γ 所围曲面 Σ 可以有无穷多,因而 $\boldsymbol{n}^0$ 也有无穷多. 当向量 $\boldsymbol{n}^0$ 与 $\mathbf{rot}\boldsymbol{A}$ 方向相同时,环量对面积的变化率达到最大,其最大值为 $|\mathbf{rot}\boldsymbol{A}|$. 这就是向量场 $\boldsymbol{A}$ 的旋度的物理意义.

若 $\mathbf{rot}\boldsymbol{A}$ 恒为 0,则沿空间闭曲线积分为 0,从而曲线积分与路径无关. 这正是本章第三节中不加证明所给出的结论.

例 3 求向量场 $\boldsymbol{A}(x,y,z)=(3x^2y+z)\boldsymbol{i}+(y^3-xz^2)\boldsymbol{j}+2xyz\boldsymbol{k}$ 在点 $P(1,-1,1)$ 处的旋度 $\mathbf{rot}\boldsymbol{A}$.

解 因为

$$\mathbf{rot}\boldsymbol{A} = \begin{vmatrix} \boldsymbol{i} & \boldsymbol{j} & \boldsymbol{k} \\ \dfrac{\partial}{\partial x} & \dfrac{\partial}{\partial y} & \dfrac{\partial}{\partial z} \\ 3x^2y+z & y^3-xz^2 & 2xyz \end{vmatrix}$$

$$= 4xz\boldsymbol{i}+(1-2yz)\boldsymbol{j}-(3x^2+z^2)\boldsymbol{k},$$

所以在 $P(1,-1,1)$ 处,有

$$\mathbf{rot}\boldsymbol{A}\big|_{(1,-1,1)} = \left[4xz\boldsymbol{i}+(1-2yz)\boldsymbol{j}-(3x^2+z^2)\boldsymbol{k}\right]\big|_{(1,-1,1)}$$

$$= 4\boldsymbol{i}+3\boldsymbol{j}-4\boldsymbol{k}.$$

例 4 设 L 是有向曲线 $\begin{cases} x^2+y^2+z^2=2x, \\ x=3/2, \end{cases}$ 从 x 轴正向看去其方向为逆时针方向,求向量场 $\boldsymbol{F}=xz^2\boldsymbol{i}+yx^2\boldsymbol{j}+zy^2\boldsymbol{k}$ 沿曲线 L 的环量 I.

解 根据环量的概念,得

$$I = \oint_L \boldsymbol{F}(x,y,z)\cdot \mathrm{d}\boldsymbol{r} = \oint_L xz^2\,\mathrm{d}x + yx^2\,\mathrm{d}y + zy^2\,\mathrm{d}z.$$

由于曲线 L 的参数方程为

$$\begin{cases} y=(\sqrt{3}/2)\cos\theta, \\ z=(\sqrt{3}/2)\sin\theta, \quad \theta \text{ 从 } 0 \text{ 到 } 2\pi, \\ x=3/2, \end{cases}$$

所以

$$I = \oint_L xz^2\,\mathrm{d}x + yx^2\,\mathrm{d}y + zy^2\,\mathrm{d}z$$

$$= \int_0^{2\pi}\left[\frac{9\sqrt{3}}{8}\cos\theta\cdot\left(-\frac{\sqrt{3}}{2}\sin\theta\right)+\frac{3\sqrt{3}}{8}\sin\theta\cos^2\theta\cdot\left(\frac{\sqrt{3}}{2}\cos\theta\right)\right]\mathrm{d}\theta$$

$$= \frac{9}{16}\int_0^{2\pi}(\sin\theta\cos^3\theta-3\cos\theta\sin\theta)\,\mathrm{d}\theta = 0.$$

习 题 11.7

1. 计算曲线积分 $I = \oint_L y\mathrm{d}x + z\mathrm{d}y + x\mathrm{d}z$，其中 L 是球面 $x^2 + y^2 + z^2 = 4z$ 与平面 $x + z = 2$ 的交线，从 z 轴正向看去其方向为逆时针方向.

2. 计算曲线积分 $I = \oint_L (y^2 - z^2)\mathrm{d}x + (z^2 - x^2)\mathrm{d}y + (x^2 - y^2)\mathrm{d}z$，其中 L 是平面 $x + y + z = \frac{3}{2}a$ 截立方体 $\Omega = \{(x, y, z) \mid 0 \leqslant x, y, z \leqslant a\}$ 所得的截痕，从 x 轴正向看去其方向为逆时针方向.

3. 计算曲线积分 $I = \oint_L (y^2 - z^2)\mathrm{d}x + (2z^2 - x^2)\mathrm{d}y + (3x^2 - y^2)\mathrm{d}z$，其中 L 是平面 $x + y + z = 2$ 与柱面 $|x| + |y| = 1$ 的交线，从 z 轴正向看去其方向为逆时针方向.

4. 设向量场 $\boldsymbol{F}(x, y, z) = \dfrac{1}{(x^2 + y^2 + z^2)^{\frac{3}{2}}}(x, y, z)$，求 $\mathbf{rot}\boldsymbol{F}(x, y, z)$.

5. 设函数 $f(x, y, z) = \ln(x^2 + y^2 + z^2)$，求 $\mathbf{rot}[\mathbf{grad}f(x, y, z)]$.

§11.8 综 合 例 题

一、关于第一类曲线积分的计算

例 1 计算曲线积分 $\oint_L (x^2 + y^2 + z)\mathrm{d}s$，其中 L 是平面 $x + y + z = 0$ 与球面 $x^2 + y^2 + z^2 = R^2$ 的交线.

解 **方法 1** 直接化成定积分进行计算. 曲线 L：$\begin{cases} x + y + z = 0, \\ x^2 + y^2 + z^2 = R^2 \end{cases}$ 在 Oxy 面的投影曲线是一椭圆，其方程是

$$x^2 + xy + y^2 = \frac{R^2}{2}, \quad \text{即} \quad \left(\frac{\sqrt{3}}{2}x\right)^2 + \left(\frac{x}{2} + y\right)^2 = \frac{R^2}{2}.$$

令 $\frac{\sqrt{3}}{2}x = \frac{R}{\sqrt{2}}\cos t, \frac{x}{2} + y = \frac{R}{\sqrt{2}}\sin t \ (0 \leqslant t \leqslant 2\pi)$，则曲线 L 的参数方程为

$$\begin{cases} x = \sqrt{\dfrac{2}{3}}R\cos t, \\[2mm] y = \dfrac{R}{\sqrt{2}}\sin t - \dfrac{R}{\sqrt{6}}\cos t, \quad (0 \leqslant t \leqslant 2\pi). \\[2mm] z = -\dfrac{R}{\sqrt{2}}\sin t - \dfrac{R}{\sqrt{6}}\cos t \end{cases}$$

所以

$$ds = \sqrt{\left(-\sqrt{\frac{2}{3}}R\sin t\right)^2 + \left(\frac{R}{\sqrt{2}}\cos t + \frac{R}{\sqrt{6}}\sin t\right)^2 + \left(\frac{R}{\sqrt{6}}\sin t - \frac{R}{\sqrt{2}}\cos t\right)^2}\, dt = R\, dt,$$

从而

$$\oint_L x^2\, ds = \int_0^{2\pi} \frac{2}{3}R^2 (\cos t)^2 R\, dt = \frac{2}{3}\pi R^2,$$

$$\oint_L y^2\, ds = \int_0^{2\pi} \left(\frac{R}{\sqrt{2}}\sin t - \frac{R}{\sqrt{6}}\cos t\right)^2 R\, dt = \frac{2}{3}\pi R^2,$$

$$\oint_L z\, ds = \int_0^{2\pi} \left(-\frac{R}{\sqrt{2}}\sin t - \frac{R}{\sqrt{6}}\cos t\right) R\, dt = 0.$$

因此　$\displaystyle\oint_L (x^2 + y^2 + z)\, ds = \oint_L x^2\, ds + \oint_L y^2\, ds + \oint_L z\, ds = \frac{2}{3}\pi R^3 + \frac{2}{3}\pi R^3 + 0 = \frac{4}{3}\pi R^3.$

　　方法 2　由于曲线 L 的方程中的变量 x, y, z 具有轮换对称性,所以

$$\oint_L x^2\, ds = \oint_L y^2\, ds = \oint_L z^2\, ds, \qquad \oint_L x\, ds = \oint_L y\, ds = \oint_L z\, ds.$$

因此

$$\oint_L (x^2 + y^2)\, ds = \frac{2}{3}\oint_L (x^2 + y^2 + z^2)\, ds = \frac{2}{3}R^2\oint_L ds = \frac{4}{3}\pi R^3,$$

$$\oint_L z\, ds = \frac{1}{3}\oint_L (x + y + z)\, ds = \frac{1}{3}\oint_L 0\, ds = 0,$$

从而

$$\oint_L (x^2 + y^2 + z)\, ds = \oint_L (x^2 + y^2)\, ds + \oint_L z\, ds = \frac{4}{3}\pi R^3.$$

二、关于曲线积分与路径无关的问题

　　例 2　设函数 $\varphi(y)$ 具有连续导数,在围绕原点的任意分段光滑闭曲线 Γ 上,曲线积分 $\displaystyle\oint_\Gamma \frac{\varphi(y)\,\mathrm{d}x + 2xy\,\mathrm{d}y}{2x^2 + y^4}$ 的值恒为同一常数 C.

　　(1) 证明:对右半平面 $\{(x, y)\,|\,x > 0, y \in \mathbf{R}\}$ 内的任意分段光滑闭曲线 L,有

$$\oint_L \frac{\varphi(y)\,\mathrm{d}x + 2xy\,\mathrm{d}y}{2x^2 + y^4} = 0;$$

　　(2) 求函数 $\varphi(y)$ 的表达式.

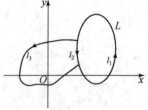

图　11-24

　　解　(1) 如图 11-24 所示,将 L 分解为 $L = l_1 + l_2$,取逆时针方向,另作一条曲线 l_3 围绕原点且与 L 相接于 l_2 的起点和终点,则

$$\oint_L \frac{\varphi(y)\,\mathrm{d}x + 2xy\,\mathrm{d}y}{2x^2 + y^4} = \oint_{l_1+l_3} \frac{\varphi(y)\,\mathrm{d}x + 2xy\,\mathrm{d}y}{2x^2 + y^4} - \oint_{-l_2+l_3} \frac{\varphi(y)\,\mathrm{d}x + 2xy\,\mathrm{d}y}{2x^2 + y^4} = C - C = 0.$$

(2) 设 $P = \dfrac{\varphi(y)}{2x^2 + y^4}$，$Q = \dfrac{2xy}{2x^2 + y^4}$，则 P, Q 在单连通区域 $\{(x,y)\mid x>0, y\in\mathbf{R}\}$ 内具有连续偏导数. 由(1)知，曲线积分 $\displaystyle\int_L \frac{\varphi(y)\,\mathrm{d}x + 2xy\,\mathrm{d}y}{2x^2 + y^4}$ 在该区域内与路径无关，故当 $x>0$ 时，总有 $\dfrac{\partial Q}{\partial x} = \dfrac{\partial P}{\partial y}$. 而

$$\frac{\partial Q}{\partial x} = \frac{2y(2x^2 + y^4) - 8x^2 y}{(2x^2 + y^4)^2} = \frac{-4x^2 y + 2y^5}{(2x^2 + y^4)^2}, \tag{1}$$

$$\frac{\partial P}{\partial y} = \frac{\varphi'(y)(2x^2 + y^4) - 4\varphi(y)y^3}{(2x^2 + y^4)^2} = \frac{2x^2\varphi'(y) + \varphi'(y)y^4 - 4\varphi(y)y^3}{(2x^2 + y^4)^2}, \tag{2}$$

比较(1),(2)两式的右端，得

$$\begin{cases} \varphi'(y) = -2y, & (3) \\ \varphi'(y)y^4 - 4\varphi(y)y^3 = 2y^5. & (4) \end{cases}$$

由(3)式得 $\varphi(y) = -y^2 + C$. 将 $\varphi(y)$ 代入(4)式得 $2y^5 - 4Cy^3 = 2y^5$，所以 $C=0$，从而 $\varphi(y) = -y^2$.

例3 设 L 是右半平面 $\{(x,y)\mid x>0, y\in\mathbf{R}\}$ 内的有向分段光滑曲线，起点为 (a,b)，终点为 (c,d). 证明曲线积分 $I = \displaystyle\int_L \frac{1}{x}[1 + x^2\sin(xy)]\mathrm{d}y + \frac{y}{x^2}[x^2\sin(xy) - 1]\mathrm{d}x$ 与路径无关，并求 I 的值.

解 方法1 因为

$$\frac{\partial}{\partial x}\left\{ \frac{1}{x}[1 + x^2\sin(xy)] \right\} = \sin(xy) - \frac{1}{x^2} + xy\cos(xy) = \frac{\partial}{\partial y}\left\{ \frac{y}{x^2}[x^2\sin(xy) - 1] \right\}$$

在右半平面内处处成立，所以曲线积分 I 在右半平面内与路径无关.

取 L 为从点 (a,b) 经过点 (c,b) 到点 (c,d) 的折线段，得

$$\begin{aligned} I &= \int_L \frac{1}{x}[1 + x^2\sin(xy)]\mathrm{d}y + \frac{y}{x^2}[x^2\sin(xy) - 1]\mathrm{d}x \\ &= \int_a^c \frac{b}{x^2}[x^2\sin(bx) - 1]\mathrm{d}x + \int_b^d \frac{1}{c}[1 + c^2\sin(cy)]\mathrm{d}y \\ &= \left[\frac{b}{x} - \cos(bx) \right]\Big|_a^c + \left[\frac{y}{c} - \cos(cy) \right]\Big|_b^d \\ &= \frac{d}{c} - \frac{b}{a} + \cos(ab) - \cos(cd). \end{aligned}$$

方法2 因为

$$\frac{1}{x}[1 + x^2\sin(xy)]\mathrm{d}y + \frac{y}{x^2}[x^2\sin(xy) - 1]\mathrm{d}x$$

$$= \sin(xy)(y\mathrm{d}x + x\mathrm{d}y) + \frac{x\mathrm{d}y - y\mathrm{d}x}{x^2}$$

$$= \sin(xy)\mathrm{d}(xy) + \mathrm{d}\left(\frac{y}{x}\right) = \mathrm{d}\left[\frac{y}{x} - \cos(xy)\right],$$

所以 $\dfrac{y}{x} - \cos(xy)$ 是 $\dfrac{1}{x}[1 + x^2\sin(xy)]\mathrm{d}y + \dfrac{y}{x^2}[x^2\sin(xy) - 1]\mathrm{d}x$ 在右半平面上的一个原函数,从而曲线积分 I 在右半平面内与路径无关,且

$$I = \int_L \frac{1}{x}[1 + x^2\sin(xy)]\mathrm{d}y + \frac{y}{x^2}[x^2\sin(xy) - 1]\mathrm{d}x$$

$$= \left[\frac{y}{x} - \cos(xy)\right]\Big|_{(a,b)}^{(c,d)} = \frac{d}{c} - \frac{b}{a} + \cos(ab) - \cos(cd).$$

三、关于曲面积分对称性的问题

例 4　设 Σ 是半球面 $x^2 + y^2 + z^2 = R^2 (y \geqslant 0)$ 的外侧. 有人说:"由对称性知 $\iint\limits_{\Sigma} z\mathrm{d}S = 0$,故同样也有 $\iint\limits_{\Sigma} z\mathrm{d}x\mathrm{d}y = 0$." 这样的说法对不对?

答:这样说不对. 问题中的曲面积分 $\iint\limits_{\Sigma} z\mathrm{d}S = 0$ 是对的. 因为曲面 Σ 对称于 Oxy 面,而被积函数 z 在关于 Oxy 面的对称点上,它的值差一个符号(奇函数),所以 $\iint\limits_{\Sigma} z\mathrm{d}S = 0$. 但 $\iint\limits_{\Sigma} z\mathrm{d}x\mathrm{d}y = 0$ 是不对的. 因为曲面虽关于 Oxy 面对称,但在对称点上,Σ 的方向不同,因而投影 $\mathrm{d}x\mathrm{d}y$ 不相等,故对称性不能用. 计算 $\iint\limits_{\Sigma} z\mathrm{d}x\mathrm{d}y$ 可用两种方法:

(1) 将曲面 Σ 分为在 Oxy 面上方、下方两部分,分别记为 Σ_1 与 Σ_2,它们的方程是 $z = \sqrt{R^2 - x^2 - y^2}$ 与 $z = -\sqrt{R^2 - x^2 - y^2}$. Σ 的外侧相当于 Σ_1 的上侧和 Σ_2 的下侧,所以

$$\iint\limits_{\Sigma} z\mathrm{d}x\mathrm{d}y = \iint\limits_{\Sigma_1} z\mathrm{d}x\mathrm{d}y + \iint\limits_{\Sigma_2} z\mathrm{d}x\mathrm{d}y$$

$$= \iint\limits_{x^2+y^2 \leqslant R^2} \sqrt{R^2 - x^2 - y^2}\,\mathrm{d}x\mathrm{d}y - \iint\limits_{x^2+y^2 \leqslant R^2} (-\sqrt{R^2 - x^2 - y^2})\mathrm{d}x\mathrm{d}y$$

$$= 2\iint\limits_{x^2+y^2 \leqslant R^2} \sqrt{R^2 - x^2 - y^2}\,\mathrm{d}x\mathrm{d}y = 2\int_{-\pi/2}^{\pi/2}\mathrm{d}\theta\int_0^R \sqrt{R^2 - r^2}\,r\mathrm{d}r = \frac{2}{3}\pi R^3.$$

(2) 补充一个圆面 D:$y = 0, x^2 + z^2 \leqslant R^2$,并取左侧,使得 $\Sigma + D$ 围成一半球体 Ω. 由于 $\iint\limits_{D} z\mathrm{d}x\mathrm{d}y = 0$,故由高斯公式有

$$\iint_{\Sigma} z\,\mathrm{d}x\mathrm{d}y = \oiint_{\Sigma+D} z\,\mathrm{d}x\mathrm{d}y = \iiint_{\Omega}\mathrm{d}V = \frac{2}{3}\pi R^3.$$

注 我们知道,第一类曲面积分与积分曲面的侧(方向)无关,但第二类曲面积分与曲面的侧有关,所以在考虑它的对称性时,还要考虑曲面的侧,也即要顾及被积函数、积分曲面及积分曲面的侧,情形比较复杂. 因此,在计算第二类曲面积分时,不如先把它转化为二重积分,再化为定积分. 在转化过程中可考虑利用二重积分或定积分的对称性,这是基本方法. 利用对称性只是对具有这种特殊性质的曲面积分所用的解题技巧,并非每个曲面积分都具有这种特殊性质.

四、关于空间曲线积分的计算

例 5 计算曲线积分 $I = \oint_L x^2 y\,\mathrm{d}x + y^2 z\,\mathrm{d}y + z^2 x\,\mathrm{d}z$,其中 L 为抛物面 $z = x^2 + y^2$ 与球面 $x^2 + y^2 + z^2 = 6$ 的交线,其方向从 z 轴的正向看去是顺时针方向.

解 方法 1 求解 $\begin{cases} z = x^2 + y^2, \\ x^2 + y^2 + z^2 = 6, \\ z \geqslant 0 \end{cases}$ 得 $z = 2$,所以 L 的方程为 $\begin{cases} z = 2, \\ x^2 + y^2 = 2, \end{cases}$ 其参数方程

为 $\begin{cases} x = \sqrt{2}\cos t, \\ y = \sqrt{2}\sin t, \\ z = 2, \end{cases}$ 参数 t 从 0 变到 2π. 因此

$$I = \oint_L x^2 y\,\mathrm{d}x + y^2 z\,\mathrm{d}y + z^2 x\,\mathrm{d}z$$

$$= \int_0^{2\pi}\left[2\cos^2 t \cdot \sqrt{2}\sin t \cdot (-\sqrt{2}\sin t) + 4\sin^2 t \cdot \sqrt{2}\cos t + 0\right]\mathrm{d}t$$

$$= \int_0^{2\pi}\left[(-\sin^2(2t)) + 4\sqrt{2}\sin^2 t \cdot \cos t\right]\mathrm{d}t = -\pi.$$

方法 2 求解 $\begin{cases} z = x^2 + y^2, \\ x^2 + y^2 + z^2 = 6, \\ z \geqslant 0 \end{cases}$ 得 $z = 2$,所以 L 的方程为 $\begin{cases} z = 2, \\ x^2 + y^2 = 2. \end{cases}$

取 $\Sigma: \begin{cases} z = 2, \\ x^2 + y^2 \leqslant 2, \end{cases}$ 并取上侧. 根据斯托克斯公式,得

$$I = \oint_L x^2 y\,\mathrm{d}x + y^2 z\,\mathrm{d}y + z^2 x\,\mathrm{d}z = \iint_{\Sigma}\begin{vmatrix} \mathrm{d}y\mathrm{d}z & \mathrm{d}z\mathrm{d}x & \mathrm{d}x\mathrm{d}y \\ \dfrac{\partial}{\partial x} & \dfrac{\partial}{\partial y} & \dfrac{\partial}{\partial z} \\ x^2 y & y^2 z & z^2 x \end{vmatrix}$$

$$= -\iint_{\Sigma} y^2\,\mathrm{d}y\mathrm{d}z + z^2\,\mathrm{d}z\mathrm{d}x + x^2\,\mathrm{d}x\mathrm{d}y = -\iint_{x^2+y^2\leqslant 2} x^2\,\mathrm{d}x\mathrm{d}y$$

$$=-\frac{1}{2}\iint\limits_{x^2+y^2\leqslant2}(x^2+y^2)\mathrm{d}x\mathrm{d}y=-\frac{1}{2}\int_0^{2\pi}\mathrm{d}\theta\int_0^{\sqrt2}r^2\cdot r\mathrm{d}r=-\pi.$$

例 6　设在变力 $\boldsymbol{F}(x,y,z)=(yz,zx,xy)$ 的作用下，质点由原点沿直线运动到椭球面 $\frac{x^2}{a^2}+\frac{y^2}{b^2}+\frac{z^2}{c^2}=1\ (a,b,c>0)$ 上第一卦限中的点 $P(u,v,w)$，问：当点 $P(u,v,w)$ 在何处时，力 $\boldsymbol{F}(x,y,z)$ 做的功 W 最大？求出功的最大值.

解　设从原点到点 $P(u,v,w)$ 的直线 L 的参数方程为 $\begin{cases}x=ut,\\y=vt,\\z=wt,\end{cases}$ 其中 t 从 0 到 1，则

$$W=\int_L yz\mathrm{d}x+zx\mathrm{d}y+xy\mathrm{d}z=\int_0^1(vwut^2+wuvt^2+uvwt^2)\mathrm{d}t=uvw.$$

考虑条件极值问题：

$$\begin{cases}\max\{uvw\},\\\dfrac{u^2}{a^2}+\dfrac{v^2}{b^2}+\dfrac{w^2}{c^2}=1.\end{cases}$$

令 $L(u,v,w,\lambda)=uvw+\lambda\left(\dfrac{u^2}{a^2}+\dfrac{v^2}{b^2}+\dfrac{w^2}{c^2}-1\right)$，求解方程组

$$\begin{cases}L'_u=vw+2\lambda\dfrac{u}{a^2}=0,\\[2mm]L'_v=uw+2\lambda\dfrac{v}{b^2}=0,\\[2mm]L'_w=uv+2\lambda\dfrac{w}{c^2}=0,\\[2mm]L'_\lambda=\dfrac{u^2}{a^2}+\dfrac{v^2}{b^2}+\dfrac{w^2}{c^2}-1=0\end{cases}$$

得 $u=\dfrac{a}{\sqrt3},v=\dfrac{b}{\sqrt3},w=\dfrac{c}{\sqrt3}$.

根据实际情况可知，当点 $P(u,v,w)$ 在 $\left(\dfrac{a}{\sqrt3},\dfrac{b}{\sqrt3},\dfrac{c}{\sqrt3}\right)$ 处时，力 $\boldsymbol{F}(x,y,z)$ 对质点所做的功 W 最大，功的最大值是 $\dfrac{abc}{3\sqrt3}$.

五、关于曲面积分的计算与证明

例 7　计算曲面积分 $I=\iint\limits_\Sigma[(z^n-y^n)\cos\alpha+(x^n-z^n)\cos\beta+(y^n-x^n)\cos\gamma]\mathrm{d}S$，其中 $\Sigma:\begin{cases}x^2+y^2+z^2=R^2,\\z\geqslant0,\end{cases}$　$\boldsymbol{n}=(\cos\alpha,\cos\beta,\cos\gamma)$ 是 Σ 向上的单位法向量.

解 *方法* 1 由于 $\boldsymbol{n}=\dfrac{1}{R}(x,y,z)$,所以

$$I=\iint\limits_{\Sigma}\Big[(z^n-y^n)\frac{x}{R}+(x^n-z^n)\frac{y}{R}+(y^n-x^n)\frac{z}{R}\Big]\mathrm{d}S.$$

根据曲面 Σ 关于坐标平面的对称性,得

$$\iint\limits_{\Sigma}(z^n-y^n)\frac{x}{R}\mathrm{d}S=0,\quad\iint\limits_{\Sigma}(x^n-z^n)\frac{y}{R}\mathrm{d}S=0,$$

又由轮换对称性得

$$\iint\limits_{\Sigma}y^nz\,\mathrm{d}S=\iint\limits_{\Sigma}x^nz\,\mathrm{d}S,$$

因此 $I=0$.

方法 2 记 Σ_1: $z=0$, $x^2+y^2\leqslant R^2$,取下侧;Ω: $\begin{cases}x^2+y^2+z^2\leqslant R^2,\\ z\geqslant 0.\end{cases}$ 根据高斯公式,得

$$I=\iint\limits_{\Sigma}[(z^n-y^n)\cos\alpha+(x^n-z^n)\cos\beta+(y^n-x^n)\cos\gamma]\mathrm{d}S$$

$$=\iint\limits_{\Sigma+\Sigma_1}[(z^n-y^n)\cos\alpha+(x^n-z^n)\cos\beta+(y^n-x^n)\cos\gamma]\mathrm{d}S$$

$$-\iint\limits_{\Sigma_1}[(z^n-y^n)\cos\alpha+(x^n-z^n)\cos\beta+(y^n-x^n)\cos\gamma]\mathrm{d}S$$

$$=\iiint\limits_{\Omega}(0+0+0)\mathrm{d}V+\iint\limits_{x^2+y^2\leqslant R^2}(y^n-x^n)\mathrm{d}x\mathrm{d}y=0.$$

例 8 设 $L(x,y,z)$ 表示原点到椭球面 Σ: $\dfrac{x^2}{a^2}+\dfrac{y^2}{b^2}+\dfrac{z^2}{c^2}=1$ 上点 (x,y,z) 处的切平面的距离,求证:

$$\oiint\limits_{\Sigma}\frac{\mathrm{d}S}{L(x,y,z)}=\frac{4\pi}{3abc}(b^2c^2+c^2a^2+a^2b^2).$$

证 椭球面 Σ: $\dfrac{x^2}{a^2}+\dfrac{y^2}{b^2}+\dfrac{z^2}{c^2}=1$ 上点 (x,y,z) 处的切平面方程为

$$\frac{x}{a^2}(X-x)+\frac{y}{b^2}(Y-y)+\frac{z}{c^2}(Z-z)=0,$$

其中 (X,Y,Z) 表示切平面上的任意点. 根据题意可知

$$L(x,y,z)=\frac{\left|\dfrac{x}{a^2}(0-x)+\dfrac{y}{b^2}(0-y)+\dfrac{z}{c^2}(0-z)\right|}{\sqrt{\dfrac{x^2}{a^4}+\dfrac{y^2}{b^4}+\dfrac{z^2}{c^4}}}=\frac{1}{\sqrt{\dfrac{x^2}{a^4}+\dfrac{y^2}{b^4}+\dfrac{z^2}{c^4}}}.$$

记 Ω：$\dfrac{x^2}{a^2}+\dfrac{y^2}{b^2}+\dfrac{z^2}{c^2}\leqslant 1$，则 $\boldsymbol{n}^0=\dfrac{\left(\dfrac{x}{a^2},\dfrac{y}{b^2},\dfrac{z}{c^2}\right)}{\sqrt{\dfrac{x^2}{a^4}+\dfrac{y^2}{b^4}+\dfrac{z^2}{c^4}}}$ 为 Σ 的外单位法向量. 利用两类曲面积分之间

的关系得

$$\oiint\limits_{\Sigma}\frac{\mathrm{d}S}{L(x,y,z)}=\oiint\limits_{\Sigma}\sqrt{\frac{x^2}{a^4}+\frac{y^2}{b^4}+\frac{z^2}{c^4}}\mathrm{d}S=\oiint\limits_{\Sigma}\frac{\dfrac{x^2}{a^4}+\dfrac{y^2}{b^4}+\dfrac{z^2}{c^4}}{\sqrt{\dfrac{x^2}{a^4}+\dfrac{y^2}{b^4}+\dfrac{z^2}{c^4}}}\mathrm{d}S$$

$$=\oiint\limits_{\Sigma}\left(\frac{x}{a^2},\frac{y}{b^2},\frac{z}{c^2}\right)\cdot\frac{\left(\dfrac{x}{a^2},\dfrac{y}{b^2},\dfrac{z}{c^2}\right)}{\sqrt{\dfrac{x^2}{a^4}+\dfrac{y^2}{b^4}+\dfrac{z^2}{c^4}}}\mathrm{d}S$$

$$=\oiint\limits_{\Sigma}\frac{x}{a^2}\mathrm{d}y\mathrm{d}z+\frac{y}{b^2}\mathrm{d}z\mathrm{d}x+\frac{z}{c^2}\mathrm{d}x\mathrm{d}y,$$

再根据高斯公式得

$$\oiint\limits_{\Sigma}\frac{x}{a^2}\mathrm{d}y\mathrm{d}z+\frac{y}{b^2}\mathrm{d}z\mathrm{d}x+\frac{z}{c^2}\mathrm{d}x\mathrm{d}y=\iiint\limits_{\Omega}\left(\frac{1}{a^2}+\frac{1}{b^2}+\frac{1}{c^2}\right)\mathrm{d}V$$

$$=\frac{4\pi}{3}abc\left(\frac{1}{a^2}+\frac{1}{b^2}+\frac{1}{c^2}\right)=\frac{4\pi}{3abc}(b^2c^2+c^2a^2+a^2b^2),$$

所以

$$\oiint\limits_{\Sigma}\frac{\mathrm{d}S}{L(x,y,z)}=\frac{4\pi}{3abc}(b^2c^2+c^2a^2+a^2b^2).$$

例 9　计算曲面积分 $I=\iint\limits_{\Sigma}\dfrac{2\mathrm{d}y\mathrm{d}z}{x\cos^2 x}+\dfrac{\mathrm{d}z\mathrm{d}x}{\cos^2 y}-\dfrac{\mathrm{d}x\mathrm{d}y}{z\cos^2 z}$，其中 Σ 是球面 $x^2+y^2+z^2=1$，

取外侧.

解　因为 Σ 的外侧单位法向量 $\boldsymbol{n}^0=(x,y,z)$，所以根据两类曲面积分的关系得

$$I=\iint\limits_{\Sigma}\frac{2\mathrm{d}y\mathrm{d}z}{x\cos^2 x}+\frac{\mathrm{d}z\mathrm{d}x}{\cos^2 y}-\frac{\mathrm{d}x\mathrm{d}y}{z\cos^2 z}=\iint\limits_{\Sigma}\left(\frac{2x}{x\cos^2 x}+\frac{y}{\cos^2 y}-\frac{z}{z\cos^2 z}\right)\mathrm{d}S.$$

由第一类曲面积分的对称性质得

$$\iint\limits_{\Sigma}\frac{1}{\cos^2 x}\mathrm{d}S=\iint\limits_{\Sigma}\frac{1}{\cos^2 z}\mathrm{d}S,\quad \iint\limits_{\Sigma}\frac{y}{\cos^2 y}\mathrm{d}S=\iint\limits_{\Sigma}\frac{z}{\cos^2 z}\mathrm{d}S,$$

于是

$$I=\iint\limits_{\Sigma}\left(\frac{1}{\cos^2 z}+\frac{z}{\cos^2 z}\right)\mathrm{d}S.$$

令 Σ_1 表示上半球面，Σ_2 表示下半球面，它们在 Oxy 面上的投影均为

$$D=\{(x,y)\,|\,x^2+y^2\leqslant 1\},$$

则

$$I = \iint\limits_{\Sigma} \left(\frac{1}{\cos^2 z} + \frac{z}{\cos^2 z} \right) \mathrm{d}S = \iint\limits_{\Sigma_1} \left(\frac{1}{\cos^2 z} + \frac{z}{\cos^2 z} \right) \mathrm{d}S + \iint\limits_{\Sigma_2} \left(\frac{1}{\cos^2 z} + \frac{z}{\cos^2 z} \right) \mathrm{d}S$$

$$= \iint\limits_{D} \frac{1 + \sqrt{1 - x^2 - y^2}}{\sqrt{1 - x^2 - y^2} \cos^2 \sqrt{1 - x^2 - y^2}} \mathrm{d}x\mathrm{d}y + \iint\limits_{D} \frac{1 - \sqrt{1 - x^2 - y^2}}{\sqrt{1 - x^2 - y^2} \cos^2 \sqrt{1 - x^2 - y^2}} \mathrm{d}x\mathrm{d}y$$

$$= 2\iint\limits_{D} \frac{1}{\sqrt{1 - x^2 - y^2} \cos^2 \sqrt{1 - x^2 - y^2}} \mathrm{d}x\mathrm{d}y = 2\int_0^{2\pi} \mathrm{d}\theta \int_0^1 \frac{r\mathrm{d}r}{\sqrt{1 - r^2} \cos^2 \sqrt{1 - r^2}}$$

$$\xrightarrow{\text{令}\ \sqrt{1 - r^2} = u} 4\pi \int_0^1 \frac{\mathrm{d}u}{\cos^2 u} = 4\pi \tan 1.$$

第十二章 无穷级数

> 历史上,无穷多个数相加求和的问题曾经困扰了几个世纪的数学家.我国古代春秋战国时期的哲学家庄子有这样一句名言:"一尺之棰,日取其半,万世不竭."这意味着如下的无穷多个数相加有确定的和:
>
> $$\frac{1}{2}+\frac{1}{2^2}+\frac{1}{2^3}+\cdots+\frac{1}{2^n}+\cdots=1.$$
>
> 但有时无穷多个数相加却没有对应的和,如
>
> $$1+\frac{1}{2}+\frac{1}{3}+\cdots+\frac{1}{n}+\cdots=+\infty.$$
>
> 本章我们就将讨论无穷多个数求和的问题,即无穷级数问题.常数项级数和函数项级数是无穷级数的主要研究对象.无穷级数是表示函数、研究函数性质以及进行数值计算的重要数学工具,有着十分广泛的应用.

§12.1 常数项级数的概念与性质

一、常数项级数的概念

我们先考虑用圆内接正多边形面积来逼近圆面积的问题.为了计算半径为 R 的圆的面积,作圆的内接正六边形.设内接正六边形的面积为 a_1.以 a_1 作为圆的面积,这是圆面积的一个粗糙的近似.为了得到更为精确的近似,我们以这个六边形的每一边为底分别作一个顶点在圆周上的等腰三角形(见图 12-1),计算出这六个等腰三角形的面积之和 a_2,于是 a_1+a_2(即内接正 12 边形的面积)就是圆面积的较为精确的近似值.同样地,在这正 12 边形的每一边上分别作顶点在圆周上的等腰三角形,计算出这 12 个等

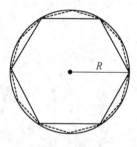

图 12-1

腰三角形的面积 a_3,那么 $a_1+a_2+a_3$(即内接正 24 边形的面积)是圆面积的一个更好的近似值.如此继续下去,$a_1+a_2+\cdots+a_n$ 即为圆内接正 3×2^n 边形面积.当内接正多边形的边数无限增多,即 n 无限增大时,便得到了无穷多个数相加的数学式子,显然这无穷多个数相加的和就是所求圆的面积 S,即

$$S=a_1+a_2+\cdots+a_n+\cdots.$$

一般地,为了研究无穷多个数相加(求和)的问题,我们引进无穷级数的概念.

定义 1 给定数列 $\{u_n\}$,则形式和 $u_1+u_2+u_3+\cdots+u_n+\cdots$ 称为**常数项无穷级数**(简称

常数项级数、无穷级数或**级数**),简记为 $\sum\limits_{n=1}^{\infty}u_n$,即

$$\sum_{n=1}^{\infty}u_n=u_1+u_2+u_3+\cdots+u_n+\cdots, \tag{1}$$

其中 $u_i(i=1,2,\cdots)$ 称为级数(1)的**第 i 项**.第 n 项 u_n 称为无穷级数的**一般项**.

例 1 设有数列 $\left\{\dfrac{1}{n}\right\}$,则 $1+\dfrac{1}{2}+\dfrac{1}{3}+\cdots+\dfrac{1}{n}+\cdots$ 为级数,记为 $\sum\limits_{n=1}^{\infty}\dfrac{1}{n}$.又

$$1+\frac{1}{2}+\cdots+\frac{1}{2^{n-1}}+\cdots$$

是级数,其一般项为 $\dfrac{1}{2^{n-1}}$,记为 $\sum\limits_{n=1}^{\infty}\dfrac{1}{2^{n-1}}$.

称级数 $\sum\limits_{n=1}^{\infty}u_n$ 的前 n 项和 $\sum\limits_{k=1}^{n}u_k$ 为该级数的**部分和**,记做 s_n,即

$$s_n=\sum_{k=1}^{n}u_k=u_1+u_2+\cdots+u_n \quad (n=1,2,\cdots), \tag{2}$$

显然 $\{s_n\}$ 是一数列,称之为级数 $\sum\limits_{n=1}^{\infty}u_n$ 的**部分和数列**.

根据数列 $\{s_n\}$ 是否存在极限,我们引进无穷级数收敛与发散的概念.

定义 2 设 $\{s_n\}$ 为级数 $\sum\limits_{n=1}^{\infty}u_n$ 的部分和数列.若极限 $\lim\limits_{n\to\infty}s_n=s$(常数),则称级数 $\sum\limits_{n=1}^{\infty}u_n$ **收**

敛,且 s 称为级数 $\sum\limits_{n=1}^{\infty}u_n$ 的**和**,记做 $\sum\limits_{n=1}^{\infty}u_n=s$;若极限 $\lim\limits_{n\to\infty}s_n$ 不存在,则称级数 $\sum\limits_{n=1}^{\infty}u_n$ **发散**.

例 2 讨论几何级数(或称**等比级数**)

$$\sum_{n=1}^{\infty}aq^{n-1}=a+aq+aq^2+\cdots+aq^{n-1}+\cdots \tag{3}$$

的敛散性,其中 $a\neq0$,q 称为等比级数的**公比**.

解 如果 $q=1$,则级数(3)的部分和为

$$s_n=a+a+\cdots+a=na.$$

由于 $\lim\limits_{n\to\infty}s_n = \lim\limits_{n\to\infty}na = \infty$,因此级数(3)发散.

如果 $q=-1$,则级数(3)的部分和为

$$s_n = a - a + a - a + \cdots + (-1)^{n-1}a = \begin{cases} 0, & \text{当 } n \text{ 为偶数时,} \\ a, & \text{当 } n \text{ 为奇数时.} \end{cases}$$

由于 $\lim\limits_{n\to\infty}s_{2n}=0$,$\lim\limits_{n\to\infty}s_{2n+1}=a\neq0$,即极限 $\lim\limits_{n\to\infty}s_n$ 不存在,从而级数(3)发散.

如果 $|q|\neq1$,则级数(3)的部分和为

$$s_n = a + aq + aq^2 + \cdots + aq^{n-1} = \frac{a}{1-q} - \frac{aq^n}{1-q}.$$

当 $|q|<1$ 时,由于 $\lim\limits_{n\to\infty}q^n=0$,故 $\lim\limits_{n\to\infty}s_n = \frac{a}{1-q}$. 因此级数(3)收敛,且其和为 $\frac{a}{1-q}$. 当 $|q|>1$ 时,由于 $\lim\limits_{n\to\infty}q^n=\infty$,故 $\lim\limits_{n\to\infty}s_n=\infty$. 这时级数(3)发散.

综上所述,当公比的绝对值 $|q|<1$ 时,等比级数(3)收敛;而当 $|q|\geqslant1$ 时,等比级数(3)发散.

例3 讨论级数 $\dfrac{1}{1\cdot3} + \dfrac{1}{3\cdot5} + \dfrac{1}{5\cdot7} + \cdots + \dfrac{1}{(2n-1)(2n+1)} + \cdots$ 的敛散性.

解 因为 $\dfrac{1}{(2n-1)(2n+1)} = \dfrac{1}{2}\left(\dfrac{1}{2n-1} - \dfrac{1}{2n+1}\right)$,所以该级数的部分和为

$$s_n = \frac{1}{2}\left(1 - \frac{1}{3} + \frac{1}{3} - \frac{1}{5} + \frac{1}{5} - \frac{1}{7} + \cdots + \frac{1}{2n-1} - \frac{1}{2n+1}\right) = \frac{1}{2} - \frac{1}{2(2n+1)}.$$

由于 $\lim\limits_{n\to\infty}s_n = \lim\limits_{n\to\infty}\left[\dfrac{1}{2} - \dfrac{1}{2(n+1)}\right] = \dfrac{1}{2}$,因此原级数是收敛的,且其和为 $\dfrac{1}{2}$.

例4 证明调和级数

$$\sum_{n=1}^{\infty}\frac{1}{n} = 1 + \frac{1}{2} + \frac{1}{3} + \cdots + \frac{1}{n} + \cdots \tag{4}$$

是发散的.

证 因为对任意的 $x>0$,有 $x>\ln(x+1)$ 成立,所以调和级数(4)的部分和为

$$s_n = 1 + \frac{1}{2} + \cdots + \frac{1}{n} > \ln(1+1) + \ln\left(1 + \frac{1}{2}\right) + \cdots + \ln\left(1 + \frac{1}{n}\right)$$

$$> \ln\left(2 \cdot \frac{3}{2} \cdot \frac{4}{3} \cdot \cdots \cdot \frac{n+1}{n}\right) = \ln(n+1),$$

从而 $\lim\limits_{n\to\infty}s_n = +\infty$. 故调和级数(4)发散.

二、无穷级数的性质

根据无穷级数的和及无穷级数的收敛与发散的定义,我们可以得到如下无穷级数的基本性质:

性质 1 如果级数 $\sum\limits_{n=1}^{\infty} u_n$，$\sum\limits_{n=1}^{\infty} v_n$ 分别收敛于 s,σ，则 $\sum\limits_{n=1}^{\infty} (u_n \pm v_n)$ 也收敛，且其和为 $s \pm \sigma$，即

$$\sum_{n=1}^{\infty} (u_n \pm v_n) = \sum_{n=1}^{\infty} u_n \pm \sum_{n=1}^{\infty} v_n. \tag{5}$$

证 记级数 $\sum\limits_{n=1}^{\infty} u_n$，$\sum\limits_{n=1}^{\infty} v_n$ 的部分和分别为 s_n，σ_n，则级数 $\sum\limits_{n=1}^{\infty} (u_n \pm v_n)$ 的部分和为

$$\mu_n = (u_1 \pm v_1) + (u_2 \pm v_2) + \cdots + (u_n \pm v_n)$$
$$= (u_1 + u_2 + \cdots + u_n) \pm (v_1 + v_2 + \cdots + v_n)$$
$$= s_n \pm \sigma_n.$$

因此 $\lim\limits_{n \to \infty} \mu_n = \lim s_n \pm \lim \sigma_n = s \pm \sigma.$ 这说明级数 $\sum\limits_{n=1}^{\infty} (u_n \pm v_n)$ 收敛，且其和为 $s \pm \sigma$.

性质 1 表明，两个收敛级数可以逐项相加或逐项相减.

推论 如果级数 $\sum\limits_{n=1}^{\infty} u_n$ 收敛，而级数 $\sum\limits_{n=1}^{\infty} v_n$ 发散，则级数 $\sum\limits_{n=1}^{\infty} (u_n + v_n)$ 必发散.

事实上，如果级数 $\sum\limits_{n=1}^{\infty} (u_n + v_n)$ 收敛，则由 $v_n = (u_n + v_n) - u_n$ 可得级数 $\sum\limits_{n=1}^{\infty} v_n$ 收敛，矛盾！

性质 2 设级数 $\sum\limits_{n=1}^{\infty} u_n$ 收敛，其和为 s，则对任意常数 k，级数 $\sum\limits_{n=1}^{\infty} ku_n$ 也收敛，且其和为 ks.

证 记级数 $\sum\limits_{n=1}^{\infty} u_n$ 的部分和为 s_n，则级数 $\sum\limits_{n=1}^{\infty} ku_n$ 的部分和为

$$\sigma_n = ku_1 + ku_2 + \cdots + ku_n = k(u_1 + u_2 + \cdots + u_n) = ks_n.$$

因此 $\lim\limits_{n \to \infty} \sigma_n = \lim\limits_{n \to \infty} ks_n = ks.$ 这表明级数 $\sum\limits_{n=1}^{\infty} ku_n$ 收敛，且其和为 ks.

不难得到，如果级数 $\sum\limits_{n=1}^{\infty} u_n$ 发散，且 $k \neq 0$，则级数 $\sum\limits_{n=1}^{\infty} ku_n$ 也发散. 于是，当 $k \neq 0$ 时，级数 $\sum\limits_{n=1}^{\infty} u_n$ 与 $\sum\limits_{n=1}^{\infty} ku_n$ 有相同的敛散性.

性质 3 对于任意正整数 k，级数 $\sum\limits_{n=1}^{\infty} u_n$ 与 $\sum\limits_{n=k+1}^{\infty} u_n$ 或者同时收敛，或者同时发散.

证 设级数 $\sum\limits_{n=1}^{\infty} u_n$ 的部分和为 s_n，则级数 $\sum\limits_{n=k+1}^{\infty} u_n$ 的部分和为

$$\sigma_n = u_{k+1} + u_{k+2} + \cdots + u_{k+n} = s_{k+n} - s_k,$$

其中 s_{n+k} 是级数 $\sum\limits_{n=1}^{\infty} u_n$ 的前 $n+k$ 项和. 因为 s_k 是一个常数，所以当 $n \to \infty$ 时，σ_n 与 s_{k+n} 或者

同时有极限,或者同时没有极限.因此,级数 $\sum\limits_{n=1}^{\infty} u_n$ 和 $\sum\limits_{n=k+1}^{\infty} u_n$ 或者同时收敛,或者同时发散.

由性质 3,我们还可以得到如下推论:

推论   在级数中去掉、加上或改变有限项,不会改变级数的敛散性.

性质 4   如果级数 $\sum\limits_{n=1}^{\infty} u_n$ 收敛,则对该级数的项任意加括号后所成的级数

$$(u_1 + \cdots + u_{k_1}) + (u_{k_1+1} + \cdots + u_{k_2}) + \cdots + (u_{k_{n-1}+1} + \cdots + u_{k_n}) + \cdots \qquad (6)$$

仍收敛,且其和不变.

证   设级数 $\sum\limits_{n=1}^{\infty} u_n$ 的部分和为 s_n,则加上括号后所得的级数(6)的部分和数列 $\{\sigma_n\}$ 为

$$\sigma_1 = u_1 + \cdots + u_{k_1} = s_{k_1},$$

$$\sigma_2 = (u_1 + \cdots + u_{k_1}) + (u_{k_1+1} + \cdots + u_{k_2}) = s_{k_2},$$

$$\cdots\cdots\cdots\cdots\cdots$$

$$\sigma_n = (u_1 + \cdots + u_{k_1}) + (u_{k_1+1} + \cdots + u_{k_2}) + \cdots + (u_{k_{n-1}+1} + \cdots + u_{k_n}) = s_{k_n},$$

$$\cdots\cdots\cdots\cdots\cdots$$

容易看出,级数(6)的部分和数列 $\{\sigma_n\}$ 是数列 $\{s_n\}$ 的一个子数列.由数列 $\{s_n\}$ 的收敛性以及收敛数列与其子数列的关系可知,数列 $\{\sigma_n\}$ 一定收敛,且有

$$\lim_{n\to\infty}\sigma_n = \lim_{n\to\infty}s_n,$$

即加括号后所成的级数收敛,且其和不变.

注   如果加上括号后的级数收敛,则去掉括号后的原级数未必收敛.例如,级数

$$(1-1) + (1-1) + \cdots$$

收敛于 0,但级数

$$1 - 1 + 1 - 1 + \cdots + (-1)^{n-1} + \cdots$$

却是发散的.

推论   如果加上括号后的级数发散,则原来级数也发散.

证   用反证法.如果原来级数收敛,由性质 4 可知加上括号后的级数收敛,导致矛盾.故结论成立.

性质 5(级数收敛的必要条件)   如果级数 $\sum\limits_{n=1}^{\infty} u_n$ 收敛,则 $\lim\limits_{n\to\infty} u_n = 0$.

证   设级数 $\sum\limits_{n=1}^{\infty} u_n$ 的部分和为 s_n.由于级数 $\sum\limits_{n=1}^{\infty} u_n$ 收敛,故 $\lim\limits_{n\to\infty}s_n$ 存在,并设为 s,即 $\lim\limits_{n\to\infty}s_n = s$.于是

$$\lim_{n\to\infty} u_n = \lim_{n\to\infty}(s_n - s_{n-1}) = \lim_{n\to\infty}s_n - \lim_{n\to\infty}s_{n-1} = s - s = 0.$$

注　如果 $\lim\limits_{n\to\infty}u_n=0$，级数 $\sum\limits_{n=1}^{\infty}u_n$ 不一定收敛. 例如，调和级数 $\sum\limits_{n=1}^{\infty}\dfrac{1}{n}$，虽然其通项$\dfrac{1}{n}$趋于零，但仍然是发散的. 这说明，$\lim\limits_{n\to\infty}u_n=0$ 是级数 $\sum\limits_{n=1}^{\infty}u_n$ 收敛的必要条件，但不是充分条件. 若 $\lim\limits_{n\to\infty}u_n\neq0$，则级数 $\sum\limits_{n=1}^{\infty}u_n$ 必定发散. 例如 $\sum\limits_{n=1}^{\infty}\dfrac{1}{\sqrt[3]{n}}$ 和 $\sum\limits_{n=1}^{\infty}\sin^2 n$ 都是发散的级数.

习　题　12.1

1. 求下列级数的部分和：

(1) $\dfrac{1}{\sqrt3}-\dfrac{1}{3}+\dfrac{1}{3\sqrt3}-\dfrac{1}{3^2}+\cdots+(-1)^{n-1}\left(\dfrac{1}{\sqrt3}\right)^n+\cdots$;

(2) $\dfrac{1}{2\cdot4}+\dfrac{1}{4\cdot6}+\dfrac{1}{6\cdot8}+\cdots+\dfrac{1}{2n(2n+2)}+\cdots$;

(3) $\cos\dfrac{\pi}{6}+\cos\dfrac{2\pi}{6}+\cos\dfrac{3\pi}{6}+\cdots+\cos\dfrac{n\pi}{6}+\cdots$;

2. 利用级数收敛的定义判断下列级数的敛散性：

(1) $\sum\limits_{n=1}^{\infty}\dfrac{1}{\sqrt{n+1}+\sqrt n}$;　　　　(2) $\sum\limits_{n=1}^{\infty}\ln\left(1+\dfrac{1}{n}\right)$;　　　　(3) $\sum\limits_{n=1}^{\infty}\dfrac{1}{a^{2n-1}}$（$a>0$ 为常数）;

(4) $1+\dfrac{1}{1+2}+\dfrac{1}{1+2+3}+\cdots+\dfrac{1}{1+2+3+\cdots+n}+\cdots$.

3. 利用收敛级数的性质和必要条件判定下列级数的敛散性：

(1) $\sum\limits_{n=1}^{\infty}\dfrac{n-2}{n^2+n}$;　　　　　　(2) $\sum\limits_{n=1}^{\infty}\dfrac{\mathrm{e}^n}{n^2}$;

(3) $\left(\dfrac{1}{2}-\dfrac{1}{3}\right)+\left(\dfrac{1}{2^2}-\dfrac{1}{3^2}\right)+\cdots+\left(\dfrac{1}{2^n}-\dfrac{1}{3^n}\right)+\cdots$;

(4) $\dfrac{1}{2}+\dfrac{1}{4}+\dfrac{1}{6}+\cdots+\dfrac{1}{2n}+\cdots$.

4. 求下列级数的和：

(1) $\sum\limits_{n=1}^{\infty}(\sqrt{n+2}-2\sqrt{n+1}+\sqrt n)$;　　　(2) $\sum\limits_{n=1}^{\infty}\ln\left[1-\dfrac{1}{(n+1)^2}\right]$;　　　(3) $\sum\limits_{n=1}^{\infty}\dfrac{2^n+3^n}{6^n}$.

§12.2　常数项级数的审敛法

一、正项级数的审敛法

如果级数 $\sum\limits_{n=1}^{\infty}u_n$ 的所有项非负，即 $u_n\geqslant0$（$n=1,2,\cdots$），则称该级数 $\sum\limits_{n=1}^{\infty}u_n$ 为**正项级数**.

若 $\sum\limits_{n=1}^{\infty} u_n$ 为正项级数,则其部分和数列 $\{s_n\}$ 满足

$$s_{n+1} = s_n + u_{n+1} \geqslant s_n \quad (n = 1, 2, \cdots),$$

即部分和数列 $\{s_n\}$ 是单调增加数列.

　　根据单调有界数列必有极限的准则,如果部分和数列 $\{s_n\}$ 有界,则 $\lim\limits_{n\to\infty} s_n$ 存在,从而级数 $\sum\limits_{n=1}^{\infty} u_n$ 收敛.反之,如果级数 $\sum\limits_{n=1}^{\infty} u_n$ 收敛,则 $\lim\limits_{n\to\infty} s_n$ 存在.再由数列极限的性质知 $\{s_n\}$ 有界.因此有下面的定理.

　　定理 1　正项级数 $\sum\limits_{n=1}^{\infty} u_n$ 收敛的充分必要条件是其部分和数列 $\{s_n\}$ 有界.

　　例 1　讨论 p 级数 $\sum\limits_{n=1}^{\infty} \dfrac{1}{n^p}$ 的敛散性,其中常数 $p > 0$.

　　证　当 $0 < p \leqslant 1$ 时,p 级数 $\sum\limits_{n=1}^{\infty} \dfrac{1}{n^p}$ 的部分和为

$$s_n = 1 + \frac{1}{2^p} + \frac{1}{3^p} + \cdots + \frac{1}{n^p} \geqslant 1 + \frac{1}{2} + \frac{1}{3} + \cdots + \frac{1}{n} \xlongequal{\text{记为}} \sigma_n,$$

其中 σ_n 为调和级数的前 n 项和.由上一节例 4 知 $\lim\limits_{n\to\infty} \sigma_n = +\infty$.因此,级数 $\sum\limits_{n=1}^{\infty} \dfrac{1}{n^p}$ 的部分和数列无界.于是,当 $0 < p \leqslant 1$ 时,级数 $\sum\limits_{n=1}^{\infty} \dfrac{1}{n^p}$ 发散.

　　下面考虑 $p > 1$ 时的情形.对于 $k = 2, 3, \cdots$,当 $k - 1 \leqslant x \leqslant k$ 时,我们有 $\dfrac{1}{k^p} \leqslant \dfrac{1}{x^p}$,从而

$$\frac{1}{k^p} = \int_{k-1}^{k} \frac{1}{k^p} \mathrm{d}x \leqslant \int_{k-1}^{k} \frac{1}{x^p} \mathrm{d}x \quad (k = 2, 3, \cdots),$$

于是,级数 $\sum\limits_{n=1}^{\infty} \dfrac{1}{n^p}$ 的部分和满足

$$s_n = 1 + \sum_{k=2}^{n} \frac{1}{k^p} \leqslant 1 + \sum_{k=2}^{n} \int_{k-1}^{k} \frac{1}{x^p} \mathrm{d}x = 1 + \int_{1}^{n} \frac{1}{x^p} \mathrm{d}x$$

$$= 1 + \frac{1}{p-1}\left(1 - \frac{1}{n^{p-1}}\right) \leqslant 1 + \frac{1}{p-1} \quad (n = 2, 3, \cdots),$$

即级数 $\sum\limits_{n=1}^{\infty} \dfrac{1}{n^p}$ 的部分和数列有界.由定理 1 可知级数 $\sum\limits_{n=1}^{\infty} \dfrac{1}{n^p}$ 收敛.

　　综上所述,p 级数 $\sum\limits_{n=1}^{\infty} \dfrac{1}{n^p}$ 当 $p \leqslant 1$ 时发散,当 $p > 1$ 时收敛.

　　定理 2（比较判别法）　设 $\sum\limits_{n=1}^{\infty} u_n, \sum\limits_{n=1}^{\infty} v_n$ 均为正项级数.

(1) 若 $u_n \leqslant v_n (n=1,2,\cdots)$,且级数 $\sum\limits_{n=1}^{\infty} v_n$ 收敛,则级数 $\sum\limits_{n=1}^{\infty} u_n$ 收敛;

(2) 若 $u_n \geqslant v_n (n=1,2,\cdots)$,且级数 $\sum\limits_{n=1}^{\infty} v_n$ 发散,则级数 $\sum\limits_{n=1}^{\infty} u_n$ 发散.

证 (1) 设正项级数 $\sum\limits_{n=1}^{\infty} u_n$, $\sum\limits_{n=1}^{\infty} v_n$ 的部分和分别为 s_n, σ_n. 因为

$$u_n \leqslant v_n \quad (n=1,2,\cdots),$$

所以级数 $\sum\limits_{n=1}^{\infty} u_n$ 的部分和 s_n 满足

$$s_n = u_1 + u_2 + \cdots + u_n \leqslant v_1 + v_2 + \cdots + v_n = \sigma_n.$$

若级数 $\sum\limits_{n=1}^{\infty} v_n$ 收敛,则其部分和数列 $\{\sigma_n\}$ 有界,从而级数 $\sum\limits_{n=1}^{\infty} u_n$ 的部分和数列 $\{s_n\}$ 也有界. 由

定理 1 知,正项级数 $\sum\limits_{n=1}^{\infty} u_n$ 收敛.

(2) 用反证法. 如果级数 $\sum\limits_{n=1}^{\infty} u_n$ 收敛,则由 $u_n \geqslant v_n (n=1,2,\cdots)$ 及结论(1),可以推出级数

$\sum\limits_{n=1}^{\infty} v_n$ 收敛,与假设级数 $\sum\limits_{n=1}^{\infty} v_n$ 发散矛盾. 因此,结论(2)成立.

由定理 2 及 §12.1 的性质 3,我们容易得到下列应用范围更广泛的判别法.

推论 设 $\sum\limits_{n=1}^{\infty} u_n$, $\sum\limits_{n=1}^{\infty} v_n$ 都是正项级数,k 是一个正的常数,N 是某正整数.

(1) 若 $u_n \leqslant kv_n (n>N)$,且级数 $\sum\limits_{n=1}^{\infty} v_n$ 收敛,则级数 $\sum\limits_{n=1}^{\infty} u_n$ 收敛;

(2) 若 $u_n \geqslant kv_n (n>N)$,且级数 $\sum\limits_{n=1}^{\infty} v_n$ 发散,则级数 $\sum\limits_{n=1}^{\infty} u_n$ 发散.

例 2 判别下列级数的敛散性:

(1) $\sum\limits_{n=1}^{\infty} \dfrac{1}{n^2+1}$;　　　　(2) $\sum\limits_{n=2}^{\infty} \dfrac{1}{\sqrt{n^2-1}}$;

(3) $\sum\limits_{n=1}^{\infty} \dfrac{n!}{n^n}$;　　　　(4) $\sum\limits_{n=1}^{\infty} \dfrac{1}{n}(\sqrt{n+1}-\sqrt{n})$.

解 (1) 级数 $\sum\limits_{n=1}^{\infty} \dfrac{1}{n^2+1}$ 的一般项满足 $\dfrac{1}{n^2+1} \leqslant \dfrac{1}{n^2}$,又级数 $\sum\limits_{n=1}^{\infty} \dfrac{1}{n^2}$ 收敛,因此由定理 2

知,级数 $\sum\limits_{n=1}^{\infty} \dfrac{1}{n^2+1}$ 收敛.

(2) 级数 $\sum\limits_{n=2}^{\infty} \dfrac{1}{\sqrt{n^2-1}}$ 的一般项满足 $\dfrac{1}{\sqrt{n^2-1}} > \dfrac{1}{\sqrt{n^2}} = \dfrac{1}{n}$,又级数 $\sum\limits_{n=2}^{\infty} \dfrac{1}{n}$ 发散,则由定理 2

知,级数 $\sum\limits_{n=2}^{\infty} \dfrac{1}{\sqrt{n^2-1}}$ 发散.

(3) 当 $n>2$ 时,级数 $\sum\limits_{n=1}^{\infty} \dfrac{n!}{n^n}$ 的一般项满足

$$\frac{n!}{n^n} = \frac{n}{n} \cdot \frac{n-1}{n} \cdot \frac{n-2}{n} \cdot \cdots \cdot \frac{2}{n} \cdot \frac{1}{n} < \frac{2}{n^2},$$

又级数 $\sum\limits_{n=1}^{\infty} \dfrac{2}{n^2}$ 收敛,则由定理 2 知,级数 $\sum\limits_{n=1}^{\infty} \dfrac{n!}{n^n}$ 收敛.

(4) 级数 $\sum\limits_{n=1}^{\infty} \dfrac{1}{n}(\sqrt{n+1}-\sqrt{n})$ 的一般项满足

$$\frac{1}{n}(\sqrt{n+1}-\sqrt{n}) = \frac{1}{n(\sqrt{n+1}+\sqrt{n})} \leqslant \frac{1}{n^{3/2}},$$

又级数 $\sum\limits_{n=1}^{\infty} \dfrac{1}{n^{3/2}}$ 收敛,则由定理 2 知,级数 $\sum\limits_{n=1}^{\infty} \dfrac{1}{n}(\sqrt{n+1}-\sqrt{n})$ 收敛.

比较判别法的实质是寻求一个形式简单、敛散性明确的级数作为比较的标准级数,但在一般项 u_n 的表达式比较复杂时,这一步较难做到,因此在使用中采用下面的比较判别法的极限形式更为方便.

定理 3（比较判别法的极限形式）　设 $\sum\limits_{n=1}^{\infty} u_n, \sum\limits_{n=1}^{\infty} v_n$ 都是正项级数.

(1) 如果 $\lim\limits_{n\to\infty} \dfrac{u_n}{v_n} = l \ (0<l<+\infty)$,则级数 $\sum\limits_{n=1}^{\infty} u_n$ 与 $\sum\limits_{n=1}^{\infty} v_n$ 同时收敛或同时发散;

(2) 如果 $\lim\limits_{n\to\infty} \dfrac{u_n}{v_n} = 0$,则由级数 $\sum\limits_{n=1}^{\infty} v_n$ 收敛可得级数 $\sum\limits_{n=1}^{\infty} u_n$ 收敛;

(3) 如果 $\lim\limits_{n\to\infty} \dfrac{u_n}{v_n} = +\infty$,则由级数 $\sum\limits_{n=1}^{\infty} v_n$ 发散可得级数 $\sum\limits_{n=1}^{\infty} u_n$ 发散.

证　(1) 因为 $\lim\limits_{n\to\infty} \dfrac{u_n}{v_n} = l$,所以由极限的定义知,对于 $\varepsilon = \dfrac{l}{2} > 0$,存在正整数 N,使得当 $n>N$ 时,有 $\left| \dfrac{u_n}{v_n} - l \right| < \varepsilon = \dfrac{l}{2}$,即当 $n>N$ 时,有

$$\frac{l}{2} v_n < u_n < \frac{3l}{2} v_n.$$

由比较判别法的推论即得结论成立.

(2) 由 $\lim\limits_{n\to\infty} \dfrac{u_n}{v_n} = 0$ 知,存在正整数 N,使得当 $n>N$ 时,有 $u_n < v_n$. 再由比较判别法的推论知,如果级数 $\sum\limits_{n=1}^{\infty} v_n$ 收敛,则级数 $\sum\limits_{n=1}^{\infty} u_n$ 也收敛.

(3) 由 $\lim\limits_{n\to\infty}\dfrac{u_n}{v_n}=+\infty$ 知,存在正整数 N,使得当 $n>N$ 时,有 $u_n>v_n$.再由比较判别法的推论知,如果级数 $\sum\limits_{n=1}^{\infty}v_n$ 发散,则级数 $\sum\limits_{n=1}^{\infty}u_n$ 也发散.

例 3　判别下列级数的敛散性:

(1) $\sum\limits_{n=1}^{\infty}\dfrac{1}{n^2-n+1}$;　　　　(2) $\sum\limits_{n=1}^{\infty}\sin\dfrac{1}{\sqrt{n}}$;　　　　(3) $\sum\limits_{n=1}^{\infty}\sin\dfrac{\pi}{3^n}$.

证　(1) 因为 $\lim\limits_{n\to\infty}\dfrac{\frac{1}{n^2-n+1}}{\frac{1}{n^2}}=\lim\limits_{n\to\infty}\dfrac{n^2}{n^2-n+1}=1$,而级数 $\sum\limits_{n=1}^{\infty}\dfrac{1}{n^2}$ 是收敛的,故由定理 3 知,

级数 $\sum\limits_{n=1}^{\infty}\dfrac{1}{n^2-n+1}$ 收敛.

(2) 因为 $\lim\limits_{n\to\infty}\dfrac{\sin\frac{1}{\sqrt{n}}}{\frac{1}{\sqrt{n}}}=1$,而级数 $\sum\limits_{n=1}^{\infty}\dfrac{1}{\sqrt{n}}$ 发散,故由定理 3 知,级数 $\sum\limits_{n=1}^{\infty}\sin\dfrac{1}{\sqrt{n}}$ 发散.

(3) 因为 $\lim\limits_{n\to\infty}\dfrac{\sin\frac{\pi}{3^n}}{\frac{1}{3^n}}=\pi$,而级数 $\sum\limits_{n=1}^{\infty}\dfrac{1}{3^n}$ 收敛,故由定理 3 知,级数 $\sum\limits_{n=1}^{\infty}\sin\dfrac{\pi}{3^n}$ 收敛.

在定理 3 中,常取 $v_n=\dfrac{1}{n^p}$,则有 $\lim\limits_{n\to\infty}\dfrac{u_n}{1/n^p}=\lim\limits_{n\to\infty}n^p u_n$,那么根据 p 级数 $\sum\limits_{n=1}^{\infty}\dfrac{1}{n^p}$ 的敛散性,可以得到如下推论:

推论　设 $\sum\limits_{n=1}^{\infty}u_n$ 为正项级数,极限 $\lim\limits_{n\to\infty}n^p u_n=l$ $(0\leqslant l\leqslant+\infty)$,则

(1) 当 $p>1$,且 $0\leqslant l<+\infty$ 时,级数 $\sum\limits_{n=1}^{\infty}u_n$ 收敛;

(2) 当 $p\leqslant 1$,且 $0<l\leqslant+\infty$ 时,级数 $\sum\limits_{n=1}^{\infty}u_n$ 发散.

例 4　判别级数 $\sum\limits_{n=1}^{\infty}\dfrac{\ln n}{n^2}$ 的敛散性.

解　因为 $\lim\limits_{n\to\infty}n^{3/2}\dfrac{\ln n}{n^2}=\lim\limits_{n\to\infty}\dfrac{\ln n}{n^{1/2}}=0$,且 $p=\dfrac{3}{2}>1$,所以由定理 3 的推论可得级数 $\sum\limits_{n=1}^{\infty}\dfrac{\ln n}{n^2}$ 收敛.

例 5　设 $\sum\limits_{n=1}^{\infty}u_n$ 为收敛的正项级数,证明级数 $\sum\limits_{n=1}^{\infty}u_n^2$ 也收敛.

证　因为级数 $\sum\limits_{n=1}^{\infty} u_n$ 收敛，所以 $\lim\limits_{n\to\infty} u_n = 0$. 而

$$\lim_{n\to\infty} \frac{u_n^2}{u_n} = \lim_{n\to\infty} u_n = 0,$$

故由定理 3 知，级数 $\sum\limits_{n=1}^{\infty} u_n^2$ 也收敛.

在等比级数中，当公比 $|q| < 1$ 时，级数收敛；当公比 $|q| \geqslant 1$ 时，级数发散. 由此我们可否大胆猜想：尽管对大部分的级数，$\dfrac{u_{n+1}}{u_n} = q(n) \neq$ 常数，但若有 $\lim\limits_{n\to\infty} \dfrac{u_{n+1}}{u_n} = l < 1$ 成立，则该级数也收敛？答案是肯定的.

定理 4（比值判别法或达朗贝尔[①]判别法）　对于正项级数 $\sum\limits_{n=1}^{\infty} u_n$，若极限 $\lim\limits_{n\to\infty} \dfrac{u_{n+1}}{u_n} = \rho$，则

（1）当 $\rho < 1$ 时，级数 $\sum\limits_{n=1}^{\infty} u_n$ 收敛；

（2）当 $\rho > 1$ 或 $\rho = +\infty$ 时，级数 $\sum\limits_{n=1}^{\infty} u_n$ 发散；

（3）当 $\rho = 1$ 时，级数 $\sum\limits_{n=1}^{\infty} u_n$ 可能收敛也可能发散.

证　（1）当 $\rho < 1$ 时，取 $0 < \varepsilon < 1 - \rho$，则 $r = \rho + \varepsilon < 1$.

由 $\lim\limits_{n\to\infty} \dfrac{u_{n+1}}{u_n} = \rho$ 知，存在正整数 N，使得当 $n \geqslant N$ 时，有 $\left| \dfrac{u_{n+1}}{u_n} - \rho \right| < \varepsilon$. 因此

$$u_{N+1} < r u_N, \quad u_{N+2} < r u_{N+1} < r^2 u_N, \quad \cdots, \quad u_{N+k} < r^k u_N.$$

由于 $r < 1$，故级数 $\sum\limits_{k=1}^{\infty} r^k u_N$ 收敛. 根据定理 2 的推论知，级数 $\sum\limits_{n=1}^{\infty} u_n$ 收敛.

（2）当 $\rho > 1$ 时，取 $0 < \varepsilon < \rho - 1$，则 $r = \rho - \varepsilon > 1$.

由 $\lim\limits_{n\to\infty} \dfrac{u_{n+1}}{u_n} = \rho$ 知，存在正整数 N，使得当 $n \geqslant N$ 时，有 $\dfrac{u_{n+1}}{u_n} > \rho - \varepsilon > 1$，即

$$u_{n+1} > u_n, \quad n = N, N+1, N+2, \cdots,$$

从而 $\lim\limits_{n\to\infty} u_n \neq 0$. 根据级数收敛的必要条件可知级数 $\sum\limits_{n=1}^{\infty} u_n$ 发散.

类似地，可以证明当 $\lim\limits_{n\to\infty} \dfrac{u_{n+1}}{u_n} = +\infty$ 时，级数 $\sum\limits_{n=1}^{\infty} u_n$ 发散.

---

① 达朗贝尔(d'Alembert, 1717—1783)，法国数学家.

(3) 当 $\rho=1$ 时,级数 $\sum\limits_{n=1}^{\infty}u_n$ 的敛散性不定,可能收敛也可能发散. 例如,对于 $u_n=\dfrac{1}{n^p}$,显然对任意的 $p>0$,都有 $\lim\limits_{n\to\infty}\dfrac{u_{n+1}}{u_n}=\lim\limits_{n\to\infty}\dfrac{n^p}{(n+1)^p}=1$,而级数 $\sum\limits_{n=1}^{\infty}\dfrac{1}{n^p}$ 当 $p>1$ 时收敛,当 $p\leqslant1$ 时发散. 因此只根据 $\rho=1$ 不能判定级数的敛散性.

例 6 判别下列级数的敛散性:

(1) $\sum\limits_{n=1}^{\infty}\dfrac{n!}{n^n}$;　　　　(2) $\sum\limits_{n=1}^{\infty}n\left(\dfrac{3}{4}\right)^n$;　　　　(3) $\sum\limits_{n=1}^{\infty}\dfrac{2^n}{(n+1)^2}$.

证 (1) 此时 $u_n=\dfrac{n!}{n^n}$. 由于

$$\lim_{n\to\infty}\frac{u_{n+1}}{u_n}=\lim_{n\to\infty}\frac{(n+1)!}{(n+1)^{n+1}}\cdot\frac{n^n}{n!}=\lim_{n\to\infty}\frac{1}{\left(1+\dfrac{1}{n}\right)^n}=\frac{1}{e}<1,$$

故级数 $\sum\limits_{n=1}^{\infty}\dfrac{n!}{n^n}$ 收敛.

(2) 此时 $u_n=n\left(\dfrac{3}{4}\right)^n$. 由于

$$\lim_{n\to\infty}\frac{u_{n+1}}{u_n}=\lim_{n\to\infty}\frac{n+1}{n}\cdot\frac{3}{4}=\frac{3}{4}<1,$$

故级数 $\sum\limits_{n=1}^{\infty}n\left(\dfrac{3}{4}\right)^n$ 收敛.

(3) 此时 $u_n=\dfrac{2^n}{(n+1)^2}$. 由于

$$\lim_{n\to\infty}\frac{u_{n+1}}{u_n}=\lim_{n\to\infty}\frac{2(n+1)^2}{(n+2)^2}=2>1,$$

故级数 $\sum\limits_{n=1}^{\infty}\dfrac{2^n}{(n+1)^2}$ 发散.

定理 5(**根值判别法**或**柯西判别法**)　设 $\sum\limits_{n=1}^{\infty}u_n$ 为正项级数,且极限 $\lim\limits_{n\to\infty}\sqrt[n]{u_n}=\rho$,则

(1) 当 $\rho<1$ 时,级数 $\sum\limits_{n=1}^{\infty}u_n$ 收敛;

(2) 当 $\rho>1$ 或 $\rho=+\infty$ 时,级数 $\sum\limits_{n=1}^{\infty}u_n$ 发散;

(3) 当 $\rho=1$ 时,级数 $\sum\limits_{n=1}^{\infty}u_n$ 可能收敛也可能发散.

定理 5 的证明与定理 4 相仿,这里从略,请读者自证.

例 7 判别下列级数的敛散性:

$$(1) \sum_{n=1}^{\infty} \left(\frac{n}{2n+1}\right)^n ; \qquad (2) \sum_{n=1}^{\infty} n\left(\frac{2}{e}\right)^n ; \qquad (3) \sum_{n=1}^{\infty} \frac{(1+1/n)^{n^2}}{2^n} .$$

解 （1）此时 $u_n = \left(\frac{n}{2n+1}\right)^n$. 因为

$$\lim_{n\to\infty} \sqrt[n]{u_n} = \lim_{n\to\infty} \frac{n}{2n+1} = \frac{1}{2} < 1,$$

所以级数 $\sum_{n=1}^{\infty} \left(\frac{n}{2n+1}\right)^n$ 收敛.

（2）此时 $u_n = n\left(\frac{2}{e}\right)^n$. 因为

$$\lim_{n\to\infty} \sqrt[n]{u_n} = \lim_{n\to\infty} \frac{2}{e} \sqrt[n]{n} = \frac{2}{e} < 1,$$

故级数 $\sum_{n=1}^{\infty} n\left(\frac{2}{e}\right)^n$ 收敛.

（3）此时 $u_n = \frac{(1+1/n)^{n^2}}{2^n}$. 因为

$$\lim_{n\to\infty} \sqrt[n]{u_n} = \lim_{n\to\infty} \frac{(1+1/n)^n}{2} = \frac{e}{2} > 1,$$

所以级数 $\sum_{n=1}^{\infty} \frac{(1+1/n)^{n^2}}{2^n}$ 发散.

定理 6（积分判别法） 设 $f(x)$ 在区间 $[k,+\infty)$ 上连续、单调减少且非负，其中 k 为正整数，则反常积分 $\int_k^{+\infty} f(x)\mathrm{d}x$ 与级数 $\sum_{n=k}^{\infty} f(n)$ 有相同的敛散性.

定理 6 的证明从略.

例 8 判别级数 $\sum_{n=1}^{\infty} \frac{\ln n}{n}$ 的敛散性.

解 取 $f(x) = \frac{\ln x}{x}$，显然 $f(x)$ 当 $x>1$ 时非负且连续，又因为

$$f'(x) = \frac{1-\ln x}{x^2} < 0 \quad (x>e),$$

即 $f(x)$ 当 $x>e$ 时单调减少，再注意到 $\int_e^{+\infty} \frac{\ln x}{x}\mathrm{d}x = \frac{\ln^2 x}{2}\Big|_e^{+\infty} = +\infty$，即反常积分 $\int_e^{+\infty} \frac{\ln x}{x}\mathrm{d}x$ 发散，所以由积分判别法知，级数 $\sum_{n=3}^{\infty} \frac{\ln n}{n}$ 发散，从而级数 $\sum_{n=1}^{\infty} \frac{\ln n}{n}$ 也发散.

二、交错级数

定义 1 如果 $u_n > 0$ $(n=1,2,\cdots)$，则称级数 $\sum_{n=1}^{\infty} (-1)^{n-1} u_n$ 或 $\sum_{n=1}^{\infty} (-1)^n u_n$ 为**交错级数**.

例如 $\sum\limits_{n=1}^{\infty}(-1)^{n-1}\dfrac{1}{n}=1-\dfrac{1}{2}+\dfrac{1}{3}+\cdots+(-1)^{n-1}\dfrac{1}{n}+\cdots$ 就是一个交错级数. 交错级数的

特点是：级数中的项一正一负交替出现. 显然交错级数 $\sum\limits_{n=1}^{\infty}(-1)^{n-1}u_n$ 与 $\sum\limits_{n=1}^{\infty}(-1)^n u_n$ 的敛

散性是相同的.

定理 7（莱布尼茨判别法） 若交错级数 $\sum\limits_{n=1}^{\infty}(-1)^{n-1}u_n\ (u_n>0,n=1,2,\cdots)$ 满足：

(1) $u_n\geqslant u_{n+1}\ (n=1,2,\cdots)$;

(2) $\lim\limits_{n\to\infty}u_n=0$,

则该交错级数收敛, 且其和 $s\leqslant u_1$, **余项** $r_n=s-\sum\limits_{k=1}^{n}(-1)^{k-1}u_k$ 满足

$$|r_n|=\left|s-\sum_{k=1}^{n}(-1)^{k-1}u_k\right|=\left|\sum_{k=n+1}^{\infty}(-1)^{k-1}u_k\right|\leqslant u_{n+1}.$$

证 考虑级数 $\sum\limits_{n=1}^{\infty}(-1)^{n-1}u_n$ 的前 $2n$ 项和

$$s_{2n}=(u_1-u_2)+(u_3-u_4)+\cdots+(u_{2n-1}-u_{2n}).$$

由条件(1)可得 $u_n-u_{n+1}\geqslant0$, 从而数列 $\{s_{2n}\}$ 单调增加, 且

$$s_{2n}=u_1-(u_2-u_3)-\cdots-(u_{2n-2}-u_{2n-1})-u_{2n}<u_1, \tag{1}$$

即数列 $\{s_{2n}\}$ 单调增加且有上界, 因此极限 $\lim\limits_{n\to\infty}s_{2n}$ 存在. 设 $\lim\limits_{n\to\infty}s_{2n}=s$. 由(1)式可得 $s\leqslant u_1$. 又由 $\lim\limits_{n\to\infty}u_n=0$ 可得

$$\lim_{n\to\infty}s_{2n+1}=\lim_{n\to\infty}(s_{2n}+u_{2n+1})=\lim_{n\to\infty}s_{2n}+\lim_{n\to\infty}u_{2n+1}=s.$$

所以, 级数 $\sum\limits_{n=1}^{\infty}(-1)^{n-1}u_n$ 的部分和数列 $\{s_n\}$ 收敛于 s, 并且 $s\leqslant u_1$.

由余项 r_n 的定义可得

$$|r_n|=u_{n+1}-(u_{n+2}-u_{n+3})-(u_{n+4}-u_{n+5})-\cdots,$$

再由条件(1)知 $|r_n|\leqslant u_{n+1}$.

例 9 判别下列级数的敛散性：

(1) $\sum\limits_{n=2}^{\infty}(-1)^n\dfrac{1}{n\ln n}$;

(2) $\sum\limits_{n=2}^{\infty}(-1)^n\dfrac{\sqrt{n}}{n-1}$;

(3) $\sum\limits_{n=1}^{\infty}(-1)^n\dfrac{2+(-1)^n}{n}$;

(4) $\sum\limits_{n=1}^{\infty}(-1)^n\dfrac{2+(-1)^n}{n^2}$.

解 (1) 由于 $u_n=\dfrac{1}{n\ln n}$ 关于 n 单调减少, 且 $\lim\limits_{n\to\infty}u_n=\lim\limits_{n\to\infty}\dfrac{1}{n\ln n}=0$, 故由莱布尼茨判别法

知交错级数 $\sum\limits_{n=2}^{\infty}(-1)^n\dfrac{1}{n\ln n}$ 收敛.

(2) 设 $f(x)=\dfrac{\sqrt{x}}{x-1}$. 由于

$$f'(x)=-\frac{1+x}{2\sqrt{x}(x-1)^2}<0 \quad (x\geqslant 2),$$

所以函数 $f(x)=\dfrac{\sqrt{x}}{x-1}$ 在 $x\geqslant 2$ 时单调减少. 因此 $u_n=\dfrac{\sqrt{n}}{n-1}$ 关于 n 单调减少. 又

$$\lim_{n\to\infty}u_n=\lim_{n\to\infty}\frac{\sqrt{n}}{n-1}=\lim_{n\to\infty}\frac{1}{\sqrt{n}-\dfrac{1}{\sqrt{n}}}=0,$$

故由莱布尼茨判别法知交错级数 $\displaystyle\sum_{n=2}^{\infty}(-1)^n\frac{\sqrt{n}}{n-1}$ 收敛.

(3) 由莱布尼茨判别法可知级数 $\displaystyle\sum_{n=1}^{\infty}(-1)^n\frac{2}{n}$ 收敛, 而级数 $\displaystyle\sum_{n=1}^{\infty}\frac{1}{n}$ 发散, 故由 §12.1 的性质 1 的推论可知级数 $\displaystyle\sum_{n=1}^{\infty}(-1)^n\frac{2+(-1)^n}{n}$ 发散.

(4) 由莱布尼茨判别法可知级数 $\displaystyle\sum_{n=1}^{\infty}(-1)^n\frac{2}{n^2}$ 收敛, 而级数 $\displaystyle\sum_{n=1}^{\infty}\frac{1}{n^2}$ 收敛, 故由 §12.1 的性质 1 可知级数 $\displaystyle\sum_{n=1}^{\infty}(-1)^n\frac{2+(-1)^n}{n^2}$ 收敛.

注意, 由于交错级数的莱布尼茨判别法只是个充分条件, 并非必要条件, 故当莱布尼茨判别法的条件不满足时, 不能由此断定交错级数是发散的.

三、任意项级数

级数 $\displaystyle\sum_{n=1}^{\infty}u_n$ 当它的项 $u_n(n=1,2,\cdots)$ 可取任意实数时称之为**任意项级数**, 而 $\displaystyle\sum_{n=1}^{\infty}|u_n|$ 称为任意项级数的绝对值级数.

定理 8　若级数 $\displaystyle\sum_{n=1}^{\infty}|u_n|$ 收敛, 则级数 $\displaystyle\sum_{n=1}^{\infty}u_n$ 也收敛.

证　记 $v_n=\dfrac{1}{2}(u_n+|u_n|)$. 由于 $0\leqslant v_n\leqslant|u_n|$, 由正项级数的比较审敛法知, 级数 $\displaystyle\sum_{n=1}^{\infty}v_n$ 收敛. 又因为 $u_n=2v_n-|u_n|$, 所以由 §12.1 的性质 1 可知, 级数 $\displaystyle\sum_{n=1}^{\infty}u_n$ 收敛.

定理 8 的作用在于: 把任意项级数的敛散性判别问题转化为正项级数敛散性的判别问题, 从而解决了某些任意项级数收敛性的判别问题. 但值得注意的是, 如果级数 $\displaystyle\sum_{n=1}^{\infty}|u_n|$ 发

散,级数 $\sum\limits_{n=1}^{\infty} u_n$ 未必也发散. 例如,对于 $u_n = (-1)^{n-1}\dfrac{1}{n}$,级数 $\sum\limits_{n=1}^{\infty}|u_n|$ 发散,而级数 $\sum\limits_{n=1}^{\infty} u_n$ 收敛.

定义 2 若级数 $\sum\limits_{n=1}^{\infty}|u_n|$ 收敛,则称级数 $\sum\limits_{n=1}^{\infty} u_n$ **绝对收敛**;若级数 $\sum\limits_{n=1}^{\infty}|u_n|$ 发散,而级数 $\sum\limits_{n=1}^{\infty} u_n$ 收敛,则称级数 $\sum\limits_{n=1}^{\infty} u_n$ **条件收敛**.

例 10 判别下列级数的敛散性:

(1) $\sum\limits_{n=1}^{\infty}(-1)^n\sin\dfrac{\pi}{2^n}$; (2) $\sum\limits_{n=1}^{\infty}\dfrac{\sin n\alpha}{n^2}$;

(3) $\sum\limits_{n=1}^{\infty}\sin\sqrt{n^2+1}\,\pi$; (4) $\sum\limits_{n=1}^{\infty}(-1)^n\ln\left(1+\dfrac{1}{n}\right)$.

解 (1) 此时 $u_n=(-1)^n\sin\dfrac{\pi}{2^n}$. 由于 $|u_n|=\left|\sin\dfrac{\pi}{2^n}\right|\leqslant\dfrac{\pi}{2^n}$,而级数 $\sum\limits_{n=1}^{\infty}\dfrac{\pi}{2^n}$ 收敛,于是由正项级数的比较判别法知,级数 $\sum\limits_{n=1}^{\infty}|u_n|$ 收敛,从而级数 $\sum\limits_{n=1}^{\infty}(-1)^n\sin\dfrac{\pi}{2^n}$ 绝对收敛.

(2) 此时 $u_n=\dfrac{\sin n\alpha}{n^2}$. 由于 $|u_n|=\left|\dfrac{\sin n\alpha}{n^2}\right|\leqslant\dfrac{1}{n^2}$,而级数 $\sum\limits_{n=1}^{\infty}\dfrac{1}{n^2}$ 收敛,于是由正项级数的比较判别法知,级数 $\sum\limits_{n=1}^{\infty}|u_n|$ 收敛,从而级数 $\sum\limits_{n=1}^{\infty}\dfrac{\sin n\alpha}{n^2}$ 绝对收敛.

(3) 此时 $u_n=\sin\sqrt{n^2+1}\,\pi=(-1)^n\sin\left(-n\pi+\sqrt{n^2+1}\,\pi\right)=(-1)^n\sin\dfrac{\pi}{n+\sqrt{n^2+1}}$. 由于

$$\lim_{n\to\infty}\dfrac{|u_n|}{\dfrac{1}{n}}=\lim_{n\to\infty}\dfrac{\dfrac{\pi}{n+\sqrt{n^2+1}}}{\dfrac{1}{n}}=\dfrac{\pi}{2},$$

而级数 $\sum\limits_{n=1}^{\infty}\dfrac{1}{n}$ 发散,于是由正项级数比较判别法的极限形式知,级数 $\sum\limits_{n=1}^{\infty}|u_n|$ 发散. 因此,级数 $\sum\limits_{n=1}^{\infty}\sin\sqrt{n^2+1}\,\pi$ 不是绝对收敛的.

但由于 $\sin\dfrac{\pi}{n+\sqrt{n^2+1}}$ 关于 n 单调减少,且 $\lim\limits_{n\to\infty}\sin\dfrac{\pi}{n+\sqrt{n^2+1}}=0$,于是由莱布尼茨判别法知,交错级数 $\sum\limits_{n=1}^{\infty}(-1)^n\sin\dfrac{\pi}{n+\sqrt{n^2+1}}$ 收敛,也即级数 $\sum\limits_{n=1}^{\infty}\sin\sqrt{n^2+1}\,\pi$ 收敛,且为条件收敛.

(4) 此时 $u_n=(-1)^n\ln\left(1+\dfrac{1}{n}\right)$. 由于 $|u_n|=\ln\left(1+\dfrac{1}{n}\right)$,且

$$\lim_{n\to\infty}\frac{|u_n|}{1/n}=\lim_{n\to\infty}\frac{\ln(1+1/n)}{1/n}=1\neq 0,$$

而级数 $\sum_{n=1}^{\infty}\frac{1}{n}$ 发散,故由正项级数比较判别法的极限形式知,级数 $\sum_{n=1}^{\infty}|u_n|$ 发散.

级数 $\sum_{n=1}^{\infty}(-1)^n\ln\left(1+\frac{1}{n}\right)$ 为交错级数,又 $\ln\left(1+\frac{1}{n}\right)$ 关于 n 单调减少,且 $\lim_{n\to\infty}\ln\left(1+\frac{1}{n}\right)=$

0,于是由莱布尼茨判别法知,该级数收敛.因此级数 $\sum_{n=1}^{\infty}(-1)^n\ln\left(1+\frac{1}{n}\right)$ 条件收敛.

值得注意的是,如果级数 $\sum_{n=1}^{\infty}u_n$ 满足 $\lim_{n\to\infty}\frac{|u_{n+1}|}{|u_n|}>1$(或为 $+\infty$)或 $\lim_{n\to\infty}\sqrt[n]{|u_n|}>1$(或为 $+\infty$),则原级数必发散.(思考:为什么?)

习 题 12.2

1. 用比较判别法或比较判别法的极限形式判定下列级数的敛散性:

(1) $\sum_{n=1}^{\infty}\frac{1}{n+\sqrt{n}}$;

(2) $\sum_{n=1}^{\infty}\sin\frac{\pi}{n^2}$;

(3) $\sum_{n=1}^{\infty}\arctan\frac{1}{n\sqrt{n}}$;

(4) $\sum_{n=1}^{\infty}\ln\left(1+\frac{1}{n^2}\right)$;

(5) $\sum_{n=1}^{\infty}\frac{1}{1+a^n}$ $(a>0$ 为常数$)$;

(6) $\sum_{n=1}^{\infty}\frac{1}{\int_0^n\sqrt{1+x^2}\,\mathrm{d}x}$;

(7) $\sum_{n=2}^{\infty}\frac{1}{\ln^k n}$ $(k>0$ 为常数$)$;

(8) $\sum_{n=1}^{\infty}\frac{n}{3^n+(-1)^n}$.

2. 用比值判别法判定下列级数的敛散性:

(1) $\sum_{n=1}^{\infty}\frac{n^k}{(n+1)!}$ $(k>0$ 为常数$)$;

(2) $\sum_{n=1}^{\infty}\frac{n^n}{n!}$;

(3) $\sum_{n=1}^{\infty}\frac{2^n\cdot n!}{n^n}$;

(4) $\sum_{n=1}^{\infty}\frac{\arctan n}{(\ln 3)^n}$;

(5) $\sum_{n=1}^{\infty}n^2 q^n$ $(q$ 为常数$)$.

3. 利用积分判别法判定下列级数的敛散性:

(1) $\sum_{n=2}^{\infty}\frac{\ln n}{n^2}$;

(2) $\sum_{n=1}^{\infty}\frac{2^{1/n}}{n^2}$.

4. 用根值判别法判定下列级数的敛散性:

(1) $\sum_{n=1}^{\infty}\left(\frac{n}{3n+1}\right)^{2n-1}$;

(2) $\sum_{n=1}^{\infty}\frac{(1+1/n)^{2n^2}}{7^n}$;

(3) $\displaystyle\sum_{n=1}^{\infty}\left(\dfrac{2n+1}{3n-1}\right)^{n}$;

(4) $\displaystyle\sum_{n=1}^{\infty}\dfrac{\sin^{n}x}{n}$ (x 为常数,$0 < x < \pi$).

5. 判定下列级数的敛散性:

(1) $\displaystyle\sum_{n=1}^{\infty}\dfrac{1}{n}\ln\left(1+\dfrac{1}{n}\right)$;

(2) $\displaystyle\sum_{n=2}^{\infty}\dfrac{a^{n}}{\ln n!}$ ($a > 0$ 为常数);

(3) $\displaystyle\sum_{n=1}^{\infty}\dfrac{1}{\sqrt{4n^{4}+n^{3}-2n+1}}$;

(4) $\displaystyle\sum_{n=1}^{\infty}\dfrac{2n-1}{(\sqrt{2})^{n}}$;

(5) $\displaystyle\sum_{n=1}^{\infty}2^{n}\sin\dfrac{\pi}{3^{n}}$;

(6) $\displaystyle\sum_{n=1}^{\infty}\dfrac{\ln(n+2)}{(a+1/n)^{n}}$ ($a > 0$ 为常数).

6. 若正项级数 $\displaystyle\sum_{n=1}^{\infty}a_{n}$ 收敛,证明级数 $\displaystyle\sum_{n=1}^{\infty}a_{n}^{2}$ 与 $\displaystyle\sum_{n=1}^{\infty}\dfrac{a_{n}}{n}$ 都收敛.

7. 判断下列级数是否收敛,如果收敛,判断是条件收敛还是绝对收敛:

(1) $\displaystyle\sum_{n=1}^{\infty}(-1)^{n}\left(1-\cos\dfrac{1}{n}\right)$;

(2) $\displaystyle\sum_{n=2}^{\infty}\dfrac{n\cos n\pi}{\sqrt{n^{3}-2n+1}}$;

(3) $\displaystyle\sum_{n=1}^{\infty}(-1)^{n}\dfrac{\ln n}{n}$;

(4) $\displaystyle\sum_{n=1}^{\infty}(-1)^{n-1}\dfrac{n}{3^{n}}$;

(5) $\displaystyle\sum_{n=1}^{\infty}\dfrac{(-1)^{n}\sqrt{n}}{n-1}$;

(6) $\displaystyle\sum_{n=1}^{\infty}(-1)^{n}\dfrac{1}{\sqrt[n]{n}}$.

8. 证明:若级数 $\displaystyle\sum_{n=1}^{\infty}a_{n}^{2}$ 和 $\displaystyle\sum_{n=1}^{\infty}b_{n}^{2}$ 都收敛,则级数 $\displaystyle\sum_{n=1}^{\infty}a_{n}b_{n}$ 绝对收敛.

§12.3 幂 级 数

一、函数项级数的基本概念

设 $\{u_{n}(x)\}$ 为定义在区间 I 上的函数列,则表达式

$$u_{1}(x)+u_{2}(x)+\cdots+u_{n}(x)+\cdots$$

称为定义在区间 I 上的**函数项无穷级数**(简称**函数项级数**或**级数**),简记为 $\displaystyle\sum_{n=1}^{\infty}u_{n}(x)$.

对于函数项级数,我们将讨论如下两个问题:

(1) 对于区间 I 上的哪些 x 的值,级数 $\displaystyle\sum_{n=1}^{\infty}u_{n}(x)$ 收敛?

(2) 如果函数项级数 $\displaystyle\sum_{n=1}^{\infty}u_{n}(x)$ 收敛,那么其和是什么?

定义 1 对每个 $x_{0} \in I$,$\displaystyle\sum_{n=1}^{\infty}u_{n}(x_{0})$ 为常数项级数,若级数 $\displaystyle\sum_{n=1}^{\infty}u_{n}(x_{0})$ 收敛,则称 x_{0} 为级数 $\displaystyle\sum_{n=1}^{\infty}u_{n}(x)$ 的**收敛点**;若 $\displaystyle\sum_{n=1}^{\infty}u_{n}(x_{0})$ 发散,则称 x_{0} 为级数 $\displaystyle\sum_{n=1}^{\infty}u_{n}(x)$ 的**发散点**.级数 $\displaystyle\sum_{n=1}^{\infty}u_{n}(x)$

的收敛点的全体称为该级数的**收敛域**；发散点的全体称为该级数的**发散域**.

定义 2　对函数项级数 $\sum\limits_{n=1}^{\infty} u_n(x)$ 的收敛域内的每一点 x，常数项级数 $\sum\limits_{n=1}^{\infty} u_n(x)$ 都收敛，即级数 $\sum\limits_{n=1}^{\infty} u_n(x)$ 都有一个和 s 与 x 对应，这样级数 $\sum\limits_{n=1}^{\infty} u_n(x)$ 在收敛域内定义了一个函数，称之为函数项级数 $\sum\limits_{n=1}^{\infty} u_n(x)$ 的**和函数**，记为 $s(x)$.

记级数 $\sum\limits_{n=1}^{\infty} u_n(x)$ 的部分和为 $s_n(x)$，即

$$s_n(x) = u_1(x) + u_2(x) + \cdots + u_n(x), \tag{1}$$

则 $s(x) = \lim\limits_{n\to\infty} s_n(x)$.

记 $r_n(x) = s(x) - s_n(x)$，则 $r_n(x)$ 称为函数项级数 $\sum\limits_{n=1}^{\infty} u_n(x)$ 的**余项**（只有 x 在收敛域上 $r_n(x)$ 才有意义），并且有 $\lim\limits_{n\to\infty} r_n(x) = 0$.

例 1　x 取何值时，函数项级数 $\sum\limits_{n=0}^{\infty} x^n$ 收敛？并求其和函数.

解　当 $|x| < 1$ 时，由(1)式有 $s_n(x) = 1 + x + x^2 + \cdots + x^{n-1} = \dfrac{1-x^n}{1-x}$，此时级数 $\sum\limits_{n=0}^{\infty} x^n$ 收敛，且其和函数为

$$s(x) = \lim_{n\to\infty} s_n(x) = \lim_{n\to\infty} \frac{1-x^n}{1-x} = \frac{1}{1-x}.$$

而当 $|x| \geqslant 1$ 时，由于 $\lim\limits_{n\to\infty} u_n(x) = \lim\limits_{n\to\infty} x^n \neq 0$，因此级数 $\sum\limits_{n=0}^{\infty} x^n$ 发散.

二、幂级数及其收敛域

最简单且最常见的一类函数项级数就是各项都是幂函数的级数，即所谓的幂级数.

定义 3　形如 $\sum\limits_{n=0}^{\infty} a_n(x-x_0)^n$ 的函数项级数称为 $x-x_0$ 的**幂级数**. 当 $x_0 = 0$ 时，级数 $\sum\limits_{n=0}^{\infty} a_n x^n$ 称为 x 的幂级数.

对幂级数 $\sum\limits_{n=0}^{\infty} a_n(x-x_0)^n$，令 $x-x_0 = t$，则可化为 $\sum\limits_{n=0}^{\infty} a_n t^n$. 故下面主要针对形如 $\sum\limits_{n=0}^{\infty} a_n x^n$ 的幂级数展开讨论.

由例1可知，幂级数 $\sum\limits_{n=0}^{\infty} x^n$ 的收敛域是以 $x_0 = 0$ 为中心的对称区间. 对一般的幂级数

$\sum\limits_{n=0}^{\infty} a_n x^n$，其收敛域是否有类似的特点呢？对此，我们有如下定理：

定理 1（阿贝尔[①]定理） 若幂级数 $\sum\limits_{n=0}^{\infty} a_n x^n$ 在点 $x_0 \neq 0$ 收敛，则对满足不等式 $|x| < |x_0|$ 的一切 x，幂级数 $\sum\limits_{n=0}^{\infty} a_n x^n$ 都绝对收敛；反之，若 $\sum\limits_{n=0}^{\infty} a_n x^n$ 在 x_1 点发散，则对不等式满足 $|x| > |x_1|$ 的一切 x，幂级数 $\sum\limits_{n=0}^{\infty} a_n x^n$ 都发散.

证 如果幂级数 $\sum\limits_{n=0}^{\infty} a_n x^n$ 在点 $x_0 \neq 0$ 收敛，即级数 $\sum\limits_{n=0}^{\infty} a_n x_0^n$ 收敛，则有 $\lim\limits_{n\to\infty} a_n x_0^n = 0$，从而存在一个常数 M，使得

$$|a_n x_0^n| \leqslant M \quad (n = 0, 1, 2, \cdots).$$

对于满足 $|x| < |x_0|$ 的一切 x，幂级数 $\sum\limits_{n=0}^{\infty} |a_n x^n|$ 的一般项满足

$$|a_n x^n| = |a_n x_0^n| \cdot \left| \frac{x}{x_0} \right|^n \leqslant M \left| \frac{x}{x_0} \right|^n.$$

由于 $\left| \dfrac{x}{x_0} \right| < 1$，因此等比级数 $\sum\limits_{n=0}^{\infty} M \left| \dfrac{x}{x_0} \right|^n$ 收敛. 由正项级数的比较判别法知，级数 $\sum\limits_{n=0}^{\infty} |a_n x^n|$ 收敛，也就是级数 $\sum\limits_{n=0}^{\infty} a_n x^n$ 绝对收敛.

定理的第二部分用反证法证明. 设 $\sum\limits_{n=0}^{\infty} a_n x^n$ 在点 x_1 发散. 如果存在满足 $|x| > |x_1|$ 的某个 x_2，使得级数 $\sum\limits_{n=0}^{\infty} a_n x_2^n$ 收敛，那么由 $|x_1| < |x_2|$ 及该定理的第一部分的结论知，级数 $\sum\limits_{n=0}^{\infty} a_n x_1^n$ 应绝对收敛，与假设矛盾. 定理得证.

阿贝尔定理指出：若幂级数 $\sum\limits_{n=0}^{\infty} a_n x^n$ 有非零收敛点，也有发散点，则必存在一个正数 R，使得当 $|x| < R$ 时，幂级数绝对收敛；当 $|x| > R$ 时，幂级数发散；当 $|x| = R$ 时，幂级数可能收敛，也可能发散. 这样的正数 R 称为幂级数 $\sum\limits_{n=0}^{\infty} a_n x^n$ 的**收敛半径**. 开区间 $(-R, R)$ 称为幂级数 $\sum\limits_{n=0}^{\infty} a_n x^n$ 的**收敛区间**. 若幂级数 $\sum\limits_{n=0}^{\infty} a_n x^n$ 的收敛域为 D，则 $(-R, R) \subseteq D \subseteq [-R, R]$. 因此幂级数的收敛域 D 是收敛区间 $(-R, R)$ 与收敛端点的并集.

———————————

[①] 阿贝尔(Abel, 1802—1829)，挪威数学家.

若幂级数 $\sum\limits_{n=0}^{\infty} a_n x^n$ 仅在 $x=0$ 收敛,则规定收敛半径为 $R=0$;若幂级数 $\sum\limits_{n=0}^{\infty} a_n x^n$ 对所有实数都收敛,则规定收敛半径为 $R=+\infty$.

定理 2　对于幂级数 $\sum\limits_{n=0}^{\infty} a_n x^n = a_0 + a_1 x + a_2 x^2 + \cdots + a_n x^n + \cdots$,若极限

$$\lim_{n \to \infty} \left| \frac{a_{n+1}}{a_n} \right| = \rho,$$

则

(1) 当 $0 < \rho < +\infty$ 时,收敛半径为 $R = \dfrac{1}{\rho}$;

(2) 当 $\rho = 0$ 时,收敛半径为 $R = +\infty$;

(3) 当 $\rho = +\infty$ 时,收敛半径为 $R = 0$.

证　考查幂级数 $\sum\limits_{n=0}^{\infty} a_n x^n$ 的绝对值级数

$$|a_0| + |a_1 x| + |a_2 x^2| + \cdots + |a_n x^n| + \cdots. \tag{2}$$

(1) 如果极限 $\lim\limits_{n \to \infty} \left| \dfrac{a_{n+1}}{a_n} \right|$ 存在,且 $\lim\limits_{n \to \infty} \left| \dfrac{a_{n+1}}{a_n} \right| = \rho$ $(0 < \rho < +\infty)$,则有

$$\lim_{n \to \infty} \left| \frac{a_{n+1} x^{n+1}}{a_n x^n} \right| = \rho |x|.$$

由正项级数的比值判别法可知,当 $\rho |x| < 1$,即 $|x| < \dfrac{1}{\rho}$ 时,级数(2)收敛,从而幂级数 $\sum\limits_{n=0}^{\infty} a_n x^n$ 绝对收敛.

当 $\rho |x| > 1$,即 $|x| > \dfrac{1}{\rho}$ 时,由于 $\lim\limits_{n \to \infty} \left| \dfrac{a_{n+1} x^{n+1}}{a_n x^n} \right| = \rho |x| > 1$,因此存在正整数 N,使得当 $n > N$ 时,有 $\left| \dfrac{a_{n+1} x^{n+1}}{a_n x^n} \right| > 1$,即 $|a_{n+1} x^{n+1}| > |a_n x^n|$. 所以 $\lim\limits_{n \to \infty} |a_n x^n| \neq 0$,从而 $\lim\limits_{n \to \infty} a_n x^n \neq 0$. 于是,幂级数 $\sum\limits_{n=0}^{\infty} a_n x^n$ 发散. 故幂级数 $\sum\limits_{n=0}^{\infty} a_n x^n$ 的收敛半径为 $R = \dfrac{1}{\rho}$.

(2) 如果极限 $\lim\limits_{n \to \infty} \left| \dfrac{a_{n+1}}{a_n} \right| = \rho = 0$,那么 $\lim\limits_{n \to \infty} \left| \dfrac{a_{n+1} x^{n+1}}{a_n x^n} \right| = \rho |x| = 0 < 1$. 由正项级数的比值判别法可知,无论 x 取任何实数,均有级数(2)收敛,从而幂级数 $\sum\limits_{n=0}^{\infty} a_n x^n$ 绝对收敛. 因此,幂级数 $\sum\limits_{n=0}^{\infty} a_n x^n$ 的收敛半径为 $R = +\infty$.

(3) 如果 $\lim\limits_{n \to \infty} \left| \dfrac{a_{n+1}}{a_n} \right| = +\infty$,则当 $x \neq 0$ 时,$\lim\limits_{n \to \infty} \left| \dfrac{a_{n+1} x^{n+1}}{a_n x^n} \right| = \lim\limits_{n \to \infty} \left| \dfrac{a_{n+1}}{a_n} \right| |x| = +\infty$. 因

此,对任意 $x \neq 0$,幂级数 $\sum\limits_{n=0}^{\infty} a_n x^n$ 发散,即幂级数 $\sum\limits_{n=0}^{\infty} a_n x^n$ 只在 $x=0$ 点收敛. 故幂级数 $\sum\limits_{n=0}^{\infty} a_n x^n$ 的收敛半径为 $R=0$.

注 根据幂级数 $\sum\limits_{n=0}^{n} a_n x^n$ 中 a_n 的形式,有时我们可用正项级数的根值判别法来求幂级数的收敛半径. 此时,有 $\lim\limits_{n \to \infty} \sqrt[n]{|a_n|} = \rho$.

例 2 求幂级数 $\sum\limits_{n=1}^{\infty} \dfrac{(-1)^{n-1} x^n}{n \cdot 2^n}$ 的收敛半径和收敛域.

解 此时 $a_n = \dfrac{(-1)^{n-1}}{n \cdot 2^n}$. 因为

$$\lim_{n \to \infty} \left| \frac{a_{n+1}}{a_n} \right| = \lim_{n \to \infty} \frac{\dfrac{1}{(n+1) \cdot 2^{n+1}}}{\dfrac{1}{n \cdot 2^n}} = \lim_{n \to \infty} \frac{n \cdot 2^n}{(n+1) \cdot 2^{n+1}} = \lim_{n \to \infty} \frac{n}{2(n+1)} = \frac{1}{2},$$

故幂级数 $\sum\limits_{n=1}^{\infty} \dfrac{(-1)^{n-1} x^n}{n \cdot 2^n}$ 的收敛半径为 $R=2$.

对于端点 $x=2$,级数成为交错级数

$$\sum_{n=1}^{\infty} \frac{(-1)^{n-1}}{n} = 1 - \frac{1}{2} + \frac{1}{3} - \cdots + (-1)^{n-1} \frac{1}{n} + \cdots,$$

此级数收敛.

对于端点 $x=-2$,级数成为

$$\sum_{n=1}^{\infty} \frac{-1}{n} = -1 - \frac{1}{2} - \frac{1}{3} - \cdots - \frac{1}{n} + \cdots,$$

此级数发散.

因此,幂级数 $\sum\limits_{n=1}^{\infty} \dfrac{(-1)^{n-1} x^n}{n \cdot 2^n}$ 的收敛域为 $(-2, 2]$.

例 3 求幂级数 $\sum\limits_{n=0}^{\infty} \dfrac{x^n}{n!}$ 的收敛半径和收敛域.

解 此时 $a_n = \dfrac{1}{n!}$. 由于 $\lim\limits_{n \to \infty} \left| \dfrac{a_{n+1}}{a_n} \right| = \lim\limits_{n \to \infty} \dfrac{n!}{(n+1)!} = \lim\limits_{n \to \infty} \dfrac{1}{n+1} = 0$,故幂级数 $\sum\limits_{n=0}^{\infty} \dfrac{x^n}{n!}$ 的收敛半径为 $R=+\infty$,其收敛域为 $(-\infty, +\infty)$.

例 4 求幂级数 $\sum\limits_{n=0}^{\infty} 2^{n^2} x^n$ 的收敛半径和收敛域.

解 此时 $a_n = 2^{n^2}$. 由于 $\lim\limits_{n \to \infty} \left| \dfrac{a_{n+1}}{a_n} \right| = \lim\limits_{n \to \infty} 2^{(n+1)^2 - n^2} = \lim\limits_{n \to \infty} 2^{2n+1} = +\infty$,故幂级数 $\sum\limits_{n=0}^{\infty} 2^{n^2} x^n$

的收敛半径为 0. 该级数仅在 $x=0$ 处收敛，所以收敛域为 $\{0\}$.

例 5　求幂级数 $\displaystyle\sum_{n=1}^{\infty} \frac{x^{2n-1}}{n \cdot 4^n}$ 的收敛半径和收敛域.

解　由于该级数缺少偶数次幂的项，因此不能直接应用定理 2. 我们利用正项级数的比值判别法来求收敛半径.

记幂级数 $\displaystyle\sum_{n=1}^{\infty} \frac{x^{2n-1}}{n \cdot 4^n}$ 的一般项为 $u_n(x) = \dfrac{x^{2n-1}}{n \cdot 4^n}$. 由于

$$\lim_{n \to \infty} \left| \frac{u_{n+1}(x)}{u_n(x)} \right| = \lim_{n \to \infty} \frac{n \cdot 4^n}{(n+1) \cdot 4^{n+1}} x^2 = \frac{1}{4} x^2,$$

所以当 $\dfrac{1}{4} x^2 < 1$，即 $|x| < 2$ 时，幂级数 $\displaystyle\sum_{n=1}^{\infty} \frac{x^{2n-1}}{n \cdot 4^n}$ 收敛；当 $\dfrac{1}{4} x^2 > 1$，即 $|x| > 2$ 时，幂级数

$\displaystyle\sum_{n=1}^{\infty} \frac{x^{2n-1}}{n \cdot 4^n}$ 发散. 因此幂级数 $\displaystyle\sum_{n=1}^{\infty} \frac{x^{2n-1}}{n \cdot 4^n}$ 的收敛半径为 2.

对于端点 $x=2$，此时 $x^{2n-1} = \dfrac{4^n}{2}$，幂级数 $\displaystyle\sum_{n=1}^{\infty} \frac{x^{2n-1}}{n \cdot 4^n}$ 成为

$$\frac{1}{2} \sum_{n=1}^{\infty} \frac{1}{n} = \frac{1}{2} \left(1 + \frac{1}{2} + \frac{1}{3} + \cdots + \frac{1}{n} + \cdots \right),$$

该级数发散. 类似可知，在端点 $x=-2$ 处，幂级数 $\displaystyle\sum_{n=1}^{\infty} \frac{x^{2n-1}}{n \cdot 4^n}$ 也发散.

因此，幂级数 $\displaystyle\sum_{n=1}^{\infty} \frac{x^{2n-1}}{n \cdot 4^n}$ 的收敛域为 $(-2, 2)$.

例 6　求幂级数 $\displaystyle\sum_{n=1}^{\infty} \frac{(2x+1)^n}{n(n+1)}$ 的收敛半径与收敛域.

解　令 $t = 2x+1$，原级数可化为 $\displaystyle\sum_{n=1}^{\infty} \frac{t^n}{n(n+1)}$. 此时 $a_n = \dfrac{1}{n(n+1)}$. 由于

$$\lim_{n \to \infty} \left| \frac{a_{n+1}}{a_n} \right| = \lim_{n \to \infty} \frac{1}{(n+1)(n+2)} \cdot n(n+1) = \lim_{n \to \infty} \frac{n}{n+2} = 1,$$

故级数 $\displaystyle\sum_{n=1}^{\infty} \frac{t^n}{n(n+1)}$ 的收敛半径为 1.

对于端点 $t = \pm 1$，由于级数 $\displaystyle\sum_{n=1}^{\infty} \left| \frac{t^n}{n(n+1)} \right| = \sum_{n=1}^{\infty} \frac{1}{n(n+1)}$ 收敛，故幂级数 $\displaystyle\sum_{n=1}^{\infty} \frac{t^n}{n(n+1)}$

的收敛域为 $[-1, 1]$.

由 $t = 2x+1$ 可知，幂级数 $\displaystyle\sum_{n=1}^{\infty} \frac{(2x+1)^n}{n(n+1)}$ 的收敛域为 $[-1, 0]$，收敛半径为 $\dfrac{1}{2}$.

类似地，我们也可以利用正项级数的根值判别法来求幂级数的收敛半径.

例 7 求幂级数 $\sum\limits_{n=1}^{\infty} \dfrac{2n-1}{2^n}(-x^2)^{n-1}$ 的收敛半径.

解 设 $u_n(x) = (-1)^{n-1} \dfrac{2n-1}{2^n} x^{2(n-1)}$，则

$$\lim_{n \to \infty} \sqrt[n]{|u_n|} = \lim_{n \to \infty} \sqrt[n]{\frac{2n-1}{2^n} x^{2(n-1)}} = \frac{x^2}{2}.$$

当 $\dfrac{x^2}{2} < 1$，即 $|x| < \sqrt{2}$ 时，幂级数 $\sum\limits_{n=1}^{\infty} \dfrac{2n-1}{2^n}(-x^2)^{n-1}$ 绝对收敛；而当 $\dfrac{x^2}{2} > 1$，即 $|x| > \sqrt{2}$ 时，存在正整数 N，使得当 $n > N$ 时，$\sqrt[n]{|u_n(x)|} > 1$，于是 $\lim\limits_{n \to \infty} u_n(x) \neq 0$，从而幂级数 $\sum\limits_{n=1}^{\infty} \dfrac{2n-1}{2^n}(-x^2)^{n-1}$ 发散. 故幂级数 $\sum\limits_{n=1}^{\infty} \dfrac{2n-1}{2^n}(-x^2)^{n-1}$ 的收敛半径为 $\sqrt{2}$.

三、幂级数的运算与性质

1. 幂级数的运算

设幂级数

$$\sum_{n=0}^{\infty} a_n x^n = a_0 + a_1 x + a_2 x^2 + \cdots + a_n x^n + \cdots$$

及

$$\sum_{n=0}^{\infty} b_n x^n = b_0 + b_1 x + b_2 x^2 + \cdots + b_n x^n + \cdots$$

分别在区间 $(-R_1, R_1)$ 和 $(-R_2, R_2)$ 内收敛，记 $R = \min\{R_1, R_2\}$.

对于这两个幂级数，可以进行下列四则运算：

（1）加法运算：

$$\sum_{n=0}^{\infty} a_n x^n + \sum_{n=0}^{\infty} b_n x^n = \sum_{n=0}^{\infty} (a_n + b_n) x^n. \tag{3}$$

（2）减法运算：

$$\sum_{n=0}^{\infty} a_n x^n - \sum_{n=0}^{\infty} b_n x^n = \sum_{n=0}^{\infty} (a_n - b_n) x^n. \tag{4}$$

根据收敛级数的性质，(3)和(4)式在 $(-R, R)$ 内成立.

（3）乘法运算：

$$\sum_{n=0}^{\infty} a_n x^n \cdot \sum_{n=0}^{\infty} b_n x^n = \sum_{n=0}^{\infty} c_n x^n, \tag{5}$$

其中 $c_n = a_0 b_n + a_1 b_{n-1} + \cdots + a_{n-1} b_1 + a_n b_0$，这是两个幂级数的**柯西乘积**. 可以证明(5)式在 $(-R, R)$ 内成立.

2. 幂级数的性质

幂级数的和函数具有如下性质:

性质 1　幂级数 $\sum\limits_{n=0}^{\infty} a_n x^n$ 的和函数 $s(x)$ 在其收敛域 I 上连续.

性质 2　幂级数 $\sum\limits_{n=0}^{\infty} a_n x^n$ 的和函数 $s(x)$ 在其收敛域 I 上可积,且有逐项积分公式

$$\int_0^x s(x)\mathrm{d}x = \int_0^x \Big(\sum_{n=0}^{\infty} a_n x^n \Big) \mathrm{d}x = \sum_{n=0}^{\infty} \int_0^x a_n x^n \mathrm{d}x = \sum_{n=0}^{\infty} \frac{a_n}{n+1} x^{n+1} \quad (x \in I),$$

其中逐项积分后所得的幂级数与原级数有相同的收敛半径.

性质 3　幂级数 $\sum\limits_{n=0}^{\infty} a_n x^n$ 的和函数 $s(x)$ 在其收敛区间 $(-R,R)$ 内可导,且有逐项求导公式

$$s'(x) = \Big(\sum_{n=0}^{\infty} a_n x^n \Big)' = \sum_{n=1}^{\infty} (a_n x^n)' = \sum_{n=1}^{\infty} n a_n x^{n-1} \quad (x \in (-R,R)),$$

其中逐项求导后所得的幂级数和原级数有相同的收敛半径.

反复应用性质 3 可得,幂级数 $\sum\limits_{n=0}^{\infty} a_n x^n$ 的和函数 $s(x)$ 在其收敛区间 $(-R,R)$ 内具有任意阶导数.

利用以上的性质,可以求出幂级数的收敛区间与和函数.

例 8　求幂级数 $\sum\limits_{n=1}^{\infty} n x^n$ 的收敛域与和函数.

解　因为 $\rho = \lim\limits_{n \to \infty} \left| \dfrac{a_{n+1}}{a_n} \right| = \lim\limits_{n \to \infty} \dfrac{n+1}{n} = 1$,所以收敛半径 $R = \dfrac{1}{\rho} = 1$. 又当 $x = \pm 1$ 时,所得的级数发散,因此收敛域为 $(-1,1)$.

注意到 $\sum\limits_{n=1}^{\infty} n x^n = x \sum\limits_{n=1}^{\infty} n x^{n-1}$,设 $s(x) = \sum\limits_{n=1}^{\infty} n x^{n-1}$,由性质 2 有

$$\int_0^x s(x)\mathrm{d}x = \int_0^x \Big(\sum_{n=1}^{\infty} n x^{n-1} \Big) \mathrm{d}x = \sum_{n=1}^{\infty} \int_0^x n x^{n-1} \mathrm{d}x = \sum_{n=1}^{\infty} x^n = \frac{x}{1-x}, \quad x \in (-1,1),$$

再两边对 x 求导数得

$$s(x) = \Big(\frac{x}{1-x} \Big)' = \frac{1}{(1-x)^2}, \quad x \in (-1,1).$$

因此,幂级数 $\sum\limits_{n=1}^{\infty} n x^n$ 的收敛域为 $(-1,1)$,其和函数为 $xs(x) = \dfrac{x}{(1-x)^2}$ ($|x| < 1$).

例 9　求幂级数 $\sum\limits_{n=0}^{\infty} \dfrac{x^n}{n+1}$ 的和函数.

解 先求收敛域. 因为 $\lim\limits_{n\to\infty}\left|\dfrac{a_{n+1}}{a_n}\right|=\lim\limits_{n\to\infty}\dfrac{n+1}{n+2}=1$, 所以幂级数 $\sum\limits_{n=0}^{\infty}\dfrac{x^n}{n+1}$ 的收敛半径为 1.

在端点 $x=-1$ 处, 幂级数成为 $\sum\limits_{n=0}^{\infty}\dfrac{(-1)^n}{n+1}$, 这是一个收敛的交错级数; 而在 $x=1$ 处, 该幂级数成为调和级数, 因此是发散的. 所以, 该级数的收敛域为 $[-1,1)$.

设幂级数 $\sum\limits_{n=0}^{\infty}\dfrac{x^n}{n+1}$ 的和函数为 $s(x)$, 即 $s(x)=\sum\limits_{n=0}^{\infty}\dfrac{x^n}{n+1}$, 则

$$xs(x)=\sum_{n=0}^{\infty}\frac{x^{n+1}}{n+1}.$$

两端求导数, 并注意到

$$\frac{1}{1-x}=1+x+x^2+\cdots+x^n+\cdots,\quad x\in(-1,1),$$

可得

$$[xs(x)]'=\sum_{n=0}^{\infty}\left(\frac{x^{n+1}}{n+1}\right)'=\sum_{n=0}^{\infty}x^n=\frac{1}{1-x},\quad x\in(-1,1).$$

上式两端从 0 到 x 积分, 得

$$xs(x)=\int_0^x\frac{1}{1-x}\mathrm{d}x=-\ln(1-x),\quad x\in(-1,1).\tag{6}$$

当 $x=-1$ 时, 级数 $\sum\limits_{n=0}^{\infty}\dfrac{x^{n+1}}{n+1}$ 成为 $\sum\limits_{n=0}^{\infty}\dfrac{(-1)^{n+1}}{n+1}$, 是收敛级数, 故由和函数的连续性知, (6)式在 $x=-1$ 时仍成立. 所以, 当 $x\in[-1,1)$ 且 $x\neq0$ 时,

$$\sum_{n=0}^{\infty}\frac{x^n}{n+1}=-\frac{1}{x}\ln(1-x).$$

当 $x=0$ 时, $s(0)=1$. 因此, 所求的和函数为

$$s(x)=\begin{cases}-\dfrac{1}{x}\ln(1-x),&x\in[-1,0)\bigcup(0,1),\\[2mm]1,&x=0.\end{cases}$$

例 10 求幂级数 $\sum\limits_{n=0}^{\infty}(-1)^n\dfrac{x^{2n+1}}{2n+1}$ 的和函数, 并求级数 $\sum\limits_{n=0}^{\infty}(-1)^n\dfrac{1}{2n+1}$ 的和.

解 记 $u_n=(-1)^n\dfrac{x^{2n+1}}{2n+1}$. 由于

$$\lim_{n\to\infty}\left|\frac{u_{n+1}(x)}{u_n(x)}\right|=\lim_{n\to\infty}\frac{2n+1}{2n+3}x^2=x^2,$$

因此, 当 $x^2<1$, 即 $|x|<1$ 时, 幂级数 $\sum\limits_{n=0}^{\infty}\left|(-1)^n\dfrac{x^{2n+1}}{2n+1}\right|$ 收敛; 当 $x^2>1$, 即 $|x|>1$ 时,

第十二章　无穷级数

$\lim\limits_{n\to\infty}u_n(x)\neq 0$，从而幂级数 $\sum\limits_{n=0}^{\infty}(-1)^n\dfrac{x^{2n+1}}{2n+1}$ 发散. 因此，幂级数 $\sum\limits_{n=0}^{\infty}(-1)^n\dfrac{x^{2n+1}}{2n+1}$ 的收敛半径为1.

当 $|x|<1$ 时，记 $s(x)=\sum\limits_{n=0}^{\infty}(-1)^n\dfrac{x^{2n+1}}{2n+1}$，则

$$s'(x)=\sum_{n=0}^{\infty}(-1)^n\left(\frac{x^{2n+1}}{2n+1}\right)'=\sum_{n=0}^{\infty}(-x^2)^n=\frac{1}{1+x^2},\quad -1<x<1.$$

上式从 0 到 x 积分，得

$$s(x)-s(0)=\int_0^x\frac{1}{1+x^2}\mathrm{d}x=\arctan x.$$

由于 $s(0)=0$，故

$$s(x)=\arctan x,\quad -1<x<1.$$

当 $x=1$ 时，原级数为交错级数 $\sum\limits_{n=0}^{\infty}(-1)^n\dfrac{1}{2n+1}$，它是收敛的；当 $x=-1$ 时，原级数为交错级数 $\sum\limits_{n=0}^{\infty}(-1)^{n+1}\dfrac{1}{2n+1}$，它也是收敛的. 由性质 1 得

$$s(1)=\lim_{x\to 1^-}s(x)=\lim_{x\to 1^-}\arctan x=\frac{\pi}{4},$$

$$s(-1)=\lim_{x\to -1^+}s(x)=\lim_{x\to -1^+}\arctan x=-\frac{\pi}{4},$$

故

$$s(x)=\arctan x,\quad -1\leqslant x\leqslant 1.$$

由此可得

$$\sum_{n=0}^{\infty}(-1)^n\frac{1}{2n+1}=s(1)=\arctan 1=\frac{\pi}{4}.$$

习　题　12.3

1. 求下列幂级数的收敛半径和收敛域：

(1) $1+\sum\limits_{n=1}^{\infty}(-1)^n\dfrac{x^{2n}}{n^2}$；

(2) $\sum\limits_{n=1}^{\infty}\dfrac{x^n}{1\cdot 3\cdot 5\cdot\cdots\cdot(2n-1)}$；

(3) $\sum\limits_{n=0}^{\infty}\dfrac{\ln(n+1)}{n}x^{n-1}$；

(4) $\sum\limits_{n=1}^{\infty}\dfrac{2^n}{n^2+1}x^n$；

(5) $\sum\limits_{n=0}^{\infty}\left(1+\dfrac{1}{n}\right)^n x^n$；

(6) $\sum\limits_{n=0}^{\infty}\dfrac{2^n(x+1)^n}{\sqrt{2n+1}}$；

(7) $\sum\limits_{n=1}^{\infty}\dfrac{(x-4)^n}{3^n+5^n}$；

(8) $\sum\limits_{n=0}^{\infty}(-1)^n\dfrac{x^{2n+1}}{2n+1}$.

2. 求下列幂级数的和函数：

(1) $\sum_{n=1}^{\infty} \frac{n+1}{n} x^n$；　　(2) $\sum_{n=0}^{\infty} n(n+1) x^n$；　　(3) $\sum_{n=1}^{\infty} \frac{x^n}{n^2}$；

(4) $\sum_{n=0}^{\infty} \frac{2n+1}{n!} x^{2n}$；　　(5) $\sum_{n=0}^{\infty} \left(n+\frac{1}{2^n}\right) x^n$；　　(6) $\sum_{n=1}^{\infty} \frac{x^{4n+1}}{4n+1}$.

3. 求下列常数项级数的和：

(1) $\sum_{n=0}^{\infty} \frac{2n+1}{n!}$；　　　　　(2) $\sum_{n=0}^{\infty} \frac{n(n+1)}{2^n}$.

§12.4 函数的幂级数展开

从上一节的例 10 中，我们看到

$$\arctan x = \sum_{n=0}^{\infty} (-1)^n \frac{x^{2n+1}}{2n+1}, \quad -1 \leqslant x \leqslant 1.$$

这个式子也可以看成函数 $\arctan x$ 的幂级数表示式. 那么，对于一个给定的函数 $f(x)$，是否一定可以找到一个幂级数，使其在收敛域（或收敛域的某个子区间）上以 $f(x)$ 为和函数呢？如果可行的话，我们就可以把函数转化为幂级数来研究. 利用幂级数逐项求导、逐项积分的性质，可方便地对函数 $f(x)$ 进行求导、积分运算；还可以利用幂级数的展开式对函数值进行近似计算. 那么，如何将一个函数表示成幂级数呢？这个函数应具备什么样的条件？本节将研究这些问题.

一、泰勒级数

由泰勒公式知，如果函数 $f(x)$ 在 x_0 的某个邻域内有 $n+1$ 阶导数，则对于该邻域内的任意点 x，有

$$f(x) = f(x_0) + f'(x_0) + \frac{f''(x_0)}{2!}(x-x_0)^2 + \cdots + \frac{f^{(n)}(x_0)}{n!}(x-x_0)^n + r_n(x),$$

其中余项

$$r_n(x) = \frac{f^{(n+1)}(\xi)}{(n+1)!}(x-x_0)^{n+1} \quad (\xi \text{ 介于 } x_0 \text{ 与 } x \text{ 之间}). \tag{1}$$

如果 $f(x)$ 存在任意阶导数，当 $n \to \infty$ 时，$\sum_{n=0}^{\infty} \frac{f^{(n)}(x_0)}{n!}(x-x_0)^n$（这里规定 $f^{(0)}(x_0) = f(x_0)$）是否收敛？如果此幂级数收敛，在其收敛域内是否收敛到 $f(x)$？亦即幂级数的和函数是否就是 $f(x)$？下面的定理回答了这个问题.

定理　设函数 $f(x)$ 在区间 (x_0-R, x_0+R) 内具有任意阶导数，且幂级数

$$\sum_{n=0}^{\infty} \frac{f^{(n)}(x_0)}{n!}(x-x_0)^n$$

的收敛区间为(x_0-R,x_0+R),则在(x_0-R,x_0+R)内,

$$f(x) = \sum_{n=0}^{\infty} \frac{f^{(n)}(x_0)}{n!}(x-x_0)^n \tag{2}$$

成立的充分必要条件是$f(x)$的泰勒公式中的余项$r_n(x)$当$x\in(x_0-R,x_0+R)$时满足

$$\lim_{n\to\infty}r_n(x) = \lim_{n\to\infty}\frac{f^{(n+1)}(\xi)}{(n+1)!}(x-x_0)^{n+1} = 0.$$

证 由泰勒公式知

$$r_n(x) = f(x) - \sum_{k=0}^{n}\frac{f^{(k)}(x_0)}{k!}(x-x_0)^k.$$

因为在区间(x_0-R,x_0+R)内,有

$$\lim_{n\to\infty}\sum_{k=0}^{n}\frac{f^{(k)}(x_0)}{k!}(x-x_0)^k = \sum_{n=0}^{\infty}\frac{f^{(n)}(x_0)}{n!}(x-x_0)^n = f(x),$$

所以当$x\in(x_0-R,x_0+R)$时,有$\lim\limits_{n\to\infty}r_n(x)=0$.反之亦然.

式(2)右端的级数称为函数$f(x)$在点$x=x_0$处的**泰勒级数**.此时我们也称函数$f(x)$在区间(x_0-R,x_0+R)内可以展成$x-x_0$的幂级数.

特别地,当$x_0=0$时,泰勒级数化为

$$f(0)+f'(0)x+\frac{f''(0)}{2!}x^2+\cdots+\frac{f^{(n)}(0)}{n!}x^n+\cdots, \tag{3}$$

称为**麦克劳林[①]级数**.

假设函数$f(x)$在区间(x_0-R,x_0+R)内能展开成幂级数,即有

$$f(x) = a_0+a_1(x-x_0)+a_2(x-x_0)^2+\cdots+a_n(x-x_0)^n+\cdots, \tag{4}$$

那么,根据和函数的性质,可知$f(x)$在区间(x_0-R,x_0+R)内应具有任意阶导数,于是有

$$f(x) = a_0+a_1(x-x_0)+a_2(x-x_0)^2+\cdots+a_n(x-x_0)^n+\cdots,$$

$$f'(x) = a_1+2a_2(x-x_0)+3a_3(x-x_0)^2+\cdots+na_n(x-x_0)^{n-1}+\cdots,$$

$$f''(x) = 2a_2+3\cdot2a_3(x-x_0)+\cdots+n(n-1)a_n(x-x_0)^{n-2}+\cdots,$$

$$\cdots\cdots\cdots\cdots\cdots$$

$$f^{(n)}(x) = n!a_n+(n+1)n(n-1)\cdots\cdot3\cdot2a_{n+1}(x-x_0)+\cdots,$$

$$\cdots\cdots\cdots\cdots\cdots$$

将$x=x_0$代入上面各式中,可得

$$a_n = \frac{f^{(n)}(x_0)}{n!} \quad (n=0,1,2,\cdots). \tag{5}$$

由此可见,如果函数$f(x)$在x_0处能展开成幂级数(4),那么该幂级数的系数a_n由公式(5)唯一确定,也就是说函数的幂级数展开式是唯一的.

---

① 麦克劳林(Maclaurin,1698—1746),英国数学家.

同理,若 $f(x)$ 能展开为 x 的幂级数,则 $f(x)$ 的展开式一定是麦克劳林级数.

二、函数展开为幂级数

根据上面关于函数展开成泰勒级数的讨论,将函数 $f(x)$ 展开成 $x-x_0$ 的幂级数(泰勒级数)的方法,大致可以分为直接展开法和间接展开法.

1. 直接展开法

直接展开法是直接利用函数本身的各阶导数求出泰勒级数的系数 $a_n(n=0,1,2,\cdots)$,从而得到函数的幂级数展开式.具体步骤如下:

第一步,求函数 $f(x)$ 的各阶导数 $f'(x),f''(x),\cdots,f^{(n)}(x),\cdots$,并求出函数 $f(x)$ 及其各阶导数在点 $x=x_0$ 处的值 $f(x_0),f'(x_0),f''(x_0),\cdots,f^{(n)}(x_0),\cdots$.

第二步,写出幂级数展开式 $\sum\limits_{n=0}^{\infty}\dfrac{f^{(n)}(x_0)}{n!}(x-x_0)^n$,并求出收敛区间.

第三步,考虑当 x 在收敛区间内时,余项

$$r_n(x)=\frac{1}{(n+1)!}f^{(n+1)}(\xi)(x-x_0)^{n+1} \quad (\xi \text{ 介于 } x_0 \text{ 与 } x \text{ 之间})$$

当 $n\to\infty$ 时的极限是否为零.如果极限为零,则在收敛区间内成立

$$f(x)=\sum_{n=0}^{\infty}\frac{f^{(n)}(x_0)}{n!}(x-x_0)^n.$$

例 1 将函数 $f(x)=\mathrm{e}^x$ 展开为 x 的幂级数.

解 由于这里 $x_0=0$,而 $f(x)=\mathrm{e}^x,f^{(n)}(x)=\mathrm{e}^x(n=1,2,\cdots)$,故

$$f(0)=f^{(n)}(0)=1 \quad (n=1,2,\cdots).$$

于是得到函数 $f(x)=\mathrm{e}^x$ 的麦克劳林级数为

$$1+x+\frac{x^2}{2!}+\cdots+\frac{x^n}{n!}+\cdots.$$

它的收敛半径为 $+\infty$.

对于任何有限数 x 与 ξ (ξ 介于 0 与 x 之间),余项 $r_n(x)$ 满足

$$0\leqslant|r_n(x)|=\left|\frac{\mathrm{e}^\xi}{(n+1)!}x^{n+1}\right|<\frac{\mathrm{e}^{|x|}}{(n+1)!}|x|^{n+1}.$$

注意到 $\mathrm{e}^{|x|}$ 是有界的,而 $\dfrac{|x|^{n+1}}{(n+1)!}$ 是收敛级数 $\sum\limits_{n=0}^{\infty}\dfrac{|x|^{n+1}}{(n+1)!}$ 的一般项,于是当 $n\to\infty$ 时,有

$$0\leqslant\lim_{n\to\infty}|r_n(x)|\leqslant\lim_{n\to\infty}\mathrm{e}^{|x|}\frac{|x|^{n+1}}{(n+1)!}=0,$$

即当 $n\to\infty$ 时,有 $r_n(x)\to0$.因此得展开式

$$f(x)=\mathrm{e}^x=\sum_{n=0}^{\infty}\frac{1}{n!}x^n=1+x+\frac{x^2}{2!}+\cdots+\frac{x^n}{n!}+\cdots,\quad x\in(-\infty,+\infty). \tag{6}$$

例 2　将函数 $f(x)=\sin x$ 展开成 x 的幂级数.

解　函数 $f(x)=\sin x$ 的各阶导数为

$$f^{(n)}(x)=\sin\left(x+n\cdot\frac{\pi}{2}\right)\quad(n=1,2,\cdots),$$

于是可求得

$$f^{(n)}(0)=\begin{cases}0, & n=2k,\\(-1)^k, & n=2k+1\end{cases}\quad(k=0,1,2,\cdots).$$

因此,得到 $f(x)=\sin x$ 的麦克劳林级数

$$\sum_{n=0}^{\infty}(-1)^n\frac{x^{2n+1}}{(2n+1)!}=x-\frac{x^3}{3!}+\frac{x^5}{5!}-\frac{x^7}{7!}+\cdots+(-1)^n\frac{x^{2n+1}}{(2n+1)!}+\cdots.$$

该级数的收敛半径为 $R=+\infty$.

对于任何有限的数 x 和 ξ(ξ 介于 0 与 x 之间),余项 $r_n(x)$ 满足

$$|r_n(x)|=\left|\frac{\sin\left(\xi+\frac{n+1}{2}\pi\right)}{(n+1)!}x^{n+1}\right|\leqslant\frac{|x|^{n+1}}{(n+1)!}\to0\quad(n\to\infty),$$

于是得展开式

$$\sin x=x-\frac{x^3}{3!}+\frac{x^5}{5!}-\frac{x^7}{7!}+\cdots+(-1)^n\frac{x^{2n+1}}{(2n+1)!}+\cdots\quad(-\infty<x<+\infty).\quad(7)$$

从上述两个例子可以看到,用直接展开法将函数展开成幂级数,总是要验证余项 $r_n(x)$ 的极限是否为零.这种直接展开的方法计算量大,而且对余项极限的讨论也不是一件容易的事.因此,除了几种基本初等函数的幂级数展开外,通常采用间接展开法.

2. 间接展开法

利用已知函数的幂级数展开式及幂级数的运算性质,通过幂级数的运算(如四则运算、逐项积分、逐项微分)或采用变量代换及恒等变换等方法,将所给函数展开为幂级数,这种方法称为**间接展开法**.

例如,由(7)式两边求导数可得

$$\cos x=1-\frac{x^2}{2!}+\frac{x^4}{4!}-\frac{x^6}{6!}+\cdots+(-1)^n\frac{x^{2n}}{(2n)!}+\cdots\quad(-\infty<x<+\infty).\quad(8)$$

再由

$$\frac{1}{1+x}=1-x+x^2-x^3+\cdots+(-1)^nx^n+\cdots\quad(|x|<1)\quad(9)$$

两边从 0 到 x 积分可得

$$\ln(1+x)=x-\frac{x^2}{2}+\frac{x^3}{3}-\frac{x^4}{4}+\cdots+(-1)^{n-1}\frac{x^n}{n}+\cdots\quad(-1<x\leqslant1),\quad(10)$$

其中因为当 $x=1$ 时上式右端的级数收敛,故当 $x=1$ 时上式成立.在(9)式中将 x 换成 x^2,

则可得

$$\frac{1}{1+x^2}=1-x^2+x^4-x^6+\cdots+(-1)^n x^{2n}+\cdots \quad (|x|<1). \tag{11}$$

对(11)式两边从 0 到 x 积分,可得

$$\arctan x=x-\frac{x^3}{3}+\frac{x^5}{5}-\frac{x^7}{7}+\cdots+(-1)^n\frac{x^{2n+1}}{2n+1}+\cdots \quad (|x|\leqslant 1), \tag{12}$$

其中由于上式右端的级数在点 $x=\pm 1$ 收敛,故上式对 $x=\pm 1$ 成立.

下面再举几个用间接展开法将函数展开成幂级数的例子.

例 3 把 $\dfrac{1}{x^2-x-2}$ 展开为 x 的幂级数.

解 因为 $\dfrac{1}{x^2-x-2}=\dfrac{1}{3}\left(\dfrac{1}{x-2}-\dfrac{1}{x+1}\right)=-\dfrac{1}{6}\cdot\dfrac{1}{1-x/2}-\dfrac{1}{3}\cdot\dfrac{1}{1+x}$,又利用(9)式有

$$\frac{1}{1+x}=1-x+x^2-x^3+\cdots+(-1)^n x^n+\cdots \quad (|x|<1),$$

$$\frac{1}{1-x/2}=1+\frac{x}{2}+\left(\frac{x}{2}\right)^2+\cdots+\left(\frac{x}{2}\right)^n+\cdots \quad \left(\left|\frac{x}{2}\right|<1\right),$$

所以,当 $|x|<1$ 时,有

$$\frac{1}{x^2-x-2}=-\frac{1}{6}\sum_{n=0}^{\infty}\frac{x^n}{2^n}-\frac{1}{3}\sum_{n=0}^{\infty}(-1)^n x^n=-\frac{1}{6}\sum_{n=0}^{\infty}\left[\frac{1}{2^n}+2(-1)^n\right]x^n.$$

例 4 把 $(1+x)\ln(1+x)$ 展开为 x 的幂级数.

解 由(10)式有

$$(1+x)\ln(1+x)=\ln(1+x)+x\ln(1+x)=\sum_{n=1}^{\infty}(-1)^{n-1}\frac{x^n}{n}+\sum_{n=1}^{\infty}(-1)^{n-1}\frac{x^{n+1}}{n}$$

$$=\sum_{n=1}^{\infty}(-1)^{n-1}\frac{x^n}{n}+\sum_{n=2}^{\infty}(-1)^n\frac{x^n}{n-1}$$

$$=x+\sum_{n=2}^{\infty}(-1)^n\left(\frac{1}{n-1}-\frac{1}{n}\right)x^n.$$

$$=x+\sum_{n=2}^{\infty}\frac{(-1)^n}{n^2-n}x^n \quad (-1<x\leqslant 1).$$

例 5 将函数 $\cos x$ 展开成 $x-\dfrac{\pi}{4}$ 的幂级数.

解 $\cos x=\cos\left(\dfrac{\pi}{4}+x-\dfrac{\pi}{4}\right)=\cos\dfrac{\pi}{4}\cdot\cos\left(x-\dfrac{\pi}{4}\right)-\sin\dfrac{\pi}{4}\cdot\sin\left(x-\dfrac{\pi}{4}\right)$

$$=\frac{1}{\sqrt{2}}\left[\cos\left(x-\frac{\pi}{4}\right)-\sin\left(x-\frac{\pi}{4}\right)\right].$$

由(7),(8)式分别得

$$\cos\left(x-\frac{\pi}{4}\right)=1-\frac{1}{2!}\left(x-\frac{\pi}{4}\right)^2+\frac{1}{4!}\left(x-\frac{\pi}{4}\right)^4-\cdots\quad(-\infty<x<+\infty),$$

$$\sin\left(x-\frac{\pi}{4}\right)=\left(x-\frac{\pi}{4}\right)-\frac{1}{3!}\left(x-\frac{\pi}{4}\right)^3+\frac{1}{5!}\left(x-\frac{\pi}{4}\right)^5-\cdots\quad(-\infty<x<+\infty),$$

所以

$$\cos x=\frac{1}{\sqrt{2}}\left[1-\left(x-\frac{\pi}{4}\right)-\frac{1}{2!}\left(x-\frac{\pi}{4}\right)^2+\frac{1}{3!}\left(x-\frac{\pi}{4}\right)^3+\cdots\right]\quad(-\infty<x<+\infty).$$

例 6　将函数 $f(x)=(1+x)^\alpha$ 展开成 x 的幂级数，其中 α 为任意实数.

解　先求 $f(x)=(1+x)^\alpha$ 的各阶导数.

$$f'(x)=\alpha(1+x)^{\alpha-1},$$
$$f''(x)=\alpha(\alpha-1)(1+x)^{\alpha-1},$$
$$\cdots\cdots\cdots\cdots\cdots$$
$$f^{(n)}(x)=\alpha(\alpha-1)\cdots(\alpha-n+1)(1+x)^{\alpha-n},$$
$$\cdots\cdots\cdots\cdots\cdots$$

因此

$$f(0)=1,\quad f'(0)=\alpha,\quad f''(0)=\alpha(\alpha-1),\quad\cdots,$$
$$f^{(n)}(0)=\alpha(\alpha-1)\cdots(\alpha-n+1),\quad\cdots.$$

于是 $f(x)=(1+x)^\alpha$ 的麦克劳林级数为

$$1+\alpha x+\frac{\alpha(\alpha-1)}{2!}x^2+\cdots+\frac{\alpha(\alpha-1)\cdots(\alpha-n+1)}{n!}x^n+\cdots.\tag{13}$$

记 $a_n=\dfrac{\alpha(\alpha-1)\cdots(\alpha-n+1)}{n!}$，由于 $\lim\limits_{n\to\infty}\left|\dfrac{a_{n+1}}{a_n}\right|=\lim\limits_{n\to\infty}\left|\dfrac{\alpha-n}{n+1}\right|=1$，故级数(13)的收敛半径为 1. 因此，级数(13)在开区间 $(-1,1)$ 内收敛.

下面证明级数(13)在开区间 $(-1,1)$ 内收敛到 $(1+x)^\alpha$. 现假设级数(13)的和函数为 $s(x)$，即

$$s(x)=1+\alpha x+\frac{\alpha(\alpha-1)}{2!}x^2+\cdots+\frac{\alpha(\alpha-1)\cdots(\alpha-n+1)}{n!}x^n+\cdots\quad(-1<x<1).$$

上式逐项求导，可得

$$s'(x)=\alpha\left[1+\frac{\alpha-1}{1!}x+\cdots+\frac{(\alpha-1)\cdots(\alpha-n+1)}{(n-1)!}x^{n-1}+\cdots\right]\quad(-1<x<1),\tag{14}$$

再两边同乘以 x，得

$$xs'(x)=\alpha\left[x+\frac{\alpha-1}{1!}x^2+\cdots+\frac{(\alpha-1)\cdots(\alpha-n+1)}{(n-1)!}x^n+\cdots\right]\quad(-1<x<1).\tag{15}$$

将(14)和(15)两式相加，我们有

$$(1+x)s'(x)=\alpha\left(1+\alpha x+\sum_{n=2}^{\infty}b_n x^n\right)\quad(-1<x<1),$$

其中

$$b_n = \frac{(\alpha-1)\cdots(\alpha-n)}{n!} + \frac{(\alpha-1)\cdots(\alpha-n+1)}{(n-1)!}$$

$$= \frac{(\alpha-1)\cdots(\alpha-n+1)}{n!}(\alpha-n+n)$$

$$= \frac{\alpha(\alpha-1)\cdots(\alpha-n+1)}{n!}.$$

因此

$$(1+x)s'(x) = \alpha\Big[1+\alpha x+\sum_{n=2}^{\infty}\frac{\alpha(\alpha-1)\cdots(\alpha-n+1)}{n!}x^n\Big] = \alpha s(x) \quad (-1<x<1).$$

记 $F(x)=\dfrac{s(x)}{(1+x)^\alpha}$ $(-1<x<1)$,则有

$$F'(x) = -\frac{\alpha s(x)}{(1+x)^{\alpha+1}} + \frac{s'(x)}{(1+x)^\alpha} = \frac{(1+x)s'(x)-\alpha s(x)}{(1+x)^{\alpha+1}} = 0.$$

因此,$F(x)\equiv C$ (其中 C 为常数). 故

$$s(x)=C(1+x)^\alpha \quad (-1<x<1).$$

又 $s(0)=1$,可求得 $C=1$. 这就证明了

$$(1+x)^\alpha = 1+\alpha x+\frac{\alpha(\alpha-1)}{2!}x^2+\cdots+\frac{\alpha(\alpha-1)\cdots(\alpha-n+1)}{n!}x^n+\cdots$$

$$(-1<x<1). \tag{16}$$

上式右端的级数称为**二项式级数**,公式(16)称为**二项展开式**.

在区间的端点 $x=\pm1$ 处,展开式(16)是否仍成立要视 α 的取值而定. 如果 $\alpha=m$ 为正整数,注意到 $n>m$ 时 x^n 的系数为 0,于是可以得到代数学中的二项式定理,即

$$(1+x)^m = 1+mx+\frac{m(m-1)}{2!}x^2+\cdots+mx^{m-1}+x^m.$$

如果 $\alpha=\dfrac{1}{2}$,在 $x\in[-1,1]$ 时,有

$$\sqrt{1+x} = 1+\frac{1}{2}x-\frac{1}{2\cdot4}x^2+\cdots+(-1)^{n-1}\frac{(2n-3)!!}{(2n)!!}x^n+\cdots; \tag{17}$$

如果 $\alpha=-\dfrac{1}{2}$,在 $x\in(-1,1]$ 时,有

$$\frac{1}{\sqrt{1+x}} = 1-\frac{1}{2}x+\frac{1\cdot3}{2\cdot4}x^2+\cdots+(-1)^n\frac{(2n-1)!!}{(2n)!!}x^n+\cdots, \tag{18}$$

其中

$$(2n-3)!! = (2n-3)\cdot(2n-5)\cdot\cdots\cdot3\cdot1,$$

$$(2n-1)!! = (2n-1)\cdot(2n-3)\cdot\cdots\cdot3\cdot1,$$

$$(2n)!! = 2n\cdot(2n-2)\cdot(2n-4)\cdot\cdots\cdot4\cdot2,$$

高等数学(下册)

它们均称为**二进阶乘**.

三、函数幂级数展开式的应用

由于幂级数具有良好的代数性质和分析性质,所以应用十分广泛.这里只介绍它在计算中的应用.

1. 近似计算

例 7 计算 e 的近似值,使其误差不超过 10^{-5}.

解 利用

$$e^x = 1 + x + \frac{x^2}{2!} + \cdots + \frac{x^n}{n!} + \cdots \quad (-\infty < x < +\infty),$$

令 $x = 1$,并取上式的前 $n+1$ 项作为 e 的近似值,则有

$$e = 1 + 1 + \frac{1}{2!} + \cdots + \frac{1}{n!} + r_n,$$

其中

$$r_n = \frac{1}{(n+1)!} + \frac{1}{(n+2)!} + \cdots$$

$$= \frac{1}{(n+1)!}\left[1 + \frac{1}{n+2} + \frac{1}{(n+2)(n+3)} + \cdots\right]$$

$$< \frac{1}{(n+1)!}\left[1 + \frac{1}{n+1} + \frac{1}{(n+1)^2} + \cdots\right] = \frac{1}{n \cdot n!}.$$

取 $n = 8$,则可以保证 $\frac{1}{n \cdot n!} < 10^{-5}$,即 $|r_n| < 10^{-5}$.于是

$$e \approx 1 + 1 + \frac{1}{2!} + \cdots + \frac{1}{8!} \approx 2.71828.$$

例 8 计算 $\sqrt[5]{240}$ 的近似值,精确到 10^{-4}.

解 由公式(16)有

$$\sqrt[5]{240} = \sqrt[5]{243-3} = 3\left(1 - \frac{1}{3^4}\right)^{1/5}$$

$$= 3\left[1 - \frac{1}{5} \cdot \frac{1}{3^4} - \frac{1 \cdot 4}{5^2 \cdot 2!} \cdot \left(\frac{1}{3^4}\right)^2 - \frac{1 \cdot 4 \cdot 9}{5^3 \cdot 3!} \cdot \left(\frac{1}{3^4}\right)^3 - \cdots\right].$$

这个级数收敛很快,取前两项的和作为 $\sqrt[5]{240}$ 的近似值,则其误差

$$r_2 = \sqrt[5]{240} - 3\left(1 - \frac{1}{5} \cdot \frac{1}{3^4}\right)$$

满足

$$|r_2| = 3\left(\frac{1 \cdot 4}{2! \cdot 5^2} \cdot \frac{1}{3^8} + \frac{1 \cdot 4 \cdot 9}{3! \cdot 5^3} \cdot \frac{1}{3^{12}} + \frac{1 \cdot 4 \cdot 9 \cdot 14}{4! \cdot 5^4} \cdot \frac{1}{3^{16}} + \cdots\right)$$

$$< 3 \cdot \frac{1 \cdot 4}{5^2 \cdot 2!} \cdot \frac{1}{3^8} \left[1 + \frac{1}{81} + \left(\frac{1}{81} \right)^2 + \cdots \right] = \frac{6}{25} \cdot \frac{1}{3^8} \cdot \frac{1}{1 - \frac{1}{81}} < 10^{-4}.$$

因此 $\sqrt[5]{240} \approx 3 \left(1 - \frac{1}{5} \cdot \frac{1}{3^4} \right) \approx 2.9926.$

2. 计算积分

利用函数的幂级数展开式，我们可以计算某些原函数不能用初等函数表示的函数的不定积分或定积分.

例 9　计算定积分 $\int_0^1 \frac{\sin x}{x} \mathrm{d}x$ 的近似值，要求误差不超过 10^{-4}.

解　由于 $\lim\limits_{x \to 0} \frac{\sin x}{x} = 1$，因此所给积分不是反常积分. 如果定义被积函数在 $x = 0$ 处的值为 1，则它在积分区间 $[0,1]$ 上连续.

展开被积函数，有

$$\frac{\sin x}{x} = 1 - \frac{x^2}{3!} + \frac{x^4}{5!} - \frac{x^6}{7!} + \cdots \quad (-\infty < x < +\infty).$$

在区间 $[0,1]$ 上逐项积分，得

$$\int_0^1 \frac{\sin x}{x} \mathrm{d}x = 1 - \frac{1}{3 \cdot 3!} + \frac{1}{5 \cdot 5!} - \frac{1}{7 \cdot 7!} + \cdots.$$

这是一个收敛的交错级数. 因为 $\frac{1}{7 \cdot 7!} < \frac{1}{30000} < 10^{-4}$，所以

$$\int_0^1 \frac{\sin x}{x} \mathrm{d}x \approx 1 - \frac{1}{3 \cdot 3!} + \frac{1}{5 \cdot 5!} \approx 0.9461.$$

例 10　设函数 $y = f(x)$ 在 $(-\infty, +\infty)$ 内可导，$f'(x) = \mathrm{e}^{-x^2}$，且 $f(0) = 1$，求函数 $f(x)$ 的幂级数表达式.

解　由题意我们有

$$f(x) = f(0) + \int_0^x f'(x) \mathrm{d}x = 1 + \int_0^x \mathrm{e}^{-x^2} \mathrm{d}x.$$

由

$$\mathrm{e}^x = 1 + x + \frac{x^2}{2!} + \cdots + \frac{x^n}{n!} + \cdots, \quad x \in (-\infty, +\infty)$$

得

$$f(x) = 1 + \sum_{n=0}^{\infty} \int_0^x (-1)^n \frac{x^{2n}}{n!} \mathrm{d}x = 1 + \sum_{n=0}^{\infty} (-1)^n \frac{x^{2n+1}}{(2n+1)n!}, \quad x \in (-\infty, +\infty).$$

习　题　12.4

1. 利用直接展开法将下列函数展开成麦克劳林级数，并验证它们在整个数轴上收敛于

该函数.

(1) $\cos x$；　　　　　　　　　　　　(2) 2^x.

2. 将下列函数展开成 x 的幂级数,并求展开式成立的区间:

(1) $\mathrm{ch}\,x = \dfrac{\mathrm{e}^x + \mathrm{e}^{-x}}{2}$；　　　(2) $\dfrac{1}{\sqrt{1+x^2}}$；　　　(3) $\cos^2 x$；

(4) $\ln(3+x)$；　　　(5) $\ln\left(x+\sqrt{1+x^2}\right)$；　　　(6) $\arcsin x$.

3. 将下列函数在指定的点处展开成泰勒级数,并指出其收敛域:

(1) $f(x) = \dfrac{1}{2x+3}$,在 $x_0 = 1$ 处；　　　(2) $f(x) = \ln x$,在 $x_0 = 2$ 处；

(3) $f(x) = \cos x$,在 $x_0 = \dfrac{\pi}{4}$ 处；　　　(4) $f(x) = \dfrac{1}{x^2 - 2x - 3}$,在 $x_0 = 1$ 处.

4. 将函数 $f(x) = \dfrac{1}{1+x+x^2}$ 展开成麦克劳林级数,并由此求 $f^{(100)}(0)$.

5. 利用 $\cos x \approx 1 - \dfrac{x^2}{2!} + \dfrac{x^4}{4!}$ 求 $\cos 1°$ 的近似值,并估计误差.

6. 计算 $\sqrt[9]{522}$ 的近似值,精确到 10^{-5}.

7. 利用被积函数的幂级数展开式求下列定积分的近似值:

(1) $\displaystyle\int_0^{0.5} \dfrac{1}{1+x^4}\,\mathrm{d}x$ (误差不超过 10^{-4})；　　　(2) $\displaystyle\int_0^{0.5} \dfrac{\arctan x}{x}\,\mathrm{d}x$ (误差不超过 10^{-3}).

§12.5　傅里叶级数

一、三角级数与三角函数系的正交性

在科学试验与工程技术领域中,经常会遇到周期性现象,如交流电的变化、发动机中活塞运动、热传导、电磁波传播等都呈现出周期运动的现象.为了描述周期性现象,数学上就要用到周期函数.正弦函数和余弦函数是最常见、最简单的周期函数.例如,交流电的电流、电压等的变化都可用正弦函数 $y = A\sin(\omega t + \phi)$ 来描述,其中 A 为振幅,$\dfrac{2\pi}{\omega}$ 为周期,ω 为角频率,ϕ 为初相位,这种运动也常常称为**简谐振动**.从物理上讲,很多复杂的周期性现象都是若干个甚至是无穷多个简谐振动的叠加,即

$$A_0 + \sum_{n=1}^{\infty} A_n \sin(n\omega t + \phi_n)$$

描述了更为一般的周期性现象.例如,电工学中常用到的周期为 2π 的矩形波(或称脉冲波,见图 12-2),就是这样一种周期性现象.它在一个周期 $[0, 2\pi]$ 上的表达式为

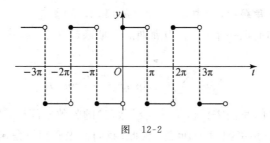

图　12-2

$$y(t) = \begin{cases} 1, & 0 \leqslant t < \pi, \\ -1, & \pi \leqslant t < 2\pi. \end{cases}$$

我们可以用一系列不同频率的简谐振动的叠加来近似描述它. 图 12-3(a),(b)表示了矩形波拟合的不同过程. 由图可以看出,随着叠加次数的不断增加,拟合的效果会越来越好.

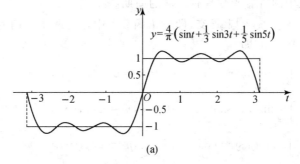

(a)

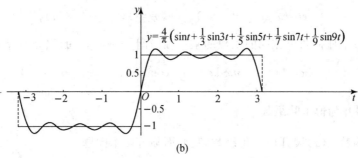

(b)

图　12-3

为使描述的问题更一般化,由三角公式

$$A_n \sin(n\omega t + \phi_n) = A_n \cos n\omega t \cdot \sin\phi_n + A_n \sin n\omega t \cdot \cos\phi_n,$$

令 $A_0 = \dfrac{a_0}{2}, A_n\sin\phi_n = a_n, A_n\cos\phi_n = b_n, \omega t = x$, 则

$$A_0 + \sum_{n=1}^{\infty} A_n \sin(n\omega t + \phi_n) = \frac{a_0}{2} + \sum_{n=1}^{\infty} (a_n\cos nx + b_n\sin nx).$$

上式右端的级数叫做**三角级数**,其中 $a_0,a_n,b_n(n=1,2,\cdots)$ 都是常数.上述所描述的问题,在数学上就相当于研究如何把一个以 2π 为周期的周期函数 $f(x)$ 展开成由三角函数所组成的函数项级数

$$\frac{a_0}{2}+\sum_{n=1}^{\infty}(a_n\cos nx+b_n\sin nx) \tag{1}$$

的问题.如同幂级数一样,我们需要讨论三角级数(1)的收敛性问题,以及如何将给定周期为 2π 的周期函数展开成三角级数(1)的问题.为此,我们首先介绍三角函数系的正交性.

我们称函数列

$$1,\ \cos x,\ \sin x,\ \cos 2x,\ \sin 2x\cdots,\ \cos nx,\ \sin nx,\ \cdots \tag{2}$$

为三角函数系.

三角函数系(2)具有如下性质:

(1) 三角函数系中的所有函数具有共同的周期 2π;

(2) 三角函数系在 $[-\pi,\pi]$ 上**正交**,即三角函数系中任何两个不同的函数的乘积在区间 $[-\pi,\pi]$ 上的积分等于零,亦即

$$\int_{-\pi}^{\pi}\sin nx\,\mathrm{d}x=\int_{-\pi}^{\pi}\cos nx\,\mathrm{d}x=0\quad(n=1,2,\cdots),$$

$$\int_{-\pi}^{\pi}\sin kx\cos nx\,\mathrm{d}x=0\quad(k,n=1,2,\cdots),$$

$$\int_{-\pi}^{\pi}\sin kx\sin nx\,\mathrm{d}x=0\quad(k,n=1,2,\cdots;k\neq n),$$

$$\int_{-\pi}^{\pi}\cos kx\cos nx\,\mathrm{d}x=0\quad(k,n=1,2,\cdots;k\neq n);$$

同时三角函数系中任何两个相同的函数的乘积在区间 $[-\pi,\pi]$ 上的积分不等于零:

$$\int_{-\pi}^{\pi}1^2\,\mathrm{d}x=2\pi,\quad\int_{-\pi}^{\pi}\sin^2 nx\,\mathrm{d}x=\int_{-\pi}^{\pi}\cos^2 nx\,\mathrm{d}x=\pi\quad(n=1,2,\cdots).$$

二、函数展开为傅里叶级数

要将周期函数 $f(x)$ 展开成三角级数,我们面临着两个问题:

(1) 如何计算三角级数的系数 $a_0,a_n,b_n(n=1,2,\cdots)$?

(2) 用这样的系数构造的三角级数 $\dfrac{a_0}{2}+\sum\limits_{n=1}^{\infty}(a_n\cos nx+b_n\sin nx)$ 是否收敛?如果收敛,它的和函数与函数 $f(x)$ 是否相等?

设 $f(x)$ 是以 2π 为周期的周期函数,且能展开成三角级数,即

$$f(x)=\frac{a_0}{2}+\sum_{n=1}^{\infty}(a_n\cos nx+b_n\sin nx). \tag{3}$$

利用三角函数系的正交性,且假设(3)式右端的级数可以逐项积分,我们可以求得系数 a_0,

a_n, b_n ($n=1,2,\cdots$)的计算公式:

(1) 求 a_0. 对(3)式两端从 $-\pi$ 到 π 积分,得

$$\int_{-\pi}^{\pi} f(x)\mathrm{d}x = \int_{-\pi}^{\pi}\frac{a_0}{2}\mathrm{d}x + \sum_{n=1}^{\infty}\left(a_n\int_{-\pi}^{\pi}\cos nx\,\mathrm{d}x + b_n\int_{-\pi}^{\pi}\sin nx\,\mathrm{d}x\right) = \frac{a_0}{2}\cdot 2\pi = \pi a_0,$$

于是
$$a_0 = \frac{1}{\pi}\int_{-\pi}^{\pi} f(x)\mathrm{d}x.$$

(2) 求 a_n. 用 $\cos nx$ 乘以(3)式的两边,然后从 $-\pi$ 到 π 积分,得

$$\int_{-\pi}^{\pi} f(x)\cos nx\,\mathrm{d}x = \int_{-\pi}^{\pi}\frac{a_0}{2}\cos nx\,\mathrm{d}x + \sum_{k=1}^{\infty}\left(a_k\int_{-\pi}^{\pi}\cos nx\cos kx\,\mathrm{d}x + b_k\int_{-\pi}^{\pi}\cos nx\sin kx\,\mathrm{d}x\right)$$

$$= a_n\int_{-\pi}^{\pi}\cos^2 nx\,\mathrm{d}x = a_n\pi \quad (n=1,2,\cdots),$$

于是
$$a_n = \frac{1}{\pi}\int_{-\pi}^{\pi} f(x)\cos nx\,\mathrm{d}x \quad (n=1,2,\cdots),$$

(3) 求 b_n. 用 $\sin nx$ 乘以(3)式的两边,然后从 $-\pi$ 到 π 积分,得

$$\int_{-\pi}^{\pi} f(x)\sin nx\,\mathrm{d}x = \int_{-\pi}^{\pi}\frac{a_0}{2}\sin nx\,\mathrm{d}x + \sum_{k=1}^{\infty}\left(a_k\int_{-\pi}^{\pi}\sin nx\cos kx\,\mathrm{d}x + b_k\int_{-\pi}^{\pi}\sin nx\sin kx\,\mathrm{d}x\right)$$

$$= b_n\int_{-\pi}^{\pi}\sin^2 nx\,\mathrm{d}x = b_n\pi \quad (n=1,2,\cdots),$$

于是
$$b_n = \frac{1}{\pi}\int_{-\pi}^{\pi} f(x)\sin nx\,\mathrm{d}x \quad (n=1,2,\cdots).$$

一般地说,若 $f(x)$ 是以 2π 为周期且在 $[-\pi,\pi]$ 上可积的函数,则可按公式

$$a_n = \frac{1}{\pi}\int_{-\pi}^{\pi} f(x)\cos nx\,\mathrm{d}x \quad (n=0,1,2,\cdots),$$

$$b_n = \frac{1}{\pi}\int_{-\pi}^{\pi} f(x)\sin nx\,\mathrm{d}x \quad (n=1,2,\cdots)$$

计算出 a_n ($n=0,1,2,\cdots$)和 b_n ($n=1,2,\cdots$),它们称为函数 $f(x)$(关于三角函数系)的**傅里叶**[①]**系数**. 以函数 $f(x)$ 的傅里叶系数为系数的三角级数

$$\frac{a_0}{2} + \sum_{n=1}^{\infty}(a_n\cos nx + b_n\sin nx). \tag{4}$$

称为函数 $f(x)$ 的**傅里叶级数**.

对于任意的定义在 $(-\infty,+\infty)$ 上为以 2π 周期的函数 $f(x)$,如果它在一个周期上可积,那么它的傅里叶级数就可以得到. 和幂级数一样,我们自然要讨论上面提到的第二个问题. 如果傅里叶级数(4)收敛于 $f(x)$,则称 $f(x)$ 可以展成傅里叶级数.

下面不加证明地给出周期函数 $f(x)$ 可展成傅里叶级数的充分条件.

---

① 傅里叶(Fourier,1768—1830),法国数学家.

定理（狄利克雷[①]收敛定理） 设函数 $f(x)$ 是以 2π 为周期的周期函数且满足条件：在一个周期内连续或只有有限个第一类间断点，至多只有有限个极值点（称这一条件为**狄利克雷收敛性条件**），则 $f(x)$ 的傅里叶级数收敛，且

（1）当 x 是 $f(x)$ 的连续点时，傅里叶级数收敛于 $f(x)$；

（2）当 x 是 $f(x)$ 的间断点时，傅里叶级数收敛于 $\dfrac{f(x^-)+f(x^+)}{2}$.

由此定理可见，周期函数展成傅里叶级数的条件比展成幂级数的条件要宽松得多，从而傅里叶级数的适用范围也广泛得多.

例 1 设 $f(x)$ 是周期为 2π 的周期函数，它在 $(-\pi,\pi]$ 上的表达式为

$$f(x) = \begin{cases} x, & 0 \leqslant x \leqslant \pi, \\ 0, & -\pi < x < 0, \end{cases}$$

将 $f(x)$ 展开成傅里叶级数.

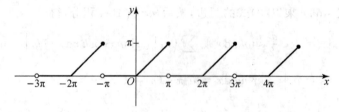

图 12-4

解 函数 $f(x)$ 的图像如图 12-4 所示. 显然 $f(x)$ 满足狄利克雷收敛性条件，故它可以展开成傅里叶级数. 由于 $f(x)$ 的傅里叶系数为

$$a_0 = \frac{1}{\pi}\int_{-\pi}^{\pi} f(x)\,\mathrm{d}x = \frac{1}{\pi}\int_0^{\pi} x\,\mathrm{d}x = \frac{\pi}{2},$$

$$a_n = \frac{1}{\pi}\int_{-\pi}^{\pi} f(x)\cos nx\,\mathrm{d}x = \frac{1}{\pi}\int_0^{\pi} x\cos nx\,\mathrm{d}x$$

$$= \frac{1}{n\pi}x\sin nx\,\Big|_0^{\pi} - \frac{1}{n\pi}\int_0^{\pi}\sin nx\,\mathrm{d}x = \frac{1}{n^2\pi}\cos nx\,\Big|_0^{\pi}$$

$$= \frac{1}{n^2\pi}(\cos n\pi - 1) = \begin{cases} -\dfrac{2}{n^2\pi}, & \text{当 } n \text{ 为奇数时}, \\ 0, & \text{当 } n \text{ 为偶数时} \end{cases} \quad (n=1,2,\cdots),$$

$$b_n = \frac{1}{\pi}\int_{-\pi}^{\pi} f(x)\sin nx\,\mathrm{d}x = \frac{1}{\pi}\int_0^{\pi} x\sin nx\,\mathrm{d}x$$

$$= -\frac{1}{n\pi}x\cos nx\,\Big|_0^{\pi} + \frac{1}{n\pi}\int_0^{\pi}\cos nx\,\mathrm{d}x$$

[①] 狄利克雷（Dirichlet，1805—1859），德国数学家.

$$= \frac{(-1)^{n+1}}{n} + \frac{1}{n^2\pi}\sin nx\Big|_0^\pi = \frac{(-1)^{n+1}}{n} \quad (n=1,2,\cdots),$$

且除点 $x=\pm\pi,\pm3\pi,\cdots$ 外 $f(x)$ 均连续,所以

$$f(x) = \frac{\pi}{4} - \left(\frac{2}{\pi}\cos x - \sin x\right) - \frac{1}{2}\sin 2x - \left(\frac{2}{9\pi}\cos 3x - \frac{1}{3}\sin 3x\right) - \cdots \quad (x\neq\pm\pi,\pm3\pi,\cdots).$$

在 $x=\pm\pi,\pm3\pi,\cdots$ 时,上式右端收敛于

$$\frac{f(\pi^-)+f(\pi^+)}{2} = \frac{\pi+0}{2} = \frac{\pi}{2}.$$

于是 $f(x)$ 的傅里叶级数和函数的图像如图 12-5 所示(注意它与图 12-4 的差别).

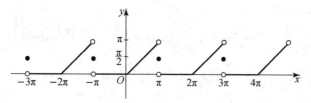

图 12-5

如果函数 $f(x)$ 只在 $[-\pi,\pi)$ 上有定义,并且满足狄利克雷收敛性条件,那么 $f(x)$ 也可以展开成傅里叶级数. 事实上,可以在 $[-\pi,\pi)$ 以外通过补充函数 $f(x)$ 的定义,使它拓展成以 2π 为周期的周期函数 $F(x)$,这个过程称为**周期延拓**. 将函数 $F(x)$ 展开成傅里叶级数,而当 $x\in[-\pi,\pi)$ 时,$f(x)=F(x)$,从而得到 $f(x)$ 在 $[-\pi,\pi)$ 上的傅里叶展开式.

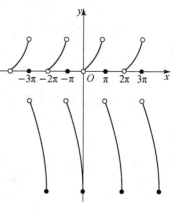

图 12-6

例2 把如下函数展开成傅里叶级数:

$$f(x) = \begin{cases} x^2, & 0<x<\pi, \\ 0, & x=-\pi, \\ -(x+2\pi)^2, & -\pi<x\leqslant 0. \end{cases}$$

解 将函数 $f(x)$ 拓展成以 2π 为周期的周期函数 $F(x)$(如图 12-6 所示),它在 $[-\pi,\pi)$ 上的表达式与 $f(x)$ 相同. 显然 $F(x)$ 满足狄利克雷收敛性条件,因此它可以展开成傅里叶级数. $F(x)$ 的傅里叶系数为

$$a_0 = \frac{1}{\pi}\int_{-\pi}^{\pi} F(x)\mathrm{d}x = \frac{1}{\pi}\int_0^\pi x^2\mathrm{d}x - \frac{1}{\pi}\int_{-\pi}^0 (2\pi+x)^2\mathrm{d}x$$

$$= \frac{\pi^2}{3} - \frac{7\pi^2}{3} = -2\pi^2,$$

$$a_n = \frac{1}{\pi}\int_{-\pi}^{\pi} F(x)\cos nx\,\mathrm{d}x = \frac{1}{\pi}\int_0^\pi x^2\cos nx\,\mathrm{d}x - \frac{1}{\pi}\int_{-\pi}^0 (x+2\pi)^2\cos nx\,\mathrm{d}x$$

$$= \frac{1}{\pi} \left[\left(\frac{x^2}{n} - \frac{2}{n^3} \right) \sin nx + \frac{2x}{n^2} \cos nx \right] \Big|_0^\pi$$

$$- \frac{1}{\pi} \left[\left(\frac{(x+2\pi)^2}{n} - \frac{2}{n^3} \right) \sin nx + \frac{2(x+2\pi)}{n^2} \cos nx \right] \Big|_{-\pi}^0$$

$$= \frac{4}{n^2} [(-1)^n - 1] \quad (n = 1, 2, \cdots),$$

$$b_n = \frac{1}{\pi} \int_{-\pi}^\pi F(x) \sin nx \, dx = \frac{1}{\pi} \int_0^\pi x^2 \sin nx \, dx - \frac{1}{\pi} \int_{-\pi}^0 (x+2\pi)^2 \sin nx \, dx$$

$$= \frac{1}{\pi} \left[\left(-\frac{x^2}{n} + \frac{2}{n^3} \right) \cos nx + \frac{2x}{n^2} \sin nx \right] \Big|_0^\pi$$

$$- \frac{1}{\pi} \left[\left(-\frac{(x+2\pi)^2}{n} + \frac{2}{n^3} \right) \cos nx + \frac{2(x+2\pi)}{n^2} \sin nx \right] \Big|_{-\pi}^0$$

$$= \frac{2}{\pi} \left\{ \frac{\pi^2}{n} + \left(\frac{\pi^2}{n} - \frac{2}{n^3} \right) [1 - (-1)^n] \right\} \quad (n = 1, 2, \cdots),$$

所以当 $x \in (-\pi, 0) \cup (0, \pi)$ 时,有

$$f(x) = F(x) = -\pi^2 + \sum_{n=1}^\infty \left\{ \frac{4}{n^2} [(-1)^n - 1] \cos nx + \frac{2}{\pi} \left\{ \frac{\pi^2}{n} + \left(\frac{\pi^2}{n} - \frac{2}{n^3} \right) [1 - (-1)^n] \right\} \sin nx \right\}$$

$$= -\pi^2 - 8 \left(\cos x + \frac{1}{3^2} \cos 3x + \frac{1}{5^2} \cos 5x + \cdots \right)$$

$$+ \frac{2}{\pi} \left[(3\pi^2 - 4) \sin x + \frac{\pi^2}{2} \sin 2x + \left(\frac{3\pi^2}{3} - \frac{4}{3^3} \right) \sin 3x + \frac{\pi^2}{4} \sin 4x + \cdots \right].$$

当 $x = \pi$ 时,由于 $\dfrac{f(\pi^-) + f(\pi^+)}{2} = 0$,所以

$$0 = -\pi^2 + 8 \left(\frac{1}{1^2} + \frac{1}{3^2} + \frac{1}{5^2} + \cdots \right). \tag{5}$$

当 $x = 0$ 时,由于

$$\frac{1}{2} [f(0^-) + f(0^+)] = \frac{1}{2} (-4\pi^2 + 0) = -2\pi^2,$$

因此

$$-2\pi^2 = -\pi^2 - 8 \left(\frac{1}{1^2} + \frac{1}{3^2} + \frac{1}{5^2} + \cdots \right). \tag{6}$$

由(5)或(6)式都可推得

$$\frac{1}{1^2} + \frac{1}{3^2} + \frac{1}{5^2} + \cdots = \frac{\pi^2}{8}.$$

三、正弦级数与余弦级数

一般来说,一个函数的傅里叶级数既含有正弦函数项,又含有余弦函数项.但如果函数

$y=f(x)$ 是奇函数或偶函数,那么该函数的傅里叶级数就只有正弦函数项或余弦函数项.

事实上,当函数 $y=f(x)$ 是偶函数时,函数 $f(x)\sin nx$ 就是奇函数,于是

$$b_n = \frac{1}{\pi}\int_{-\pi}^{\pi} f(x)\sin nx\,\mathrm{d}x = 0 \quad (n=1,2,\cdots),$$

从而该函数的傅里叶级数就只有余弦函数项.这时的傅里叶级数称为 **余弦级数**.而当函数 $y=f(x)$ 是奇函数时,函数 $f(x)\cos nx$ 为奇函数,因此

$$a_n = \frac{1}{\pi}\int_{-\pi}^{\pi} f(x)\cos nx\,\mathrm{d}x = 0 \quad (n=0,1,2,\cdots),$$

从而该函数的傅里叶级数就只有正弦函数项.我们将这样的傅里叶级数称为 **正弦级数**.

例 3 设函数 $f(x)$ 是以 2π 为周期的周期函数,它在 $[-\pi,\pi]$ 上的表达式为 $f(x)=x$,将 $f(x)$ 展成傅里叶级数.

解 因为在 $(-\pi,\pi)$ 上 $f(x)$ 是奇函数,所以

$$a_n = 0 \quad (n=0,1,2,\cdots),$$

$$b_n = \frac{2}{\pi}\int_0^{\pi} x\sin nx\,\mathrm{d}x = \frac{2(-1)^{n+1}}{n} \quad (n=1,2,\cdots).$$

由于函数 $f(x)$ 满足狄利克雷收敛性条件,而 $x=\pm(2k+1)\pi(k=0,1,2,\cdots)$ 为它的不连续点,故在这些点,函数 $f(x)$ 的傅里叶级数收敛于

$$\frac{f(\pi^-)+f(\pi^+)}{2} = \frac{\pi+(-\pi)}{2} = 0.$$

当 $x\neq\pm(2k+1)\pi$ 时,$f(x)$ 的傅里叶级数收敛于 $f(x)$.因此

$$f(x) = 2\sum_{n=1}^{\infty} \frac{(-1)^{n+1}}{n}\sin nx \quad (x\neq\pm\pi,\pm 3\pi,\cdots).$$

例 4 将函数 $f(x)=\pi^2-x^2(-\pi<x\leqslant\pi)$ 展成傅里叶级数,并求级数 $\displaystyle\sum_{n=1}^{\infty}\frac{1}{n^2}$ 的和.

解 $f(x)$ 为偶函数,将 $f(x)$ 以 2π 为周期进行延拓,延拓后的函数是处处连续的偶函数,$f(x)$ 的傅里叶系数为

$$b_n = 0 \quad (n=1,2,\cdots),$$

$$a_0 = \frac{2}{\pi}\int_0^{\pi} f(x)\,\mathrm{d}x = \frac{2}{\pi}\int_0^{\pi}(\pi^2-x^2)\,\mathrm{d}x = \frac{4}{3}\pi^2,$$

$$a_n = \frac{2}{\pi}\int_0^{\pi} f(x)\cos nx\,\mathrm{d}x = \frac{2}{\pi}\int_0^{\pi}(\pi^2-x^2)\cos nx\,\mathrm{d}x$$

$$= \left[\frac{2}{\pi}(\pi^2-x^2)\frac{\sin nx}{n}\right]\Big|_0^{\pi} + \frac{4}{n\pi}\int_0^{\pi} x\sin nx\,\mathrm{d}x$$

$$= \left[\frac{4}{n\pi}x\frac{(-\cos nx)}{n}\right]\Big|_0^{\pi} + \frac{4}{n^2\pi}\int_0^{\pi}\cos nx\,\mathrm{d}x = \frac{4(-1)^{n+1}}{n^2} \quad (n=1,2,\cdots).$$

故

$$f(x) = \frac{2}{3}\pi^2 + 4\sum_{n=1}^{\infty} \frac{(-1)^{n+1}}{n^2}\cos nx \quad (-\pi < x \leqslant \pi).$$

取 $x=\pi$ 代入上式,得

$$0 = \frac{2}{3}\pi^2 + 4\sum_{n=1}^{\infty} \frac{(-1)^{n+1}}{n^2}\cos n\pi = \frac{2}{3}\pi^2 + 4\sum_{n=1}^{\infty} \frac{(-1)^{n+1}(-1)^n}{n^2},$$

即

$$\sum_{n=1}^{\infty} \frac{1}{n^2} = \frac{1}{4}\cdot\frac{2}{3}\pi^2 = \frac{\pi^2}{6}.$$

对于定义在 $[0,\pi]$ 上的函数 $f(x)$,如果满足狄利克雷收敛性条件,我们可以通过补充函数的定义,得到定义在 $(-\pi,\pi]$ 上的函数,然后将其延拓成以 2π 为周期的周期函数 $F(x)$,即

$$F(x) = \begin{cases} f(x), & x \in [0,\pi], \\ g(x), & x \in (-\pi,0), \end{cases}$$

且 $F(x+2\pi)=F(x)$. 这里,我们可以适当地选取 $g(x)$,使得 $F(x)$ 为奇函数或偶函数,这时称对应的延拓为**奇延拓**或**偶延拓**.

取 $g(x)=-f(-x)$,此时延拓后的函数 $F(x)$ 为奇函数(若 $f(0)\neq 0$,规定 $F(0)=0$),于是我们有如下形式的正弦级数展开式:

$$f(x) \equiv F(x) = \sum_{n=1}^{\infty} b_n \sin nx \quad (0 < x < \pi),$$

上式端点是否成立要看延拓后的函数 $F(x)$ 在端点处是否连续.

取 $g(x)=f(-x)$,此时延拓后的函数 $F(x)$ 为偶函数,于是我们有如下形式的余弦级数展开式:

$$f(x) \equiv F(x) = \frac{a_0}{2} + \sum_{n=1}^{\infty} a_n \cos nx \quad (0 < x < \pi).$$

例 5　设函数 $f(x)=2x^2\ (x\in(0,\pi])$.

(1) 求 $f(x)$ 的正弦级数展开式;

(2) 求 $f(x)$ 的余弦级数展开式;

(3) 借助函数 $F(x) = \begin{cases} 0, & -\pi < x < 0, \\ 2x^2, & 0 \leqslant x \leqslant \pi, \end{cases}$ 求 $f(x)$ 的傅里叶级数展开式.

解　(1) 将 $f(x)$ 进行奇延拓,则 $f(x)$ 的傅里叶系数为

$$a_n = 0 \quad (n=0,1,2,\cdots),$$

$$b_n = \frac{2}{\pi}\int_0^{\pi} 2x^2 \sin nx\,\mathrm{d}x = \left(\frac{-x^2\cos nx}{n} + \frac{2x\sin nx}{n^2} + \frac{2\cos nx}{n^3}\right)\Big|_0^{\pi}$$

$$= \frac{4\pi}{n}(-1)^{n+1} - \frac{8}{n^3\pi}[1-(-1)^n] \quad (n=1,2,\cdots).$$

故得
$$f(x) = \frac{4}{\pi} \sum_{n=1}^{\infty} \left\{ \frac{\pi^2}{n}(-1)^{n+1} - \frac{2}{n^3}[1-(-1)^n] \right\} \sin nx \quad (0 < x < \pi).$$

(2) 将 $f(x)$ 进行偶延拓,则 $f(x)$ 的傅里叶系数为
$$b_n = 0 \quad (n = 1, 2, \cdots),$$
$$a_0 = \frac{2}{\pi} \int_0^{\pi} 2x^2 dx = \frac{4}{3}\pi^2,$$
$$a_n = \frac{2}{\pi} \int_0^{\pi} 2x^2 \cos nx\, dx = \frac{4}{\pi} \left(\frac{x^2 \sin nx}{n} + \frac{2x\cos nx}{n^2} - \frac{2}{n^3}\sin nx \right) \Big|_0^{\pi}$$
$$= \frac{8}{n^2}(-1)^n \quad (n = 1, 2, \cdots).$$

故得
$$f(x) = \frac{2}{3}\pi^2 + 8\sum_{n=1}^{\infty} \frac{1}{n^2}(-1)^n \cos nx \quad (0 < x < \pi).$$

(3) 将 $F(x)$ 以 2π 为周期进行周期延拓. 由于
$$a_0 = \frac{1}{\pi} \int_{-\pi}^{\pi} F(x)\, dx = \frac{1}{\pi} \int_0^{\pi} 2x^2\, dx = \frac{2}{3}\pi^2,$$
$$a_n = \frac{1}{\pi} \int_{-\pi}^{\pi} F(x)\cos nx\, dx = \frac{1}{\pi} \int_0^{\pi} 2x^2 \cos nx\, dx = \frac{4}{n^2}(-1)^n \quad (n = 1, 2, \cdots),$$
$$b_n = \frac{1}{\pi} \int_{-\pi}^{\pi} F(x)\sin nx\, dx = \frac{1}{\pi} \int_0^{\pi} 2x^2 \sin nx\, dx$$
$$= \frac{2\pi}{n}(-1)^{n+1} - \frac{4}{n^3\pi}[1-(-1)^n] \quad (n = 1, 2, \cdots),$$

又在 $(0, \pi)$ 上, $f(x) \equiv F(x)$, 所以
$$f(x) = \frac{\pi^2}{3} + \sum_{n=1}^{\infty} \left\{ \frac{4}{n^2}(-1)^n \cos nx + \left(\frac{2\pi}{n}(-1)^{n+1} - \frac{4}{n^3\pi}[1-(-1)^n] \right) \sin nx \right\} \quad (0 < x < \pi).$$

习　题　12.5

1. 将下列周期为 2π 的周期函数 $f(x)$ 展开成傅里叶级数:

(1) $f(x) = 3x - \pi$, $x \in (-\pi, \pi]$;

(2) $f(x) = e^{2x}$, $x \in (-\pi, \pi]$;

(3) $f(x) = \begin{cases} -1, & x \in (-\pi, 0], \\ 1+x^2, & x \in (0, \pi]; \end{cases}$

(4) $f(x) = \begin{cases} ax, & x \in (-\pi, 0], \\ bx, & x \in (0, \pi] \end{cases}$ (a, b 均为常数, 且 $a > b > 0$).

2. 设函数 $f(x) = x^3 (-\pi \leqslant x \leqslant \pi)$, 把 $f(x)$ 展开为以 2π 为周期的傅里叶级数的和函数为 $s(x)$, 写出 $s\left(\frac{5\pi}{2}\right)$, $s(5\pi)$ 的值.

3. 将下列定义在 $[-\pi,\pi]$ 上的函数 $f(x)$ 展开成傅里叶级数:

(1) $f(x)=\cos\dfrac{x}{2}$, $x\in[-\pi,\pi]$; 　　　　(2) $f(x)=|x|$, $x\in[-\pi,\pi]$;

(3) $f(x)=\begin{cases}(x+2\pi)^2, & x\in[-\pi,0),\\ x^2, & x\in[0,\pi];\end{cases}$ 　　(4) $f(x)=\begin{cases}-x, & |x|\leqslant\pi/2,\\ x, & \pi/2<|x|\leqslant\pi.\end{cases}$

4. 将下列定义在 $[0,\pi]$ 上的函数 $f(x)$ 分别展开成正弦级数和余弦级数:

(1) $f(x)=x+1$, $0\leqslant x\leqslant\pi$; 　　　　(2) $f(x)=2x^2$, $0\leqslant x\leqslant\pi$.

5. 设函数 $f(x)$ 在 $[-\pi,\pi]$ 上可积,且以 2π 为周期,其傅里叶系数为 a_n ($n=0,1,2,\cdots$), b_n ($n=1,2,\cdots$),求 $f(x+a)$ 的傅里叶系数 A_n ($n=0,1,2,\cdots$) 和 B_n ($n=1,2,\cdots$),其中 $a>0$ 为常数.

§12.6　一般周期函数的傅里叶级数

一、周期为 $2l$ 的周期函数的傅里叶级数

设函数 $f(x)$ 是以 $2l$ 为周期的周期函数,并在区间 $[-l,l]$ 上满足狄利克雷的收敛性条件. 作变量代换 $x=\dfrac{lt}{\pi}$,则函数 $F(t)=f\left(\dfrac{lt}{\pi}\right)$ 是以 2π 为周期的周期函数.

函数 $F(t)$ 的傅里叶系数为

$$a_n=\frac{1}{\pi}\int_{-\pi}^{\pi}F(t)\cos nt\,dt\quad(n=0,1,2,\cdots),$$

$$b_n=\frac{1}{\pi}\int_{-\pi}^{\pi}F(t)\sin nt\,dt\quad(n=1,2,\cdots),$$

于是 $F(t)$ 的傅里叶级数为

$$\frac{a_0}{2}+\sum_{n=1}^{\infty}(a_n\cos nt+b_n\sin nt).$$

还原为自变量 x,注意到 $F(t)=f\left(\dfrac{lt}{\pi}\right)=f(x)$, $t=\dfrac{\pi x}{l}$,就可以得到 $f(x)$ 的傅里叶级数

$$\frac{a_0}{2}+\sum_{n=1}^{\infty}\left(a_n\cos\frac{n\pi x}{l}+b_n\sin\frac{n\pi x}{l}\right),\tag{1}$$

其中

$$a_n=\frac{1}{\pi}\int_{-\pi}^{\pi}F(t)\cos nt\,dt=\frac{1}{l}\int_{-l}^{l}f(x)\cos\frac{n\pi x}{l}dx\quad(n=0,1,2,\cdots),\tag{2}$$

$$b_n=\frac{1}{\pi}\int_{-\pi}^{\pi}F(t)\sin nt\,dt=\frac{1}{l}\int_{-l}^{l}f(x)\sin\frac{n\pi x}{l}dx\quad(n=1,2,\cdots),\tag{3}$$

就是以 $2l$ 为周期的周期函数 $f(x)$ 的傅里叶系数.

对于以 $2l$ 为周期的周期函数 $f(x)$，有如下类似于狄利克雷收敛定理的收敛性定理：

定理   设函数 $f(x)$ 是以 $2l$ 为周期的周期函数. 如果 $f(x)$ 满足狄利克雷收敛性条件：在一个周期内连续或只有有限个第一类间断点，并且至多有有限个极值点，则 $f(x)$ 的傅里叶级数

$$\frac{a_0}{2} + \sum_{n=1}^{\infty} \left(a_n \cos \frac{n\pi x}{l} + b_n \sin \frac{n\pi x}{l} \right)$$

在 $(-\infty, +\infty)$ 内收敛，其中傅里叶系数由（2）和（3）式给出并且

(1) 当 x 是 $f(x)$ 的连续点时，傅里叶级数收敛于 $f(x)$;

(2) 当 x 是 $f(x)$ 的间断点时，傅里叶级数收敛于 $\dfrac{f(x^-) + f(x^+)}{2}$.

例 1   设函数 $f(x)$ 是周期为 4 的函数，它在 $[-2, 2)$ 上的表达式为

$$f(x) = \begin{cases} 0, & -2 \leqslant x < 0, \\ c, & 0 \leqslant x < 2 \end{cases} \quad (\text{常数 } c \neq 0),$$

将其展开成傅里叶级数.

解   函数 $f(x)$ 的傅里叶系数为

$$a_0 = \frac{1}{2}\int_{-2}^{2} f(x)\,\mathrm{d}x = \frac{1}{2}\int_{0}^{2} c\,\mathrm{d}x = c,$$

$$a_n = \frac{1}{2}\int_{-2}^{2} f(x)\cos\frac{n\pi x}{2}\,\mathrm{d}x = \frac{1}{2}\int_{0}^{2} c\cos\frac{n\pi x}{2}\,\mathrm{d}x = 0 \quad (n = 1, 2, \cdots),$$

$$b_n = \frac{1}{2}\int_{-2}^{2} f(x)\sin\frac{n\pi x}{2}\,\mathrm{d}x = \frac{1}{2}\int_{0}^{2} c\sin\frac{n\pi x}{2}\,\mathrm{d}x = \frac{c}{n\pi}(1 - \cos n\pi)$$

$$= \begin{cases} \dfrac{2c}{n\pi}, & n = 2k - 1, \\ 0, & n = 2k \end{cases} \quad (k = 1, 2, \cdots).$$

由于函数 $f(x)$ 满足狄利克雷收敛性条件，因此

$$f(x) = \frac{c}{2} + \frac{2c}{\pi}\sum_{n=1}^{\infty} \frac{1}{2n-1}\sin\frac{(2n-1)\pi x}{2} \quad (x \neq 0, \pm 2, \pm 4, \cdots).$$

如果 $f(x)$ 为偶函数时，则

$$a_n = \frac{1}{l}\int_{-l}^{l} f(x)\cos\frac{n\pi x}{l}\,\mathrm{d}x = \frac{2}{l}\int_{0}^{l} f(x)\cos\frac{n\pi x}{l}\,\mathrm{d}x \quad (n = 0, 1, 2, \cdots),$$

$$b_n = \frac{1}{l}\int_{-l}^{l} f(x)\sin\frac{n\pi x}{l}\,\mathrm{d}x = 0 \quad (n = 1, 2, \cdots).$$

于是 $f(x)$ 的傅里叶级数为余弦级数

$$\frac{a_0}{2} + \sum_{n=1}^{\infty} a_n \cos\frac{n\pi x}{l}.$$

若 $f(x)$ 是奇函数时，则

$$a_n = \frac{1}{l}\int_{-l}^{l} f(x)\cos\frac{n\pi x}{l}\mathrm{d}x = 0 \quad (n=0,1,2,\cdots),$$

$$b_n = \frac{2}{l}\int_{0}^{l} f(x)\sin\frac{n\pi x}{l}\mathrm{d}x \quad (n=1,2,\cdots).$$

于是 $f(x)$ 的傅里叶级数为正弦级数

$$\sum_{n=1}^{\infty} b_n\sin\frac{n\pi x}{l}.$$

对于定义在 $[0,l]$ 上的满足狄利克雷收敛性条件的函数 $f(x)$，可以分别进行奇延拓或偶延拓，然后展开成正弦级数或余弦级数.

例2　将函数 $f(x)=x^2\,(0\leqslant x\leqslant 2)$ 分别展开成正弦级数和余弦级数.

解　$f(x)$ 满足狄利克雷收敛性条件. 作奇延拓后，$f(x)$ 的傅里叶系数为

$$b_n = \frac{2}{2}\int_{0}^{2} f(x)\sin\frac{n\pi x}{2}\mathrm{d}x = \int_{0}^{2} x^2\sin\frac{n\pi x}{2}\mathrm{d}x$$

$$= \left\{\left[-\frac{2x^2}{n\pi}+\frac{16}{(n\pi)^3}\right]\cos\frac{n\pi x}{2}+\frac{8x}{(n\pi)^2}\sin\frac{n\pi x}{2}\right\}\Big|_{0}^{2}$$

$$= -\frac{8}{n\pi}\cos n\pi + \frac{16}{(n\pi)^3}(\cos n\pi - 1)$$

$$= \frac{8}{n\pi}(-1)^{n+1} + \frac{16}{(n\pi)^3}\left[(-1)^n - 1\right] \quad (n=1,2,\cdots).$$

因此，所求的正弦级数展开式为

$$f(x) = \frac{8}{\pi}\sum_{n=1}^{\infty}\left\{\frac{(-1)^{n+1}}{n}+\frac{2}{n^3\pi^2}\left[(-1)^n-1\right]\right\}\sin\frac{n\pi x}{2}, \quad x\in[0,2).$$

作偶延拓后，$f(x)$ 的傅里叶系数为

$$a_0 = \frac{2}{2}\int_{0}^{2} f(x)\mathrm{d}x = \int_{0}^{2} x^2\mathrm{d}x = \frac{8}{3},$$

$$a_n = \frac{2}{2}\int_{0}^{2} f(x)\cos\frac{n\pi x}{2}\mathrm{d}x = \int_{0}^{2} x^2\cos\frac{n\pi x}{2}\mathrm{d}x$$

$$= \left\{\left[\frac{2x^2}{n\pi}-\frac{16}{(n\pi)^3}\right]\sin\frac{n\pi x}{2}+\frac{8x}{(n\pi)^2}\cos\frac{n\pi x}{2}\right\}\Big|_{0}^{2}$$

$$= \frac{16}{(n\pi)^2}\cos n\pi = (-1)^n\frac{16}{(n\pi)^2} \quad (n=1,2,\cdots).$$

因此所求的余弦级数展开式为

$$f(x) = \frac{4}{3} + \frac{16}{\pi^2}\sum_{n=1}^{\infty}\frac{(-1)^n}{n^2}\cos\frac{n\pi x}{2}, \quad x\in[0,2].$$

习　题　12.6

1. 将周期为 1 的周期函数 $f(x)$ 展开成傅里叶级数,其中函数 $f(x)$ 在一个周期内的表达式为 $f(x)=1-x^2\ (-1/2\leqslant x<1/2)$.

2. 将函数 $f(x)=\begin{cases} x, & -1\leqslant x\leqslant 0,\\ x+1, & 0\leqslant x\leqslant 1 \end{cases}$ 展开成傅里叶级数.

3. 将函数 $f(x)=\begin{cases} 2x+1, & -3\leqslant x<0,\\ 1, & 0\leqslant x<3 \end{cases}$ 展开成傅里叶级数.

4. 将函数 $f(x)=\begin{cases} \sin\dfrac{\pi x}{2}, & 0\leqslant x\leqslant 1,\\ 0, & 1\leqslant x\leqslant 2 \end{cases}$ 分别展开成正弦级数和余弦级数.

5. 将函数 $f(x)=\begin{cases} \dfrac{ax}{2}, & 0\leqslant x<\dfrac{l}{2},\\ \dfrac{a(l-x)}{2}, & \dfrac{l}{2}\leqslant x\leqslant l \end{cases}$ 分别展开成正弦级数和余弦级数.

§12.7　综　合　例　题

一、数项级数的收敛性

例 1　求极限 $\lim\limits_{n\to\infty}\dfrac{1}{\sqrt{n}}\sum\limits_{k=1}^{n}\dfrac{1}{3^k}\left(1+\dfrac{1}{k}\right)^{k^2}$.

解　$\sum\limits_{k=1}^{n}\dfrac{1}{3^k}\left(1+\dfrac{1}{k}\right)^{k^2}$ 是正项级数 $\sum\limits_{n=1}^{\infty}\dfrac{1}{3^n}\left(1+\dfrac{1}{n}\right)^{n^2}$ 的前 n 项和.

记 $u_n=\dfrac{1}{3^n}\left(1+\dfrac{1}{n}\right)^{n^2}$,由于 $\lim\limits_{n\to\infty}\sqrt[n]{u_n}=\lim\limits_{n\to\infty}\dfrac{1}{3}\left(1+\dfrac{1}{n}\right)^{n}=\dfrac{\mathrm{e}}{3}<1$,则可推出正项级数 $\sum\limits_{n=1}^{\infty}\dfrac{1}{3^n}\left(1+\dfrac{1}{n}\right)^{n^2}$ 是收敛的. 假设该级数的和为 s,即 $\sum\limits_{n=1}^{\infty}\dfrac{1}{3^n}\left(1+\dfrac{1}{n}\right)^{n^2}=s.$ 于是

$$\lim_{n\to\infty}\frac{1}{\sqrt{n}}\sum_{k=1}^{n}\frac{1}{3^k}\left(1+\frac{1}{k}\right)^{k^2}=\lim_{n\to\infty}\frac{1}{\sqrt{n}}\cdot\lim_{n\to\infty}\sum_{k=1}^{n}\frac{1}{3^k}\left(1+\frac{1}{k}\right)^{k^2}=0\cdot s=0.$$

注　如果级数 $\sum\limits_{n=1}^{\infty}u_n$ 收敛,则当 $n\to\infty$ 时其部分和数列 $\left\{s_n=\sum\limits_{k=1}^{n}u_k\right\}$ 极限存在.

例 2　证明极限 $\lim\limits_{n\to\infty}\dfrac{n!}{n^n}=0.$

证 考虑正项级数 $\displaystyle\sum_{n=1}^{\infty} \frac{n!}{n^n}$. 记 $u_n = \frac{n!}{n^n}$. 由于

$$\lim_{n\to\infty} \frac{u_{n+1}}{u_n} = \lim_{n\to\infty} \frac{(n+1)!}{(n+1)^{n+1}} \cdot \frac{n^n}{n!} = \lim_{n\to\infty} \frac{1}{(1+1/n)^n} = \frac{1}{e} < 1,$$

故由正项级数的比值审敛法可知,级数 $\displaystyle\sum_{n=1}^{\infty} \frac{n!}{n^n}$ 收敛. 因此,由级数收敛的必要条件可得

$$\lim_{n\to\infty} \frac{n!}{n^n} = 0.$$

注 $\displaystyle\lim_{n\to\infty} u_n = 0$ 是常数项级数 $\displaystyle\sum_{n=1}^{\infty} u_n$ 收敛的必要条件,利用这一结论可以证明一些数列的极限为零.

例 3 若正项级数 $\displaystyle\sum_{n=1}^{\infty} a_n$ 收敛,证明:

(1) $\displaystyle\sum_{n=1}^{\infty} a_n^2$ 收敛;   (2) $\displaystyle\sum_{n=1}^{\infty} \frac{\sqrt{a_n}}{n}$ 收敛;   (3) $\displaystyle\sum_{n=1}^{\infty} \frac{a_n}{1+a_n}$ 收敛.

证 (1) 因为 $\displaystyle\lim_{n\to\infty} \frac{a_n^2}{a_n} = \lim_{n\to\infty} a_n = 0$,而正项级数 $\displaystyle\sum_{n=1}^{\infty} a_n$ 收敛,所以由正项级数的比较判别法的极限形式可知,正项级数 $\displaystyle\sum_{n=1}^{\infty} a_n^2$ 收敛;

(2) 由于 $\dfrac{\sqrt{a_n}}{n} \leqslant \dfrac{1}{2}\left(a_n + \dfrac{1}{n^2}\right)(n=1,2,\cdots)$,而级数 $\displaystyle\sum_{n=1}^{\infty} a_n$ 和 $\displaystyle\sum_{n=1}^{\infty} \frac{1}{n^2}$ 都收敛,因此级数 $\displaystyle\sum_{n=1}^{\infty} \frac{\sqrt{a_n}}{n}$ 收敛;

(3) 因为 $a_n \geqslant 0$,所以 $\dfrac{a_n}{1+a_n} \leqslant a_n (n=1,2,\cdots)$. 由于级数 $\displaystyle\sum_{n=1}^{\infty} a_n$ 收敛,因此由正项级数的比较判别法知,级数 $\displaystyle\sum_{n=1}^{\infty} \frac{a_n}{1+a_n}$ 收敛.

例 4 设级数 $\displaystyle\sum_{n=1}^{\infty} a_n$ 和 $\displaystyle\sum_{n=1}^{\infty} b_n$ 都收敛,且 $a_n \leqslant c_n \leqslant b_n (n=1,2,\cdots)$,证明级数 $\displaystyle\sum_{n=1}^{\infty} c_n$ 也收敛.

证 因为级数 $\displaystyle\sum_{n=1}^{\infty} a_n$ 和 $\displaystyle\sum_{n=1}^{\infty} b_n$ 都收敛,故正项级数 $\displaystyle\sum_{n=1}^{\infty} (b_n - a_n)$ 收敛. 又由 $a_n \leqslant c_n \leqslant b_n$ 可得 $0 \leqslant c_n - a_n \leqslant b_n - a_n (n=1,2,\cdots)$,所以由正项级数的比较审敛法可得,正项级数 $\displaystyle\sum_{n=1}^{\infty} (c_n - a_n)$ 收敛. 而 $c_n = (c_n - a_n) + a_n$,由级数 $\displaystyle\sum_{n=1}^{\infty} a_n$ 和 $\displaystyle\sum_{n=1}^{\infty} (c_n - a_n)$ 收敛,可以推出级数

$\displaystyle\sum_{n=1}^{\infty} c_n$ 也收敛.

二、求数项级数的和

1. 利用级数和的定义

例 5　求级数 $\displaystyle\sum_{n=1}^{\infty}(2n-1)q^{n-1}$ $(|q|<1)$ 的和.

解　级数 $\displaystyle\sum_{n=1}^{\infty}(2n-1)q^{n-1}$ 的前 n 项和为

$$s_n = 1 + 3q + 5q^2 + \cdots + (2n-1)q^{n-1}. \tag{1}$$

上式两端同乘以 q,可得

$$qs_n = q + 3q^2 + 5q^3 + \cdots + (2n-1)q^n. \tag{2}$$

将(1)式和(2)式相减,得

$$(1-q)s_n = 1 + 2q + 2q^2 + \cdots + 2q^{n-1} - (2n-1)q^n,$$

于是

$$s_n = -\frac{1}{1-q} + \frac{2(1+q+q^2+\cdots+q^{n-1})}{1-q} - (2n-1)\frac{q^n}{1-q}$$

$$= -\frac{1}{1-q} + \frac{2(1-q^n)}{(1-q)^2} - (2n-1)\frac{q^n}{1-q}.$$

因为 $|q|<1$,所以

$$\lim_{n\to\infty} s_n = -\frac{1}{1-q} + \frac{2}{(1-q)^2} = \frac{1+q}{(1-q)^2}.$$

故 $\displaystyle\sum_{n=1}^{\infty}(2n-1)q^{n-1} = \frac{1+q}{(1-q)^2}$.

例 6　求级数 $\displaystyle\sum_{n=1}^{\infty} \frac{1}{\sqrt{n(n+1)}(\sqrt{n}+\sqrt{n+1})}$ 的和.

解　因为

$$u_n = \frac{1}{\sqrt{n}\cdot\sqrt{n+1}} \cdot \frac{\sqrt{n+1}-\sqrt{n}}{(\sqrt{n+1}+\sqrt{n})(\sqrt{n+1}-\sqrt{n})}$$

$$= \frac{\sqrt{n+1}-\sqrt{n}}{\sqrt{n}\cdot\sqrt{n+1}} = \frac{1}{\sqrt{n}} - \frac{1}{\sqrt{n+1}},$$

所以该级数的前 n 项和为

$$s_n = \left(1-\frac{1}{\sqrt{2}}\right) + \left(\frac{1}{\sqrt{2}}-\frac{1}{\sqrt{3}}\right) + \cdots + \left(\frac{1}{\sqrt{n}}-\frac{1}{\sqrt{n+1}}\right) = 1 - \frac{1}{\sqrt{n+1}}.$$

于是,该级数的和为

$$s = \lim_{n \to \infty} s_n = \lim_{n \to \infty}\left(1 - \frac{1}{\sqrt{n+1}}\right) = 1.$$

注 通过拆项相消,我们可以化简数项级数的部分和,从而求出数项级数的和.

2. 借助于和已知的级数,利用收敛级数的运算性质

例 7 求级数 $\displaystyle\sum_{n=1}^{\infty} \frac{2n+1}{n!}$ 的和.

解 因为 $u_n = \dfrac{2n+1}{n!} = \dfrac{2}{(n-1)!} + \dfrac{1}{n!}$,所以利用 $\mathrm{e} = \displaystyle\sum_{n=0}^{\infty} \frac{1}{n!}$,可得

$$\sum_{n=1}^{\infty} \frac{2n+1}{n!} = 2\sum_{n=1}^{\infty} \frac{1}{(n-1)!} + \sum_{n=1}^{\infty} \frac{1}{n!} = 2\mathrm{e} + \mathrm{e} - 1 = 3\mathrm{e} - 1.$$

3. 阿贝尔法(构造幂级数法)

例 8 求级数 $\displaystyle\sum_{n=1}^{\infty} \frac{(-1)^n n}{(2n+1)!}$ 的和.

解 令 $s(x) = \displaystyle\sum_{n=1}^{\infty} \frac{(-1)^n n}{(2n+1)!} x^{2n-1}$,其一般项为 $u_n(x) = \dfrac{(-1)^n n}{(2n+1)!} x^{2n-1}$. 由于

$$\lim_{n \to \infty}\left|\frac{u_{n+1}(x)}{u_n(x)}\right| = \lim_{n \to \infty} \frac{n+1}{n(2n+3)(2n+2)} x^2 = 0,$$

因此,幂级数 $\displaystyle\sum_{n=1}^{\infty} \frac{(-1)^n n}{(2n+1)!} x^{2n-1}$ 的收敛域为 $(-\infty, +\infty)$.

如果 $x \neq 0$,则有

$$s(x) = \frac{1}{2}\sum_{n=1}^{\infty}\left[\frac{(-1)^n x^{2n}}{(2n+1)!}\right]' = \frac{1}{2}\left[\sum_{n=1}^{\infty} (-1)^n \frac{x^{2n}}{(2n+1)!}\right]'$$

$$= \frac{1}{2}\left[\frac{1}{x}\sum_{n=1}^{\infty} (-1)^n \frac{x^{2n+1}}{(2n+1)!}\right]' = \frac{1}{2}\left[\frac{1}{x}(\sin x - x)\right]'$$

$$= \frac{x\cos x - \sin x}{2x^2}.$$

取 $x = 1$,得

$$\sum_{n=1}^{\infty} \frac{(-1)^n n}{(2n+1)!} = s(1) = \frac{1}{2}(\cos 1 - \sin 1).$$

4. 作为某一函数的傅里叶级数在指定点的值

例 9 利用函数 $f(x) = x^2$ 在 $[-\pi, \pi]$ 的傅里叶级数,求下列级数的和:

(1) $\displaystyle\sum_{n=1}^{\infty} (-1)^{n-1} \frac{1}{n^2}$;   (2) $\displaystyle\sum_{n=1}^{\infty} \frac{1}{n^2}$;

(3) $\displaystyle\sum_{n=1}^{\infty}\frac{1}{(2n-1)^2}$;　　　　　(4) $\displaystyle\sum_{n=1}^{\infty}\frac{1}{(2n)^2}$.

解　因为 $f(x)=x^2$ 在 $[-\pi,\pi]$ 上为偶函数,所以其傅里叶系数为

$$b_n=0 \quad (n=1,2,\cdots),$$

$$a_0=\frac{2}{\pi}\int_0^{\pi}x^2\,\mathrm{d}x=\frac{2}{3}\pi^2,$$

$$a_n=\frac{2}{\pi}\int_0^{\pi}x^2\cos nx\,\mathrm{d}x=(-1)^n\frac{4}{n^2} \quad (n=1,2,\cdots).$$

因此　　　　　$\displaystyle f(x)=\frac{1}{3}\pi^2-4\sum_{n=1}^{\infty}(-1)^{n-1}\frac{1}{n^2}\cos nx,\quad x\in[-\pi,\pi].$

分别令 $x=0,\pi$,则有

$$\sum_{n=1}^{\infty}(-1)^{n-1}\frac{1}{n^2}=\frac{1}{12}\pi^2, \tag{3}$$

$$\sum_{n=1}^{\infty}\frac{1}{n^2}=\frac{1}{6}\pi^2. \tag{4}$$

又 $\displaystyle\sum_{n=1}^{\infty}(-1)^{n-1}\frac{1}{n^2}=\sum_{n=1}^{\infty}\frac{1}{(2n-1)^2}-\sum_{n=1}^{\infty}\frac{1}{(2n)^2}=\sum_{n=1}^{\infty}\frac{1}{(2n-1)^2}-\frac{1}{4}\sum_{n=1}^{\infty}\frac{1}{n^2}$,利用(3)

式和(4)式,可得

$$\sum_{n=1}^{\infty}\frac{1}{(2n-1)^2}=\frac{\pi^2}{8}, \quad \sum_{n=1}^{\infty}\frac{1}{(2n)^2}=\frac{1}{4}\sum_{n=1}^{\infty}\frac{1}{n^2}=\frac{1}{24}\pi^2.$$

三、幂级数的收敛域

例 10　设幂级数 $\displaystyle\sum_{n=0}^{\infty}a_n(x-1)^n$ 在点 $x=-1$ 收敛,当 $x=2$ 时幂级数是否收敛?若幂级

数 $\displaystyle\sum_{n=0}^{\infty}a_n(x-1)^n$ 在点 $x=-1$ 收敛,在 $x=3$ 点发散,幂级数 $\displaystyle\sum_{n=0}^{\infty}a_n(x-1)^n$ 在点 $x=-2$,

$x=\dfrac{1}{2}$ 的敛散性如何?若幂级数 $\displaystyle\sum_{n=0}^{\infty}a_n(x+1)^n$ 在点 $x=\dfrac{5}{2}$ 条件收敛,该幂级数的收敛半径

为多少?

解　因为幂级数 $\displaystyle\sum_{n=0}^{\infty}a_n(x-1)^n$ 在点 $x=-1$ 收敛,所以该幂级数在 $|x-1|<$

$|-1-1|=2$ 内收敛,即幂级数 $\displaystyle\sum_{n=0}^{\infty}a_n(x-1)^n$ 在 $-1<x<3$ 内是收敛的. 因此,幂级数

$\displaystyle\sum_{n=0}^{\infty}a_n(x-1)^n$ 在点 $x=2$ 收敛.

如果幂级数 $\sum\limits_{n=0}^{\infty} a_n(x-1)^n$ 同时又在点 $x=3$ 发散，那么可以确定幂级数 $\sum\limits_{n=0}^{\infty} a_n(x-1)^n$ 的收敛区间为 $(-1,3)$. 因此，幂级数 $\sum\limits_{n=0}^{\infty} a_n(x-1)^n$ 在点 $x=-2$ 发散，而在点 $x=\dfrac{1}{2}$ 收敛.

若 $\sum\limits_{n=0}^{\infty} a_n(x+1)^n$ 在点 $x=\dfrac{5}{2}$ 条件收敛，根据阿贝尔定理，幂级数 $\sum\limits_{n=0}^{\infty} a_n(x+1)^n$ 在 $|x+1|<\dfrac{5}{2}+1=\dfrac{7}{2}$ 内绝对收敛. 由于 $\sum\limits_{n=0}^{\infty} |a_n||x+1|^n$ 在点 $x=\dfrac{5}{2}$ 发散，因此当 $|x+1|>\dfrac{5}{2}+1=\dfrac{7}{2}$ 时，幂级数 $\sum\limits_{n=0}^{\infty} a_n(x+1)^n$ 一定发散. 故该级数的收敛半径为 $\dfrac{7}{2}$.

注　若级数 $\sum\limits_{n=0}^{\infty} a_n(x-x_0)^n$ 在 $x=x_1$ 处条件收敛，则该级数的收敛半径为 $|x_1-x_0|$.

例 11　求幂级数 $\sum\limits_{n=1}^{\infty} \dfrac{[3+(-1)^n]^n}{n} x^n$ 的收敛半径.

解　分别考虑奇次幂和偶次幂组成的级数：

$$\sum_{n=1}^{\infty} v_n(x) = \sum_{n=1}^{\infty} \frac{2^{2n-1}}{2n-1} x^{2n-1}, \quad \sum_{n=1}^{\infty} w_n(x) = \sum_{n=1}^{\infty} \frac{4^{2n}}{2n} x^{2n}.$$

由于

$$\lim_{n\to\infty} \left| \frac{v_{n+1}(x)}{v_n(x)} \right| = \lim_{n\to\infty} \frac{2^{2n+1}}{2n+1} \cdot \frac{2n-1}{2^{2n-1}} x^2 = 4x^2,$$

因此，当 $4x^2<1$，即 $|x|<\dfrac{1}{2}$ 时，级数 $\sum\limits_{n=1}^{\infty} |v_n(x)|$ 收敛；当 $4x^2>1$，即 $|x|>\dfrac{1}{2}$ 时，$\lim\limits_{n\to\infty} v_n(x) \neq 0$，从而级数 $\sum\limits_{n=1}^{\infty} v_n(x)$ 发散. 故级数 $\sum\limits_{n=1}^{\infty} v_n(x)$ 的收敛半径为 $R_1=\dfrac{1}{2}$.

由于

$$\lim_{n\to\infty} \left| \frac{w_{n+1}(x)}{w_n(x)} \right| = \lim_{n\to\infty} \frac{4^{2n+2}}{2n+2} \cdot \frac{2n}{4^{2n}} x^2 = 16x^2,$$

因此，当 $16x^2<1$，即 $|x|<\dfrac{1}{4}$ 时，级数 $\sum\limits_{n=1}^{\infty} |w_n(x)|$ 收敛；当 $16x^2>1$，即 $|x|>\dfrac{1}{4}$ 时，$\lim\limits_{n\to\infty} w_n(x) \neq 0$，从而级数 $\sum\limits_{n=1}^{\infty} w_n(x)$ 发散. 故级数 $\sum\limits_{n=1}^{\infty} w_n(x)$ 的收敛半径为 $R_2=\dfrac{1}{4}$.

所以，幂级数 $\sum\limits_{n=1}^{\infty} \dfrac{[3+(-1)^n]^n}{n} x^n$ 的收敛半径为 $R=\min\{R_1,R_2\}=\dfrac{1}{4}$.

例 12　求幂级数 $\sum\limits_{n=1}^{\infty} \dfrac{(x-1)^{2n}}{n-3^{2n}}$ 的收敛域和收敛半径.

解　幂级数 $\sum\limits_{n=1}^{\infty} \dfrac{(x-1)^{2n}}{n-3^{2n}}$ 的一般项为 $u_n(x) = \dfrac{(x-1)^{2n}}{n-3^{2n}}$. 由于

$$\lim_{n\to\infty}\left|\frac{u_{n+1}(x)}{u_n(x)}\right| = \lim_{n\to\infty}\frac{1-\dfrac{n}{3^n}}{1-\dfrac{n+1}{3^{2n+2}}}\cdot\frac{(x-1)^2}{3^2} = \frac{(x-1)^2}{3^2},$$

因此,当 $\dfrac{(x-1)^2}{3^2}<1$, 即 $|x-1|<3$ 时,亦即 $-2<x<4$ 时,幂级数 $\sum\limits_{n=1}^{\infty}\dfrac{(x-1)^{2n}}{n-3^{2n}}$ 收敛.

当 $x=-2$ 或 $x=4$ 时,原级数为 $\sum\limits_{n=1}^{\infty}\dfrac{3^{2n}}{n-3^{2n}}$. 由于

$$\lim_{n\to\infty}\frac{3^{2n}}{n-3^{2n}} = \lim_{n\to\infty}\frac{1}{n\cdot 3^{-2n}-1} = -1 \neq 0,$$

因此级数 $\sum\limits_{n=1}^{\infty}\dfrac{3^{2n}}{n-3^{2n}}$ 发散.

所以,幂级数 $\sum\limits_{n=1}^{\infty}\dfrac{(x-1)^{2n}}{n-3^{2n}}$ 的收敛域为 $(-2,4)$,收敛半径为 3.

四、幂级数和函数的计算

例 13　求幂级数 $\sum\limits_{n=0}^{\infty}\dfrac{n^2+1}{2^n n!}x^n$ 的和函数.

解　记 $a_n = \dfrac{n^2+1}{2^n n!}$. 由于

$$\lim_{n\to\infty}\left|\frac{a_{n+1}}{a_n}\right| = \lim_{n\to\infty}\frac{(n+1)^2+1}{2^{n+1}(n+1)!}\cdot\frac{2^n n!}{n^2+1} = \frac{1}{2}\lim_{n\to\infty}\frac{(n+1)^2+1}{(n+1)(n^2+1)} = 0,$$

故该幂级数的收敛域为 $(-\infty,+\infty)$.

令 $s(x) = \sum\limits_{n=0}^{\infty}\dfrac{n^2+1}{2^n n!}x^n = \sum\limits_{n=0}^{\infty}\dfrac{n^2}{2^n n!}x^n + \sum\limits_{n=0}^{\infty}\dfrac{1}{n!}\left(\dfrac{x}{2}\right)^n$. 由于

$$\sum_{n=0}^{\infty}\frac{n^2}{2^n n!}x^n = x\sum_{n=1}^{\infty}\frac{1}{2^n(n-1)!}nx^{n-1} = x\sum_{n=1}^{\infty}\left[\frac{1}{(n-1)!}\left(\frac{x}{2}\right)^n\right]'$$

$$= x\left[\frac{x}{2}\sum_{n=1}^{\infty}\frac{1}{(n-1)!}\left(\frac{x}{2}\right)^{n-1}\right]',$$

而 $\sum\limits_{n=1}^{\infty}\dfrac{1}{(n-1)!}\left(\dfrac{x}{2}\right)^{n-1} = \sum\limits_{n=0}^{\infty}\dfrac{1}{n!}\left(\dfrac{x}{2}\right)^n = \mathrm{e}^{x/2}$, 因此

$$s(x) = x\left(\frac{x}{2}\mathrm{e}^{x/2}\right)' + \mathrm{e}^{x/2} = \left(\frac{1}{4}x^2 + \frac{x}{2} + 1\right)\mathrm{e}^{x/2}, \quad x\in(-\infty,+\infty).$$

例 14　设幂级数 $\dfrac{x^4}{2\cdot 4} + \dfrac{x^6}{2\cdot 4\cdot 6} + \dfrac{x^8}{2\cdot 4\cdot 6\cdot 8} + \cdots$ 的和函数为 $s(x)$ $(-\infty<x<+\infty)$,

求:

(1) $s(x)$ 所满足的一阶微分方程; 　　(2) $s(x)$ 的表达式.

解　幂级数 $\dfrac{x^4}{2\cdot 4}+\dfrac{x^6}{2\cdot 4\cdot 6}+\dfrac{x^8}{2\cdot 4\cdot 6\cdot 8}+\cdots$ 的一般项为 $u_n(x)=\dfrac{x^{2n+2}}{(2n+2)!!}$. 因为

$$\lim_{n\to\infty}\left|\frac{u_{n+1}(x)}{u_n(x)}\right|=\lim_{n\to\infty}\frac{x^2}{2n+4}=0,$$

所以该级数的收敛域为 $(-\infty,+\infty)$.

由于

$$s'(x)=\frac{x^3}{2}+\frac{x^5}{2\cdot 4}+\frac{x^7}{2\cdot 4\cdot 6}+\cdots$$

$$=x\left(\frac{x^2}{2}+\frac{x^4}{2\cdot 4}+\frac{x^6}{2\cdot 4\cdot 6}+\cdots\right)\quad(-\infty<x<+\infty),$$

即 $s'(x)=x\left[\dfrac{x^2}{2}+s(x)\right]\ (-\infty<x<+\infty)$,再注意到 $s(0)=0$,故 $s(x)$ 所满足的一阶微分方程为

$$\begin{cases} s'(x)-xs(x)=\dfrac{x^3}{2},\\ s(0)=0. \end{cases}$$

(2) 利用一阶线性微分方程的通解公式,可得

$$s(x)=\mathrm{e}^{\int x\mathrm{d}x}\left(\int\frac{x^3}{2}\mathrm{e}^{-\int x\mathrm{d}x}\mathrm{d}x+C\right)=-\frac{x^2}{2}-1+C\mathrm{e}^{x^2/2}.$$

由初始条件 $s(0)=0$,求出 $C=1$. 于是,此级数的和函数为

$$s(x)=-\frac{x^2}{2}-1+\mathrm{e}^{x^2/2}\quad(-\infty<x<+\infty).$$

五、函数的幂级数展开

例 15　设函数 $f(x)=\begin{cases}\dfrac{\sin x}{x},& x\neq 0,\\ 1,& x=0,\end{cases}$ 求 $f^{(n)}(0)\ (n=1,2,\cdots)$.

分析　直接从导数定义求 $f(x)$ 在分段点 $x=0$ 处的 n 阶导数 $f^{(n)}(0)$,将非常繁琐. 可利用间接展开法先求出 $f(x)$ 在 $x=0$ 处的幂级数展开式

$$f(x)=a_0+a_1x+a_2x^2+\cdots+a_nx^n+\cdots,\quad x\in(-R,R),$$

再由展开式的唯一性便知 $a_n=\dfrac{f^{(n)}(0)}{n!}$,从而 $f^{(n)}(0)=n!\,a_n(n=0,1,2,\cdots)$.

解　由于 $\sin x=x-\dfrac{x^3}{3!}+\dfrac{x^5}{5!}-\cdots+(-1)^n\dfrac{x^{2n+1}}{(2n+1)!}+\cdots\ (-\infty<x<+\infty)$,所以

$$\frac{\sin x}{x} = 1 - \frac{x^2}{3!} + \frac{x^4}{5!} - \cdots + (-1)^n \frac{x^{2n}}{(2n+1)!} + \cdots \quad (x \neq 0).$$

又当 $x = 0$ 时，$\frac{\sin x}{x}$ 无意义，但 $\lim\limits_{x \to 0} \frac{\sin x}{x} = 1$，上式右端的幂级数当 $x = 0$ 时的和也为 1，因此

$$f(x) = 1 - \frac{x^2}{3!} + \frac{x^4}{5!} - \cdots + (-1)^n \frac{x^{2n}}{(2n+1)!} + \cdots \quad (-\infty < x < +\infty).$$

因为 $f(x)$ 的幂级数展开式中不出现 x 的奇次幂项，故有

$$f^{(2n-1)}(0) = 0, \quad f^{(2n)}(0) = \frac{(-1)^n}{(2n+1)!} \quad (n = 1, 2, \cdots).$$

例 16 将函数 $f(x) = \dfrac{1}{(3-x)^2}$ 展开成 x 的幂级数.

解 因 $f(x) = \dfrac{1}{(3-x)^2} = \left(\dfrac{1}{3-x}\right)' = \dfrac{1}{3}\left(\dfrac{1}{1-x/3}\right)'$，故当 $\left|\dfrac{x}{3}\right| < 1$，即 $|x| < 3$ 时，有

$$f(x) = \frac{1}{3}\left[\sum_{n=0}^{\infty}\left(\frac{x}{3}\right)^n\right]' = \frac{1}{3}\sum_{n=1}^{\infty}\frac{n}{3^n}x^{n-1}.$$

例 17 将 $\dfrac{1}{x^2+4x+3}$ 展成 $x-1$ 的幂级数.

解 $\dfrac{1}{x^2+4x+3} = \dfrac{1}{(x+1)(x+3)} = \dfrac{1}{2}\left(\dfrac{1}{x+1} - \dfrac{1}{x+3}\right) = \dfrac{1}{2}\left(\dfrac{1}{2+x-1} - \dfrac{1}{4+x-1}\right)$

$$= \frac{1}{4} \cdot \frac{1}{1+\dfrac{x-1}{2}} - \frac{1}{8} \cdot \frac{1}{1+\dfrac{x-1}{4}}.$$

当 $\left|\dfrac{x-1}{2}\right| < 1$，即 $|x-1| < 2$ 时，$\dfrac{1}{1+\dfrac{x-1}{2}} = \sum\limits_{n=0}^{\infty}(-1)^n\left(\dfrac{x-1}{2}\right)^n$；

当 $\left|\dfrac{x-1}{4}\right| < 1$，即 $|x-1| < 4$ 时，$\dfrac{1}{1+\dfrac{x-1}{4}} = \sum\limits_{n=0}^{\infty}(-1)^n\left(\dfrac{x-1}{4}\right)^n$.

因此，当 $|x-1| < 2$，即 $-1 < x < 3$ 时，有

$$\frac{1}{x^2+4x+3} = \frac{1}{4}\sum_{n=0}^{\infty}(-1)^n\left(\frac{x-1}{2}\right)^n - \frac{1}{8}\sum_{n=0}^{\infty}(-1)^n\left(\frac{x-1}{4}\right)^n$$

$$= \sum_{n=0}^{\infty}(-1)^n\left(\frac{1}{2^{n+2}} - \frac{1}{2^{2n+3}}\right)(x-1)^n.$$

例 18 将函数 $f(x) = \begin{cases} \dfrac{1+x^2}{x}\arctan x, & x \neq 0, \\ 1, & x = 0 \end{cases}$ 展开成 x 的幂级数，并求级数 $\sum\limits_{n=1}^{\infty}\dfrac{(-1)^n}{1-4n^2}$

的和.

解 当 $|x| < 1$ 时，$(\arctan x)' = \dfrac{1}{1+x^2} = \sum\limits_{n=0}^{\infty}(-x^2)^n$，所以

$$\arctan x = \int_0^x \frac{1}{1+x^2} \mathrm{d}x = \int_0^x \sum_{n=0}^{\infty} (-1)^n x^{2n} \mathrm{d}x = \sum_{n=0}^{\infty} (-1)^n \frac{x^{2n+1}}{2n+1}, \quad |x| < 1.$$

由于当 $x = \pm 1$ 时，级数 $\displaystyle\sum_{n=0}^{\infty} (-1)^n \frac{x^{2n+1}}{2n+1}$ 为收敛的交错级数，故

$$\arctan x = \sum_{n=0}^{\infty} (-1)^n \frac{x^{2n+1}}{2n+1}, \quad |x| \leqslant 1.$$

于是，当 $|x| \leqslant 1$ 且 $x \neq 0$ 时，有

$$f(x) = \frac{1+x^2}{x} \arctan x = 1 + \sum_{n=1}^{\infty} \frac{(-1)^n}{2n+1} x^{2n} + \sum_{n=0}^{\infty} \frac{(-1)^n}{2n+1} x^{2n+2}.$$

注意到当 $x = 0$ 时，上式成立，因此，当 $|x| \leqslant 1$ 时，有

$$f(x) = 1 + \sum_{n=1}^{\infty} \frac{(-1)^n}{2n+1} x^{2n} + \sum_{n=0}^{\infty} \frac{(-1)^n}{2n+1} x^{2n+2}$$

$$= 1 + \sum_{n=1}^{\infty} \frac{(-1)^n}{2n+1} x^{2n} + \sum_{n=1}^{\infty} \frac{(-1)^{n-1}}{2n-1} x^{2n}$$

$$= 1 + 2 \sum_{n=1}^{\infty} \frac{(-1)^n}{1-4n^2} x^{2n}.$$

令 $x = 1$，则 $f(1) = \dfrac{\pi}{2} = 1 + 2 \displaystyle\sum_{n=1}^{\infty} \frac{(-1)^n}{1-4n^2}$，即

$$\sum_{n=1}^{\infty} \frac{(-1)^n}{1-4n^2} = \frac{\pi}{4} - \frac{1}{2}.$$

六、傅里叶级数

例 19　设函数 $f(x)$ 在区间 $[-\pi, \pi]$ 上可积或绝对可积，$a_n, b_n (n = 1, 2, \cdots)$ 是 $f(x)$ 在 $[-\pi, \pi]$ 上的傅里叶系数，证明：

(1) 若 $f(x)$ 在 $[-\pi, \pi]$ 上满足 $f(x+\pi) = f(x)$，则 $a_{2m-1} = b_{2m-1} = 0 \ (m = 1, 2, \cdots)$；

(2) 若 $f(x)$ 在 $[-\pi, \pi]$ 上满足 $f(x+\pi) = -f(x)$，则 $a_{2m} = b_{2m} = 0 \ (m = 1, 2, \cdots)$。

证　我们有

$$a_n = \frac{1}{\pi} \int_{-\pi}^{\pi} f(x) \cos nx \, \mathrm{d}x = \frac{1}{\pi} \int_{-\pi}^{0} f(x) \cos nx \, \mathrm{d}x + \frac{1}{\pi} \int_{0}^{\pi} f(x) \cos nx \, \mathrm{d}x \quad (n = 1, 2, \cdots),$$

对第二个积分令 $x = \pi + t$，则

$$a_n = \frac{1}{\pi} \left[\int_{-\pi}^{0} f(x) \cos nx \, \mathrm{d}x + \int_{-\pi}^{0} f(\pi+t) \cos n(\pi+t) \mathrm{d}t \right] \quad (n = 1, 2, \cdots).$$

当 $f(\pi+x) = f(x)$ 时，$a_{2m-1} = 0 \ (m = 1, 2, \cdots)$；

当 $f(\pi+x) = -f(x)$ 时，$a_{2m} = 0 \ (m = 1, 2, \cdots)$。

同理, $b_n = \dfrac{1}{\pi}\displaystyle\int_{-\pi}^{\pi} f(x)\sin nx\,dx = \dfrac{1}{\pi}\displaystyle\int_{-\pi}^{0} \big[f(x)+(-1)^n f(\pi+x)\big]\sin nx\,dx \quad (n=1,2,\cdots).$

当 $f(\pi+x)=f(x)$ 时, $b_{2m-1}=0\ (m=1,2,\cdots)$;

当 $f(\pi+x)=-f(x)$ 时, $b_{2m}=0\ (m=1,2,\cdots)$.

可见(1),(2)的结论成立.

例 20 验证下列函数在指定区间上是否符合展开成傅里叶级数的狄利克雷收敛性条件,并指出展开式的成立区间:

(1) $f(x)$ 是以 2π 为周期的函数,它在区间 $(-\pi,\pi]$ 上的表达式为

$$f(x)=\begin{cases} \dfrac{\sin x}{x}, & -\pi<x\leqslant\pi, x\neq 0, \\ 1, & x=0; \end{cases}$$

(2) $f(x)=\begin{cases} e^x\cos x, & -\pi\leqslant x\leqslant 0, \\ 0, & 0<x\leqslant\pi; \end{cases}$

(3) $f(x)$ 是以 2 为周期的函数,它在区间 $(-1,1]$ 上的表达式为

$$f(x)=\dfrac{1}{x+1} \quad (-1<x\leqslant 1).$$

解 (1) 因为 $\lim\limits_{x\to 0}\dfrac{\sin x}{x}=1=f(0)$, 故 $x=0$ 为函数 $f(x)$ 的连续点, 从而 $f(x)$ 在 $(-\pi,\pi]$ 上是处处连续的初等函数. 所以 $f(x)$ 满足狄利克雷收敛性条件, 展开式成立的区间为 $(-\infty,+\infty)$.

(2) 因为 $\lim\limits_{x\to 0^+} f(x)=0=f(0)$, 而 $\lim\limits_{x\to 0^-} e^x\cos x=1\neq f(0)$, 所以 $x=0$ 是 $f(x)$ 的第一类间断点. 又

$$\lim_{x\to\pi^-} f(x)=0, \qquad \lim_{x\to-\pi^+} f(x)=\lim_{x\to-\pi^+} e^x\cos x=-e^{-\pi},$$

即 $x=\pm\pi$ 也是 $f(x)$ 的第一类间断点, 故 $f(x)$ 满足狄利克雷收敛性条件, 展开式成立区间为 $(-\pi,0)\bigcup(0,\pi)$.

(3) 因为 $\lim\limits_{x\to-1^+}\dfrac{1}{x+1}=+\infty$, 即 $f(-1^+)$ 不存在, 也即 $x=-1$ 是 $f(x)$ 的第二类间断点, 故该函数不满足狄利克雷收敛性条件.

习题参考答案与提示

习 题 8.1

2. $\overrightarrow{AB}=\dfrac{1}{2}(a-b)$，$\overrightarrow{BC}=\dfrac{1}{2}(a+b)$，$\overrightarrow{CD}=\dfrac{1}{2}(b-a)$，$\overrightarrow{DA}=-\dfrac{1}{2}(a+b)$.

3. $\pm\left(\dfrac{6}{11},\dfrac{7}{11},-\dfrac{6}{11}\right)$.   **4.** (1) $\dfrac{a}{|a|}+\dfrac{b}{|b|}$；   (2) $\pm\dfrac{1}{\sqrt{195}}(7,11,5)$.

5. (a,a,a)，$(-a,a,a)$，$(-a,-a,a)$，$(a,-a,a)$，$(a,a,-a)$，$(-a,a,-a)$，$(-a,-a,-a)$，

    $(a,-a,-a)$，分别在八个卦限内.

6. $(0,1,-2)$.   **9.** $\left(1,\dfrac{5}{3},\dfrac{1}{3}\right)$.

10. $\overrightarrow{AB}$ 的模：2；方向余弦：$\dfrac{1}{2},\dfrac{1}{2},\dfrac{\sqrt{2}}{2}$；方向角：$\dfrac{\pi}{3},\dfrac{\pi}{3},\dfrac{\pi}{4}$.

12. 2.   **13.** $A(-2,3,0)$.   **14.** $13,7j$.

习 题 8.2

1. $\pm\dfrac{1}{\sqrt{17}}(3,-2,-2)$.   **2.** $\dfrac{2}{3}\sqrt{30}$.   **3.** $\lambda=2\mu$.

4. $12\sqrt{2}$.   **5.** $\dfrac{1}{2}\sqrt{19}$.   **7.** 22.5.

习 题 8.3

1. $x^2+y^2+z^2-2x-6y+4z=0$.

2. $\left(x+\dfrac{2}{3}\right)^2+(y+1)^2+\left(z+\dfrac{4}{3}\right)^2=\dfrac{116}{9}$，它表示球心在 $\left(-\dfrac{2}{3},-1,-\dfrac{4}{3}\right)$，半径为 $\dfrac{2}{3}\sqrt{29}$ 的球面.

3. $\dfrac{x^2+y^2}{a^2}+\dfrac{z^2}{b^2}=1$，其中 $a^2=b^2-c^2$，这是旋转椭球面.

4. $x^2+y^2+z^2=9$.

5. 绕 x 轴：$4x^2-9(y^2+z^2)=36$；绕 y 轴：$4(x^2+z^2)-9y^2=36$.

习 题 8.4

1. $3y^2-z^2=16$ 和 $3x^2+2z^2=16$.

2. $\begin{cases} 2x^2-2x+y^2=8, \\ z=0. \end{cases}$

3. $\begin{cases} x^2+y^2-x-y+xy=0, \\ z=0. \end{cases}$

4. (1) $\begin{cases} x=\dfrac{3}{\sqrt{2}}\cos t, \\ y=\dfrac{3}{\sqrt{2}}\cos t, \quad (0\leqslant t\leqslant 2\pi); \\ z=3\sin t \end{cases}$ (2) $\begin{cases} x=\dfrac{t^2}{2p}, \\ y=t, \quad (-\infty<t<+\infty); \\ z=\dfrac{kt^2}{2p} \end{cases}$

(3) $\begin{cases} x=1+\sqrt{3}\cos\theta, \\ y=\sqrt{3}\sin\theta, \quad (0\leqslant\theta\leqslant 2\pi). \\ z=0 \end{cases}$

5. 参数方程：$\begin{cases} x=2+2\cos t, \\ y=2\sin t, \quad (0\leqslant t\leqslant 2\pi); \\ z=2(\cos 2t+8\cos t+7) \end{cases}$ 投影：$\begin{cases} (y^2+z)^2+32(y^2-z)=0, \\ x=0. \end{cases}$

6. $\begin{cases} x^2+y^2=a^2, \\ z=0; \end{cases}$ $\begin{cases} y=a\sin\dfrac{z}{b}, \\ x=0; \end{cases}$ $\begin{cases} x=a\cos\dfrac{z}{b}, \\ y=0. \end{cases}$

7. $\begin{cases} x^2+y^2\leqslant ax, \\ z=0; \end{cases}$ $\begin{cases} x^2+z^2\leqslant a^2, \\ y=0, \end{cases}$ $x\geqslant 0, z\geqslant 0.$

8. $\begin{cases} x^2+y^2\leqslant 1, \\ z=0. \end{cases}$

9. $\begin{cases} x^2+y^2\leqslant 4, \\ z=0; \end{cases}$ $\begin{cases} x^2\leqslant z\leqslant 4, \\ y=0; \end{cases}$ $\begin{cases} y^2\leqslant z\leqslant 4. \\ x=0; \end{cases}$

习 题 8.5

1. (1) $2x+9y-6z-121=0$；   (2) $y+5=0$；   (3) $y+2z=0$.

2. $x+y-3z-4=0$.   3. $x-y-z+1=0$.   4. $x-3y-2z=0$.

5. $3x+5y+7z-100=0$.   6. $2x+3y+z=0$.   7. $x+y+z-2=0$.

8. $\dfrac{1}{3}, \dfrac{2}{3}, \dfrac{2}{3}$.   9. (1) 2；   (2) 1.

10. (1) $\alpha=\dfrac{\pi}{3}, \beta=\dfrac{\pi}{4}, \gamma=\dfrac{\pi}{3}, d=5$；   (2) $\alpha=\dfrac{\pi}{2}, \beta=\dfrac{3\pi}{4}, \gamma=\dfrac{\pi}{4}, d=\sqrt{2}$.

习 题 8.6

1. $\dfrac{x-3}{-2}=\dfrac{y+5}{7}=\dfrac{z-1}{3}$.   2. $\dfrac{x-1}{7}=\dfrac{y}{-2}=z+5$.

3. $\dfrac{x-1}{-2}=\dfrac{y-1}{1}=\dfrac{z-1}{3}$； $\begin{cases} x=1-2t, \\ y=1+t, \\ z=1+3t. \end{cases}$ 4. $\begin{cases} 5x+2y-1=0, \\ 7x-2z+1=0. \end{cases}$

5. $\left(\dfrac{1}{14},\dfrac{2}{14},\dfrac{3}{14}\right)$. **6.** $\left(-\dfrac{5}{3},\dfrac{2}{3},\dfrac{2}{3}\right)$. **7.** (1) $\arccos\dfrac{72}{77}$; (2) $\dfrac{\pi}{2}$.

8. (1) $\dfrac{\pi}{4}$; (2) 0. **9.** $\dfrac{x}{-2}=\dfrac{y-2}{3}=\dfrac{z-4}{1}$. **10.** $\dfrac{x}{-1}=\dfrac{y}{0}=\dfrac{z}{3}$ 或 $\begin{cases}3x+z=0,\\ y=0.\end{cases}$

<h2 style="text-align:center">习 题 9.1</h2>

1. (1) 内部 $E^{\circ}=\{(x,y)\mid x^2+(y-1)^2>1\}\bigcap\{(x,y)\mid x^2+(y-2)^2<4\}$;

导集 $E'=E$;边界 $\partial E=\{(x,y)\mid x^2+(y-1)^2=1\}\bigcup\{(x,y)\mid x^2+(y-2)^2=4\}$.

(2) 内部 $E^{\circ}=\varnothing$;导集和边界相同:

$$E'=\partial E=\left\{(x,y)\,\Big|\,0<x\leqslant1,y=\sin\dfrac{1}{x}\right\}\bigcup\{(x,y)\mid x=0,-1\leqslant y\leqslant1\}.$$

2. (1) $\{(x,y)\mid y>x\text{ 且 }x^2+y^2<1\}$; (2) $\{(x,y)\mid x+y>0\text{ 且 }x-y>0\}$;

(3) $\{(x,y)\mid r^2<x^2+y^2+z^2\leqslant R^2\}$; (4) $\{(x,y,z)\mid\mid z\mid\leqslant x^2+y^2\text{ 且 }x^2+y^2\neq0\}$.

3. $\varphi(x)=x^2+2x$, $f(x,y)=\sqrt{y}+x-1$.

4. (1) 1; (2) $\dfrac{1}{2}$; (3) -2; (4) 0; (5) 1; (6) 0.

<h2 style="text-align:center">习 题 9.2</h2>

1. (1) $\dfrac{\partial z}{\partial x}=y+\dfrac{1}{y}$, $\dfrac{\partial z}{\partial y}=x-\dfrac{x}{y^2}$;

(2) $\dfrac{\partial z}{\partial x}=\dfrac{1}{y}\cos\dfrac{x}{y}\cdot\cos\dfrac{y}{x}+\dfrac{y}{x^2}\sin\dfrac{x}{y}\cdot\sin\dfrac{y}{x}$, $\dfrac{\partial z}{\partial y}=-\dfrac{x}{y^2}\cos\dfrac{x}{y}\cdot\cos\dfrac{y}{x}-\dfrac{1}{x}\sin\dfrac{x}{y}\cdot\sin\dfrac{y}{x}$;

(3) $\dfrac{\partial z}{\partial x}=\dfrac{1}{x+\ln y}$, $\dfrac{\partial z}{\partial y}=\dfrac{1}{y(x+\ln y)}$;

(4) $\dfrac{\partial z}{\partial x}=y^2(1+xy)^{y-1}$, $\dfrac{\partial z}{\partial y}=(1+xy)^y\left[\ln(1+xy)+\dfrac{xy}{1+xy}\right]$;

(5) $\dfrac{\partial u}{\partial x}=\dfrac{z(x-y)^{z-1}}{1+(x-y)^{2z}}$, $\dfrac{\partial u}{\partial y}=-\dfrac{z(x-y)^{z-1}}{1+(x-y)^{2z}}$, $\dfrac{\partial u}{\partial z}=\dfrac{(x-y)^z\ln(x-y)}{1+(x-y)^{2z}}$;

(6) $\dfrac{\partial u}{\partial x}=y^z x^{y^z-1}$, $\dfrac{\partial u}{\partial y}=x^{y^z}y^{z-1}z\ln x$, $\dfrac{\partial u}{\partial z}=x^{y^z}y^z\ln x\cdot\ln y$.

2. $f_x(0,0,0)=\dfrac{1}{4}$, $f_y(0,0,0)=\dfrac{1}{4}$, $f_z(0,0,0)=\dfrac{1}{4}$.

3. $\dfrac{\pi}{4}$.

5. (1) $\dfrac{\partial^2 z}{\partial x^2}=\dfrac{2xy}{(x^2+y^2)^2}$, $\dfrac{\partial^2 z}{\partial x\partial y}=\dfrac{y^2-x^2}{(x^2+y^2)^2}$, $\dfrac{\partial^2 z}{\partial y^2}=-\dfrac{2xy}{(x^2+y^2)^2}$;

(2) $\dfrac{\partial^2 z}{\partial x^2}=y^x\ln^2 y$, $\dfrac{\partial^2 z}{\partial x\partial y}=y^{x-1}(1+x\ln y)$, $\dfrac{\partial^2 z}{\partial y^2}=x(x-1)y^{x-2}$;

(3) $\dfrac{\partial^3 z}{\partial x^2\partial y}=(2+4xy+x^2y^2)\mathrm{e}^{xy}$, $\dfrac{\partial^3 z}{\partial x\partial y^2}=(3x^2+x^3y)\mathrm{e}^{xy}$;

(4) $\dfrac{\partial^2 u}{\partial x^2}=-\dfrac{a^2}{(ax+by+cz)^2}$，$\dfrac{\partial^3 u}{\partial x^2\partial y}=\dfrac{2a^2 b}{(ax+by+cz)^3}$.

习 题 9.3

1. (1) $\mathrm{d}z=\dfrac{-2y}{(x-y)^2}\mathrm{d}x+\dfrac{2x}{(x-y)^2}\mathrm{d}y$；　(2) $\mathrm{d}z=-\dfrac{xy}{(x^2+y^2)^{\frac{3}{2}}}\mathrm{d}x+\dfrac{x^2}{(x^2+y^2)^{\frac{3}{2}}}\mathrm{d}y$；

　　(3) $\mathrm{d}u=yzx^{yz-1}\mathrm{d}x+x^{yz}\ln x\cdot z\mathrm{d}y+x^{yz}\ln x\cdot y\mathrm{d}z$；　(4) $\mathrm{d}u=\dfrac{x\mathrm{d}x+y\mathrm{d}y+z\mathrm{d}z}{\sqrt{x^2+y^2+z^2}}$.

2. (1) $\mathrm{d}z=\dfrac{4}{21}\mathrm{d}x+\dfrac{8}{21}\mathrm{d}y$；　(2) $\mathrm{d}u=5\mathrm{e}^3(\mathrm{d}x+\mathrm{d}y+\mathrm{d}z)$.

3. $\Delta z=-\dfrac{5}{42}\approx-0.119$，$\mathrm{d}z=-\dfrac{1}{8}=-0.125$.

*4. 2.95；　**5.** (A).

习 题 9.4

1. (1) $\mathrm{e}^{\sin t-2t^3}(\cos t-6t^2)$；　(2) $\left(2-\dfrac{4}{t^3}\right)\sec^2\left(2t+\dfrac{2}{t^2}\right)$；　(3) $\mathrm{e}^{ax}\sin x$.

2. (1) $\dfrac{\partial z}{\partial x}=\dfrac{2x}{y^2}\ln(3x-2y)+\dfrac{3x^2}{(3x-2y)y^2}$，$\dfrac{\partial z}{\partial y}=-\dfrac{2x^2}{y^3}\ln(3x-2y)-\dfrac{2x^2}{(3x-2y)y^2}$；

　　(2) $\dfrac{\partial z}{\partial u}=-\dfrac{v}{u^2+v^2}$，$\dfrac{\partial z}{\partial v}=\dfrac{u}{u^2+v^2}$；

　　(3) $\dfrac{\partial u}{\partial s}=t\mathrm{e}^s(\sin w+2xv\cos w)+\mathrm{e}^{s+t}(\sin w+2zv\cos w)$，

　　　$\dfrac{\partial u}{\partial t}=\mathrm{e}^s(\sin w+2xv\cos w)+\mathrm{e}^t(\sin w+2yv\cos w)+\mathrm{e}^{s+t}(\sin w+2zv\cos w)$，

　其中 $w=x^2+y^2+z^2=t^2\mathrm{e}^{2s}+\mathrm{e}^{2t}+\mathrm{e}^{2(s+t)}$，$v=x+y+z=t\mathrm{e}^s+\mathrm{e}^t+\mathrm{e}^{s+t}$.

3. (1) $\dfrac{\partial u}{\partial x}=yf'_1\left(xy,\dfrac{x}{y}\right)+\dfrac{1}{y}f'_2\left(xy,\dfrac{x}{y}\right)$，$\dfrac{\partial u}{\partial y}=xf'_1\left(xy,\dfrac{x}{y}\right)-\dfrac{x}{y^2}f'_2\left(xy,\dfrac{x}{y}\right)$；

　　(2) $\dfrac{\partial u}{\partial x}=\dfrac{2x}{1+x^2+y^2}f'_1+\mathrm{e}^{x+y}f'_2$，$\dfrac{\partial u}{\partial y}=\dfrac{2y}{1+x^2+y^2}f'_1+\mathrm{e}^{x+y}f'_2$；

　　(3) $\dfrac{\partial u}{\partial x}=f'_1+yf'_2+yzf'_3$，$\dfrac{\partial u}{\partial y}=xf'_2+xzf'_3$，$\dfrac{\partial u}{\partial z}=xyf'_3$.

4. (1) $\dfrac{\partial^2 z}{\partial x^2}=2f'+4x^2 f''$，$\dfrac{\partial^2 z}{\partial x\partial y}=4xyf''$，$\dfrac{\partial^2 z}{\partial y^2}=2f'+4y^2 f''$；

　　(2) $\dfrac{\partial^2 z}{\partial x\partial y}=\mathrm{e}^x\cos y\cdot f'_1+\mathrm{e}^{2x}\sin y\cos y\cdot f''_{11}+2\mathrm{e}^x(y\sin y+x\cos y)f''_{12}+4xyf''_{22}$；

　　(3) $\dfrac{\partial^2 z}{\partial x^2}=\mathrm{e}^{x+y}f'_3-\sin x\cdot f'_1+\cos^2 x\cdot f''_{11}+2\mathrm{e}^{x+y}\cos x\cdot f''_{13}+\mathrm{e}^{2(x+y)}f''_{33}$，

　　　$\dfrac{\partial^2 z}{\partial x\partial y}=\mathrm{e}^{x+y}f'_3-\cos x\sin y\cdot f''_{12}+\mathrm{e}^{x+y}\cos x\cdot f''_{13}-\mathrm{e}^{x+y}\sin y\cdot f''_{32}+\mathrm{e}^{2(x+y)}f''_{33}$.

6. (2) $x\dfrac{\partial z}{\partial x}+y\dfrac{\partial z}{\partial y}=\sqrt{x^2+y^2}$.

习 题 9.5

1. $\dfrac{\mathrm{d}y}{\mathrm{d}x} = \dfrac{x+y}{x-y}$.　　　　2. $\dfrac{\partial z}{\partial x} = \dfrac{2\mathrm{e}^{2x-3z}}{1+3\mathrm{e}^{2x-3z}}$, $\dfrac{\partial z}{\partial y} = \dfrac{2}{1+3\mathrm{e}^{2x-3z}}$.

3. $\dfrac{\partial z}{\partial x} = \dfrac{yz - \sqrt{xyz}}{\sqrt{xyz} - xy}$, $\dfrac{\partial z}{\partial y} = \dfrac{xz - 2\sqrt{xyz}}{\sqrt{xyz} - xy}$.　　　4. $\mathrm{d}z = \dfrac{1+(x-1)\mathrm{e}^{z-y-x}}{1+x\mathrm{e}^{z-y-x}}\mathrm{d}x + \mathrm{d}y$.

5. $f'_x(0,1,-1) = 1$.　　6. $\dfrac{\partial^2 z}{\partial x \partial y} = \dfrac{\mathrm{e}^z}{(1+x-z)^3}$.　　7. $\dfrac{\partial^2 z}{\partial x \partial y} = \dfrac{z(z^4 - 2xyz^2 - x^2 y^2)}{(z^2 - xy)^3}$.

10. (1) $\dfrac{\mathrm{d}y}{\mathrm{d}x} = -\dfrac{x(1+6z)}{y(2+6z)}$, $\dfrac{\mathrm{d}z}{\mathrm{d}x} = \dfrac{x}{1+3z}$;

　　(2) $\dfrac{\partial u}{\partial x} = \dfrac{f'_2 g'_1 + u f'_1 \cdot (2vyg'_2 - 1)}{f'_2 g'_1 - (xf'_1 - 1)(2vyg'_2 - 1)}$, $\dfrac{\partial v}{\partial x} = \dfrac{(1 - xf'_1)g'_1 - uf'_1 g'_1}{f'_2 g'_1 - (xf'_1 - 1)(2vyg'_2 - 1)}$;

　　(3) $\dfrac{\partial u}{\partial x} = \dfrac{\sin v}{\mathrm{e}^u(\sin v - \cos v) + 1}$, $\dfrac{\partial u}{\partial y} = \dfrac{-\cos v}{\mathrm{e}^u(\sin v - \cos v) + 1}$,

　　　$\dfrac{\partial v}{\partial x} = \dfrac{\cos v - \mathrm{e}^u}{u[\mathrm{e}^u(\sin v - \cos v) + 1]}$, $\dfrac{\partial v}{\partial y} = \dfrac{\sin v + \mathrm{e}^u}{u[\mathrm{e}^u(\sin v - \cos v) + 1]}$;

　　(4) $\dfrac{\partial z}{\partial x} = \dfrac{2(u\cos v - v\sin v)}{\mathrm{e}^u}$, $\dfrac{\partial z}{\partial y} = \dfrac{2(v\cos v + u\sin v)}{\mathrm{e}^u}$.

习 题 9.6

1. (1) 切线方程为 $\dfrac{x - \left(\dfrac{\pi}{2} - 1\right)}{1} = \dfrac{y-1}{1} = \dfrac{z - 2\sqrt{2}}{\sqrt{2}}$, 法平面方程为 $x + y + \sqrt{2}z = \dfrac{\pi}{2} + 4$;

　　(2) 切线方程为 $2(x-1) = y-1 = 4(2z-1)$, 法平面方程为 $8x + 16y + 2z = 25$;

　　(3) 切线方程为 $\dfrac{x-1}{1} = \dfrac{y-1}{0} = \dfrac{z-1}{-1}$, 法平面方程为 $x - z = 0$.

2. $(-1,1,-1)$ 或 $\left(-\dfrac{1}{3}, \dfrac{1}{9}, -\dfrac{1}{27}\right)$.

3. (1) 切平面方程为 $64x + 9y - z - 102 = 0$, 法线方程为 $\dfrac{x-2}{64} = \dfrac{y-1}{9} = \dfrac{z-35}{-1}$;

　　(2) 切平面方程为 $x + 2y - 4 = 0$, 法线方程为 $\begin{cases} \dfrac{x-2}{1} = \dfrac{y-1}{2}, \\ z = 0. \end{cases}$

4. $2x + 4y - z - 5 = 0$.　　5. $4x - 2y - 3z - 3 = 0$.　　6. $\dfrac{x+3}{1} = \dfrac{y+1}{3} = \dfrac{z-3}{1}$.

习 题 9.7

1. $1 + 2\sqrt{3}$.　　2. $\dfrac{98}{13}$.　　3. $\dfrac{\sqrt{3}}{3}$.　　4. $\dfrac{\sqrt{2}}{3}$.　　5. $\dfrac{1}{ab}\sqrt{2(a^2+b^2)}$.　　6. $\dfrac{6}{7}\sqrt{14}$.

7. $\dfrac{11}{7}$.　　8. $x_0 + y_0 + z_0$.　　9. (1) $\mathbf{grad}\, z = \left(-\dfrac{2x}{a^2}, -\dfrac{2y}{b^2}\right)$;　　(2) $\mathbf{grad}\, u\big|_{(1,1,1)} = (11, 9, 5)$.

习 题 9.8

1. (1) 函数 $f(x,y)$ 在点 $(2,-2)$ 处取得极大值 $f(2,-2)=8$;

(2) 函数 $f(x,y)$ 在点 $(1,1)$ 处取得极小值 $f(1,1)=-2$,函数 $f(x,y)$ 在点 $(-1,-1)$ 处取得极小值 $f(-1,-1)=-2$;

(3) 函数 $f(x,y)$ 在点 $\left(\dfrac{1}{2},-1\right)$ 处取得极小值 $f\left(\dfrac{1}{2},-1\right)=-\dfrac{e}{2}$;

(4) 函数 $f(x,y)$ 在点 $\left(\dfrac{a^2}{b},\dfrac{b^2}{a}\right)$ 处取得极小值 $f\left(\dfrac{a^2}{b},\dfrac{b^2}{a}\right)=3ab$.

2. (1) 极大值 $f\left(\dfrac{1}{2},\dfrac{1}{2}\right)=\dfrac{1}{4}$;

(2) 最大值 $f_{\max}=f\left(\dfrac{1}{3},-\dfrac{2}{3},\dfrac{2}{3}\right)=3$,最小值 $f_{\min}=f\left(-\dfrac{1}{3},\dfrac{2}{3},-\dfrac{2}{3}\right)=-3$;

(3) 最大值 $f_{\max}=f(-2,-2,8)=72$,最小值 $f_{\min}=f(1,1,2)=6$.

3. 最远的点为 $(-5,-5,-5)$,距离为 5;最近的点为 $(1,1,1)$,距离为 1.

4. 两直角边长均为 $\dfrac{l}{\sqrt{2}}$ 的等腰直角三角形的周长最大.

5. 矩形的边长为 $\dfrac{2}{3}p$ 和 $\dfrac{1}{3}p$.

6. 最大值 $d_{\max}=d\left(\dfrac{-1-\sqrt{3}}{2},\dfrac{-1-\sqrt{3}}{2},2+\sqrt{3}\right)=\sqrt{9+5\sqrt{3}}$,

最小值 $d_{\min}=d\left(\dfrac{-1+\sqrt{3}}{2},\dfrac{-1+\sqrt{3}}{2},2-\sqrt{3}\right)=\sqrt{9-5\sqrt{3}}$.

7. 最大值 $f_{\max}=f(0,2)=8$,最小值 $f_{\min}=f(0,0)=0$.

习 题 10.1

1. (1) $\displaystyle\iint\limits_{x+y\leqslant 1,x\geqslant 0,y\geqslant 0}(1-x-y)\mathrm{d}x\mathrm{d}y$ 或 $\displaystyle\iiint\limits_{x+y+z\leqslant 1,x\geqslant 0,y\geqslant 0,z\geqslant 0}\mathrm{d}V$; (2) $\displaystyle\iint\limits_{x^2+y^2\leqslant 8}\left[4-\dfrac{1}{2}(x^2+y^2)\right]\mathrm{d}x\mathrm{d}y$.

2. 因 $\ln(x^2+y^2)<0$,故 $\displaystyle\iint\limits_{D}\ln(x^2+y^2)\mathrm{d}\sigma<0$.

3. (1) 0; (2) 0; (3) $\dfrac{2}{3}\pi$; (4) $\dfrac{1}{3}\pi h^3$; (5) 4π; (6) 0.

4. (1) $\dfrac{100}{51}\leqslant\displaystyle\iint\limits_{|x|+|y|\leqslant 10}\dfrac{\mathrm{d}\sigma}{100+\cos^2 x+\cos^2 y}\leqslant 2$; (2) $\dfrac{\pi}{6}\leqslant\displaystyle\iiint\limits_{V}(1+x+y)^z\mathrm{d}V\leqslant\dfrac{\pi}{2}$.

5. (1) $\displaystyle\iint\limits_{D}\sin^2(x+y)\mathrm{d}\sigma\leqslant\iint\limits_{D}(x+y)^2\mathrm{d}\sigma$; (2) $\displaystyle\iiint\limits_{V}(x+y+z)^2\mathrm{d}V\geqslant\iiint\limits_{V}(x+y+z)^3\mathrm{d}V$.

习 题 10.2

1. (1) $\displaystyle\int_1^{\sqrt{2}}\mathrm{d}y\int_1^{y^2}f(x,y)\mathrm{d}x+\int_{\sqrt{2}}^2\mathrm{d}y\int_1^2 f(x,y)\mathrm{d}x$; (2) $\displaystyle\int_0^2\mathrm{d}y\int_{\sqrt{2y}}^{\sqrt{8-y^2}}f(x,y)\mathrm{d}x$.

习题参考答案与提示

2. $\dfrac{1}{\sqrt{e}}$.　**3.** $\dfrac{9}{4}$.　**4.** $\dfrac{45}{4}$.　**5.** $\dfrac{46}{15}$.　**6.** $\dfrac{e}{2}-1$.

7. $\dfrac{4}{3}$.　**8.** $f(x,y)=\sqrt{1-x^2-y^2}-\dfrac{1}{6}\left(\dfrac{\pi}{2}-\dfrac{2}{3}\right)$.

9. (1) $-6\pi^2$;　(2) $\dfrac{\pi}{2}$;　(3) $\dfrac{a^4}{2}$;　(4) $\dfrac{3\pi^2}{64}$.

10. $\dfrac{\pi^5}{40}$.　**11.** $\dfrac{7\pi}{6}$.　**12.** $a^2\left(2+\dfrac{\pi}{4}\right)$.　**13. 提示**　交换积分次序.

<h3 align="center">习 题 10.3</h3>

1. (1) $\dfrac{\pi^2}{16}-\dfrac{1}{2}$;　(2) $\dfrac{7\pi}{3}$;　(3) 8π;　(4) $\dfrac{1}{192}$;　(5) $\dfrac{1}{364}$;　(6) 0.

2. (1) 0;　(2) $\dfrac{7\pi}{12}$;　(3) $\dfrac{8a^2}{9}$;　(4) 336π.

3. (1) $\dfrac{7\pi}{6}$;　(2) $\dfrac{64\pi}{9}$;　(3) $\dfrac{\pi}{16}(e^{16}-e)$.

4. (1) $\dfrac{5}{12}\pi r^3$;　(2) 81π;　(3) $\dfrac{55}{6}$.

5. $K\pi R^4$.　**6.** $\dfrac{27}{37}$.

<h3 align="center">习 题 10.4</h3>

1. (1) $\dfrac{\pi^2}{2}$;　(2) $\dfrac{1}{2}(e-1)$;　(3) $\dfrac{4}{3}\pi(a+b+c)R^3$;　(4) $\dfrac{1}{2}\pi ab$;　(5) $\dfrac{2}{15}\pi ab^3$.

2. (1) $2\pi\displaystyle\int_0^1 f(r)r\,dr$;　(2) $\displaystyle\int_{-1}^1 f(u)\,du$;　(3) $\dfrac{1}{2}\displaystyle\int_1^4 \dfrac{f(u)}{u}\,du$.

3. $\dfrac{b^2-a^2}{2}\left(\dfrac{1}{1+\alpha}-\dfrac{1}{1+\beta}\right)$.

<h3 align="center">习 题 10.5</h3>

1. (1) $\dfrac{7}{2}$;　(2) $\dfrac{2\pi a^2}{3}(2\sqrt{2}-1)$;　(3) $\dfrac{16}{3}\pi$;　(4) $\sqrt{2}\pi$;　(5) $16R^2$.

2. (1) $\bar{x}=0,\ \bar{y}=\dfrac{4b}{3\pi}$;　(2) $\bar{x}=\dfrac{5}{6}a,\ \bar{y}=\dfrac{16}{9\pi}a$;　(3) $\bar{x}=-\dfrac{1}{2}a,\ \bar{y}=\dfrac{8}{5}a$.

3. (1) $\left(0,0,\dfrac{2}{3}\right)$;　(2) $\left(\dfrac{1}{4},\dfrac{1}{8},-\dfrac{1}{4}\right)$;　(3) $\left(0,0,\dfrac{3(b^4-a^4)}{8(b^3-a^3)}\right)$.

4. (1) $\dfrac{368}{105}$;　(2) $I_y=\dfrac{1}{4}\pi a^3 b$;　(3) $I_x=\dfrac{1}{44},\ I_y=\dfrac{1}{36}$;　(4) $I_x=\dfrac{\mu a^4}{4}\left(\dfrac{\pi}{4}-\dfrac{2}{3}\right)$;

　　(5) $I_z=\mu\pi h(b^4-a^4)$, $I_x=\dfrac{\mu\pi h}{2}(b^4-a^4)+\dfrac{2\mu\pi h^3}{3}(b^2-a^2)$.

5. (1) $\dfrac{8}{3}a^4$;　(2) $\left(0,0,\dfrac{7}{15}a^2\right)$;　(3) $\dfrac{112}{45}\mu a^6$.

6. $F_x = 0$, $F_y = \dfrac{\pi}{2}km(b-a)$.

习 题 11.1

1. (D). **2.** (D). **3.** π. **4.** $e^a\left(2+\dfrac{\pi}{4}a\right)-2$. **5.** 9. **6.** $\sqrt{3}$.

7. $\left(0, \dfrac{2R}{\pi}\right)$. **8.** $R^3(\alpha - \sin\alpha\cos\alpha)$. **9.** $9+\dfrac{15}{4}\ln 5$.

习 题 11.2

1. -2. **2.** $-\dfrac{\pi}{2}a^3$. **3.** -4. **4.** $\dfrac{k}{2}(a^2-b^2)$. **5.** $-\dfrac{87}{4}$.

6. $\displaystyle\int_L \left[2\sqrt{x}P(x,y)+Q(x,y)\right]\dfrac{\mathrm{d}s}{\sqrt{1+4x}}$.

习 题 11.3

1. (A). **2.** (1) $-\dfrac{a^4\pi}{2}$; (2) 0; (3) $\sin 1+e-1$. **3.** $\pi+1$. **4.** $\dfrac{3}{8}\pi a^2$.

5. (1) 0; (2) 2π. **6.** $\dfrac{1}{2}$. **7.** $\dfrac{1}{2}(x^2+y^2)+2xy+c$. **8.** $x^y=c$.

习 题 11.4

1. $4\sqrt{61}$. **2.** $\dfrac{32}{9}\sqrt{2}$. **3.** $2\pi a \ln\dfrac{a}{h}$. **4.** π. **5.** $\dfrac{2\pi}{15}(6\sqrt{3}+1)$. **6.** $2\pi\mu a^3 b$.

习 题 11.5

1. (1) a^4; (2) 24; (3) $\dfrac{2}{15}$; (4) $\dfrac{1}{4}abc^2\pi$; (5) -2π; (6) $\dfrac{1}{8}$; (7) 0; (8) 8π.

2. $\dfrac{32\pi}{3}$.

习 题 11.6

1. $-\dfrac{\pi}{2}$. **2.** (1) 0; (2) 128π. **3.** $\dfrac{7\pi}{2}$. **4.** 34π. **6.** $\dfrac{32\pi}{15}$.

7. 0. **8.** $\dfrac{2}{x^2+y^2+z^2}$.

习 题 11.7

1. $-4\sqrt{2}\pi$. **2.** $-\dfrac{9}{2}a^3$. **3.** -24. **4.** 0. **5.** 0.

习 题 12.1

1. (1) $s_n = \dfrac{1-\left(-\dfrac{1}{\sqrt{3}}\right)^n}{\sqrt{3}+1}$; (2) $s_n = \dfrac{n}{4n+4}$; (3) $s_n = \dfrac{\sin\dfrac{2n+1}{12}\pi - \sin\dfrac{\pi}{12}}{2\sin\dfrac{\pi}{12}}$.

2. (1) 发散; (2) 发散; (3) 当 $0<a\leqslant 1$ 时发散,当 $a>1$ 时收敛; (4) 收敛.

3. (1) 发散; (2) 发散; (3) 收敛; (4) 发散.

4. (1) $-\sqrt{2}+1$; (2) $-\ln 2$; (3) 3/2.

习 题 12.2

1. (1) 发散; (2) 收敛; (3) 收敛; (4) 收敛; (5) 当 $0<a\leqslant 1$ 时发散,当 $a>1$ 时收敛;

(6) 收敛; (7) 发散; (8) 收敛.

2. (1) 收敛; (2) 发散; (3) 收敛; (4) 收敛; (5) 当 $|q|\geqslant 1$ 时发散,当 $|q|<1$ 时收敛.

3. (1) 收敛; (2) 收敛.

4. (1) 收敛; (2) 发散; (3) 收敛; (4) 当 $0<x<\dfrac{\pi}{2}$ 及 $\dfrac{\pi}{2}<x<\pi$ 时收敛,当 $x=\dfrac{\pi}{2}$ 时发散.

5. (1) 收敛; (2) 当 $0<a<1$ 时收敛,当 $a\geqslant 1$ 时发散; (3) 收敛; (4) 收敛;

(5) 收敛; (6) 当 $0<a\leqslant 1$ 时发散,当 $a>1$ 时收敛.

7. (1) 绝对收敛; (2) 条件收敛; (3) 条件收敛; (4) 绝对收敛; (5) 条件收敛; (6) 发散.

习 题 12.3

1. (1) 收敛半径 $R=1$,收敛域为 $[-1,1]$; (2) 收敛半径为 $+\infty$,收敛域为 $(-\infty,+\infty)$;

(3) 收敛半径 $R=1$,收敛域为 $[-1,1)$; (4) 收敛半径 $R=\dfrac{1}{2}$,收敛域为 $\left[-\dfrac{1}{2},\dfrac{1}{2}\right]$;

(5) 收敛半径 $R=1$,收敛域为 $(-1,1)$; (6) 收敛半径 $R=\dfrac{1}{2}$,收敛域为 $\left[-\dfrac{3}{2},-\dfrac{1}{2}\right)$;

(7) 收敛半径 $R=5$,收敛域为 $(-1,9)$; (8) 收敛半径 $R=1$,收敛域为 $[-1,1]$.

2. (1) $s(x) = \dfrac{x}{1-x} - \ln(1-x)$, $-1\leqslant x<1$;

(2) $s(x) = \dfrac{2x}{(1-x)^3}$, $-1<x<1$;

(3) $s(x) = \begin{cases} 1+\dfrac{1-x}{x}\ln(1-x), & x\in[-1,0)\cup(0,1), \\ 0, & x=0; \end{cases}$

(4) $s(x) = (2x^2+1)\mathrm{e}^{x^2}$, $-\infty<x<+\infty$;

(5) $s(x) = \dfrac{x}{(1-x)^2} + \dfrac{2}{2-x}$, $-1<x<1$;

(6) $s(x) = \dfrac{1}{4}\ln\dfrac{1+x}{1-x} + \dfrac{1}{2}\arctan x - x$, $-1<x<1$.

3. (1) 3e; (2) 8.

习 题 12.4

1. (1) $\cos x = \sum\limits_{n=0}^{\infty} \dfrac{(-1)^n}{(2n)!} x^{2n}, \ -\infty < x < +\infty$;

(2) $2^x = \sum\limits_{n=0}^{\infty} \dfrac{\ln^n 2}{n!} x^n, \ -\infty < x < +\infty$.

2. (1) $\operatorname{ch} x = \sum\limits_{n=0}^{\infty} \dfrac{x^{2n}}{(2n)!}, \ -\infty < x < +\infty$;

(2) $\dfrac{1}{\sqrt{1+x^2}} = 1 + \sum\limits_{n=1}^{\infty} (-1)^n \dfrac{(2n-1)!!}{(2n)!!} x^{2n}, \ -1 \leqslant x \leqslant 1$;

(3) $\cos^2 x = 1 + \sum\limits_{n=1}^{\infty} (-1)^n \dfrac{2^{2n-1}}{(2n)!} x^{2n}, \ -\infty < x < +\infty$;

(4) $\ln(3+x) = \ln 3 + \sum\limits_{n=1}^{\infty} (-1)^{n-1} \dfrac{x^n}{n \cdot 3^n}, \ -3 < x \leqslant 3$;

(5) $\ln(x + \sqrt{1+x^2}) = x + \sum\limits_{n=1}^{\infty} (-1)^n \dfrac{(2n-1)!!}{(2n+1) \cdot (2n)!!} x^{2n+1}, \ -1 \leqslant x \leqslant 1$;

(6) $\arcsin x = x + \sum\limits_{n=1}^{\infty} \dfrac{(2n-1)!!}{(2n+1) \cdot (2n)!!} x^{2n+1}, \ -1 < x < 1$.

3. (1) $\dfrac{1}{2x+3} = \sum\limits_{n=0}^{\infty} (-1)^n \dfrac{2^n}{5^{n+1}} (x-1)^n, \ x \in \left(-\dfrac{3}{2}, \dfrac{7}{2}\right)$;

(2) $\ln x = \ln 2 + \sum\limits_{n=1}^{\infty} (-1)^{n-1} \dfrac{1}{n \cdot 2^n} (x-2)^n, \ x \in (0,4]$;

(3) $\cos x = \dfrac{\sqrt{2}}{2} \sum\limits_{n=0}^{\infty} (-1)^n \left[\dfrac{1}{(2n)!} \left(x - \dfrac{\pi}{4}\right)^{2n} - \dfrac{1}{(2n+1)!} \left(x - \dfrac{\pi}{4}\right)^{2n+1} \right], \ x \in (-\infty, +\infty)$;

(4) $\dfrac{1}{x^2 - 2x - 3} = -\sum\limits_{n=0}^{\infty} \dfrac{1}{4^{n+1}} (x-1)^{2n}, \ x \in (-1,3)$.

4. $f(x) = \sum\limits_{n=0}^{\infty} (x^{3n} - x^{3n+1}) \ (-1 < x < 1), \ f^{(100)}(0) = -100!$.

5. $\cos 1° \approx 0.9998477$, 误差 $|r| \leqslant 3.9258 \times 10^{-14}$.

6. 2.00430. **7.** (1) 0.4940; (2) 0.487.

习 题 12.5

1. (1) $f(x) = -\pi + 6 \sum\limits_{n=1}^{\infty} \dfrac{(-1)^{n-1}}{n} \sin nx \ (x \neq (2n+1)\pi, n = 0, \pm 1, \pm 2, \cdots)$;

(2) $f(x) = \dfrac{e^{2\pi} - e^{-2\pi}}{\pi} \left[\dfrac{1}{4} + \sum\limits_{n=1}^{\infty} \dfrac{(-1)^n}{n^2 + 4} (2\cos nx - n\sin nx) \right]$

$(x \neq (2n+1)\pi, n = 0, \pm 1, \pm 2, \cdots)$;

(3) $f(x) = \frac{1}{6}\pi^2 + \sum\limits_{n=1}^{\infty}\left\{\frac{2(-1)^n}{n^2}\cos nx + \left[\frac{2}{\pi}\cdot\frac{n^2-1}{n^3}[(-1)^n-1] - \frac{(-1)^n}{n}\pi\right]\sin nx\right\}$

$\qquad (x\neq(2n+1)\pi, n=0,\pm1,\pm2,\cdots)$;

(4) $f(x) = \frac{b-a}{4}\pi + \sum\limits_{n=1}^{\infty}\left\{\frac{[1-(-1)^n](a-b)}{n^2\pi}\cos nx + \frac{(-1)^{n-1}(a+b)}{n}\sin nx\right\}$

$\qquad (x\neq(2n+1)\pi, n=0,\pm1,\pm2,\cdots)$.

2. $s\left(\frac{5\pi}{2}\right)=\frac{\pi^3}{8}$, $s(5\pi)=0$.

3. (1) $f(x) = \cos\frac{x}{2} = \frac{2}{\pi} + \frac{4}{\pi}\sum\limits_{n=1}^{\infty}\frac{(-1)^{n-1}}{4n^2-1}\cos nx$, $x\in[-\pi,\pi]$;

(2) $f(x) = |x| = \frac{\pi}{2} - \frac{4}{\pi}\sum\limits_{n=1}^{\infty}\frac{\cos(2n-1)x}{2n-1}$, $x\in[-\pi,\pi]$;

(3) $f(x) = \frac{4}{3}\pi^2 + 4\sum\limits_{n=1}^{\infty}\left[\frac{\cos nx}{n^2} - \frac{\pi\sin nx}{n}\right]$, $x\in[-\pi,\pi]$;

(4) $f(x) = \frac{2}{\pi}\sum\limits_{n=1}^{\infty}\left[(-1)^{n-1}\frac{\pi}{n} + \frac{\pi}{n}\cos\frac{n\pi}{2} - \frac{2}{n^2}\sin\frac{n\pi}{2}\right]\sin nx$,

$\qquad x\in\left(-\pi,-\frac{\pi}{2}\right)\cup\left(-\frac{\pi}{2},\frac{\pi}{2}\right)\cup\left(\frac{\pi}{2},\pi\right)$.

4. (1) $f(x) = \frac{2}{\pi}\sum\limits_{n=1}^{\infty}\frac{1-(\pi+1)(-1)^n}{n}\sin nx$, $0<x<\pi$;

$\qquad f(x) = \frac{\pi}{2} + 1 - \frac{4}{\pi}\sum\limits_{n=1}^{\infty}\frac{\cos(2n-1)x}{(2n-1)^2}$, $0\leqslant x\leqslant\pi$;

(2) $f(x) = 4\sum\limits_{n=1}^{\infty}\left[\frac{(-1)^{n-1}\pi}{n} + \frac{2}{n^3\pi}[(-1)^n-1]\right]\sin nx$, $0\leqslant x<\pi$;

$\qquad f(x) = \frac{2}{3}\pi^2 + 8\sum\limits_{n=1}^{\infty}\frac{(-1)^n}{n^2}\cos nx$, $0\leqslant x\leqslant\pi$.

5. $A_n = a_n\cos na + b_n\sin na$, $n=0,1,2,\cdots$;

$\quad B_n = -a_n\sin na + b_n\cos na$, $n=1,2,\cdots$.

习 题 12.6

1. $f(x) = \frac{11}{12} + \frac{1}{\pi^2}\sum\limits_{n=1}^{\infty}\frac{(-1)^{n-1}}{n^2}\cos 2n\pi x$, $-\infty<x<+\infty$.

2. $f(x) = \begin{cases} x, & -1\leqslant x\leqslant 0, \\ x+1, & 0\leqslant x\leqslant 1 \end{cases} = \frac{1}{2} + \frac{1}{\pi}\sum\limits_{n=1}^{\infty}\frac{3(-1)^{n-1}+1}{n}\sin n\pi x$, $x\neq 0,\pm1,\pm2,\cdots$.

3. $f(x) = -\frac{1}{2} + \frac{6}{\pi}\sum\limits_{n=1}^{\infty}\left[\frac{1-(-1)^n}{n^2\pi}\cos\frac{n\pi x}{3} + \frac{(-1)^{n-1}}{n}\sin\frac{n\pi x}{3}\right]$, $x\neq 6k+3, k=0,\pm1,\pm2,\cdots$.

4. $f(x) = \frac{1}{2}\sin\frac{\pi x}{2} + \frac{4}{\pi}\sum\limits_{n=1}^{\infty}(-1)^{n-1}\frac{n}{4n^2-1}\sin n\pi x$, $x\neq\pm1,\pm3,\pm5,\cdots$;

$\quad f(x) = \frac{1}{\pi} + \frac{1}{\pi}\cos\frac{\pi x}{2} - \frac{2}{\pi}\sum\limits_{n=2}^{\infty}\left(\frac{1}{n^2-1} + \frac{n}{n^2-1}\cos\frac{n+1}{2}\pi\right)\cos\frac{n\pi x}{2}$, $x\neq\pm1,\pm3,\pm5,\cdots$.

5. $f(x) = \dfrac{2al}{\pi^2} \displaystyle\sum_{n=1}^{\infty} \dfrac{(-1)^{n-1}}{(2n-1)^2} \sin \dfrac{(2n-1)\pi x}{l}$, $0 \leqslant x \leqslant l$;

$f(x) = \dfrac{al}{8} - \dfrac{al}{\pi^2} \displaystyle\sum_{n=1}^{\infty} \dfrac{1}{(2n-1)^2} \cos \dfrac{2(2n-1)\pi x}{l}$, $0 \leqslant x \leqslant l$.